彻底学会西门子S7-200 SMART PLC

韩相争　编著

内 容 提 要

本书以西门子 S7-200 SMART PLC 为讲授对象，以 S7-200 SMART PLC 硬件组成、软件应用和常用的指令及案例为基础，以开关量、模拟量、运动量和通信控制的程序开发方法为重点，以能够设计实际的工控系统为最终目的，全面系统地讲述了西门子 S7-200 SMART PLC 的编程技巧与工程应用。本书着眼于实际应用，内容上循序渐进，由浅入深全面展开。

全书共分 7 章，其主要内容为 S7-200 SMART PLC 硬件组成与编程基础、常用指令及案例、开关量控制程序的开发、模拟量控制程序的开发、运动量控制程序的开发和通信控制程序的设计、工程应用案例。

本书实用性强，图文并茂，不仅为初学者提供了一套有效的编程方法，还为工程技术人员提供了大量的编程技巧和实践经验。本书可作为广大电气工程技术人员自学和参考用书，也可作为高等工科院校、高等职业技术院校工业自动化、电气工程及自动化、机电一体化等相关专业的 PLC 教材。

图书在版编目（CIP）数据

彻底学会西门子 S7-200 SMART PLC / 韩相争编著．—北京：中国电力出版社，2020.1（2020.6 重印）
ISBN 978-7-5198-3711-2

Ⅰ．①彻…　Ⅱ．①韩…　Ⅲ．①PLC 技术　Ⅳ．①TM571.61

中国版本图书馆 CIP 数据核字（2019）第 206523 号

出版发行：中国电力出版社
地　　址：北京市东城区北京站西街 19 号（邮政编码 100005）
网　　址：http://www.cepp.sgcc.com.cn
责任编辑：崔素媛（010-63412392）
责任校对：黄　蓓　王海南　常燕昆
装帧设计：王红柳
责任印制：杨晓东

印　　刷：北京雁林吉兆印刷有限公司
版　　次：2020 年 1 月第一版
印　　次：2020 年 6 月北京第二次印刷
开　　本：787 毫米 ×1092 毫米　16 开本
印　　张：19.5
字　　数：407 千字
定　　价：79.00 元

前言

Preface

扫描二维码
了解本书内容

SIEMENS S7-200

S7-200 SMART PLC是2013年西门子公司推出的新兴产品，在工控领域应用广泛。近年来，随着技术的发展，S7-200 SMART PLC的功能和扩展模块也更加丰富。基于此，笔者结合多年的教学与工程设计经验，立足基础，兼顾新兴技术，历时1.5年为读者打造了此作品。

本书以西门子S7-200 SMART PLC为讲授对象，着眼实际应用，以S7-200 SMART PLC硬件组成、软件应用和常用的指令及案例为基础，以开关量、模拟量、运动量和通信控制的程序开发方法为重点，以能够设计实际的工控系统为最终目的，全面系统地讲述了西门子S7-200 SMART PLC的编程技巧与工程应用。

该书在编写的过程中着重突出以下特色：

（1）言简意赅、去粗取精，直击要点。

（2）图文并茂、内容上循序渐进，易于读者学习。

（3）独有的“编者有料”模块，帮助读者抓住重点、难点。

（4）案例多且典型，读者可边学边用。

（5）方法齐全，详细讲述了开关量、模拟量、运动量和通信控制等程序开发方法，易于读者模仿和上手。

（6）工程案例完全从工程的角度出发，可与实际直接接轨。

全书共分7章，其主要内容为S7-200 SMART PLC硬件组成与编程基础、常用指令及案例、开关量控制程序的开发、模拟量控制程序的开发、运动量控制程序的开发和通信控制程序的设计，以及工程应用案例。

本书实用性强，不仅为初学者提供了一套有效的编程方法，还为工程技术人员提供了大量的编程技巧和实践经验，可作为广大电气工程技术人员自学和参考用书，也可作为高等工科院校、高等职业技术院校工业自动化、电气工程及自动化、机电一体化等相关专业的PLC教材。

全书由韩相争编著，刘江帅、郑鸿俊审阅，韩霞、张振生、韩英、马力、李艳昭、乔海、杜海洋校对，宁伟超、张孝雨、张岩为本书的编写提供了帮助，在此一并表示衷心的感谢。

由于笔者水平有限，书中难免有不足之处，敬请广大专家和读者批评指正。

笔者于沈阳

2019年8月

目录 CONTENTS

第1章 S7-200 SMART PLC 硬件组成与编程基础

本章要点

- S7-200 SMART PLC 概述与硬件系统组成
- S7-200 SMART PLC 的外形结构与外部接线
- S7-200 SMART PLC 的数据类型、地址格式与编程元件
- S7-200 SMART PLC 编程软件快速应用

1.1 S7-200 SMART PLC 概述与硬件系统组成

1.1.1 S7-200 SMART PLC 概述

西门子 S7-200 SMART PLC 是 S7-200 PLC 基础上发展起来的全新自动化控制产品，该产品是经济型自动化市场的理想选择，具有以下优点。

1. 机型丰富，选择更多

S7-200 SMART PLC 可以提供不同类型，I/O 点数丰富的 CPU 模块。产品配置灵活，在满足不同需要的同时，又可以最大限度地控制成本，是小型自动化系统的理想选择。

2. 选件扩展，配置灵活

S7-200 SMART PLC 信号板设计新颖，在不额外占用控制柜空间的前提下，可实现通信端口、数字量通道、模拟量通道的扩展，其配置更加灵活

3. 以太互动，便捷经济

CPU 模块的本身集成了以太网接口，仅用 1 根以太网线，便可以实现程序的下载和监控，省去了购买专用编程电缆的费用，经济便捷；同时，强大的以太网功能，可以实现与其他 CPU 模块、触摸屏和计算机的通信和组网。

4. 界面友好，编程高效

STEP 7- Micro/WIN SMART 编程软件融入了新颖的带状菜单和移动式窗口设计，先进的程序结构和强大的向导功能，使编程效率更高。

5. 运动控制，功能强大

S7-200 SMART PLC 的 CPU 模块本体最多集成 3 路高速脉冲输出，支持 PWM/PTO 输出方式以及多种运动模式。配以方便易用的向导设置功能，快速实现设备调速和定位。

6. 完美整合，无缝集成

S7-200 SMART PLC、Smart Line 系列触摸屏和 SINAMICS V20 变频器完美结合，可以满足用户人机互动、控制和驱动的全方位需要。

1.1.2 S7-200 SMART PLC 硬件系统组成

S7-200 SMART PLC 硬件系统由 CPU 模块、数字量扩展模块、模拟量扩展模块、热电偶与热电阻模块及相关设备组成。CPU 模块、扩展模块及信号板如图 1-1 所示。

图 1-1 S7-200 SMART PLC CPU 模块、扩展模块及信号板

1. CPU 模块

CPU 模块又称基本模块和主机，它由 CPU 单元、存储器单元、输入输出接口单元及电源组成。CPU 模块（这里说的 CPU 模块指的是 S7-200 SMART PLC 基本模块的型号，不是中央微处理器 CPU 的型号）是一个完整的控制系统，它可以单独地完成一定的控制任务，主要功能是采集输入信号，执行程序，发出输出信号和驱动外部负载。CPU 模块有经济型和标准型两种。经济型 CPU 模块有 4 种类型，分别为 CPU CR20s、CPU CR30s、CPU CR40s 和 CPU CR60s，经济型 CPU 价格便宜，但不具有扩展能力；标准型 CPU 模块有 8 种类型，分别为 CPU SR20、CPU ST20、CPU SR30、CPU ST30、CPU SR40、CPU ST40、CPU SR60 和 CPU ST60，具有扩展能力。

CPU 模块具体技术参数见表 1-1。

表 1-1 CPU 模块技术参数

特征	CPU SR20/ST20	CPU SR30/ST30	CPU SR40/ST40	CPU SR60/ST60
外形尺寸/mm	90×100×81	110×100×81	125×100×81	175×100×81
程序存储器/KB	12	18	24	30
数据存储器/KB	8	12	16	20

续表

特征	CPU SR20/ST20	CPU SR30/ST30	CPU SR40/ST40	CPU SR60/ST60
本机数字量 I/O	12 入/8 出	18 入/12 出	24 入/16 出	36 入/24 出
数字量 I/O 映像区	256 位入(I)/ 256 位出(O)	256 位入(I)/ 256 位出(O)	256 位入(I)/ 256 位出(O)	256 位入(I)/ 256 位出(O)
模拟映像	56 字入(I)/ 56 字出(O)	56 字入(I)/ 56 字出(O)	56 字入(I)/ 56 字出(O)	56 字入(I)/ 56 字出(O)
扩展模块数量/个	6	6	6	6
脉冲捕捉输入个数	12	12	14	24
高速计数器 单相高速计数器 正交相位	4 路 4 路 200kHz 2 路 100kHz	4 路 4 路 200kHz 2 路 100kHz	4 路 4 路 200kHz 2 路 100kHz	4 路 4 路 200kHz 2 路 100kHz
高速脉冲输出	2 路 100kHz (仅限 DC 输出)	3 路 100kHz (仅限 DC 输出)	3 路 100kHz (仅限 DC 输出)	3 路 20kHz (仅限 DC 输出)
以太网接口/个	1	1	1	1
RS-485 通信接口	1	1	1	1
可选件	存储器卡、信号板和通信版			
DC 24V 电源 CPU 输入电流/最大负载	430mA/160mA	365mA/624mA	300mA/680mA	300mA/220mA
AC 240V 电源 CPU	120mA/60mA	52mA/72mA	150mA/190mA	300mA/710mA

2. 数字量扩展模块

当 CPU 模块数字量 I/O 点数不能满足控制系统的需要时，用户可根据实际的需要对数字量 I/O 点数进行扩展。数字量扩展模块不能单独使用，需要通过自带的连接器插在 CPU 模块上。数字量扩展模块通常有 3 类，分别为数字量输入（DI）模块、数字量输出（DO）模块和数字量输入/输出（DI/DO）混合模块。数字量输入模块有 2 个，型号分别为 EM DE08 和 EM DE16，EM DE08 为 8 点输入，EM DE16 为 16 点输入。数字量输出模块有 4 个，型号分别为 EM DR08、EM DT08、EM DR16 和 EM DT16，EM DR08 模块和 EM DR16 模块为 8 点和 16 点继电器输出型，每点额定电流 2A；EM DT08 模块和 EM DR6 为 8 点和 16 定点晶体管输出型，每点额定电流 0.75A。数字量输入/输出模块有 4 个，型号分别为 EM DR16、EM DT16、EM DR32 和 EM DT32，EM DR16/DT16 模块为 8 点输入/8 点输出，继电器/晶体管输出型，每点额定电流 2A/0.75A；EM DR32/DT32 模块为 16 点输/16 点输出，继电器/晶体管输出型，每点额定电流 2A/0.75A。

3. 信号板

S7-200 SMART PLC 有 3 种信号板，分别为模拟量输入/输出（AI/AO）信号板、数字量输入/输出（DI/DO）信号板和 RS-485/RS-232 信号板。

模拟量输入信号板型号为 SB AE01，1 点模拟量输入，输入量程为±10V、±5V、±2.5V 或 0～20mA 共 4 种，电压模式的分辨率为 11 位＋符号位，电流模式的分辨率为 11 位，对应的数据字范围－27648～27648；模拟量输出信号板型号为 SB AQ01，1 点模拟量输出，输出量程为±10V 或 0～20mA，对应数据字范围为±27648 或 0～27648。

数字量输入/输出信号板型号为 SB DT04，为 2 点输入/2 点输出晶体管输出型，输出端子每点最多额定电流 0.5A。

RS-485/RS-232 信号板型号为 SB CM01，可以组态 RS-485 或 R-S232 通信接口。

编者有料

1. 与 S7-200 PLC 相比，S7-200 SMART PLC 信号板配置是特有的，在功能扩展的同时，也兼顾了安装方式，配置灵活，且不占控制柜空间。

2. 读者在应用 PLC 及数字量扩展模块时，一定要注意针脚载流量，继电器输出型载流量为 2A；晶体管输出型载流量为 0.75A。在应用时，不要超过上限值；如果超限，则需要使用继电器过渡一下，这是工程中常用的手段。

4. 模拟量扩展模块

模拟量扩展模块为主机提供了模拟量输入/输出功能，适用于复杂控制场合。它通过自带连接器与主机相连，并且可以直接连接变送器和执行器。模拟量扩展模块通常可以分为 3 类，分别为模拟量输入（AI）模块、模拟量输出（AO）模块和模拟量输入/输出（AI/AO）混合模块。

模拟量输入模块有 2 种，分别为 2 路输入和 4 路输入，对应型号为 EM AE04 和 EM AE08，量程有 4 种，分别为±10V、±5V 、±2.5V 和 0～20mA，其中电压型的分辨率为 12 位＋符号位，满量程输入对应的数字量范围为－27648～27648，输入阻抗大于或等于 9MΩ；电流型的分辨率为 12 位，满量程输入对应的数字量范围为 0～27648，输入阻抗为 250Ω。

模拟量输出模块有 2 种，分别为 2 路输出和 4 路输出，对应型号为 EM AQ02 和 EM AQ04，量程有 2 种，分别为±10V 和 0～20mA，其中电压型的分辨率为 11 位＋符号位，满量程输入对应的数字量范围为－27648～27648；电流型的分辨率为 11 位，满量程输入对应的数字量范围为 0～27648。

模拟量输入/输出模块有 2 种，分别为 2 路模拟量输入/1 模拟量输出和 4 路模拟量输入/2 模拟量输出，对应型号为 EM AM03 和 EM AM06，实际上就是模拟量输入模块与模拟量输出模块的叠加，故不再赘述。

5. 热电阻与热电偶模块

热电阻或热电偶扩展模块是模拟量模块的特殊形式，可直接连接热电偶和热电阻测量温度。热电阻或热电偶扩展模块可以支持多种热电阻和热电偶。热电阻扩展模块型号为 EM AR02 和 EM AR04，温度测量分辨率为 0.1℃/0.1 ℉，电阻测量精度为 15 位+符号位；热电偶扩展模块型号为 EM AT04，温度测量分辨率和电阻测量精度与热电阻相同。

6. 相关设备

相关设备是为了充分和方便地利用系统硬件和软件资源而开发和使用的一些设备，主要有编程设备、人机操作界面等。

(1) 编程设备主要用来进行用户程序的编制、存储和管理等，并将用户程序送入 PLC 中，在调试过程中，进行监控和故障检测。S7-200 SMART PLC 的编程软件为 STEP 7-Micro/WIN SMART。

(2) 人机操作界面主要指专用操作员界面。常见的如触摸面板、文本显示器等，用户可以通过该设备轻松地完成各种调整和控制任务。

1.2　S7-200 SMART PLC 外形结构与外部接线

1.2.1　S7-200 SMART PLC 的外形结构

S7-200 SMART PLC 的外形结构如图 1-2 所示，其 CPU 单元、存储器单元、输入/输出单元和电源集中封装在同一塑料机壳内。当系统需要扩展时，可选用需要的扩展模块与主机相连接。

1. 输入端子

输入端子是外部输入信号与 PLC 连接的接线端子，在顶部端盖下面。此外，顶部端盖下面还有输入公共端子和 PLC 工作电源接线端子。

2. 输出端子

输出端子是外部负载与 PLC 连接的接线端子，在底部端盖下面。此外，底部端盖下面还有输出公共端子和 24V 直流电源端子，24V 直流电源为传感器和光电开关等提供能量。

3. 输入状态指示灯（LED）

输入状态指示灯用于显示是否有输入控制信号接入 PLC。当指示灯亮时，表示有控制信号接入 PLC；当指示灯不亮时，表示没有控制信号接入 PLC。

4. 输出状态指示灯（LED）

输出状态指示灯用于显示是否有输出信号驱动执行设备。当指示灯亮时，表示有输出信号驱动外部设备；当指示灯不亮时，表示没有输出信号驱动外部设备。

5. 运行状态指示灯

运行状态指示灯有 RUN、STOP、ERROR 共 3 个，其中 RUN、STOP 指示灯用于显示当前工作状态。当 RUN 指示灯亮时，表示运行状态；当 STOP 指示灯亮时，表示停止状态；当 ERROR 指示灯亮时，表示系统故障，PLC 停止工作。

6. 存储卡插口

S7-200 SMART PLC 的存储卡插口插入 Micro SD 卡，可以下载程序和 PLC 固件版本更新。

7. 扩展模块接口

扩展模块接口用于连接扩展模块，采用插针式连接，使模块连接更加紧密。

8. 选择器件

可以选择信号板或通信板，实现精确化配置的同时，又可以节省控制柜的安装空间。

9. RS-485 通信接口

通信接口可以实现 PLC 与计算机之间、PLC 与 PLC 之间、PLC 与其他设备之间的通信。

10. 以太网接口

以太网接口用于程序下载和设备组态。程序下载时，只需要 1 条以太网线即可，无需购买专用的程序下载线。

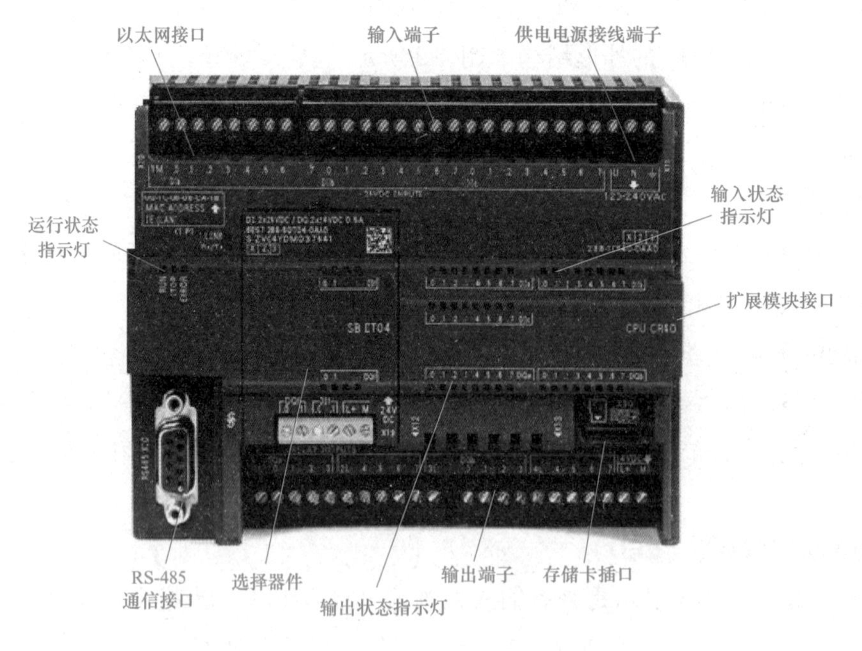

图 1-2　S7-200 SMART PLC 的外形结构

1.2.2　S7-200 SMART PLC 外部接线图

外部接线设计也是 PLC 控制系统设计的重要组成部分之一。由于 CPU 模块、输出类型和外部电源供电方式的不同，PLC 外部接线也不尽相同。鉴于 PLC 的外部接线与输入/输出点数等诸多因素有关，本书给出了 S7-200 SMART PLC 标准型和经济型两大类端子排布情况，具体见表 1-2，其中最后两种为经济型，其余为标准型。

表 1-2　　S7-200 SMART PLC 的 I/O 点数及相关参数

CPU 模块型号	输入/输出点数	电源供电方式	公共端	输入类型	输出类型
CPU ST20	12 输入 8 输出	20.4～28.8V DC 电源	输入端 I0.0～I1.3 共用 1M； 输出端 Q0.0～Q0.7 共用 2L+，2M	24V DC 输入	晶体管输出
CPU SR20	12 输入 8 输出	85～264V AC 电源	输入端 I0.0～I1.3 共用 1； 输出端 Q0.0～Q0.3 共用 1L，Q0.4～Q0.7 共用 2L	24V DC 输入	继电器输出
CPU ST30	18 输入 12 输出	20.4～28.8V DC 电源	输入端 I0.0～I2.1 共用 1M； 输出端 Q0.0～Q0.7 共用 2L+、2M；Q1.0～Q1.3 共用 3L+、3M	24V DC 输入	晶体管输出
CPU SR30	18 输入 12 输出	85～264V AC 电源	输入端 I0.0～I2.1 共用 1M； 输出端 Q0.0～Q0.3 共用 1L，Q0.4～Q0.7 共用 2L；Q1.0～Q1.3 共用 3L	24V DC 输入	继电器输出
CPU ST40	24 输入 16 输出	20.4～28.8V DC 电源	输入端 I0.0～I2.7 共用 1M； 输出端 Q0.0～Q0.7 共用 2M，2L+，Q1.0～Q1.7 共用 3M，3L+	24V DC 输入	晶体管输出
CPU SR40	24 输入 16 输出	85～264V AC 电源	输入端 I0.0～I2.7 共用 1M； 输出端 Q0.0～Q0.3 共用 1L，Q0.4～Q0.7 共用 2L，Q1.0～Q1.3 共用 3L；Q1.4～Q1.7 共用 4L	24V DC 输入	继电器输出
CPU ST60	36 输入 24 输出	20.4～28.8V DC 电源	输入端 I0.0～I4.3 共用 1M； 输出端 Q0.0～Q0.7 共用 2M，2L+，Q1.0～Q1.7 共用 3M，3L+；Q2.0～Q2.7 共用 4M，4L+	24V DC 输入	晶体管输出
CPU SR60	36 输入 24 输出	85～264V AC 电源	输入端 I0.0～I4.3 共用 1M； 输出端 Q0.0～Q0.3 共用 1L，Q0.4～Q0.7 共用 2L，Q1.0～Q1.3 共用 3L；Q1.4～Q1.7 共用 4L；Q2.0～Q2.3 共用 5L；Q2.4～Q2.7 共用 6L	24V DC 输入	继电器输出
CPU CR40s	24 输入 16 输出	85～264V AC 电源	输入端 I0.0～I2.7 共用 1M； 输出端 Q0.0～Q0.3 共用 1L，Q0.4～Q0.7 共用 2L，Q1.0～Q1.3 共用 3L；Q1.4～Q1.7 共用 4L	24V DC 输入	继电器输出
CPU CR60s	36 输入 24 输出	85～264V AC 电源	输入端 I0.0～I4.3 共用 1M； 输出端 Q0.0～Q0.3 共用 1L，Q0.4～Q0.7 共用 2L，Q1.0～Q1.3 共用 3L；Q1.4～Q1.7 共用 4L；Q2.0～Q2.3 共用 5L；Q2.4～Q2.7 共用 6L	24V DC 输入	继电器输出

本节仅给出 CPU SR20 和 CPU ST20 的接线情况，其余类型的接线读者可查阅附录。鉴于形式相似，这里不再赘述。

1. CPU SR20 的接线

CPU SR20 的接线如图 1-3 所示。其中：L1、N 端子接交流电源，电压允许范围为 85～264V；L+、M 为 PLC 向外输出 24V/300mA 直流电源，L+为电源正，M 为电源负，该电源可作为输入端电源使用，也可作为传感器供电电源。

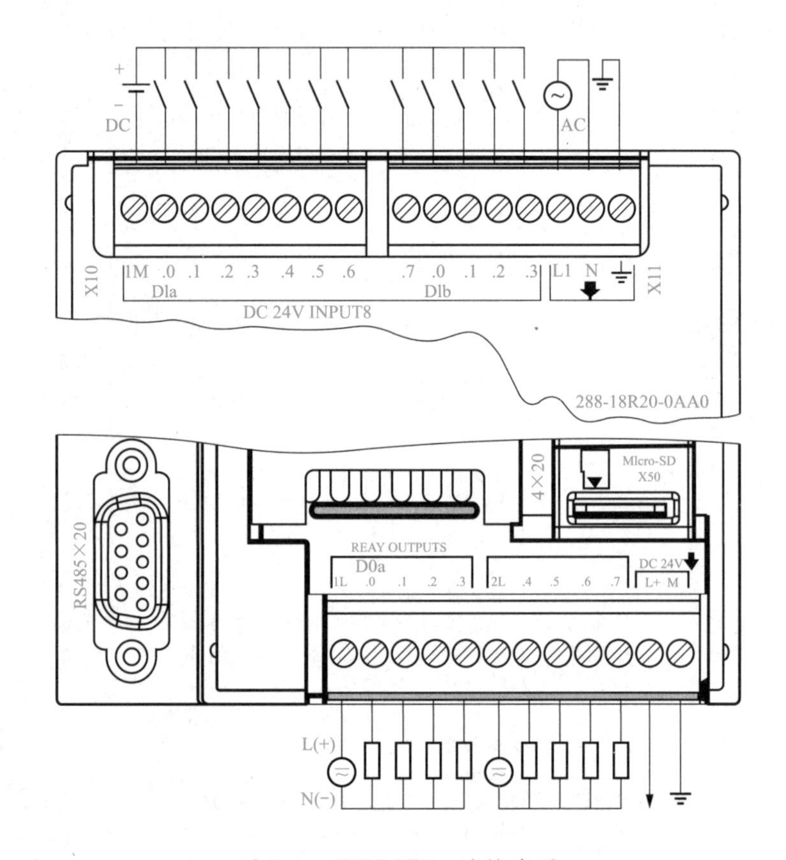

图 1-3　CPU SR20 的接线图

（1）输入端子。CPU SR20 共有 12 点输入，端子编号采用 8 进制。输入端子 I0.0～I1.3，公共端为 1M。

（2）输出端子。CPU SR20 共有 8 点输出，端子编号也采用 8 进制。输出端子共分 3 组，Q0.0～Q0.3 为第一组，公共端为 1L；Q0.4～Q0.7 为第二组，公共端为 2L；根据负载性质的不同，输出回路电源支持交流和直流。

2. CPU ST20 接线

CPU ST20 的接线如图 1-4 所示。其中，电源为 DC24V，输入点接线与 CPU SR20 相同。不同点在于输出点的接线，输出端子为 1 组，输出编号为 Q0.0～Q0.7，公共端为 2L+、2M；根据负载的性质的不同，输出回路电源只支持直流电源。

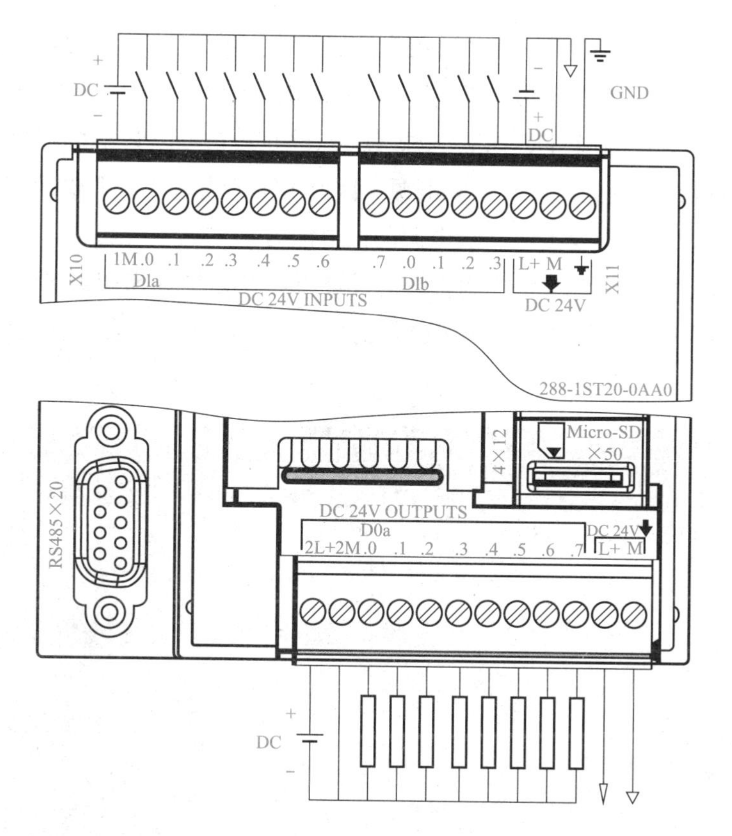

图 1-4　CPU ST20 的接线图

编者有料

1. CPU SRXX 模块输出回路电源既支持直流型又支持交流型，有时候交流电源用多了，以为 CPU SRXX 模块输出回路电源不支持直流型，这是误区，需读者注意。

2. CPU STXX 模块输出为晶体管型，输出端能发射出高频脉冲，常用于含有伺服电机和步进电机的运动量场合，这点 CPU SRXX 模块不具备。

3. 运动量场合，CPU STXX 模块不能直接驱动伺服电机或步进电机，需配驱动器。伺服电机需配伺服电机驱动器；步进电机需配步进电机驱动器；驱动器的厂商很多，例如西门子、三菱、松下和和利时等，读者可根据需要进行查找。

1.2.3　S7-200 SMART PLC 电源需求与计算

1. 电源需求与计算概述

S7-200 SMART PLC CPU 模块有内部电源，为 CPU 模块、扩展模块和信号板正常工作供电。

当有扩展模块时，CPU 模块通过总线为扩展模块提供 DC 5V 电源，因此要求所有的扩展模块消耗的 DC 5V 不得超出 CPU 模块本身的供电能力。

每个 CPU 模块都有 1 个 DC 24V 电源（L+、M），它可以为本机和扩展模块的输入点和输出回路继电器线圈提供 DC 24V 电源，因此要求所有输入点和输出回路继电器线圈耗电不得超出 CPU 模块本身 DC 24V 电源的供电能力。

基于以上两点考虑，在 PLC 控制系统的设计时，有必要对 S7-200 SMART PLC 电源需求进行计算。CPU 的供电能力和扩展模块的耗电情况，分别见表 1-3、表 1-4。

表 1-3　CPU 的供电能力

CPU 型号	电流供应/mA	
	DC 5V	DC 24V（传感器电源）
CPU SR20	740	300
CPU ST20	740	300
CPU SR30	740	300
CPU ST30	740	300
CPU SR40	740	300
CPU ST40	740	300
CPU SR60	740	300
CPU ST60	740	300
CPU CR40	—	300
CPU CR60	—	300

表 1-4　扩展模块的耗电情况

模块类型	型号	电流供应/mA	
		DC 5V	DC 24V（传感器电源）
数字量扩展模块	EM DE08	105	8×4
	EM DT08	120	—
	EM DR08	120	8×11
	EM DT16	145	输入：8×4；输出：—
	EM DR16	145	输入：8×4；输出：8×11
	EM DT32	185	输入：16×4；输出：—
	EM DR32	185	输入：16×4；输出：16×11
模拟量扩展模块	EM AE04	80	40（无负载）
	EM AQ02	80	50（无负载）
	EM AM06	80	60（无负载）
热电阻扩展模块	EM AR02	80	40
信号板	SB AQ01	15	40（无负载）
	SB DT04	50	2×4
	SB RS485/RS232	50	不适用

2. 电源需求与计算举例

某系统有 1 台 CPU SR20 模块，2 个数字量输出模块 EM DR08，3 个数字量输入模块

EM DE08，1 个模拟量输入模块 EM AE04，试计算电流消耗，看是否能用传感器电源 DC 24V 供电。

解：经计算，DC 5V 电流差额＝105＞0，DC 24V 电流差额＝－12＜0，5V CPU 模块提供的电量够用，24V CPU 模块提供的电量不足（具体计算见表 1-5）。因此这种情况下 24V 供电需外接直流电源，实际工程中干脆由外接 24V 直流电源供电，就不用 CPU 模块上的传感器电源（DC 24V）了，避免出现扩展模块不能正常工作的情况。

表 1-5　某系统扩展模块耗电计算

CPU 型号	电流供应/mA		
	DC 5V	DC 24V	备注
CPU SR20	＋740	＋300	
EM DR08	－120	－88	8×11
EM DR08	－120	－88	8×11
EM DE08	－105	－32	8×4
EM DE08	－105	－32	8×4
EM DE08	－105	－32	8×4
EM AE04	－80	－40	
电流差额	105.00	－12.00	

1.3　S7-200 SMART PLC 的数据类型、数据区划分与地址格式

1.3.1　S7-200 SMART PLC 数据类型

1. 数据类型

S7-200 SMART PLC 的指令系统所用的数据类型有 1 位布尔型（BOOL）、8 位字节型（BYTE）、16 位无符号整数型（WORD）、16 位有符号整数型（INT）、32 位符号双字整数型（DWORD）、32 位有符号双字整数型（DINT）和 32 位实数型（REAL）。

2. 数据长度与数据范围

在 S7-200 SMART PLC 中，不同的数据类型有不同的数据长度和数据范围。通常情况下，用位、字节、字和双字所占的连续位数表示不同数据类型的数据长度，其中布尔型的数据长度为 1 位，字节的数据长度为 8 位，字的数据长度为 16 位，双字的数据长度为 32 位。数据类型、数据长度和数据范围见表 1-6。

表 1-6　数据类型、数据长度和数据范围

数据类型 数据长度	无符号整数范围（十进制）	有符号整数范围（十进制）
布尔型（1 位）	取值 0、1	
字节 B（8 位）	0～255	－128～127

续表

数据长度＼数据类型	无符号整数范围（十进制）	有符号整数范围（十进制）
字 W（16 位）	0～65535	−32768～32767
双字 D（32 位）	0～4294967295	−2147483648～2147483647

1.3.2　S7-200 SMART PLC 存储器数据区划分

S7-200 SMART PLC 存储器有 3 个存储区，分别为程序区、系统区和数据区，其划分如图 1-5 所示。

程序区用来存储用户程序，存储器为 EEPROM；系统区用来存储 PLC 配置结构的参数，如 PLC 主机和扩展模块 I/O 配置和编制、PLC 站地址等，存储器为 EEPROM。

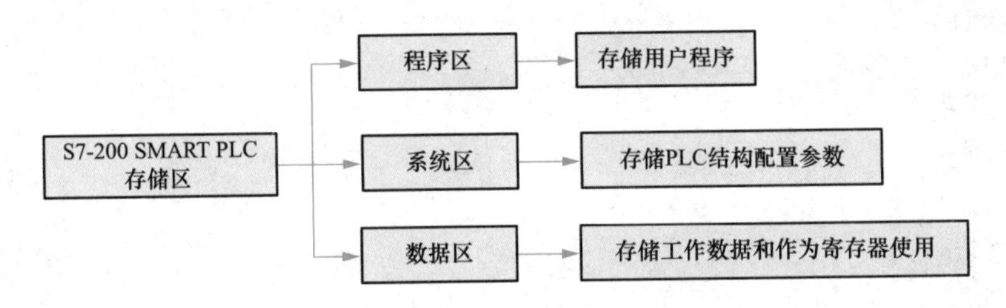

图 1-5　S7-200 SAMRT PLC 存储区的划分

数据区是用户程序执行过程中的内部工作区域。该区域用来存储工作数据和作为寄存器使用，存储器为 EEPROM 和 RAM。数据区是 S7-200 SMART PLC 存储器特定区域，划分示意图如图 1-6 所示。

数据区划分

I | V | Q
M | SM
L | T
C | HC
AC | S
AI | AQ

名称解析

输入映像寄存器(I);
顺序控制继电器存储器(S);
计数器存储器(C);
局部存储器(L);
模拟量输入映像寄存器(AI);
累加器(AC);
高速计数器(HC) ;
内部标志位存储器(M);
特殊标志位存储器(SM);
定时器存储器(T);
变量存储器(V);
模拟量输出映像寄存器 (AQ);
输出映像寄存器(Q)

图 1-6　数据区划分示意图

1. 输入映像寄存器（I）与输出映像寄存器（Q）

◆ 输入映像寄存器（I）

输入映像寄存器是 PLC 用来接收外部输入信号的窗口，工程上经常将其称为输入继电器。在每个扫描周期的开始，CPU 都对各个输入点进行集中采样，并将相应的采样值写入输入映像寄存器中，这一过程可以形象地将输入映像寄存器比作输入继电器来理解，如图 1-7 所示。在图 1-7 中，每个 PLC 的输入端子与相应的输入继电器线圈相连，当有外部信号输入时，对应的输入继电器线圈得电，即输入映像寄存器相应位写入“1”，程序中对应的常开（动合）触点闭合常闭（动断）触点断开；当无外部输入信号时，对应的输入继电器线圈失电，即输入映像寄存器相应位写入“0”，程序中对应的常开（动合）触点和常闭（动断）触点保持原来状态不变。

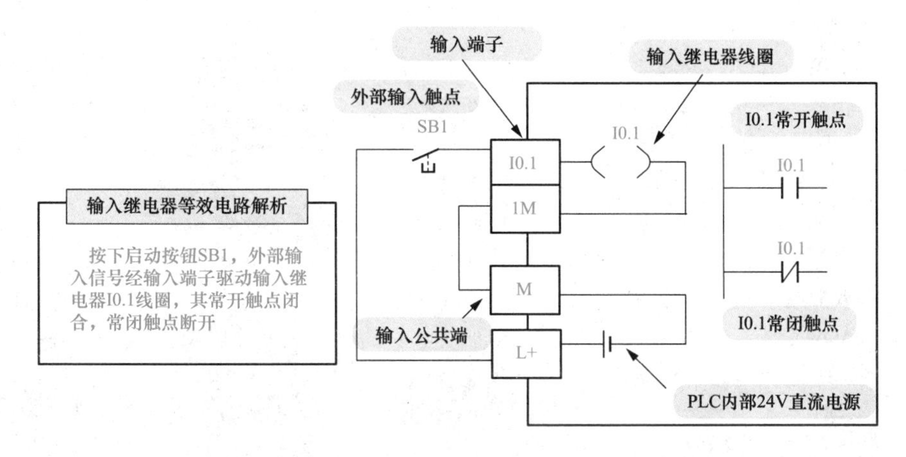

图 1-7　输入继电器等效电路

需要说明的是，输入映像寄存器中的数值只能由外部信号驱动，不能由内部指令改写；输入映像寄存器有无数个常开和常闭触点供编程时使用，且在编写程序时，只能出现输入继电器触点不能出现线圈。

输入映像寄存器可采用位、字节、字和双字来存取。地址范围见表 1-7。

表 1-7　S7-200 SMART PLC 操作数地址范围

存储方式		CPU SR20/ST20	CPU SR30/T30	CPU SR40/ST40	CPU SR60/ST60
位存储	I	0.0～31.7	0.0～31.7	0.0～31.7	0.0～31.7
	Q	0.0～31.7	0.0～31.7	0.0～31.7	0.0～31.7
	V	0.0～8191.7	0.0～12287.7	0.0～16383.7	0.0～20479.7
	M	0.0～31.7	0.0～31.7	0.0～31.7	0.0～31.7
	SM	0.0～1535.7	0.0～1535.7	0.0～1535.7	0.0～1535.7
	S	0.0～31.7	0.0～31.7	0.0～31.7	0.0～31.7
	T	0～255	0～255	0～255	0～255
	C	0～255	0～255	0～255	0～255
	L	0.0～63.7	0.0～63.7	0.0～63.7	0.0～63.7
字节存储	IB	0～31	0～31	0～31	0～31
	QB	0～31	0～31	0～31	0～31
	VB	0～8191	0～8191	0～8191	0～8191
	MB	0～31	0～31	0～31	0～31
	SMB	0～1535	0～1535	0～1535	0～1535
	SB	0～31	0～31	0～31	0～31
	LB	0～63	0～63	0～63	0～63
	AC	0～3	0～3	0～3	0～3

续表

存储方式		CPU SR20/ST20	CPU SR30/T30	CPU SR40/ST40	CPU SR60/ST60
字存储	IW	0～30	0～30	0～30	0～30
	QW	0～30	0～30	0～30	0～30
	VW	0～8190	0～8190	0～8190	0～8190
	MW	0～30	0～30	0～30	0～30
	SMW	0～1534	0～1534	0～1534	0～1534
	SW	0～30	0～30	0～30	0～30
	T	0～255	0～255	0～255	0～255
	C	0～255	0～255	0～255	0～255
	LW	0～62	0～62	0～62	0～62
	AC	0～3	0～3	0～3	0～3
	AIW	0～110	0～110	0～110	0～110
	AQW	0～110	0～110	0～110	0～110
双字存储	ID	0～28	0～28	0～28	0～28
	QD	0～28	0～28	0～28	0～28
	VD	0～8188	0～12284	0～16380	0～20476
	MD	0～28	0～28	0～28	0～28
	SMD	0～532	0～532	0～532	0～532
	SD	0～28	0～28	0～28	0～28
	LD	0～60	0～60	0～60	0～60
	AC	0～3	0～3	0～3	0～3
	HC	0～3	0～3	0～3	0～3

◆ 输出映像寄存器（Q）

输出映像寄存器是 PLC 向外部负载发出控制命令的窗口，工程上经常将其称为输出继电器。在每个扫描周期的结尾，CPU 都会根据输出映像寄存器的数值来驱动负载，这一过程可以形象地将输出映像寄存器比作输出继电器，其等效电路如图 1-8 所示。在图 1-8 中，每个输出继电器线圈都与相应输出端子相连，当有驱动信号输出时，输出继电器线圈得电，对应的常开触点闭合，从而驱动了负载；反之，则不能驱动负载。

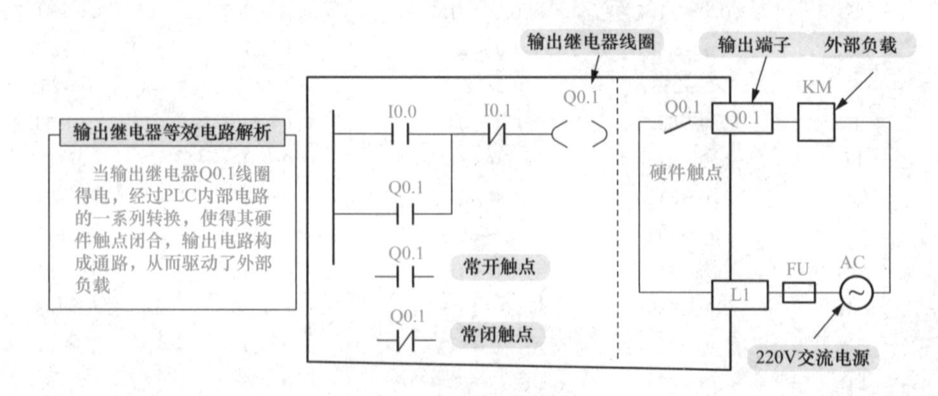

图 1-8　输出继电器等效电路

需要指出的是，输出继电器的线圈的通断状态只能由内部指令驱动，即输出映像寄存器的数值只能由内部指令写入；输出映像寄存器有无数个常开和常闭触点供编程时使用，且在编写程序时，输出继电器触点、线圈都能出现，且线圈的通断状态表示程序最终的运算结果，这与下面要讲的辅助继电器有着明显的区别。

输出映像寄存器可采用位、字节、字和双字来存取，地址范围见表 1-7。

◆ PLC 工作原理

下面说明 PLC 工作原理加以说明，输入/输出继电器等效电路如图 1-9 所示。

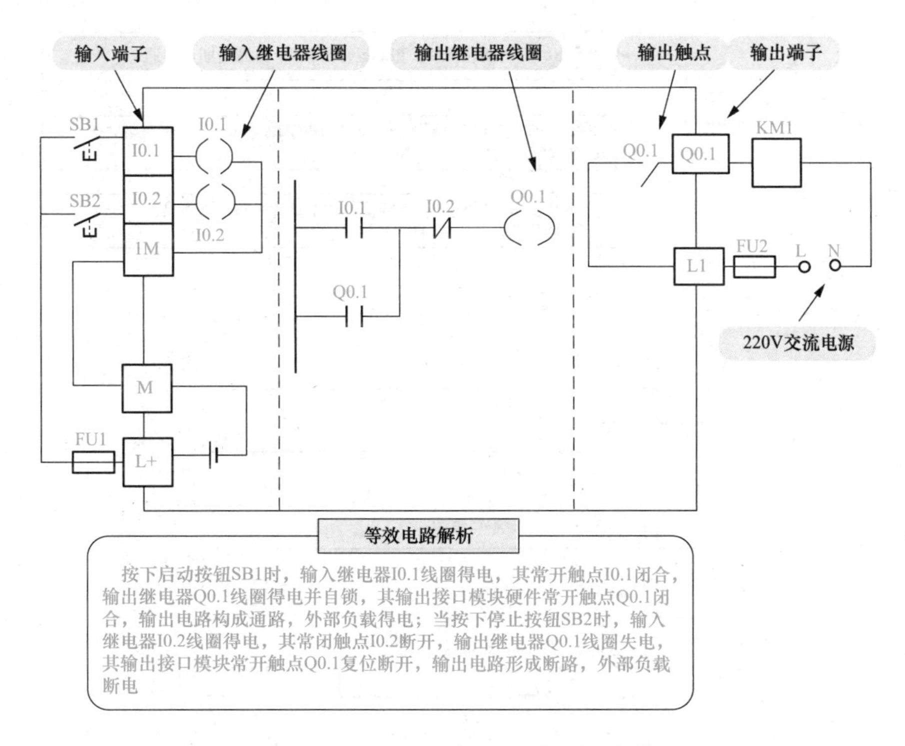

图 1-9　输入/输出继电器等效电路

2. 内部标志位存储器（M）

内部标志位存储器在实际工程中常称作辅助继电器，其作用相当于继电器控制电路中的中间继电器，它用于存放中间操作状态或存储其他相关数据，如图 1-10 所示。内部标志位存储器在 PLC 中无相应的输入/输出端子对应，辅助继电器线圈的通断只能由内部指令驱动，且每个辅助继电器都有无数对常开常闭触点供编程使用。辅助继电器不能直接驱动负载，它只能通过本身的触点与输出继电器线圈相连，由输出继电器实现最终的输出，从而达到驱动负载的目的。

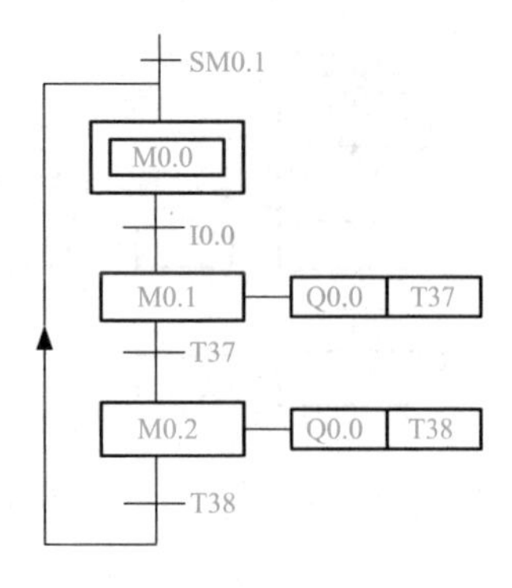

图 1-10　辅助继电器举例

内部标志位存储器可采用位、字节、字和双字来存取，地址范围见表 1-7。

3. 特殊标志位存储器（SM）

有些内部标志位存储器具有特殊功能或用来存储系统的状态变量和有关控制参数和信息，这样的内部标志位存储器被称为特殊标志位存储器。它用于 CPU 与用户之间的信息交换。

常用的特殊标志位存储器如图 1-11 所示。常用的特殊标志位存储器时序图如图 1-12 所示。

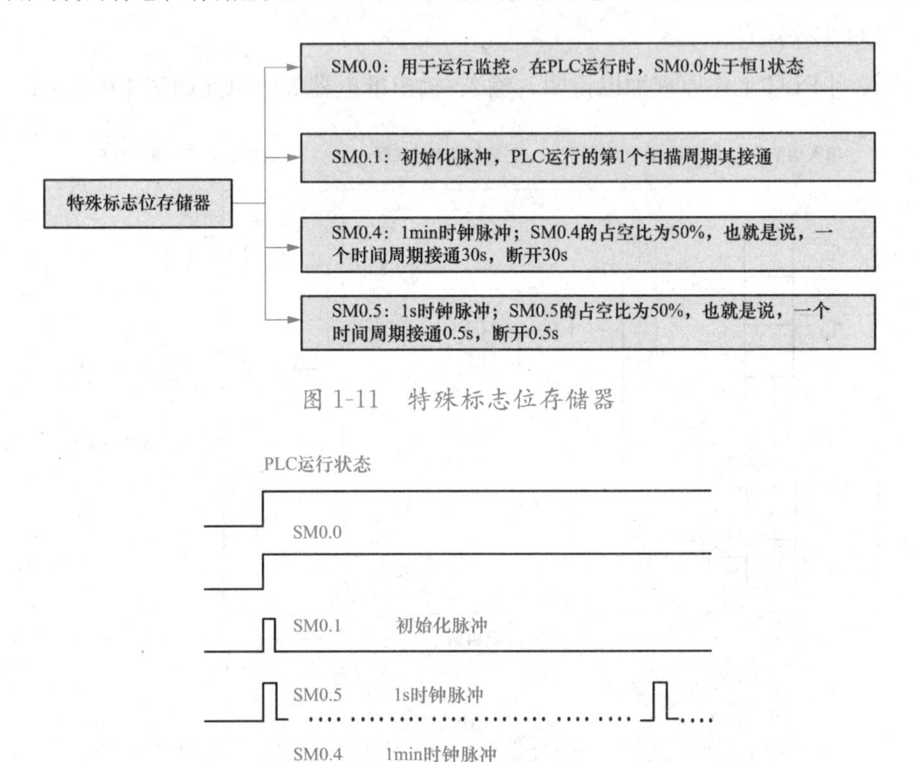

图 1-11　特殊标志位存储器

图 1-12　特殊标志位存储器时序图

其他特殊标志位存储器的用途这里不做过多说明，若有需要读者可参考附录，或者查阅 PLC 软件手册。

4. 顺序控制继电器存储器（S）

顺序控制继电器用于顺序控制（也称步进控制），与辅助继电器一样也是顺序控制编程中的重要编程元件之一，它通常与顺序控制继电器指令（也称步进指令）联用以实现顺序控制编程。

顺序控制继电器存储器可采用位、字节、字和双字来存取，地址范围见表 1-7。需要说明的是，顺序控制继电器存储器的顺序功能图与辅助继电器的顺序功能图基本一致，如图 1-13 所示。

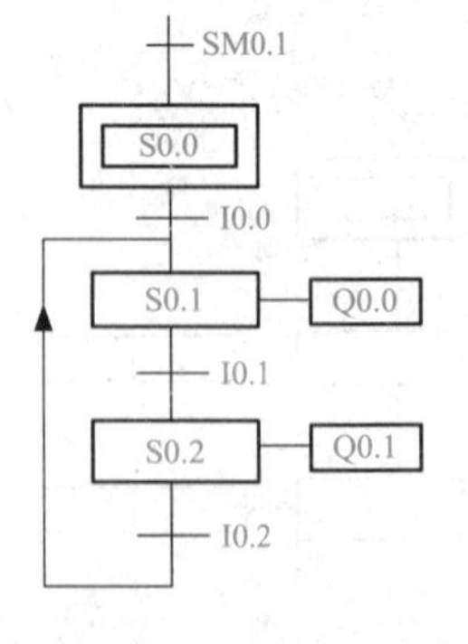

图 1-13　顺序控制继电器存储器举例

5. 定时器存储器（T）

定时器相当于继电器控制电路中的时间继电器，它是 PLC 中的定时编程元件。按其工作方式的不同可以将其分为通电延时型定时器、断电延时型定时器和保持型通电延时定时器 3 种。定时时间＝预置值×时基，其中预置值在编程时设定，时基有 1、10ms 和 100ms 3 种。定时器的位存取有效地址范围为 T0～T255，因此定时器共计 256 个。在编程时定时器可以有无数个常开和常闭触点供用户使用。

6. 计数器存储器（C）

计数器是 PLC 中常用的计数元件，它用来累计输入端的脉冲个数。按其工作方式的不同可以将其分为加计数器、减计数器和加减计数器 3 种。计数器的位存取有效地址范围为 C0～C255，因此计数器共计 256 个，但其常开和常闭触点有无数对供编程使用。

7. 高速计数器（HC）

高速计数器的工作原理与普通计数器的基本相同，只不过它是用来累计高速脉冲信号的。当高速脉冲信号的频率比 CPU 扫描速度更快时必须用高速计时器来计数。注意高速计时器的计数过程与扫描周期无关，它是一个较为独立的过程。

8. 局部存储器（L）

局部存储器用来存放局部变量，并且只在局部有效，局部有效是指某个局部存储器只能在某一程序分区（主程序、子程序和中断程序）中被使用。它可按位、字节、字和双字来存取。地址范围见表 1-7。

9. 变量存储器（V）

变量存储器与局部存储器十分相似，只不过变量存储器存放的是全局变量，它用在程序执行的控制过程中，控制操作中间结果或其他相关数据，变量存储器全局有效，全局有效是指同一个存储器可以在任意程序分区（主程序、子程序和中断程序）被访问。它和局部存储器一样可按位、字节、字和双字来存取。地址范围见表 1-7。

10. 累加器（AC）

累加器用来暂时存储计算中间值的存储器，也可向子程序传递参数或返回参数。S7-200 SMART PLC 的 CPU 提供了 4 个 32 位累加器（AC0、AC1、AC2、AC3），可按字节、字和双字存取累加器中的数值。累加器的有效地址为 AC0～AC3。

11. 模拟量输入映像寄存器（AI）

模拟量输入模块将外部输入连续变化的模拟量信号通过 A/D（模数转换）转换为 1 个字长（16 位）的数字量信号，并存放在模拟量输入映像寄存器中，供 CPU 运算和处理。模拟量输入映像寄存器中的数值为只读值，且模拟量输入映像寄存器的地址必须使用偶数字节地址来表示，如 AIW2、AIW4 等。模拟量输入映像寄存器的地址编号范围因 CPU 模块型号的不同而不同，地址编号范围为 AIW0～AIW110。

12. 模拟量输出映像寄存器（AQ）

CPU 运算相关结果存放在模拟量输出映像寄存器中，将 1 个字长（16 位）的数字量信号通过 D/A(数模转换）转换为模拟量输出信号，用以驱动外部模拟量控制设备。和模拟量输入映像寄存器一样，模拟量输出映像寄存器中的数值也为只读值，且模拟量输出映像寄存器的地址也必须使用偶数字节地址来表示，如 AQW2、AQW4 等，地址编号范围为 AQW0～AQW110。

1.3.3 S7-200 SMART PLC 数据区存储器的地址格式

存储器由许多存储单元组成，每个存储单元都有唯一的地址，在寻址时可以依据存储器的地址来存储数据。数据区存储器的地址格式有如下几种。

1. 位地址格式

位是的最小存储单位，常用 0、1 两个数值来描述各元件的工作状态。当某位取值为 1 时，表示线圈闭合，对应触点发生动作，即常开触点闭合常闭触点断开；当某位取值为 0 时，表示线圈断开，对应触点发生动作，即常开触点断开常闭触点闭合。

数据区存储器位地址格式可以表示为：区域标识符＋字节地址＋字节与位分隔符＋位号。如图 1-14 所示的 I1.6，其中第 0 位为最低位（LSB)，第 7 位为最高位（MSB)。

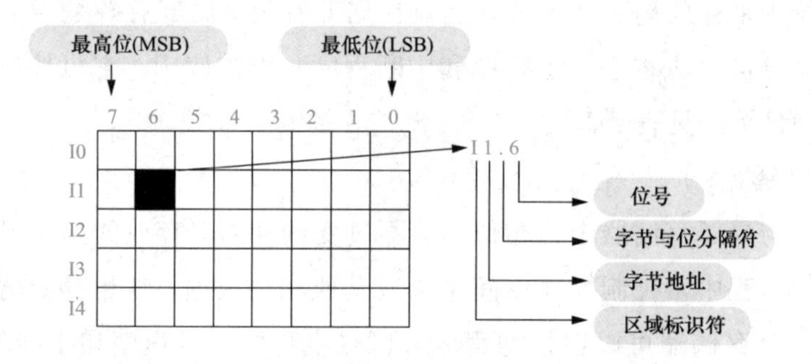

图 1-14 数据区存储器位地址格式

2. 字节地址格式

相邻的 8 位二进制数组成一个字节。字节地址格式可以表示为：区域识别符＋字节长度符 B＋字节号。如 QB0 表示由 Q0.0～Q0.7 这 8 位组成的字节，如图 1-15 所示。

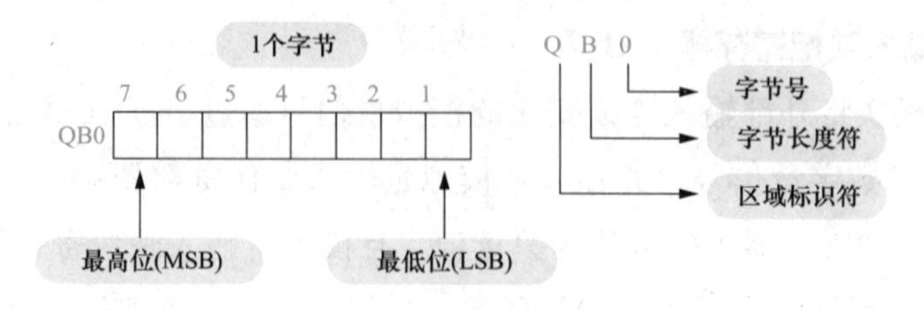

图 1-15 数据区存储器字节地址格式

3. 字地址格式

两个相邻的字节组成一个字。字地址格式可以表示为：区域识别符＋字长度符 W＋

起始字节号，且起始字节为高有效字节。如 VW20 表示由 VB20 和 VB21 这 2 个字节组成的字，如图 1-16 所示。

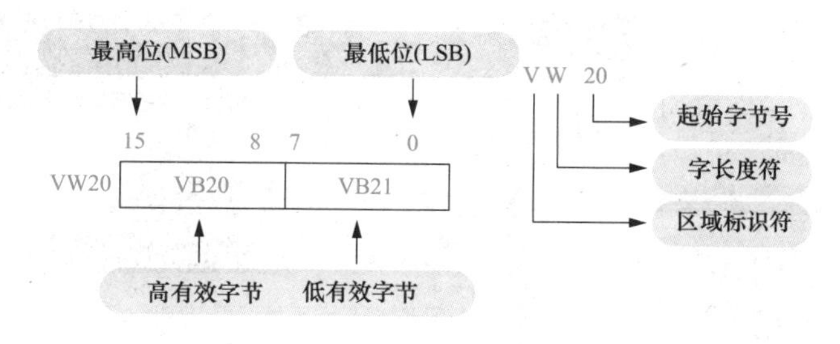

图 1-16　数据区存储器字地址格式

4. 双字地址格式

相邻的两个字组成一个双字。双字地址格式可以表示为：区域识别符＋双字长度符 D＋起始字节号，且起始字节为最高有效字节。如 VD20 表示由 VB20～VB23 这 4 个字节组成的双字，如图 1-17 所示。

需要说明的是，以上区域标识符与图 1-6 一致。

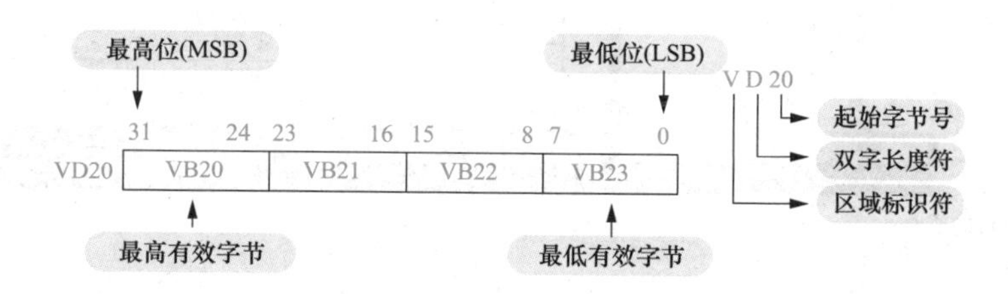

图 1-17　数据区存储器双字地址格式

1.4　例说西门子 S7-200 SMART PLC 编程软件快速应用

STEP 7-Micro/WIN SMART 是西门子公司专门为 S7-200 SMART PLC 设计的编程软件，其功能强大，可在 Windows XP SP3 和 Windows 7 操作系统上运行，支持梯形图、语句表和功能块图 3 种语言，可进行程序的编辑、监控、调试和组态。其安装文件还不足 100MB。在沿用 STEP 7-Micro/WIN 优秀编程理念的同时，更多的人性化设计，使编程更容易上手，项目开发更加高效。

本书以 STEP 7-Micro/WIN SMART V2. 2 编程软件为例，对相关知识进行讲解。

1. 4. 1　STEP 7-Micro/WIN SMART 编程软件的界面

STEP 7-Micro/WIN SMART 编程软件的界面主要包括快速访问工具栏、导航栏、项目树、菜单栏、程序编辑器、窗口选项卡和状态栏，如图 1-18 所示。

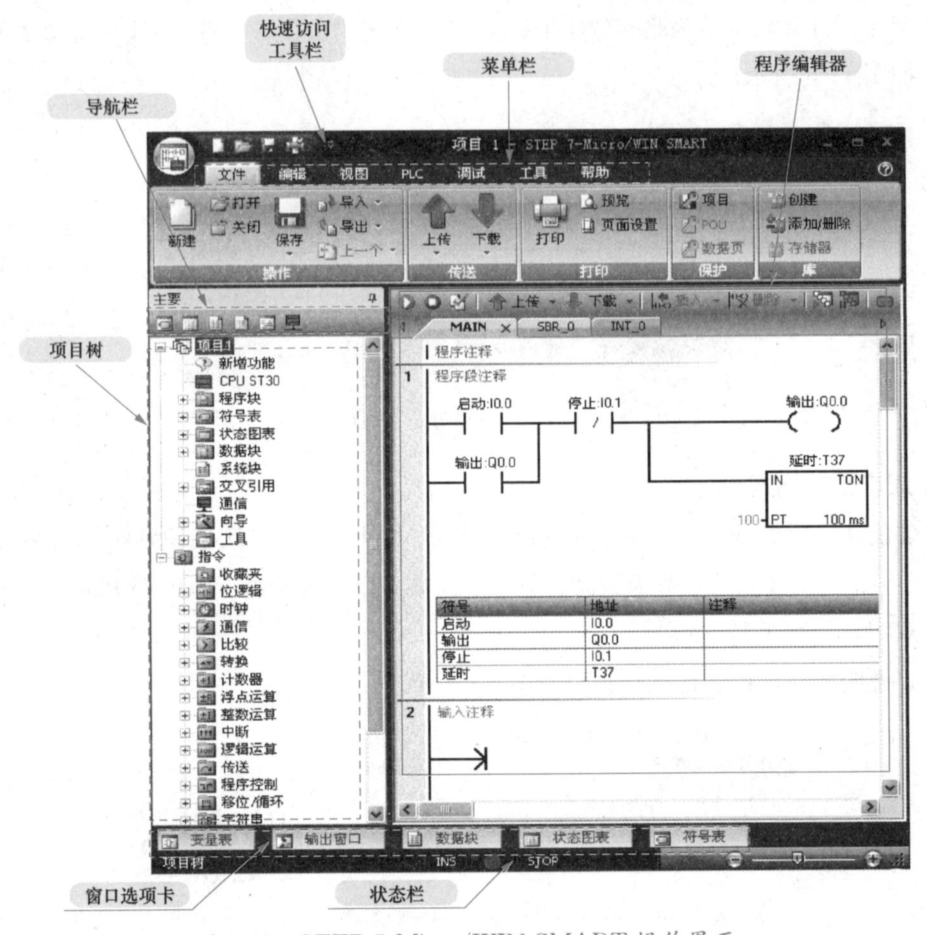

图 1-18　STEP 7-Micro/WIN SMART 操作界面

1. 快速访问工具栏

快速访问工具栏位于菜单栏的上方，如图 1-19 所示。单击“快速访问文件”按钮，可以简捷快速地访问“文件”菜单下的大部分功能和最近文档。单击“快速访问文件”按钮出现的下拉菜单如图 1-20 所示。快速访问工具栏上的其余按钮分别为新建、打开、保存和打印等。

此外，单击还可以自定义快速访问工具栏。

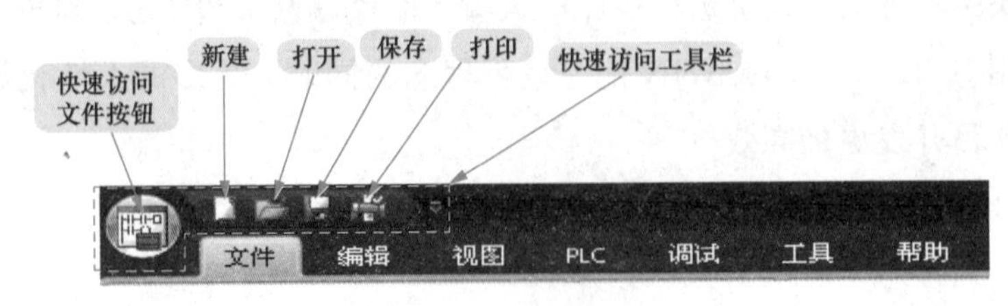

图 1-19　快速访问工具栏

2. 导航栏

导航栏位于项目树的上方，导航栏上有符号表、状态图表、数据块、系统块、交叉引用和通信几个按键，如图 1-21 所示。单击相应按键，可以直接打开项目树中的对应选项。

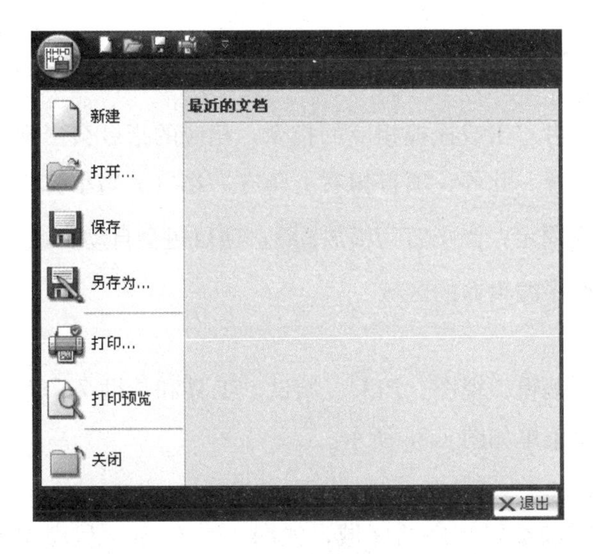

图 1-20　快速访问工具栏的下拉菜单

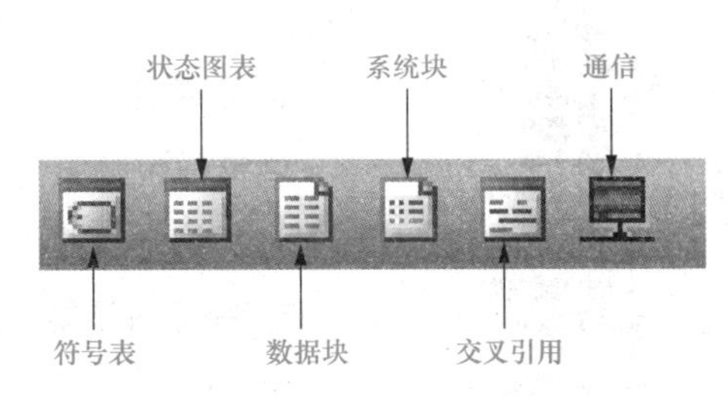

图 1-21　导航栏

编者有料

1. 符号表、状态图表、系统块和通信几个选项非常重要，应予以重视。符号表对程序起到注释作用，增加程序的可读性；状态图表用于调试时，监控变量的状态；系统块用于硬件组态；通信按钮设置通信信息。

2. 各按键的名称无需死记硬背，将鼠标放在按键上，就会出现它们的名称。

3. 项目树

项目树位于导航栏的下方，如图 1-22 所示。项目树有两大功能：组织编辑项目和提供指令。

（1）组织编辑项目。

1）双击“系统块”或▤，可以硬件进行组态。

2）单击“程序块”文件夹前的⊞，“程序块”文件夹会展开。右击可以插入子程序或中断程序。

3）单击“符号表”文件夹前的⊞，“符号表”文件夹会展开。右击可以插入新的符号表。

4）单击“状态表”文件夹前的⊞，“状态表”文件夹会展开。右击可以插入新的状态表。

图 1-22 项目树

5）单击“向导”文件夹前的⊞，“向导”文件夹会展开，操作者可以选择相应的向导。常用的向导有运动向导、PID 向导和高速计数器向导。

（2）提供相应的指令。单击相应指令文件夹前的⊞，相应的指令文件夹会展开，操作者双击或拖拽相应的指令，相应的指令会出现在程序编辑器的相应位置。此外，项目树右上角有一小钉，当小钉为竖放，项目树位置会固定；当小钉为横放，项目树会自动隐藏。小钉隐藏时，会扩大程序编辑器的区域。

4. 菜单栏

菜单栏包括文件、编辑、视图、PLC、调试、工具和帮助 7 个菜单项，菜单各项的下拉菜单如图 1-23 所示。

5. 程序编辑器

程序编辑器是编写和编辑程序的区域，如图 1-24 所示。程序编辑器主要包括工具栏、POU 选择器、POU 注释和程序注释等。其中，工具栏详解如图 1-25 所示。POU 选择器用于主程序、子程序和中断程序之间的切换。

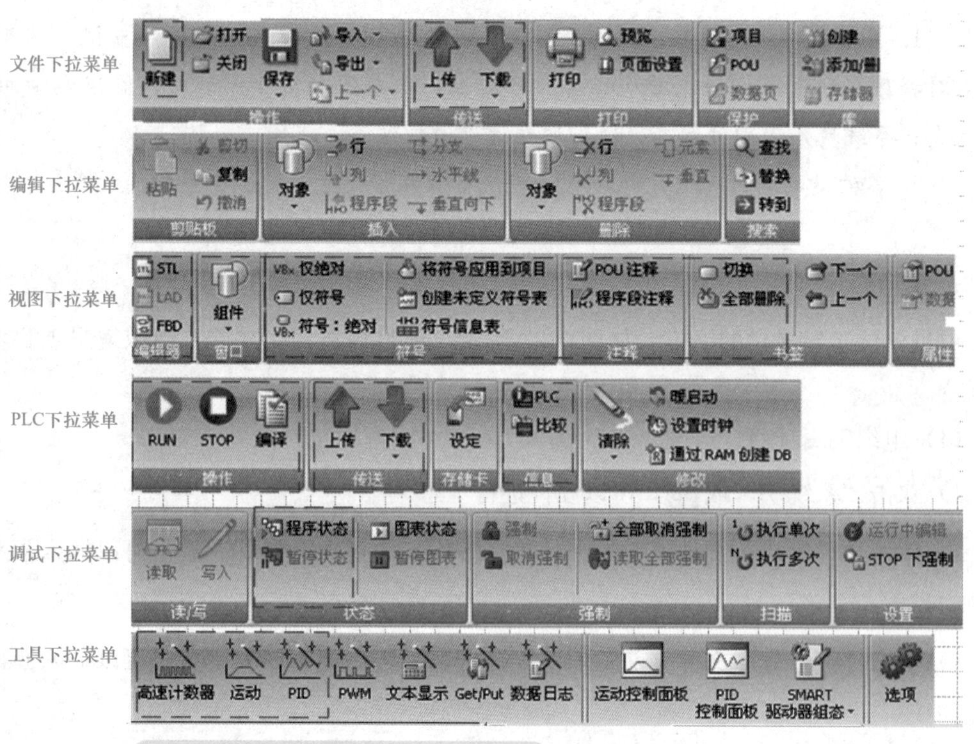

图 1-23 菜单各项的下拉菜单

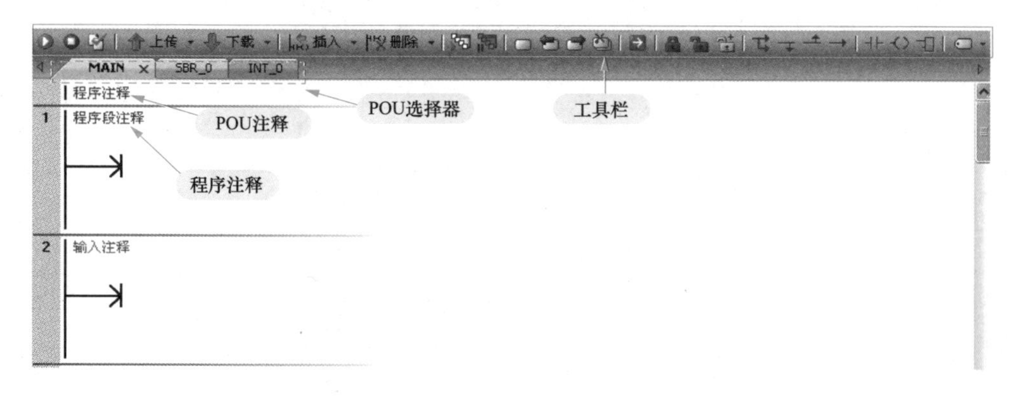

图 1-24　程序编辑器

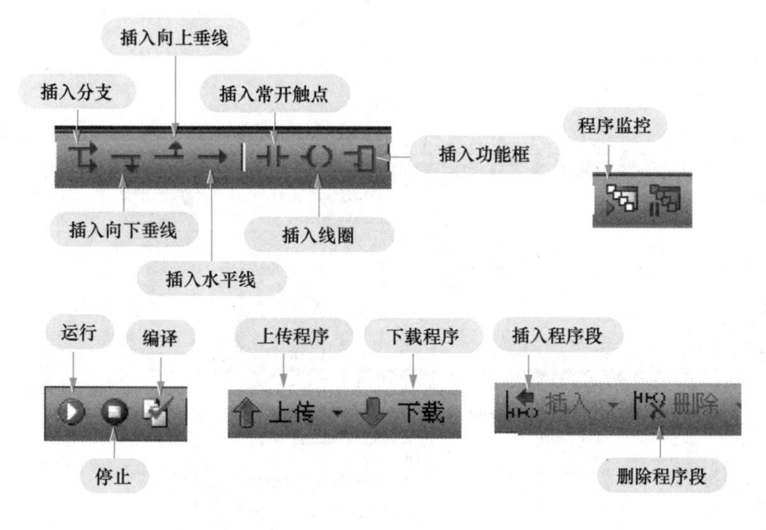

图 1-25　工具栏

6. 窗口选项卡

窗口选项卡可以实现变量表窗口、符号表窗口、状态表窗口、数据块窗口和输出窗口的切换。

7. 状态栏

状态栏位于主窗口底部，提供软件中执行的操作信息。

1.4.2　STEP 7-Micro/WIN SMART 编程软件应用举例

1. 项目要求

下面以图 1-26 为例完整地介绍硬件组态、程序输入、注释、编译、下载和监控的全过程。本例中系统硬件有 CPU ST20、1 块模拟量输出信号板、1 块 4 路模拟量输入模块和 1 块 8 路数字量输入模块。

2. 任务实施

(1) 创建项目。双击桌面上的 STEP 7-Micro/WIN SMART 编程软件图标，打开编程软件界面。单击“文件”下拉菜单下的新建按钮，创建一个新项目。

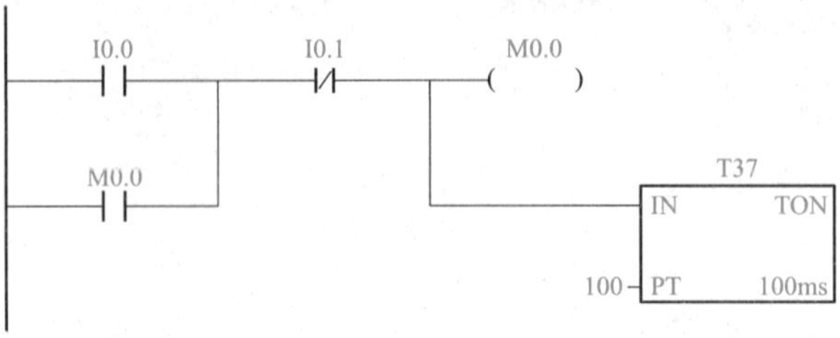

图 1-26　新建一个完整的项目

（2）硬件组态。双击项目树中的系统块图标，打开如图 1-27 所示的系统块界面，在此界面中进行硬件组态。

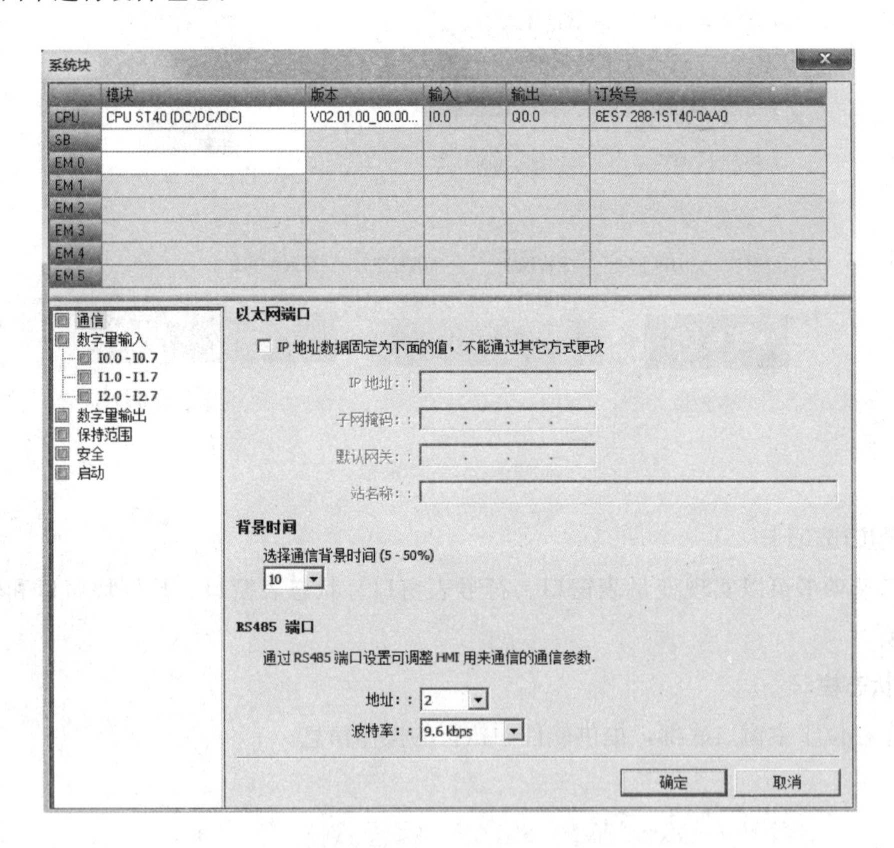

图 1-27　系统块开展界面

1）系统块表格的第一行是 CPU 型号的设置；在第一行的第一列处，可以单击图标，选择与实际硬件匹配的 CPU 型号。本例 CPU 型号选择 CPU ST20（DC/DC/DC）。

2）系统块表格的第二行是信号板的设置；在第一行的第一列处，可以单击图标，选择与实际信号板匹配的类型。本例信号板型号选择 SB AQ01（1AQ）。

3）系统块表格的第三行至第八行可以设置扩展模块；扩展模块包括数字量扩展模

块、模拟量扩展模块、热电阻扩展模块和热电偶扩展模块。本例中，第三行选择 4 路模拟量输入模块，型号为 EM AE04（4AI）；第四行选择 8 路数字量输入模块，型号为 EM DE04（8DI）。

本例硬件组态的最终结果如图 1-28 所示。

硬件组态时，特别需要注意的是模拟量输入模块参数的设置。了解西门子 S7-200 PLC 的读者都知道，模拟量模块的类型和范围均用拨码开关来设置，而 S7-200 SMART PLC 模拟量模块的类型和范围用软件来设置。

先选中模拟量输入模块，再选中要设置的通道，模拟量的类型有电压和电流两类，电压范围有±2.5V、±5V、±10V 3 种；电流范围为 0～20mA。

值得注意的是，通道 0 和通道 1 的类型相同，通道 2 和通道 3 的类型相同，具体设置，如图 1-29 所示。

系统块

	模块	版本	输入	输出	订货号
CPU	CPU ST20 (DC/DC/DC)	V02.02.00_00.00...	I0.0	Q0.0	6ES7 288-1ST20-0AA0
SB	SB AQ01 (1AQ)			AQW12	6ES7 288-5AQ01-0AA0
EM 0	EM AE04 (4AI)		AIW16		6ES7 288-3AE04-0AA0
EM 1	EM DE08 (8DI)		I12.0		6ES7 288-2DE08-0AA0
EM 2					
EM 3					

图 1-28　硬件组态的最终结果

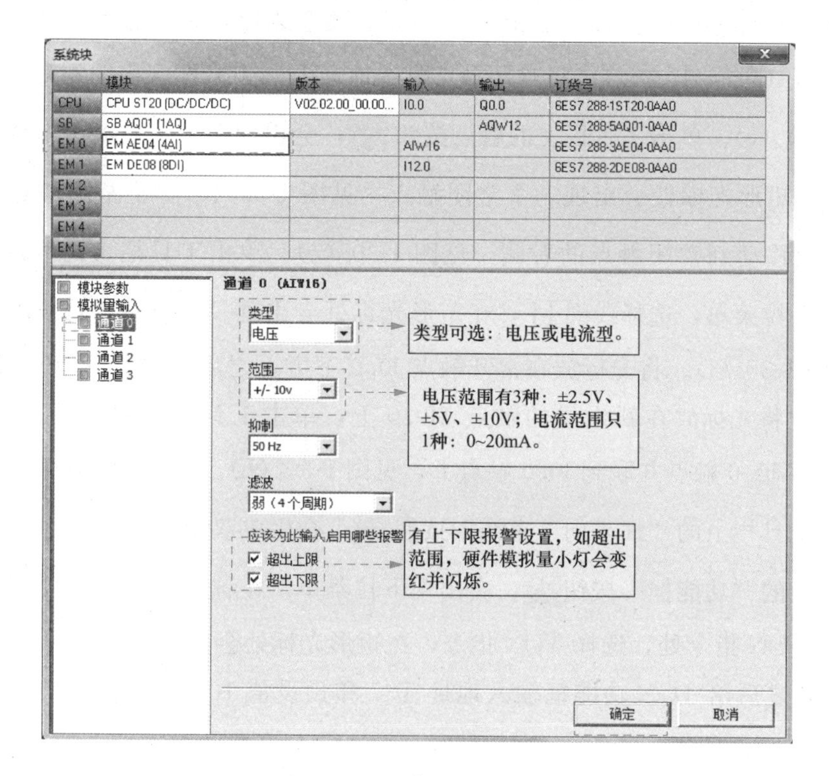

图 1-29　组态模拟量设置

编者有料

1. 硬件组态的目的是生成1个与实际硬件系统完全相同的系统。硬件组态包括CPU型号、扩展模块和信号板的添加，以及它们相关参数的设置。

2. S7-200 SMART硬件组态有些类似S7-1200PLC和S7-300/400PLC，注意输入/输出点的地址是系统自动分配的，操作者不能更改，编程时要严格遵守系统的地址分配。比如图1-28中，第4、5列为软件自动分配的输入/输出点的起始地址，操作者编程时应遵循此地址分配，不得改变。

3. 硬件组态时，设备的选择型号必须和实际硬件完全匹配，否则控制无法实现。

(3) 程序输入。生成新项目后，系统会自动打开主程序MAIN (OB1)，操作者先将光标定位在程序编辑器中要放元件的位置，然后可以进行程序输入了。程序输入常用的有用程序编辑器中的工具栏输入和用键盘上的快捷键输入两种方法。

本例程序输入的具体过程如图1-30所示，具体操作如下。

1) 用工具栏输入。生成项目后，将矩形光标定位在程序段1的最左边，见图1-30 (a)；单击程序编辑器工具栏上的触点按钮 ⊣⊢，会出现1个下拉菜单，选择常开触点 ⊣ ⊢，在矩形光标处会出现一个常开触点，见图1-30 (b)，由于未给常开触点赋予地址，因此此时触点上方有红色问号 ??.? ；将常开触点赋予地址I0.0，光标会移动到常开触点的右侧，见图1-30 (c)。单击工具栏上的触点按钮 ⊣⊢，会出现1个下拉菜单，选择常闭触点 ⊣ / ⊢，在矩形光标处会出现一个常闭触点，见图1-30 (d)，将常闭触点赋予地址I0.1，光标会移动到常闭触点的右侧，见图1-30 (e)。单击工具栏上的线圈按钮 ⟨⟩，会出现1个下拉菜单，选择线圈 -( )，在矩形光标处会出现一个线圈，将线圈赋予地址M0.0，见图1-30 (f)。将光标放在常开触点I0.0下方，之后生成常开触点M0.0，见图1-30 (g)；将光标放在新生成的触点M0.0上，单击工具栏上的"插入向上垂线"按钮，将M0.0触点并联到I0.0触点上，见图1-30 (h)。将光标放在常闭触点I0.1上方，单击工具栏上的"插入向下垂线"按钮，会生成双箭头折线，见图1-30 (i)；单击工具栏上的"功能框"按钮，会出现下拉菜单，在键盘上输入TON，下拉菜单光标会跳到TON指令处，选择TON指令，在矩形光标处会出现一个TON功能块，见图1-30 (j)；之后给TON功能框输入地址T37和预设值100，便得到了最终的结果，见图1-30 (k)。

2) 用键盘上的快捷键输入。此方法与用工具栏输入基本相同，只不过点击工具栏按钮换成了按快捷键，故这里不再赘述。

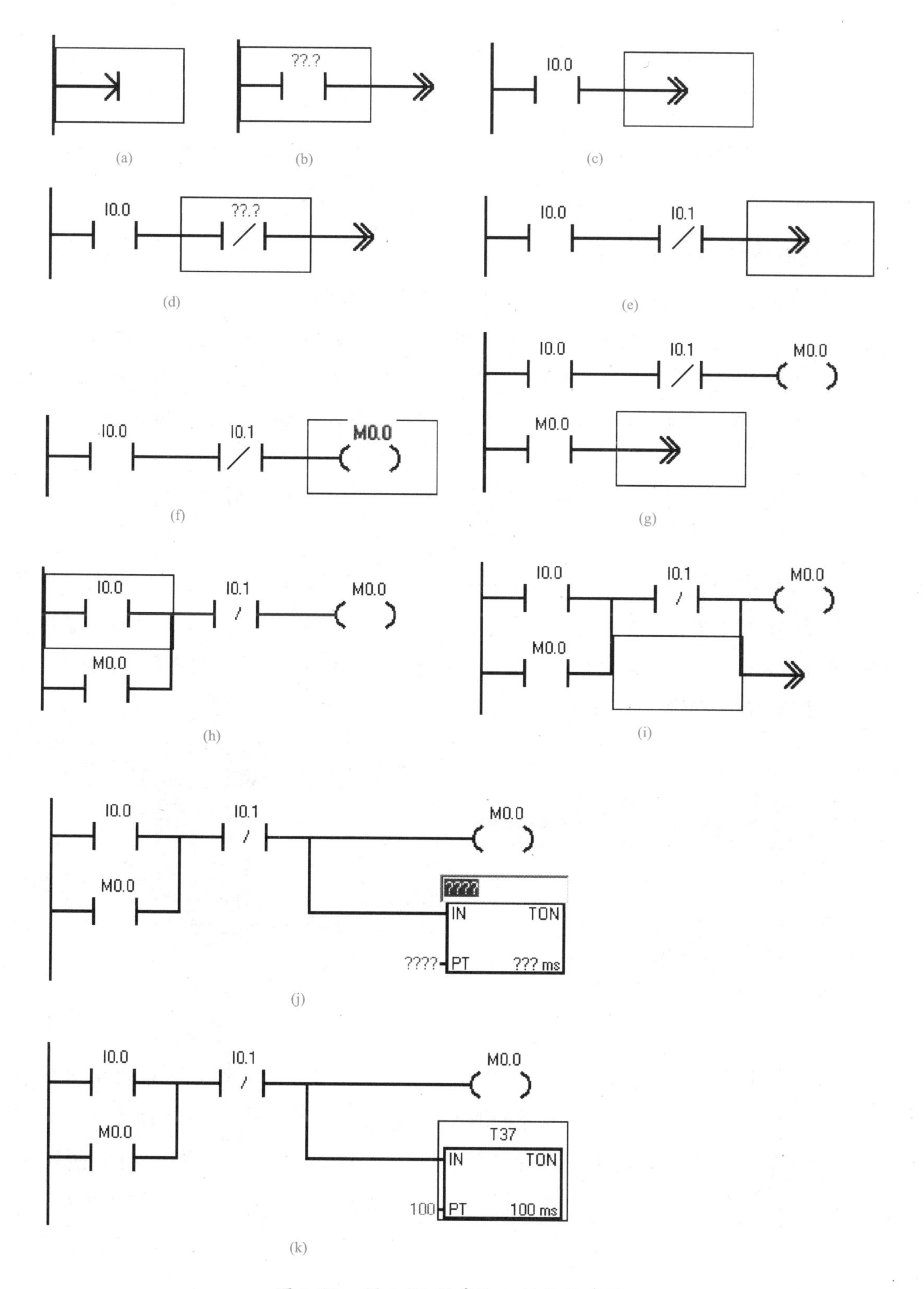

(a) (b) (c) (d) (e) (f) (g) (h) (i) (j) (k)

图 1-30　图 1-26 程序输入的具体步骤

编者有料

两种程序输入法总结：

（1）用程序编辑器中的工具栏进行输入。单击 按钮，出现下拉菜单，选择 ，可以输入常开触点；单击 按钮，出现下拉菜单，选择 ，可以输入常闭触点；单击 按钮，可以输入线圈；单击 按钮，可以输入功能框；单击 按钮，可以插入分支；单击 按钮，可以插入向下垂线；单击 按钮，可以插入向上垂线；单击 按钮，可以插入水平线。

（2）用键盘上的快捷键输入。触点快捷键 F4；线圈快捷键 F6；功能块快捷键 F9；分支快捷键“Ctrl＋↓”；向上垂线快捷键“Ctrl＋↑”；水平线快捷键“Ctrl＋→”。

注意：输入完元件后，根据实际编程的需要，必须将相应元件赋予相应的地址。

（4）程序注释。一个程序，特别是较长的程序，如果要很容易被别人看懂，做好程序描述是必要的。

1）双击项目树中的“符号表”文件夹中的图标 ，打开符号表；打开的符号表位于程序编辑器下方。图 1-31 给出了“表格 1”和“I/O 符号”2 个表格，操作者添加程序注释在“表格 1”中完成，“I/O 符号”为系统自动生成的，操作者如若在“表格 1”添加程序注释，需先删除“I/O 符号”。

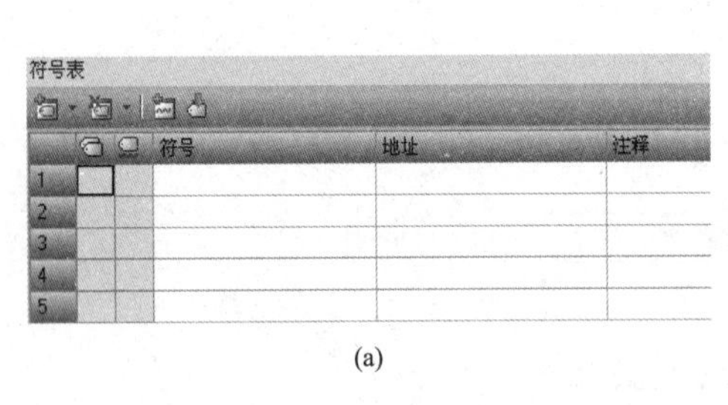

(a)

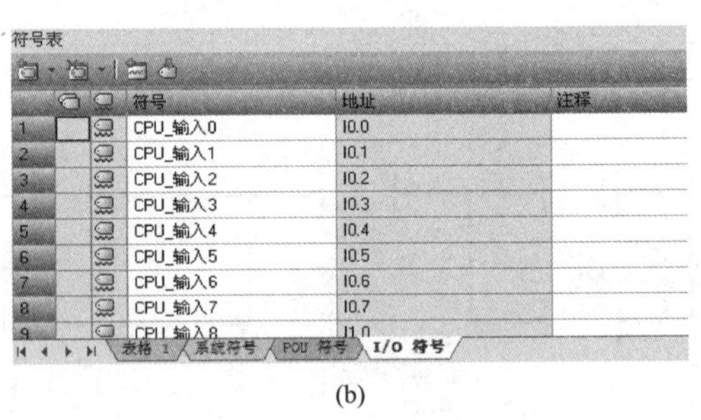

	符号	地址	注释
1	CPU_输入0	I0.0	
2	CPU_输入1	I0.1	
3	CPU_输入2	I0.2	
4	CPU_输入3	I0.3	
5	CPU_输入4	I0.4	
6	CPU_输入5	I0.5	
7	CPU_输入6	I0.6	
8	CPU_输入7	I0.7	
9	CPU_输入8	I1.0	

(b)

图 1-31　符号表

（a）表格 1；（b）I/O 符合

2）符号生成：打开表格 1，在“符号”列输入符号名称，符号名称最多可以包含 23 个符号；在“地址”列输入相应的地址；“注释”列可以进一步详细地注释，最多可注释 79 个字符。注释信息填完后，单击符号表中的 ，将符号应用于项目。本例中填入图 1-26 所示程序的注释信息。

3）显示方式设置。显示方式有 3 种，分别为“仅显示符号”“仅显示绝对地址”和“显示地址和符号”，如图 1-32 所示。

图 1-32　显示方式调节

4）符号信息表设置。单击“视图”菜单下的“符号信息表”按钮，可以显示符号信息表。通过以上几步，图 1-26 所示程序的最终注释结果如图 1-33 所示。

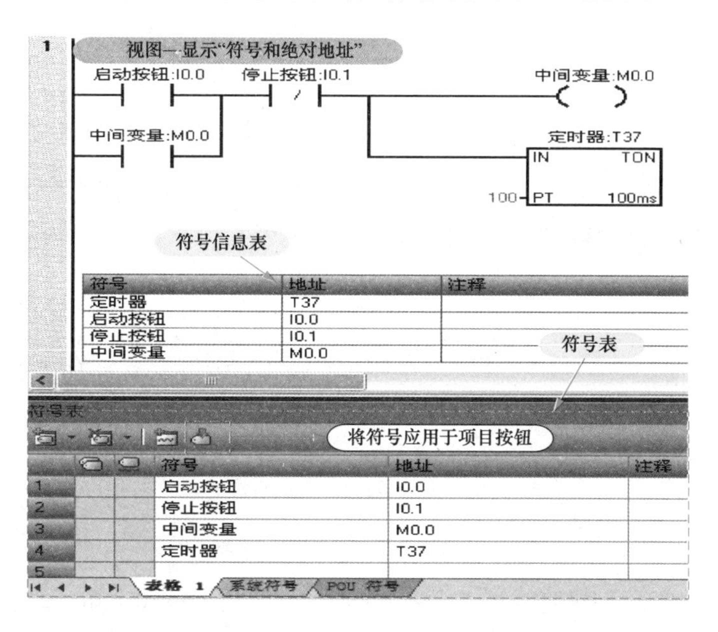

图 1-33　图 1-26 所示程序的最终注释结果

编者有料

符号表是注释的主要手段，掌握符号表的相关内容对于读者非常重要，图 1-33 中可以看出符号表注释的具体步骤，读者应细细品味。

（5）程序编译。在程序下载前，为了避免程序出错，最好进行程序编译。

程序编译的方法：单击程序编辑器工具栏上的“编译”按钮，输入程序的就可编译了。本例编译的最终结果，如图 1-34 所示。

如果语法有错误，将会在输出窗口中显示错误的个数、错误的原因和错误的位置，如图 1-35 所示。双击某一条错误，将会打开出错的程序块，用光标指示出错的位置，待错误改正后，方可下载程序。需要指出，程序如果未编译，下载前软件会自动编译，编译结果会显示在输出窗口。

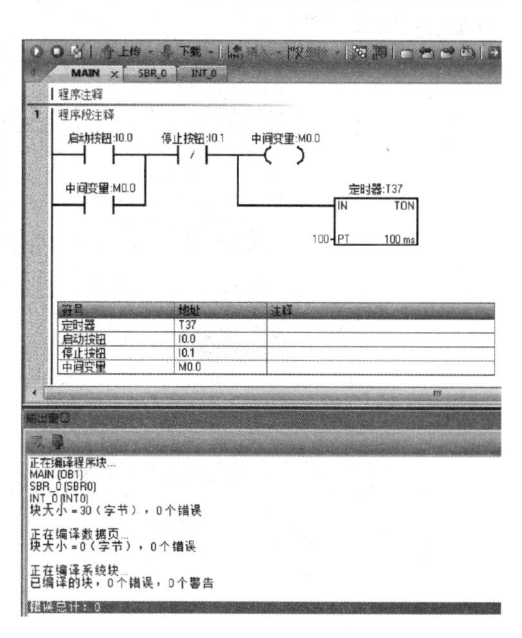

图 1-34　图 1-25 编译后的最终结果

（6）程序下载。在下载程序之前，必须

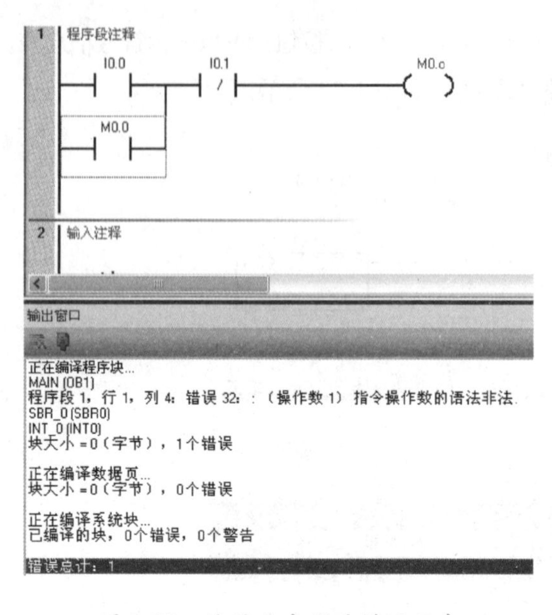

图 1-35 编译后出现的错误信息

先保障 S7-200 SMART 的 CPU 和计算机之间能正常通信。设备能实现正常通信的前提是设备之间进行了物理连接和设备进行了正确通信设置。若单台 S7-200 SMART PLC 与计算机之间连接，只需要 1 条普通的以太网线；若多个 S7-200 SMART PLC 与计算机之间连接，还需要交换机。

1）通信设置。

a. CPU 的 IP 地址设置。双击项目树或导航栏中的“通信”图标，打开通信对话框，如图 1-36 所示。单击“网络接口卡”后边的，会出现下拉菜单，本例选择了 TCP/IP(Auto) -> Realtek PCIe GBE Famil...；之后单击左下角“查找”按钮，CPU 的地址会被搜上来，S7-200 SMART PLC 默认地址为“192.168.2.1”；单击“闪烁指示灯”按钮，CPU 模块中的 STOP、RUN 和 ERROR 指示灯会轮流点亮，再按一下，点亮停止，这样做的目的是当有多个 CPU 时，便于找到所选择的那个 CPU。

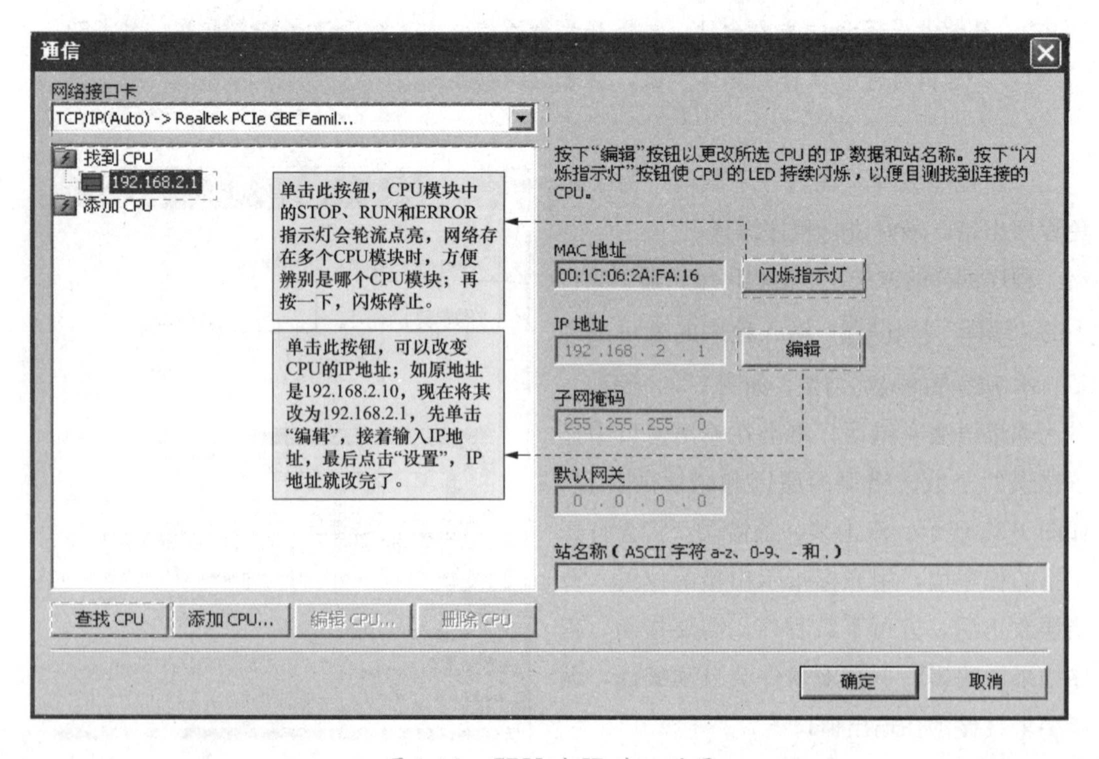

图 1-36 CPU 的 IP 地址设置

单击“编辑”按钮，可以改变 IP 地址；若“系统块”中组态了“IP 地址数据固定为下面的值，不能通过其他方式更改”（见图 1-37），再单击“设置”，会出现错误信息，则证明这里 IP 地址不能改变。

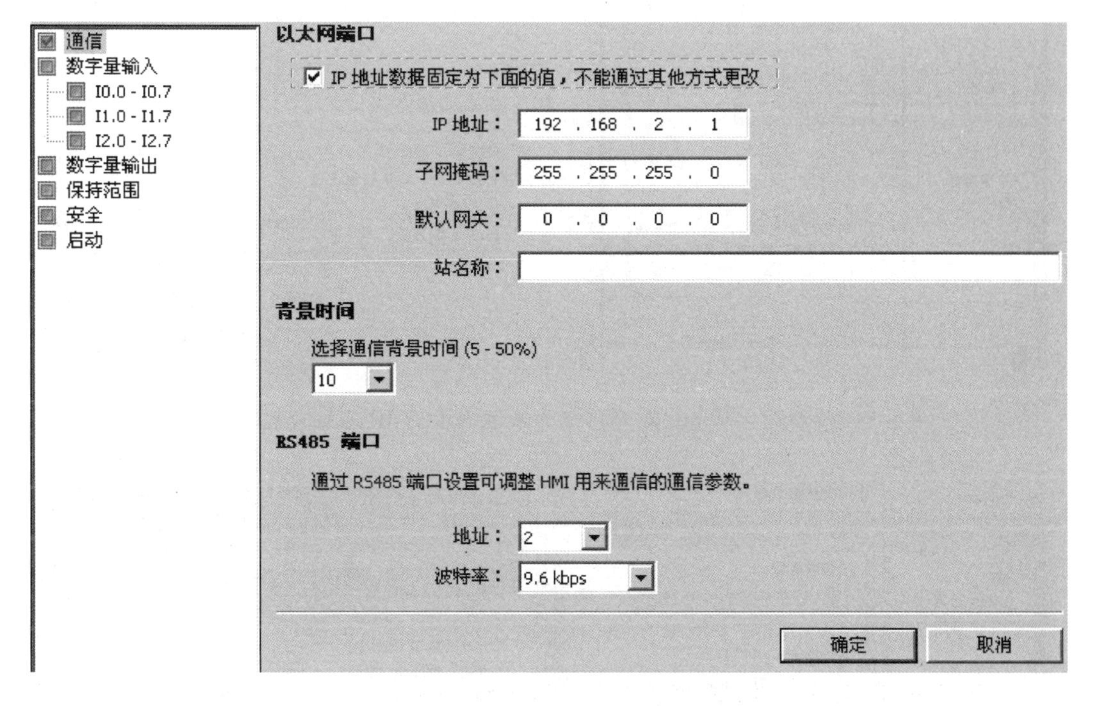

图 1-37　系统块的 IP 地址设置

最后，单击“确定”按钮，CPU 所有通信信息设置完毕。

◆ 编者有料 ◆

在图 1-36 所示界面中单击“闪烁指示灯”按钮，能方便地找到所需要的 CPU 模块；单击“编辑”按钮，可更改 CPU 的 IP 地址。熟记以上两点，能给以后的操作带来方便。

b. 计算机网卡的 IP 地址设置。打开计算机的控制面板，若是 Windows XP 操作系统，双击“网络连接”图标，其对话框会打开，按图 1-38 设置 IP 地址即可。这里的 IP 地址设置为“192.168.2.170”，子网掩码默认为“255.255.255.0”，网关无需设置。若是 Windows7 SP1 操作系统，打开控制面板，单击“更改适配器设置”，再双击“本地连接”，在对话框中，单击“属性”，按图 1-39 设置 IP 地址。最后单击“确定”，计算机网卡的 IP 地址设置完毕。

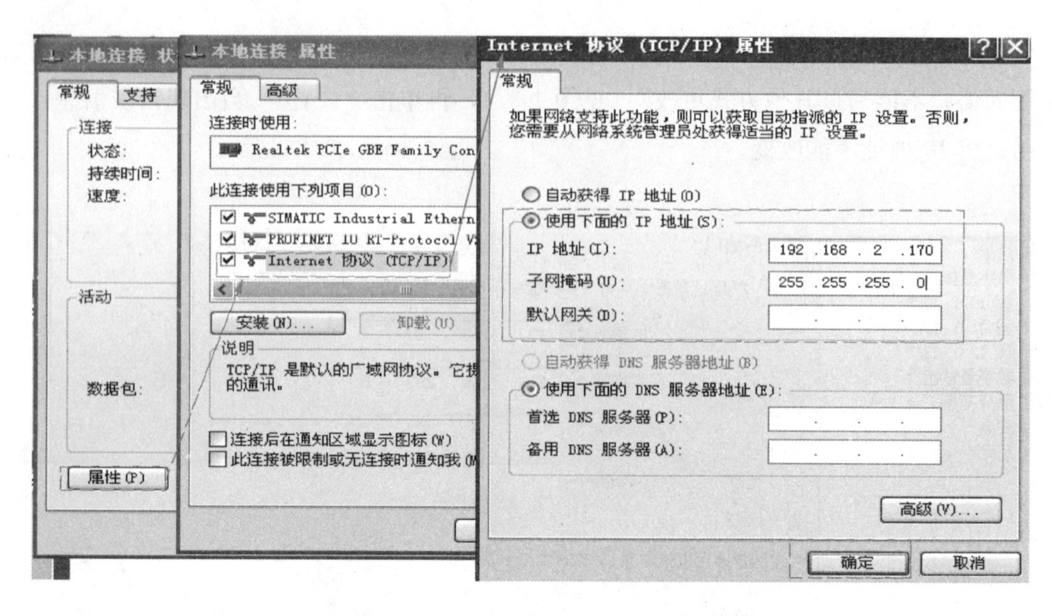

图 1-38　Windows XP 操作系统网卡的 IP 地址设置

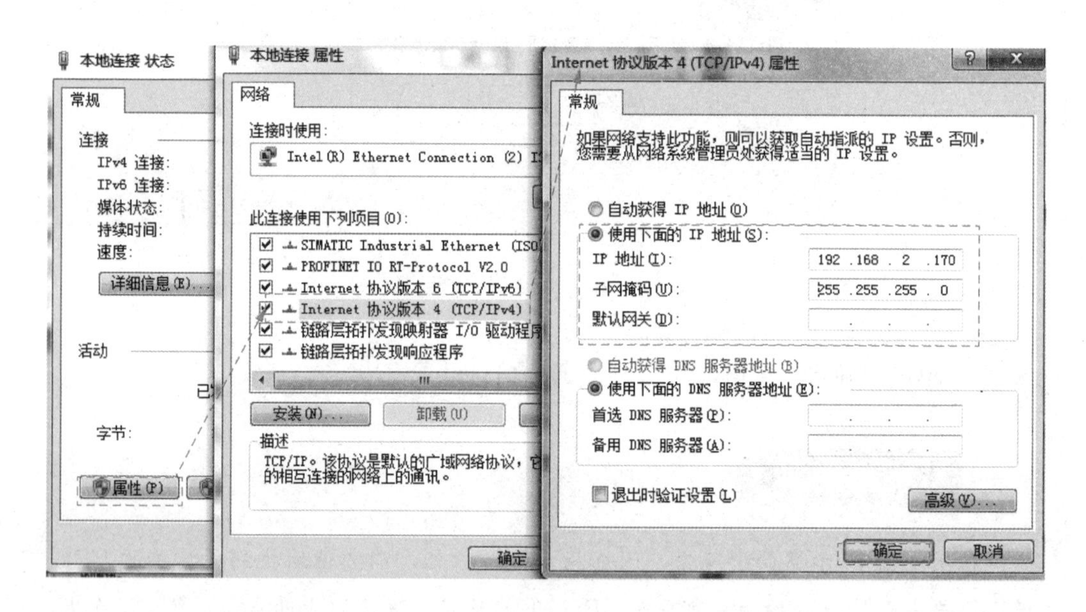

图 1-39　Windows7 SP1 操作系统网卡的 IP 地址设置

通过以上两种设置，S7-200 SMART PLC 与计算机之间就能进行通信了，能通上信的标准是，软件状态栏上的绿色指示灯不停地闪烁。

编者有料

读者需注意，两个设备要通过以太网能通信，必须在同一子网中，简单地讲，就是 IP 地址的前三段相同，第四段不同。如本例，CPU 的 IP 地址为“192.168.2.1”，计算机网卡 IP 地址为“192.168.2.170”，它们的前三段相同，第四段不同，因此二者能通上信。

2）程序下载。单击程序编辑器中工具栏上的“下载”按钮，会弹出“下载”对话框，如图 1-40 所示。可以在“块”多选框中选择是否下载程序块、数据块和系统块，如果选择则在其前面打对勾。可以用“选项”多选框选择下载前从 RUN 切换到 STOP 模式、下载后从 STOP 切换到 RUN 模式是否提示，下载成功后是否自动关闭对话框。

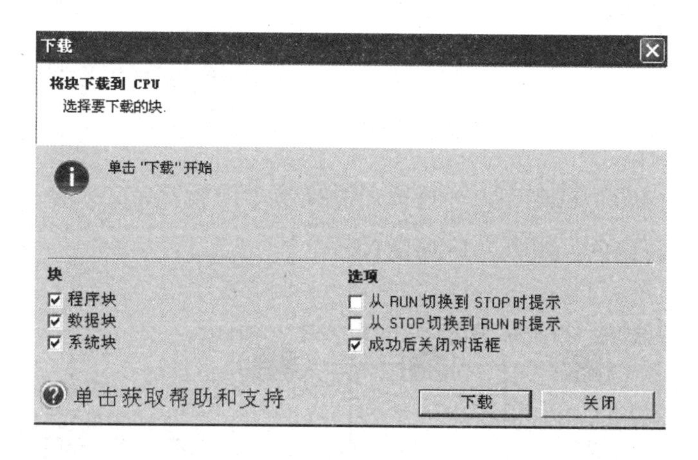

图 1-40　“下载”对话框

3）运行与停止模式。要运行下载到 PLC 中的程序，单击工具栏中的“运行”按钮，如果需停止运行，单击工具栏中的“停止”按钮。

（7）程序监控与调试。首先，打开要进行监控的程序，单击工具栏上的“程序监控”按钮，开始对程序进行监控。CPU 中存在的程序与打开的程序可能不同，这时单击“程序监控”按钮后，会出现“时间戳不匹配”对话框，如图 1-41 所示，单击“比较”按

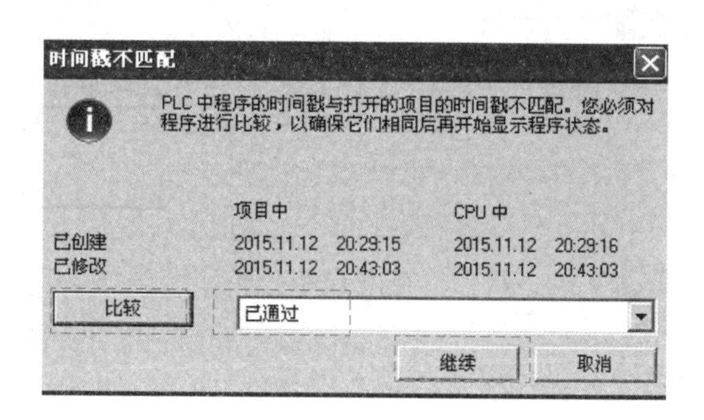

图 1-41　比较对话框

键，确定 CPU 中的程序打开程序是否相同，如果相同，对话框会显示“已通过”，单击“继续”按钮，开始监控。在监控状态下，接通的触点、线圈和功能块均会显示深蓝色，表示有能流流过；如果无能流流过，则显灰色。

图 1-26 所示程序的监控调试过程如下。

1）打开要进行监控的程序，单击工具栏上的“程序监控”按钮，开始对程序进行监控，此时仅有左母线和 I0.1 触点显示深蓝色，其余元件为灰色，如图 1-42 所示。

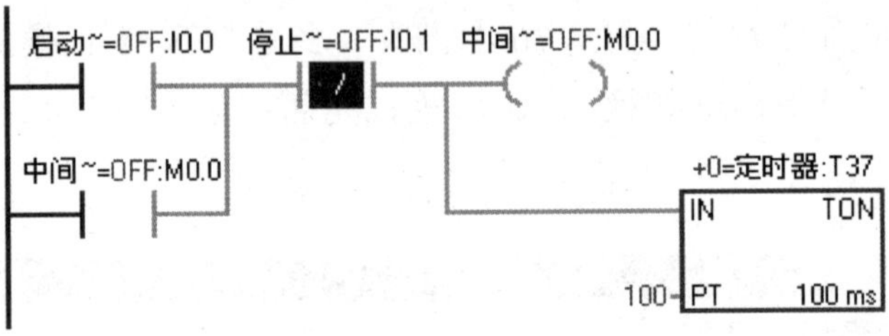

启动~=OFF:I0.0 停止~=OFF:I0.1 中间~=OFF:M0.0
中间~=OFF:M0.0
+0=定时器:T37
IN TON
100-PT 100 ms

图 1-42 图 1-26 所示程序的监控状态（1）

2）闭合 I0.0，M0.0 线圈得电并自锁，定时器 T37 也得电，因此，所有元件均有能流流过，故此均显深蓝色，如图 1-43 所示。

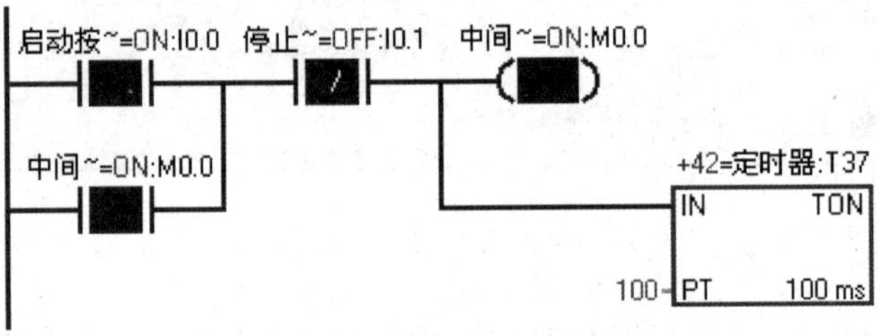

启动按~=ON:I0.0 停止~=OFF:I0.1 中间~=ON:M0.0
中间~=ON:M0.0
+42=定时器:T37
IN TON
100-PT 100 ms

图 1-43 图 1-26 所示程序的监控状态（2）

3）断开 I0.1，M0.0 和定时器 T37 均失电，因此，除 I0.0 外（I0.0 为常动）其余元件均显灰色，如图 1-44 所示。

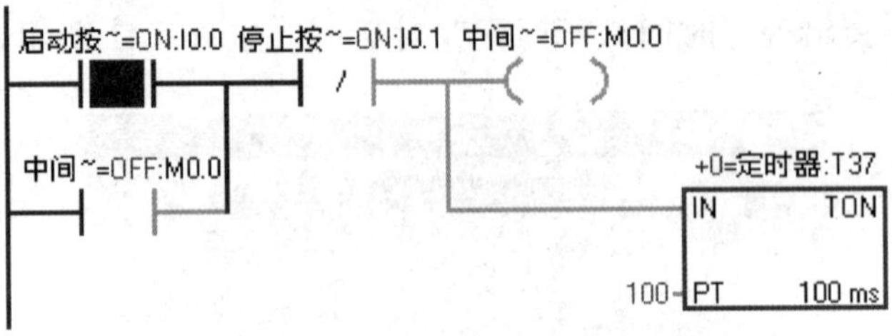

启动按~=ON:I0.0 停止按~=ON:I0.1 中间~=OFF:M0.0
中间~=OFF:M0.0
+0=定时器:T37
IN TON
100-PT 100 ms

图 1-44 图 1-26 所示程序的监控状态（3）

第2章　S7-200 SMART PLC 常用指令及案例

本章要点

- 定时器指令及案例
- 计数器指令及案例
- 比较指令及案例
- 数据传送指令及案例
- 跳转/标号指令与子程序指令及案例
- 移位与循环指令及案例
- 数据转换指令及案例
- 数学运算类指令及案例
- 逻辑运算类指令及案例

S7-200 SMART PLC 的指令分为基本指令和功能指令两大类。基本指令包括位逻辑指令、定时器指令和计数器指令；功能指令包括程序控制类指令、比较与数据传送指令、移位与循环指令、数据转换指令、数学运算指令、逻辑运算指令等。

本书讲解指令以够用为度，介绍那些最为常用的指令。

2.1　定时器指令及案例

2.1.1　定时器指令介绍

定时器是 PLC 中最常用的编程元件之一，其功能与继电器控制系统中的时间继电器相同，起到延时作用。与时间继电器不同的是定时器有无数对常开常闭触点供用户编程使用。其结构主要由一个 16 位当前值寄存器（用来存储当前值）、一个 16 位预置值寄存器（用来存储预置值）和 1 位状态位（反映其触点的状态）组成。

在 S7-200 SMART PLC 中，按工作方式的不同，可以将定时器分为通电延时型定时器、断电延时型定时器和保持型通电延时定时器三大类。定时器的指令格式见表 2-1。

表 2-1　定时器的指令格式

名称	定时器类型	梯形图	语句表
通电延时型定时器	TON	Tn IN　TON PT	TON　Tn，PT

续表

名称	定时器类型	梯形图	语句表
断电延时型定时器	TOF	Tn IN TOF PT	TOF　Tn，PT
保持型通电延时定时器	TONR	Tn IN TONR PT	TONR　Tn，PT

1. 定时器指令说明

定时器指令说明如图 2-1 所示。

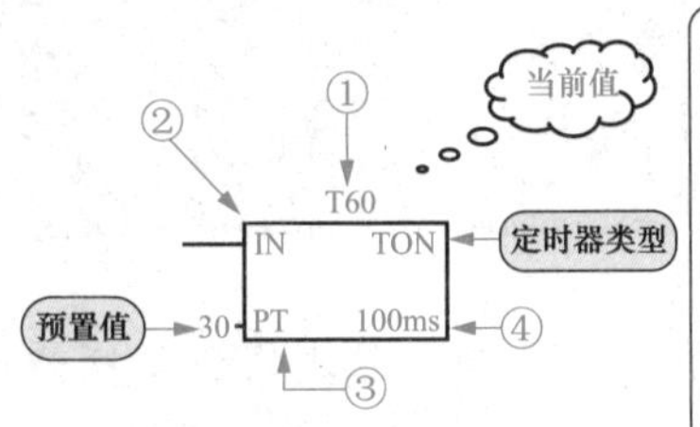

(1) 定时器编号。T0~T255。
(2)使能端。使能端控制着定时器的能流,当使能端输入有效时,也就是说使能端有能流流过时,定时时间到,定时器输出状态为1;当使能端输入无效时,也就是说使能端无能流流过时,定时器输出状态为0。
(3) 预置值输入端。在编程时,根据时间设定需要在预置值输入端输入相应的预置值,预置值为16位有符号整数,允许设定的最大值为32767,其操作数为VW、IW、QW、SW、SMW、LW、AIW、T、C、AC、常数等。
(4) 时基。相应的时基有3种,它们分别为1ms、10ms和100ms,不同的时基,对应的最大定时范围、编号和定时器刷新方式不同。
(5) 当前值。定时器当前所累计的时间称为当前值,当前值为16位有符号整数,最大计数值为32767。
(6) 定时时间计算公式为T=PT×S，其中，T为定时时间;PT为预置值;S为时基

图 2-1　定时器指令说明

2. 定时器的类型、时基和编号

定时器的类型、时基和编号见表 2-2。

表 2-2　定时器的类型、时基和编号

定时器类型	时基（ms）	最大定时范围（s）	定时器编号
TON/TOF	1	32.767	T32 和 T96
	10	327.67	T33～T36 和 T97～T100
	100	3276.7	T37～T63 和 T101～T255
TONR	1	32.767	T0 和 T64
	10	327.67	T1～T4 和 T65～T68
	100	3276.7	T5～T31 和 T69～T95

2.1.2　定时器指令工作原理

1. 通电延时型定时器（TON）指令工作原理

（1）工作原理。当使能端输入（IN）有效时，定时器开始计时，当前值从 0 开始递

增，当当前值大于或等于预置值时，定时器输出状态为 1，相应的常开触点闭合常闭触点断开；到达预置值后，当前值继续增大，直到最大值 32767，在此期间定时器输出状态仍然为 1，直到使能端无效时，定时器才复位，当前值被清零，此时输出状态为 0。

（2）应用案例。通电延时型定时器指令应用案例如图 2-2 所示。

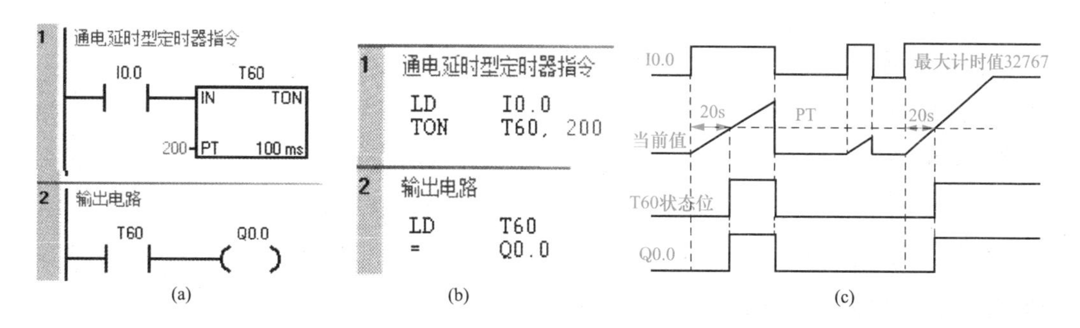

图 2-2　通电延时型定时器指令应用案例

（a）梯形图；（b）语句表；（c）时序图

当 I0.0 接通时，使能端（IN）输入有效，定时器 T60 开始计时，当前值从 0 开始递增，当当前值等于预置值 200 时，定时器输出状态为 1，定时器对应的常开触点 T60 闭合，驱动线圈 Q0.0 吸合；当 I0.0 断开时，使能端（IN）输出无效，T60 复位，当前值清 0，输出状态为 0，定时器常开触点 T60 断开，线圈 Q0.0 断开；若使能端接通时间小于预置值，定时器 T60 立即复位，线圈 Q0.0 也不会有输出；若使能端输出有效，计时到达预置值以后，当前值仍然增加，直到 32767，在此期间定时器 T60 输出状态仍为 1，线圈 Q0.0 仍处于吸合状态。

2. 断电延时型定时器（TOF）指令工作原理

（1）工作原理。当使能端输入（IN）有效时，定时器输出状态为 1，当前值复位；当使能端（IN）断开时，当前值从 0 开始递增，当当前值等于预置值时，定时器复位并停止计时，当前值保持。

（2）应用案例。断电延时型定时器指令应用案例如图 2-3 所示。

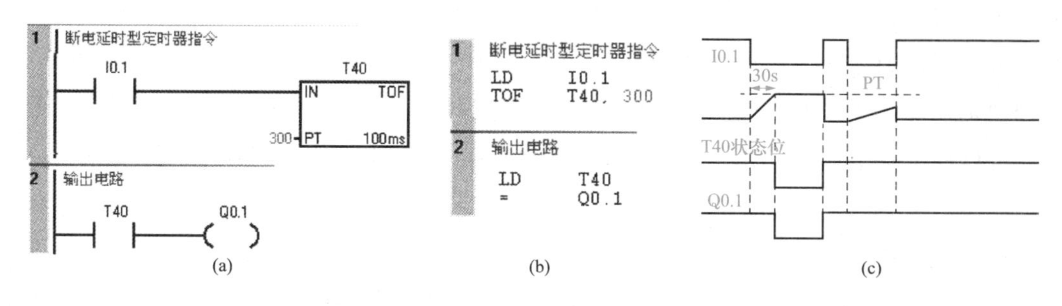

图 2-3　断电延时型定时器指令应用案例

（a）梯形图；（b）语句表；（c）时序图

当 I0.1 接通时，使能端（IN）输入有效，当前值为 0，定时器 T40 输出状态为 1，驱动线圈 Q0.1 有输出；当 I0.1 断开时，使能端输入无效，当前值从 0 开始递增，当当前值到达预置值时，定时器 T40 复位为 0，线圈 Q0.1 也无输出，但当前值保持；当 I0.1 再次接通，当前值仍为 0；若 I0.1 断开的时间小于预置值，定时器 T40 仍处于置 1 状态。

3. 保持型通电延时定时器（TONR）指令工作原理

（1）工作原理。当使能端（IN）输入有效时，定时器开始计时，当前值从 0 开始递增，当当前值到达预置值时，定时器输出状态为 1；当使能端（IN）无效时，当前值处于保持状态，但当使能端再次有效时，当前值在原来保持值的基础上继续递增计时；保持型通电延时定时器采用线圈复位指令（R）进行复位操作，当复位线圈有效时，定时器当前值被清 0，定时器输出状态为 0。

（2）应用案例。保持型通电延时型定时器指令应用案例如图 2-4 所示。

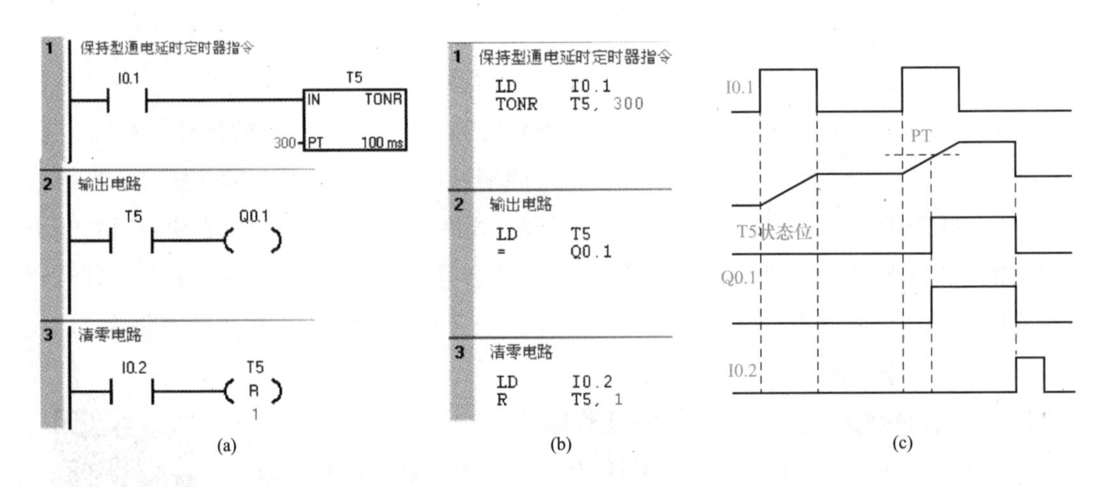

图 2-4 保持型通电延时型定时器指令应用案例

（a）梯形图；（b）语句表；（c）时序图

当 I0.1 接通时，使能端（IN）有效，定时器开始计时；当 I0.1 断开时，使能端无效，但当前值仍然保持并不复位，当使能端再次有效时，其当前值在原来的基础上开始递增，当前值大于或等于预置值时，定时器 T5 状态位置 1，线圈 Q0.1 有输出，此后即使是使能端无效时，定时器 T5 状态位仍然为 1，直到 I0.2 闭合；线圈复位（T5）指令进行复位操作时，定时器 T5 状态位才被清 0，定时器 T5 常开触点断开，线圈 Q0.1 断电。

4. 使用说明

（1）通电延时型定时器符合通常的编程习惯，与其他两种定时器相比，在实际编程中通电延时型定时器应用最多。

(2) 通电延时型定时器适用于单一间隔定时，断电延时型定时器适用于故障发生后的时间延时，保持型通电延时定时器适用于累计时间间隔定时。

(3) 通电延时型（TON）定时器和断电延时型（TOF）定时器共用同一组编号（见表 2-2），因此同一编号的定时器不能既作通电延时型（TON）定时器使用，又作断电延时型（TOF）定时器使用，如不能既有通电延时型（TON）定时器 T37，又有断电延时型（TOF）定时器 T37。

(4) 可以用复位指令对定时器进行复位，且保持型通电延时定时器只能用复位指令对其进行复位操作。

(5) 不同时基的定时器它们当前值的刷新周期是不同的。

2.1.3　定时器指令应用案例

1. 控制要求

电视塔彩灯示意图如图 2-5 所示。按下启动按钮，L0 层灯亮，3s 后 L1 层亮，再过 3s L2 层亮，再过 3s L3 层亮；之后全亮 2s 后，再重复上述过程。

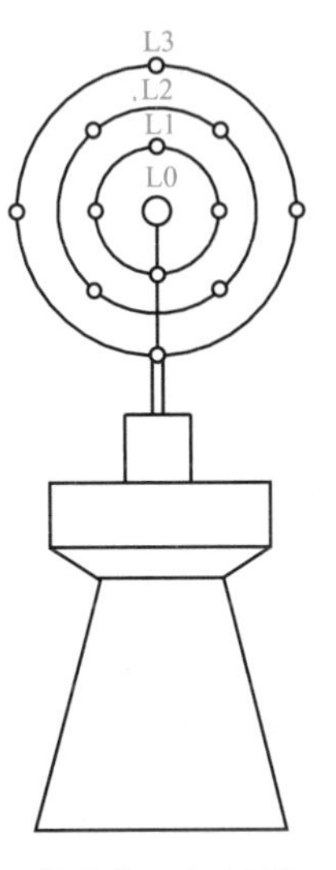

图 2-5　电视塔彩灯示意图

2. 设计步骤

(1) 第一步：根据控制要求，对输入/输出进行 I/O 分配，见表 2-3。

表 2-3　电视塔彩灯控制 I/O 分配表

输入量		输出量	
启动按钮 SB2	I0.0	L0 层灯	Q0.0
停止按钮 SB1	I0.1	L1 层灯	Q0.1
		L2 层灯	Q0.2
		L3 层灯	Q0.3

(2) 第二步：绘制接线图。电视塔彩灯控制接线图如图 2-6 所示。

(3) 第三步：设计梯形图程序。电视塔彩灯控制梯形图程序如图 2-7 所示。

(4) 第四步：案例解析。按下启动按钮 I0.0 闭合，M0.0 线圈得电并自锁，其常开触点闭合，Q0.0 得电，L0 层灯亮，此时 4 个定时器 T37～T40 也开始定时。当 T37 定时时间到，Q0.1 线圈得电，L1 层灯亮；当 T38 定时时间到，Q0.2 线圈得电，L2 层灯亮；当 T39 定时时间到，Q0.3 线圈得电，L3 层灯亮；之后全亮 2s，T40 时间到，又重复上述控制。

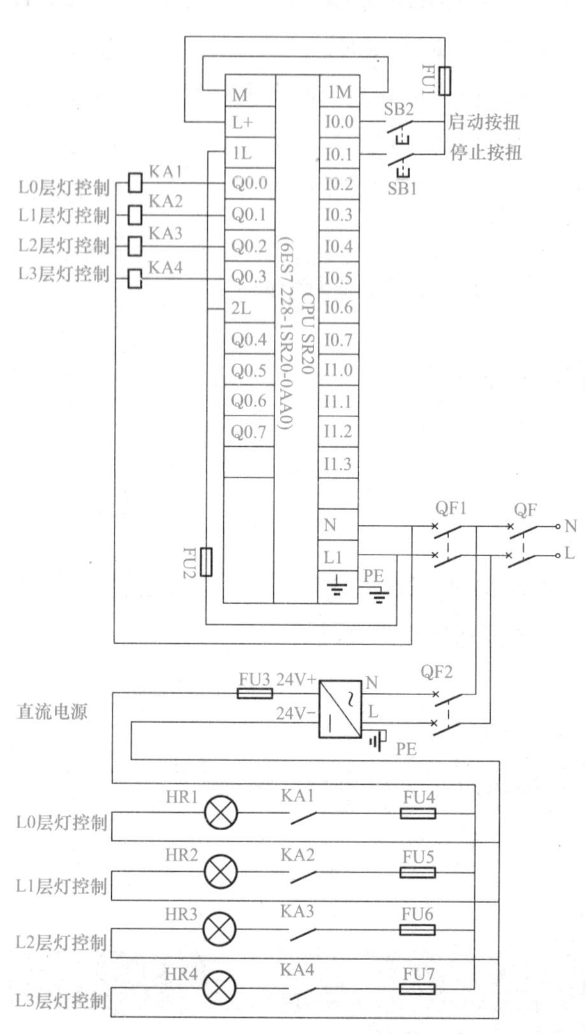

图 2-6　电视塔彩灯控制接线图

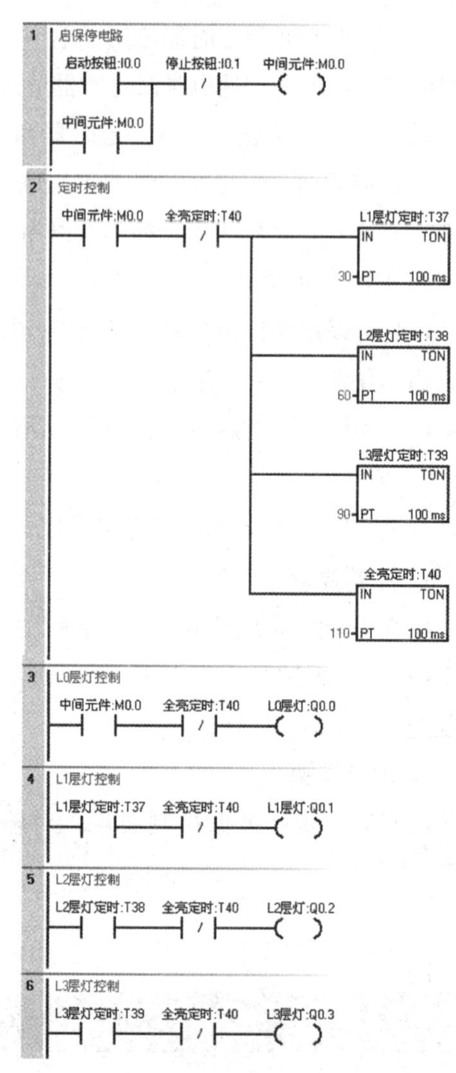

图 2-7　电视塔彩灯控制梯形图程序

2.2　计数器指令及案例

计数器是一种用来累计输入脉冲个数的编程元件，其结构主要由1个16位当前值寄存器、1个16位预置值寄存器和1位状态位组成。在S7-200 SMART PLC中，按工作方式的不同，可将计数器分为加计数器、减计数器和加减计数器三大类。

2.2.1　加计数器（CTU）

1. 加计数器指令说明

加计数器指令说明如图2-8所示。

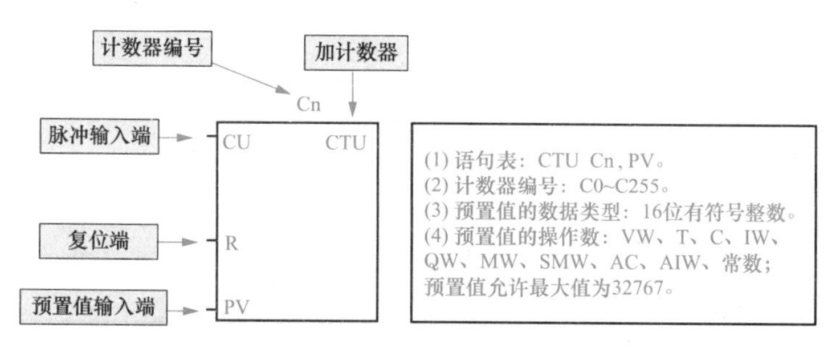

图 2-8　加计数器指令说明

2. 工作原理

复位端（R）的状态为 0 时，脉冲输入有效，计数器可以计时，当脉冲输入端（CU）有上升沿脉冲输入时，计数器的当前值加 1；当当前值大于或等于预置值（PV）时，计数器的状态位被置 1，其常开触点闭合，常闭触点断开；若当前值到达预置值后，脉冲输入依然上升沿脉冲输入，计数器的当前值继续增加，直到最大值 32767，在此期间计数器的状态位仍然处于置 1 状态；当复位端（R）状态为 1 时，计数器复位，当前值被清 0，计数器的状态位置 0。

3. 应用案例

加计数器应用案例如图 2-9 所示。

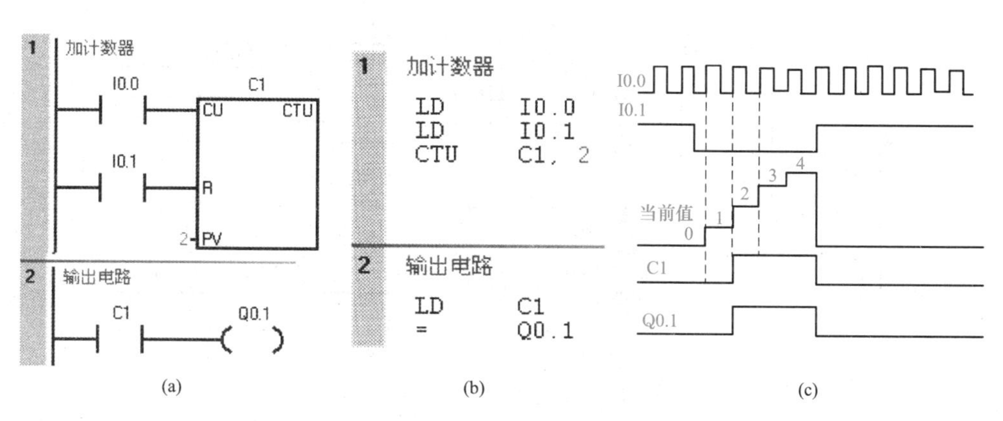

图 2-9　加计数器应用案例

（a）梯形图；（b）语句表；（c）时序图

当 R 端常开触点 I0.1=1 时，计数器脉冲输入无效；当 R 端常开触点 I0.1=0 时，计数器脉冲输入有效，CU 端常开触点 I0.0 每闭合一次，计数器 C1 的当前值加 1；当当前值到达预置值 2 时，计数器 C1 的状态位置 1，其常开触点闭合，线圈 Q0.1 得电；当 R 端常开触点 I0.1=1 时，计时器 C1 被复位，其当前值清 0，C1 状态位清 0。

2.2.2　减计数器（CTD）

1. 减计数器指令说明

减计数器指令说明如图 2-10 所示。

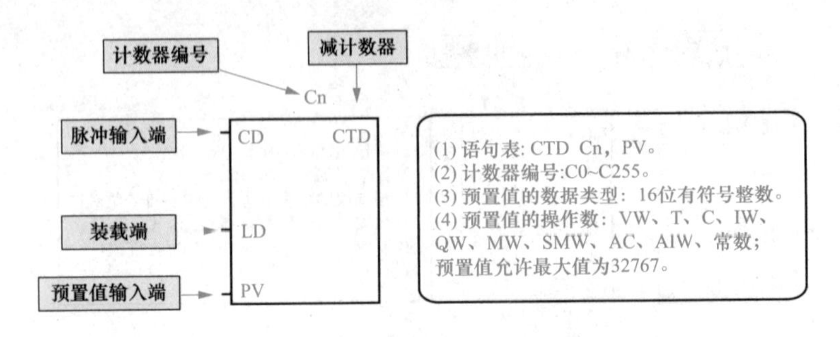

图 2-10　减计数器指令说明

2. 工作原理

当装载端 LD 的状态为 1 时，计数器被复位，计数器的状态位为 0，预置值被装载到当前值寄存器中；当装载端 LD 的状态为 0 时，脉冲输入端有效，计数器可以计数，当脉冲输入端（CD）有上升沿脉冲输入时，计数器的当前值从预置值开始递减计数，当当前值减至为 0 时，计数器停止计数，其状态位为 1。

3. 应用案例

减计数器应用案例如图 2-11 所示。

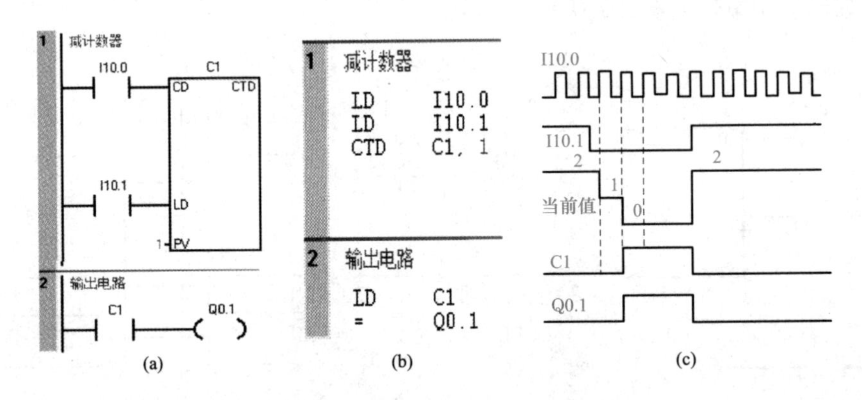

图 2-11　减计数器应用案例

（a）梯形图；（b）语句表；（c）时序图

当 LD 端常开触点 I10.1 闭合时，减计数器 C1 被置 0，线圈 Q0.1 失电，其预置值被装载到 C1 当前值寄存器中；当 LD 端常开触点 I10.1 断开时，计数器脉冲输入有效，CD 端 I10.0 常开触点每闭合一次，其当前值就减 1，当当前值减为 0 时，减计数器 C1 的状态位被置 1，其常开触点闭合，线圈 Q0.1 得电。

2.2.3　加减计数器（CTUD）

1. 加减计数器指令说明

加减计数器指令说明如图 2-12 所示。

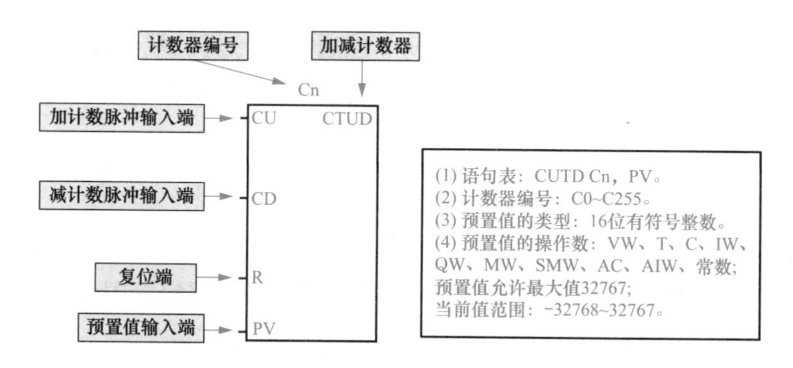

图 2-12　加减计数器指令说明

2. 工作原理

当复位端（R）状态为 0 时，计数脉冲输入有效，当加计数器输入端（CU）有上升沿脉冲输入时，计数器的当前值加 1；当减计数器输入端（CD）有上升沿脉冲输入时，计数器的当前值减 1；当计数器的当前值大于等于预置值时，计数器状态位被置 1，其常开触点闭合、常闭触点断开。当复位端（R）状态为 1，计数器被复位，当前值被清 0；加减计数器当前值范围为－32768～32767，若加减计数器当前值为最大值 32767，CU 端再输入一个上升沿脉冲，其当前值立刻跳变为最小值－32768；若加减计数器当前值为最小值－32768，CD 端再输入一个上升沿脉冲，其当前值立刻跳变为最大值 32767。

3. 应用案例

加减计数器应用案例如图 2-13 所示。

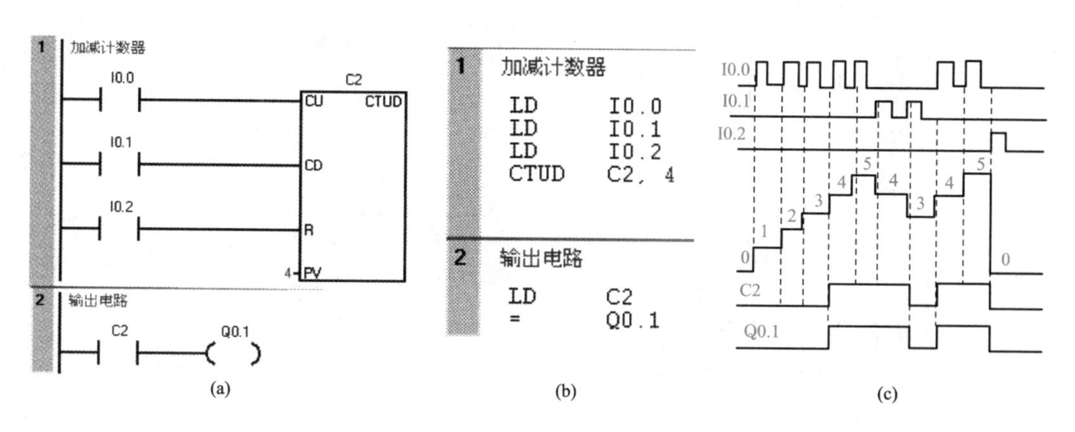

图 2-13　加减计数器应用案例

（a）梯形图；（b）语句表；（c）时序图

当与复位端（R）连接的常开触点 I0.2 断开时，脉冲输入有效，此时与加计数脉冲输入端连接的 I0.0 每闭合一次，计数器 C2 的当前值就会加 1，与减计数脉冲输入端连接的 I0.1 每闭合一次，计数器 C2 的当前值就会减 1，当当前值大于或等于预置值 4 时，C2

的状态位置 1，C2 常开触点闭合，线圈 Q0.1 接通；当与复位端（R）连接的常开触点 I0.2 闭合时，C2 的状态位置 0，其当前值清 0，线圈 Q0.1 断开。

2.2.4 计数器指令应用案例

1. 控制要求

用传感器检测故障。当故障信号为 1 时，扬声器报警；报警灯闪烁 10 次后，扬声器停止报警。

2. 解决方案

（1）I/O 分配。传感器为 I0.1，扬声器为 Q1.0，报警灯为 Q1.1。

（2）程序编制。传感器检测故障程序如图 2-14 所示。

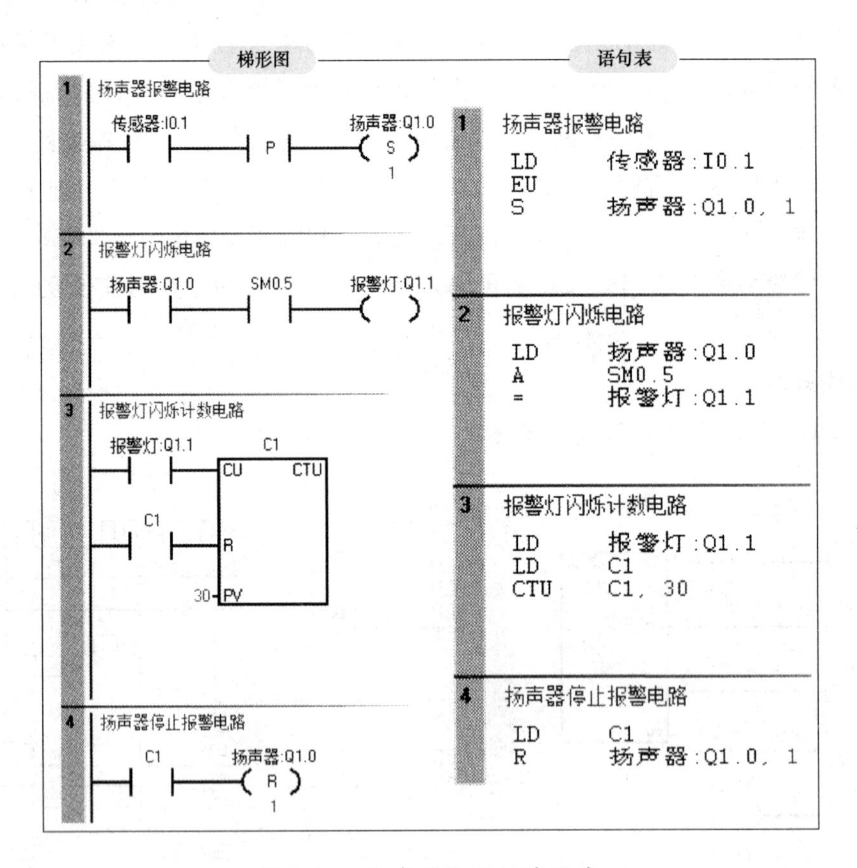

图 2-14 传感器检测故障程序

（3）程序解析。当传感器检测到信号后，I0.1 常开触点闭合，扬声器 Q1.0 报警；与此同时，报警 Q1.1 开始闪烁，这里用的是秒脉冲构造的闪烁电路；网络 3 开始记录报警灯闪烁的次数，当闪烁 30 次后，扬声器 Q1.0 复位，同时报警灯也停止闪烁，计数器 C1 当前值也被清 0。

2.3　比较指令及案例

比较指令是将两个操作数或字符串按指定条件进行比较，当比较条件成立时，其触点闭合，后面的电路接通；当比较条件不成立时，比较触点断开，后面的电路不接通。

2.3.1　指令格式

比较指令的运算符有 6 种，其操作数可以为字节、双字、整数或实数，比较指令格式如图 2-15 所示。

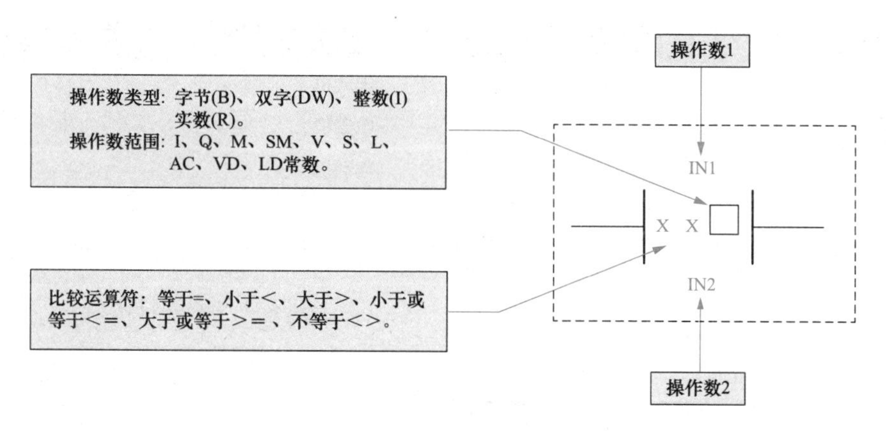

图 2-15　比较指令格式

2.3.2　指令用法

比较指令的触点和普通的触点一样，可以装载、串联和并联，比较指令的用法见表 2-4 所示。

表 2-4　比较指令的用法

指令用途	梯形图形式	语句表形式	说明
比较触点的装载	IN1 XX□ IN2	LD □ X X IN1，IN2	比较触点与左母线相连
普通触点与比较触点的串联	bit IN1 XX□ IN2	LD bit A □ X X IN1，IN2	普通触点与比较触点的串联
普通触点与比较触点的并联	bit IN1 XX□ IN2	LD bit O □ X X IN1，IN2	普通触点与比较触点的并联

2.3.3 应用案例

1. 控制要求

按下启动按钮，3 台电动机每隔 3s 分时启动；按下停止按钮，3 台电动机全部停止，试设计程序。

2. 程序设计

(1) 3 台电动机分时启动控制 I/O 分配见表 2-5。

表 2-5 3 台电动机分时启动控制 I/O 分配

输入量		输出量	
启动按钮	I0.0	电动机 1	Q0.0
停止按钮	I0.1	电动机 2	Q0.1
		电动机 3	Q0.2

(2) 3 台电动机分时启动控制梯形图程序如图 2-16 所示。

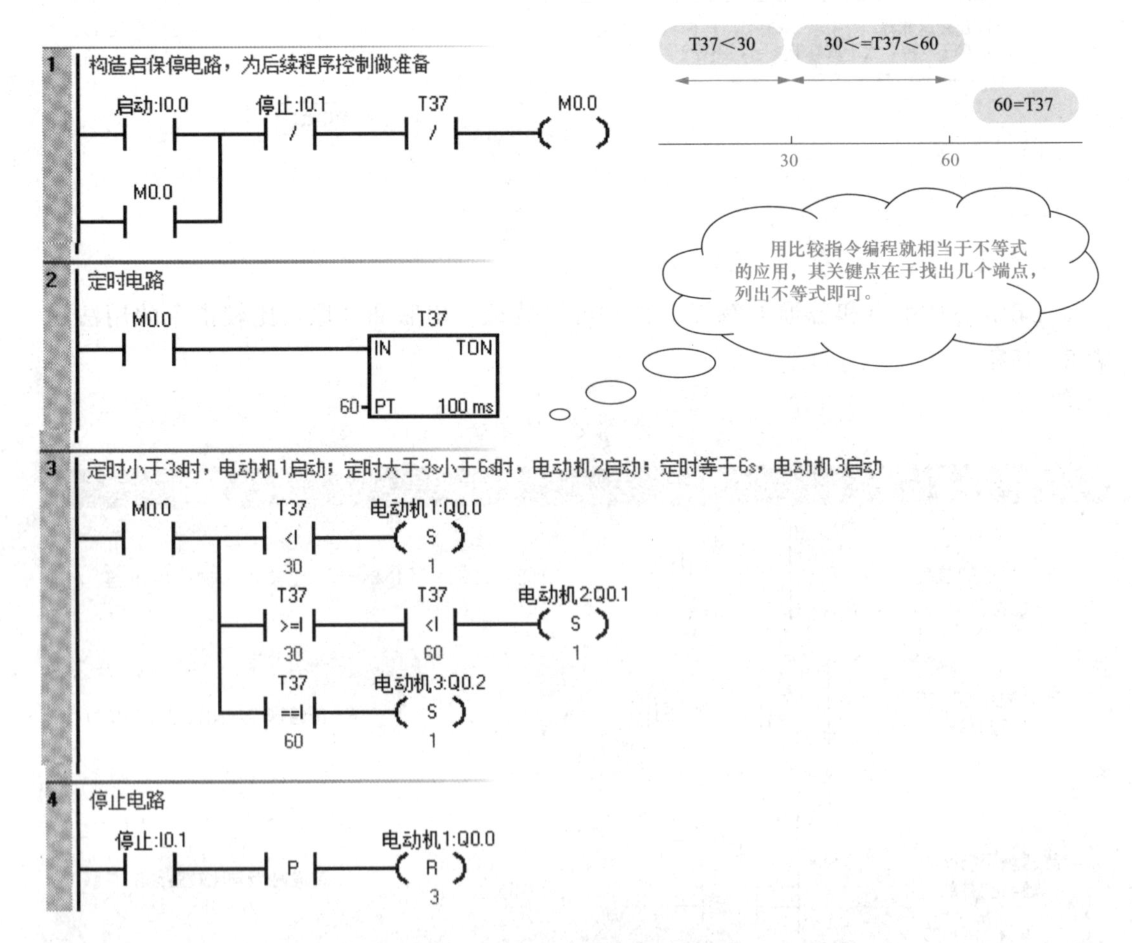

图 2-16 3 台电动机分时启动控制梯形图程序

2.4　跳转/标号指令与子程序指令及案例

2.4.1　跳转/标号指令

1. 跳转/标号指令说明

跳转/标号指令是用来跳过部分程序使其不执行，必须用在同一程序块内部实现跳转。跳转/标号指令有两条，分别为跳转指令（JMP）和标号指令（LBL），具体说明如图 2-17 所示。

2. 工作原理

跳转/标号指令工作原理如图 2-18 所示。

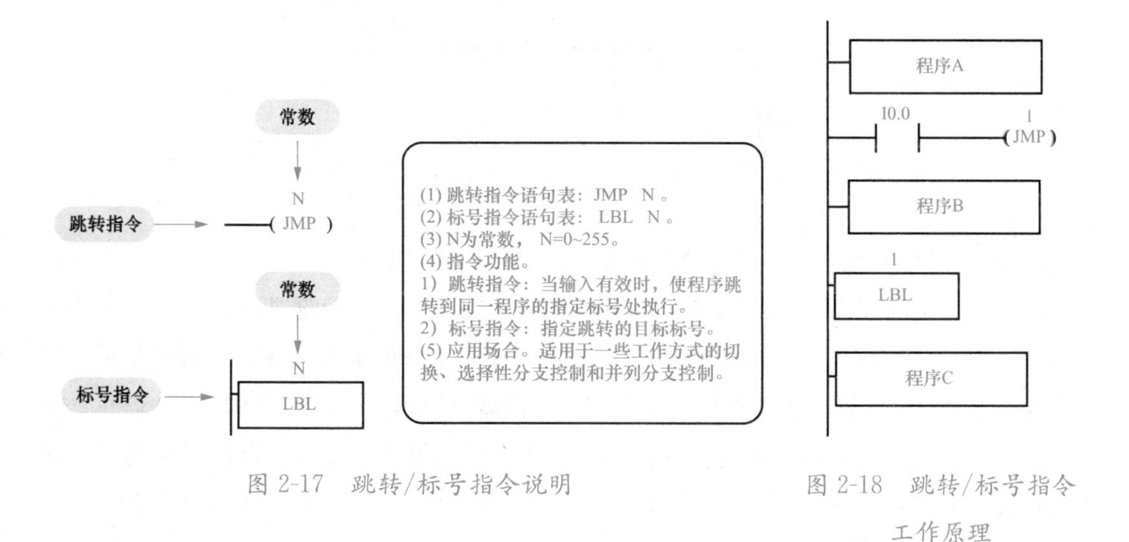

图 2-17　跳转/标号指令说明

图 2-18　跳转/标号指令工作原理

当跳转条件成立时（常开触点 I0.0 闭合），执行程序 A 后，跳过程序 B，执行程序 C；当跳转条件不成立时（常开触点 I0.0 断开），执行程序 A，接着执行程序 B，然后再执行程序 C。

3. 应用案例

跳转/标号指令应用案例如图 2-19 所示。

当 I0.0 闭合时，会跳过 Q0.0 所在的程序段，执行标号指令后边的程序；当 I0.0 断开，执行完 Q0.0 所在的程序段后，再执行 Q0.1 所在的程序段。

4. 使用说明

（1）跳转/标号指令必须匹配使用，而且只能使用在同一程序块中，如主程序、同一子程序或同一中断程序。不能在不同的程序块中互相跳转。

（2）执行跳转后，被跳过程序段中的各元器件的状态如下。

1）Q、M、S、C 等元器件的位保持跳转前的状态。

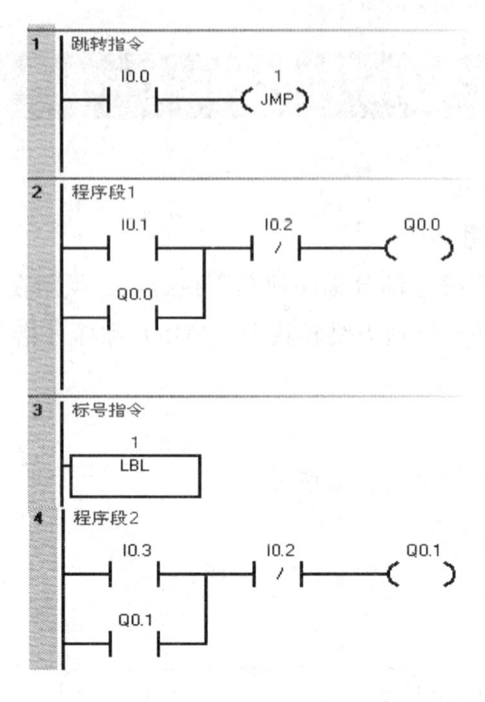

图 2-19　跳转/标号指令应用案例

2）计数器 C 停止计数，当前值存储器保持跳转前的计数值。

3）对于定时器来说，因刷新方式不同而工作状态不同。在跳转期间，分辨率为 1ms 和 10ms 的定时器会一直保持跳转前的工作状态，原来工作的继续工作，到预置值后，其位的状态也会改变，输出触点动作，其当前值存储器一直累计到最大值 32767 才停止；对于分辨率为 100ms 的定时器来说，跳转期间停止工作，但不会复位，存储器里的值为跳转时的值，跳转结束后，若输入条件允许，可继续计时，但以失去了准确值的意义。所以在跳转段里的定时器要慎用。

（3）由于跳转指令具有选择程序段的功能，在同一程序且位于因跳转而不会被同时执行程序段中的同一线圈，不被视为双线圈。

（4）跳转指令和标号指令必须成对出现，且可以有多条跳转指令使用同一标号，但不允许一个跳转指令对应两个标号的情况，即在同一程序中不允许存在两个相同的标号。

2.4.2　子程序指令

S7-200 SMART PLC 的控制程序由主程序、子程序和中断程序组成。

1. S7-200 SMART PLC 程序结构

图 2-20 所示为主程序、子程序和中断程序在编程软件 STEP 7-Micro/WIN SMART 2.2 中的位置。总是主程序在先，接下来是子程序和中断程序。

（1）主程序。主程序（OB1）是程序的主体。每个项目都必须并且只能有一个主程序，在主程序中可以调用子程序和中断程序。

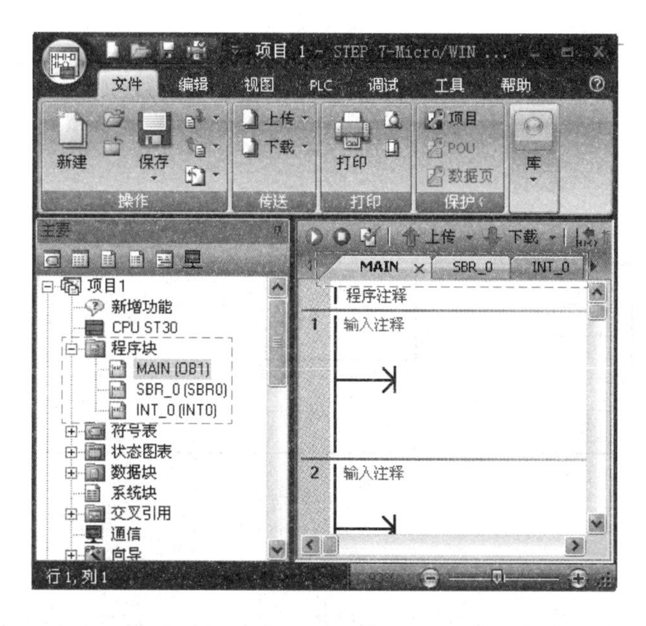

图 2-20　编程软件中的主程序、子程序和中断程序

（2）子程序。子程序是指具有特定功能并且多次使用的程序段。子程序仅在被其他程序调用时执行，同一子程序可在不同的地方多次被调用，使用子程序可以简化程序代码和减少扫描时间。

（3）中断程序。中断程序用来及时处理与用户程序的执行无关的操作或者不能事先预测何时发生中断事件。中断程序是用户编制的，它不由用户程序来调用，而是在中断事件发生时由操作系统来调用。

2. 子程序编写与调用

（1）子程序的作用与优点。子程序常用于需要多次反复执行相同任务的地方，只需要写一次子程序，当别的程序需要时可以调用它，而无需重新编写该程序了。子程序的调用时是有条件的，未调用它时不会执行子程序中的指令，因此使用子程序可以减少程序扫描时间；子程序使程序结构简单清晰，易于调试、检查错误和维修，因此在复杂程序编写时，建议将全部功能划分为几个符合控制工艺的子程序块。

（2）子程序的创建。打开编程软件，通常会有 1 个主程序、1 个子程序和 1 个中断程序，如果需要多个时，可以采用下列方法之一创建子程序。

1）双击项目树中程序块前边的⊞，将程序块展开，右击执行“插入→子程序”。

2）从编辑菜单栏中，执行“编辑→对象→子程序”。

3）从程序编辑器窗口上方的标签中，右击执行“插入→子程序”。

（3）子程序重命名。右击项目树中的子程序图标，在弹出的菜单中选择“重命名”

选项，输入想要的名称即可修改子程序名称。

3. 指令格式

子程序指令有子程序调用指令和子程序返回指令两条，指令格式如图 2-21 所示。需要指出的是，程序返回指令由编程软件自动生成，无需用户编写，这点编程时需要注意。

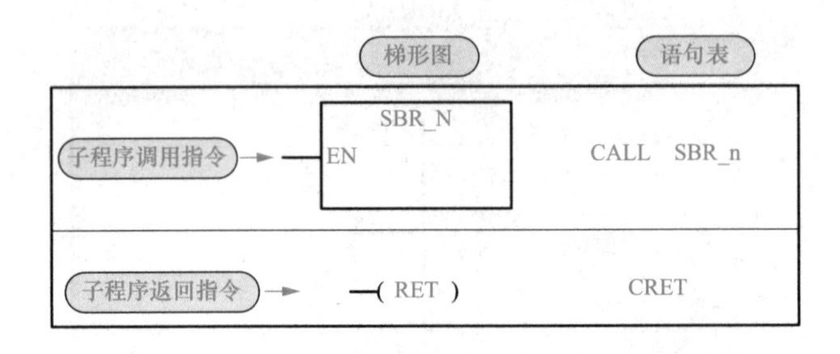

图 2-21　子程序指令格式

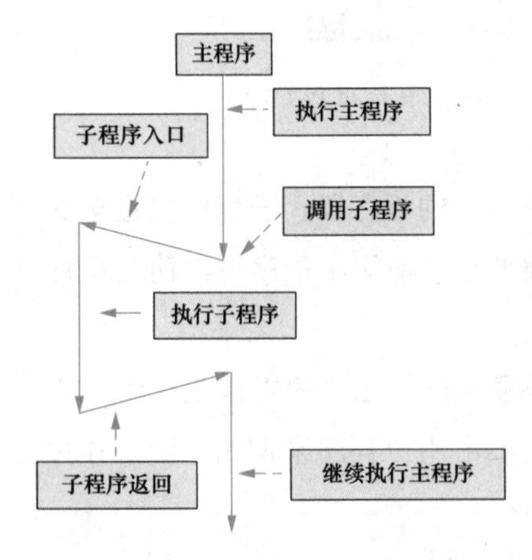

图 2-22　子程序调用示意图

4. 子程序调用

子程序调用由在主程序内使用的调用指令完成。当子程序调用允许时，调用指令将程序控制转移给子程序（SBR_n），程序扫描将转移到子程序入口处执行。当执行子程序时，子程序将执行全部指令直到满足条件才返回，或者执行到子程序末尾而返回。当子程序返回时，返回到原主程序出口的下一条指令执行，继续往下扫描程序。子程序调用示意图如图 2-22 所示。

5. 子程序指令应用案例

（1）控制要求。按下系统启动按钮，为两台电动机选择控制做准备。当选择开关常开点接通，按下电动机 M1 启动按钮，电动机 M1 工作；当选择开关常闭点接通，按下电动机 M2 启动按钮，电动机 M2 工作；按下停止按钮，两台电动机都停止工作。用子程序指令实现以上控制功能。

（2）程序设计。

1）2 台电动机选择控制 I/O 分配见表 2-6。

表 2-6　　2 台电动机选择控制 I/O 分配表

输入量		输出量	
系统启动按钮	I0.0	电动机 M1	Q0.0
系统停止按钮	I0.1	电动机 M2	Q0.1
选择开关	I0.2		

续表

输入量		输出量	
电动机 M1 启动	I0. 3		
电动机 M2 启动	I0. 4		

2）绘制梯形图。2 台电动机选择控制梯形图程序如图 2-23 所示。

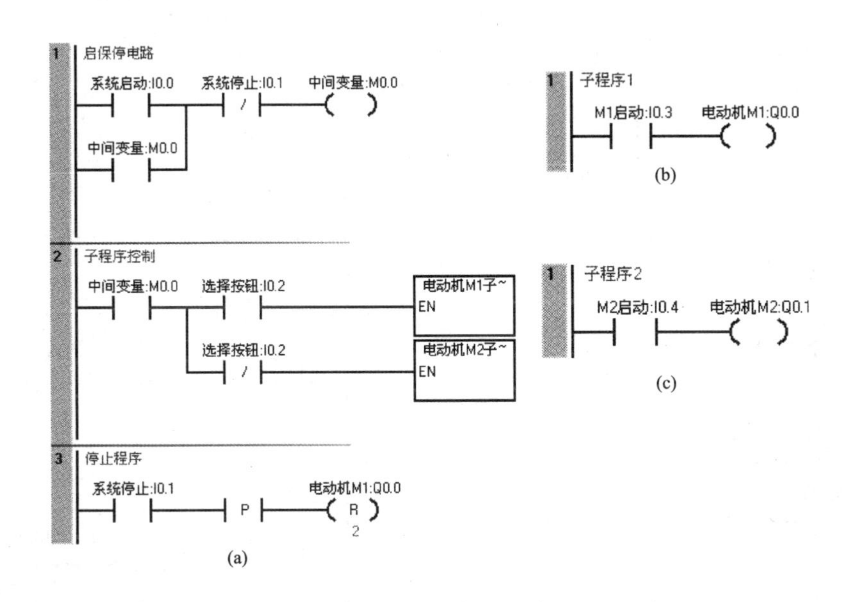

图 2-23　2 台电动机选择控制梯形图程序

（a）主程序；（b）电动机 M1 子程序；（c）电动机 M2 子程序

2. 4. 3　综合举例——2 台电动机分时启动控制

1. 控制要求

按下启动按钮，电动机 M1 先启动，3s 后电动机 M2 再启动；按下停止按钮，电动机 M1、M2 同时停止。

2. 程序设计

（1）2 台电动机分时启动控制 I/O 分配见表 2-7。

表 2-7　2 台电动机分时启动控制 I/O 分配表

输入量		输出量	
启动按钮	I0. 0	电动机 M1	Q0. 0
停止按钮	I0. 1	电动机 M2	Q0. 1

（2）梯形图程序。

1）用跳转/标号指令编程。图 2-24 所示为用跳转/标号指令设计 2 台电动机分时启动控制梯形图程序。

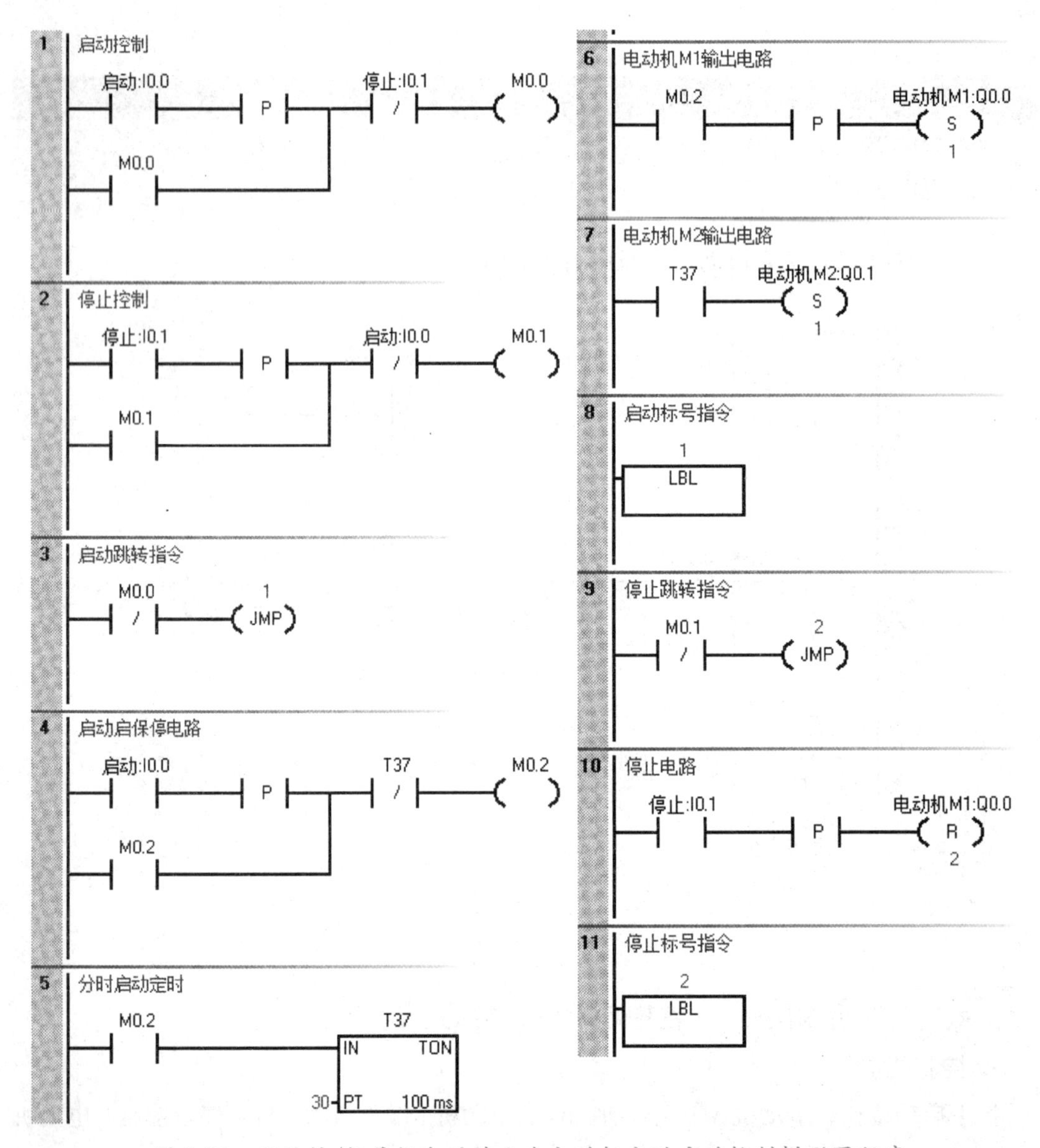

图 2-24　用跳转/标号指令设计 2 台电动机分时启动控制梯形图程序

2）用子程序指令编程。图 2-25 所示为用子程序指令设计 2 台电动机分时启动控制梯形图程序。该程序分为主程序、电动机分时启动和停止的子程序。

2.5　数据传送指令及案例

数据传送指令用来完成各存储单元之间一个或多个数据的传送，传送过程中数值保持不变。根据每次传送数据的多少，可将其分为单一传送指令和数据块传送指令，无论是单一传送指令还是数据块传送指令，都有字节、字、双字和实数等几种数据类型。为了满足立即传送的要求，设有字节立即传送指令，为了方便实现在同一字内高低字节的交换，还设有字节交换指令。

数据传送指令适用于存储单元的清零、程序的初始化等场合。

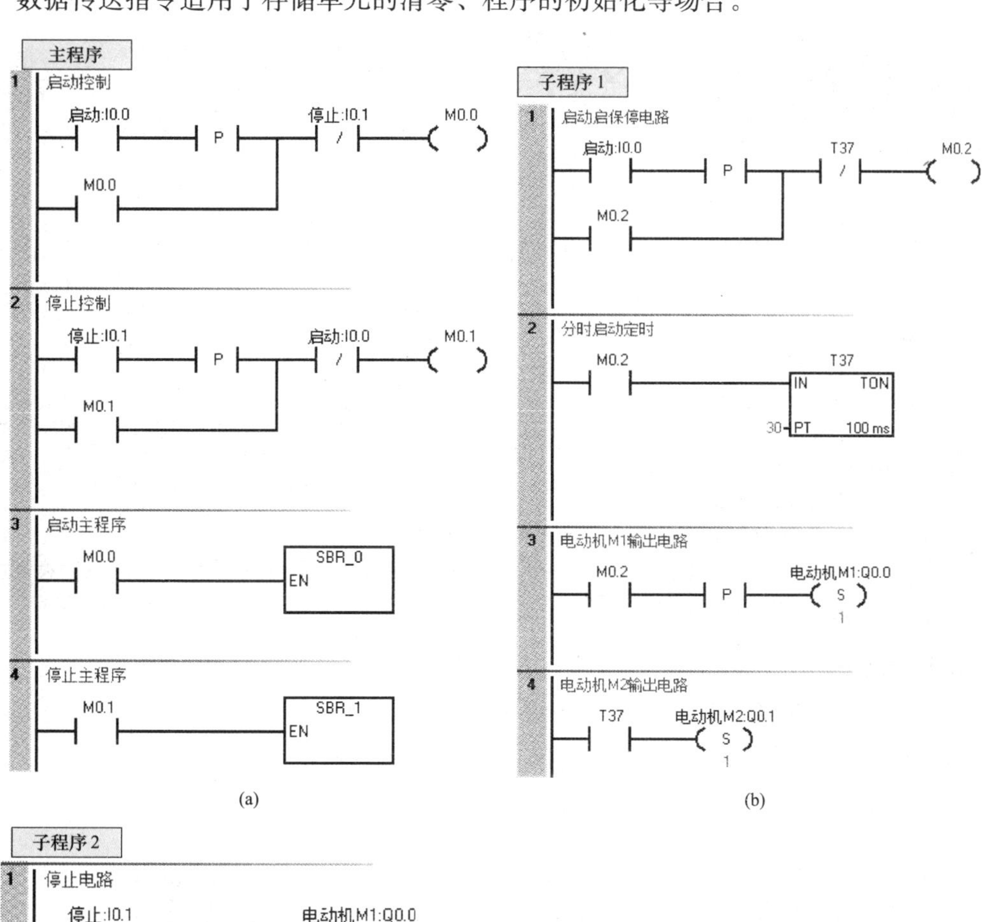

图 2-25　用子程序指令设计 2 台电动机分时启动控制梯形图程序

(a) 主程序；(b) 电动机分时启动子程序；(c) 停止子程序

2.5.1　单一传送指令（MOV）

1. 指令格式

单一传送指令用来传送一个数据，其数据类型可以为字节、字、双字和实数。在传送过程中数据内容保持不变，其指令格式见表 2-8。

表 2-8　　单一传送指令格式

指令名称	编程语言		操作数类型及操作范围
	梯形图	语句表	
字节传送指令	MOV_B EN　ENO IN　OUT	MOVB　IN，OUT	IN：IB、QB、VB、MB、SB、SMB、LB、AC、常数； OUT：IB、QB、VB、MB、SB、SMB、LB、AC； IN/OUT 数据类型：字节

续表

指令名称	编程语言		操作数类型及操作范围
	梯形图	语句表	
字传送指令	MOV_W EN ENO IN OUT	MOVW IN，OUT	IN：IW、QW、VW、MW、SW、SMW、LW、AC、T、C、AIW、常数； OUT：IW、QW、VW、MW、SW、SMW、LW、AC、T、C、AQW； IN/OUT 数据类型：字
双字传送指令	MOV_DW EN ENO IN OUT	MOVD IN，OUT	IN：ID、QD、VD、MD、SD、SMD、LD、AC、HC、常数； OUT：ID、QD、VD、MD、SD、SMD、LD、AC； IN/OUT 数据类型：双字
实数传送指令	MOV_R EN ENO IN OUT	MOVR IN，OUT	IN：ID、QD、VD、MD、SD、SMD、LD、AC、常数； OUT：ID、QD、VD、MD、SD、SMD、LD、AC； IN/OUT 数据类型：实数
EN（使能端）	I、Q、M、T、C、SM、V、S、L；		EN 数据类型：位
功能说明	当使能端 EN 有效时，将一个输入 IN 的字节、字、双字或实数传送到 OUT 的指定存储单元输出，传送过程数据内容保持不变		

2. 应用案例

（1）将常数 7 传送 MB0，观察 Q0.0～Q0.2 是否有输出。

（2）将常数 3 传送 MW0，观察 Q1.0～Q1.1 是否有输出。

（3）程序设计。单一传送指令应用案例如图 2-26 所示。

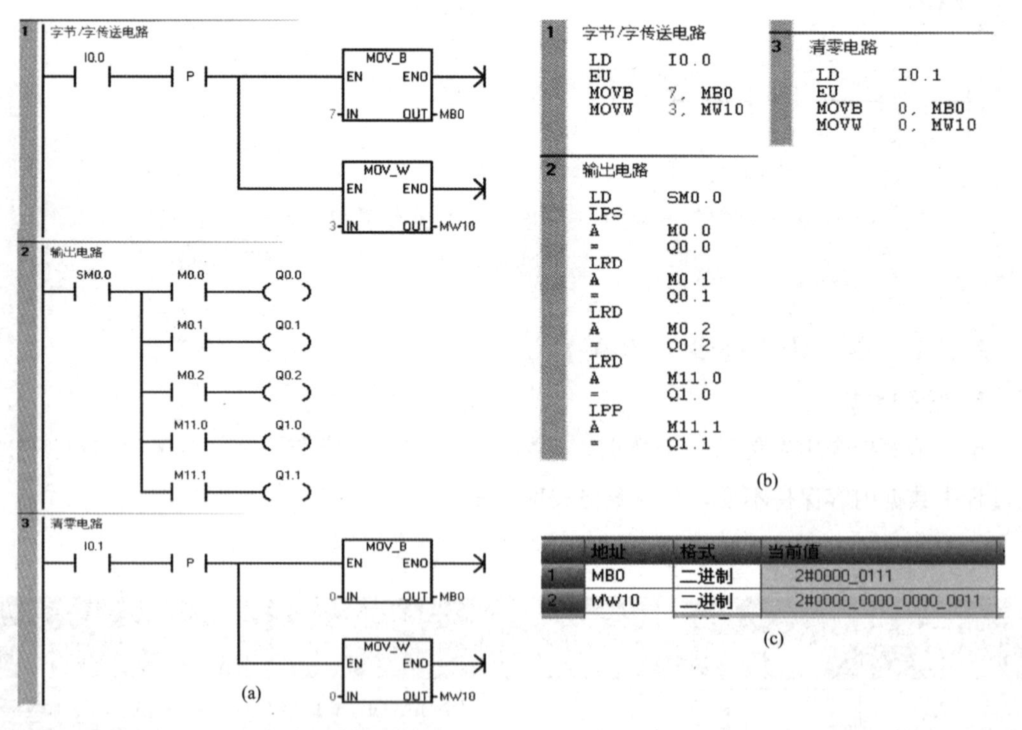

图 2-26 单一传送指令应用案例

（a）梯形图；（b）语句表；（c）状态图表

（4）程序解析。按下启动按钮 I0.0，字节传送指令 MOV_B 将 7 传入 MB0 中，现在 MB0 中的数据为 7（2#0000，0111），因此 Q0.0 到 Q0.2 有输出；启动按钮 I0.0 接通，字传送指令 MOV_W 将 3 传入 MW10 中，现在 MW10 的数据为 3（2#0000，0011），MW10 有 2 个字节，低字节为 MB11，MB11 中现在的数据为 2#0011，因此 Q1.0 到 Q1.1 有输出。

2.5.2　数据块传送指令（BLKMOV）

1. 指令格式

数据块传送指令用来一次性传送多个数据，块传送包括字节的块传送、字的块传送和双字的块传送，指令格式见表 2-9。

表 2-9　　数据块传送指令格式

指令名称	编程语言		操作数类型及操作范围
	梯形图	语句表	
字节的块传送指令	BLKMOV_B EN ENO IN OUT N	BMB　IN，OUT，N	IN：IB、QB、VB、MB、SB、SMB、LB； OUT：IB、QB、VB、MB、SB、SMB、LB； IN/OUT 数据类型：字节
字的块传送指令	BLKMOV_W EN ENO IN OUT N	BMW　IN，OUT，N	IN：IW、QW、VW、MW、SW、SMW、LW、T、C、AIW； OUT：IW、QW、VW、MW、SW、SMW、LW、T、C、AQW； IN/OUT 数据类型：字
双字的块传送指令	BLKMOV_D EN ENO IN OUT N	BMD　IN，OUT，N	IN：ID、QD、VD、MD、SD、SMD、LD； OUT：ID、QD、VD、MD、SD、SMD、LD； IN/OUT 数据类型：双字
EN（使能端）	I、Q、M、T、C、SM、V、S、L；　　数据类型：位		
N（源数据数目）	IB、QB、VB、MB、SB、SMB、LB、AC、常数；数据类型：字节；数据范围：1～255		
功能说明	当使能端 EN 有效时，把从输入 IN 开始 N 个的字节、字、双字传送到 OUT 的起始地址中，传送过程数据内容保持不变		

2. 应用案例

（1）控制要求：将内部标志位存储器 MB0 开始的 2 个字节（MB0～MB1）中的数据，移至 QB0 开始的 2 个字节（QB0～QB1）中，观察 PLC 小灯的点亮情况。

（2）程序设计。数据块传送指令应用案例如图 2-27 所示。

（3）程序解析。按下按钮 I0.0，字节传送指令 MOV_B 将 6 传入 MB0 中，将 3 传入 MB1 中，现在 MB0 中的数据为 6（2#0000，0110），MB1 的数据为 3（2#0000，0011）。

按下按钮 I0.1，数据块传送指令将 MB0 起始 2 个字节（MB0 到 MB1）中的数据，传送到以 QB0 开始的 2 个字节（QB0 到 QB1）中。

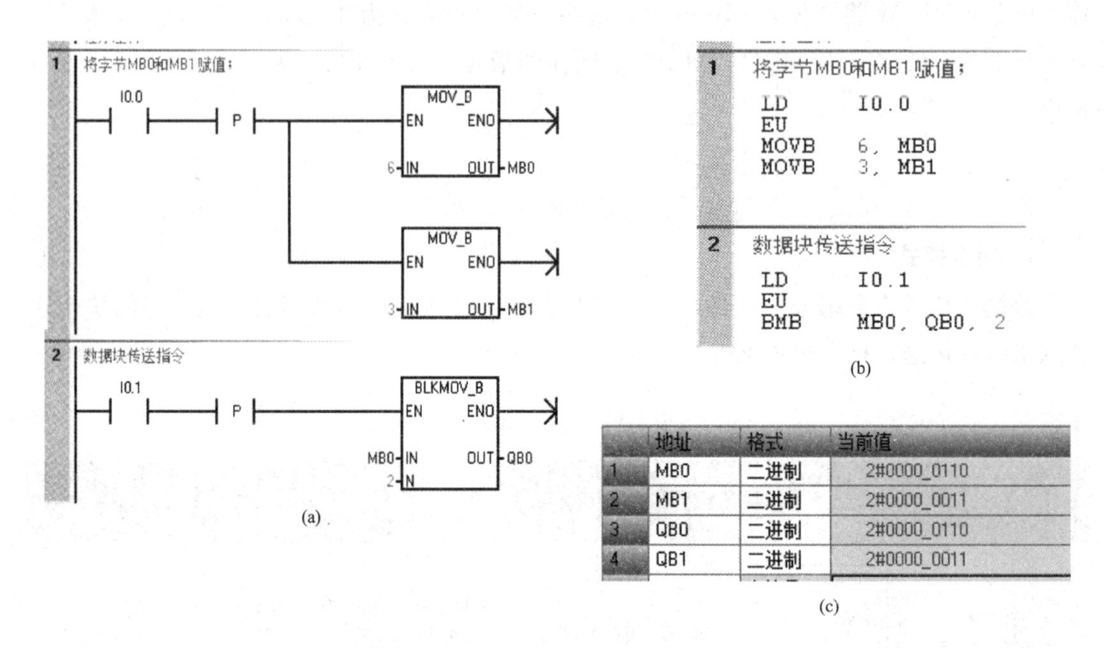

	地址	格式	当前值
1	MB0	二进制	2#0000_0110
2	MB1	二进制	2#0000_0011
3	QB0	二进制	2#0000_0110
4	QB1	二进制	2#0000_0011

(c)

图 2-27 数据块传送指令应用案例

（a）梯形图；（b）语句表；（c）状态图表

2.5.3 数据传送指令综合举例

1. 控制要求

2 级传送带启停控制示意图如图 2-28 所示。当按下启动按钮后，电动机 M1 接通；当货物到达 I0.1，I0.1 接通并启动电动机 M2；当货物到达 I0.2 后，M1 停止；货物到达 I0.3 后，M2 停止；试设计梯形图。

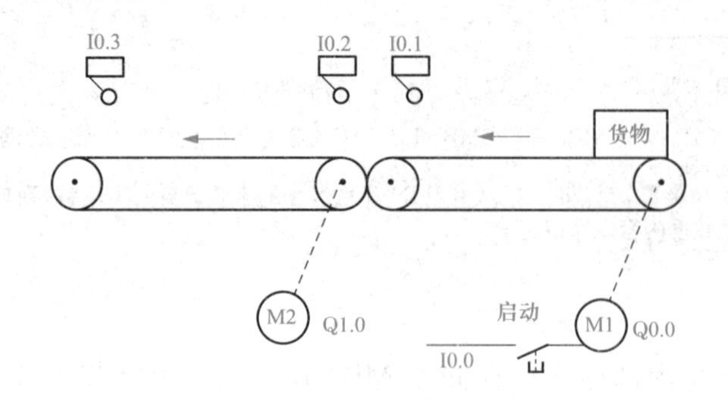

图 2-28 2 级传送带启停控制示意图

2. 程序设计

2 级传送带启停控制梯形图程序如图 2-29 所示。

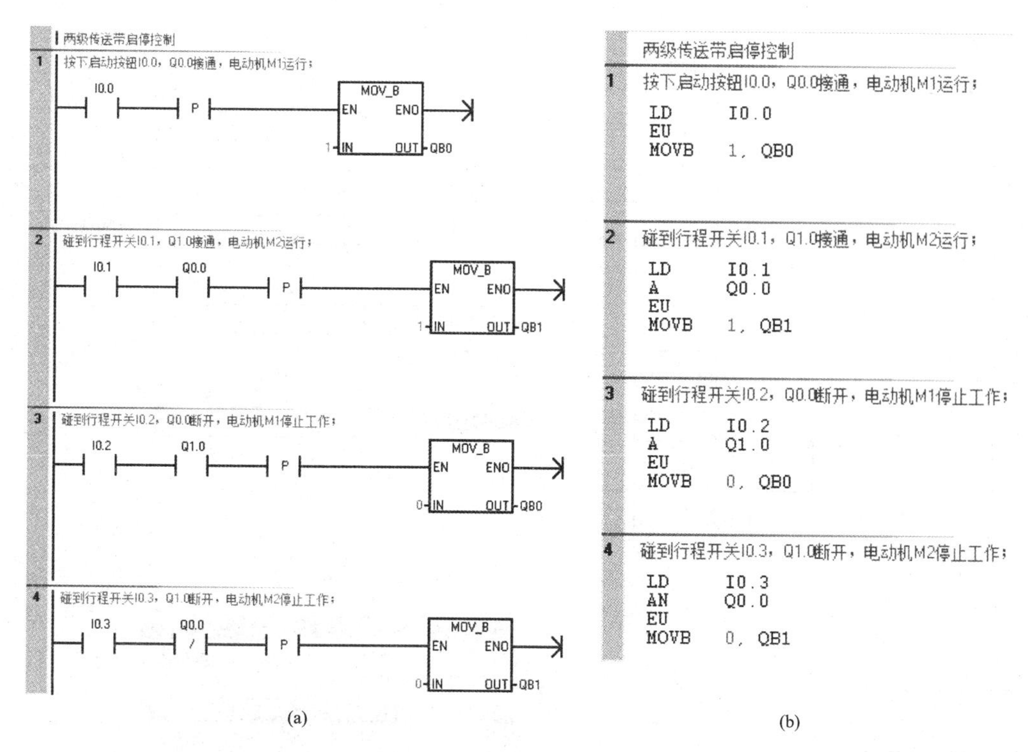

图 2-29　2 级传送带启停控制梯形图程序

(a) 梯形图；(b) 语句表

2.6　移位与循环指令及案例

移位与循环指令主要有移位指令、循环移位指令和移位寄存器指令三大类。其中前两类根据移位数据长度的不同，可分为字节型、字型和双字型 3 种。

移位与循环指令在程序中可方便地实现某些运算，也可以用于取出数据中的有效位数字。移位寄存器指令多用于顺序控制程序的编制。

2.6.1　移位指令

1. 工作原理

移位指令分为左移位指令和右移位指令两种。该指令是指在满足使能条件的情况下，将 IN 中的数据向左或向右移 N 位后，把结果送到 OUT 的指定地址。移位指令对移出位自动补 0，如果移动位数 N 大于允许值（字节操作为 8，字操作为 16，双字操作为 32）时，实际移动的位数为最大允许值。移位数据存储单元的移位端与溢出位 SM1.1 相连，若移位次数大于 0 时，最后移出位的数值将保存在溢出位 SM1.1 中；若移位结果为 0，零标志位 SM1.0 将被置 1，具体如图 2-30 所示。

2. 指令格式

移位指令格式见表 2-10。

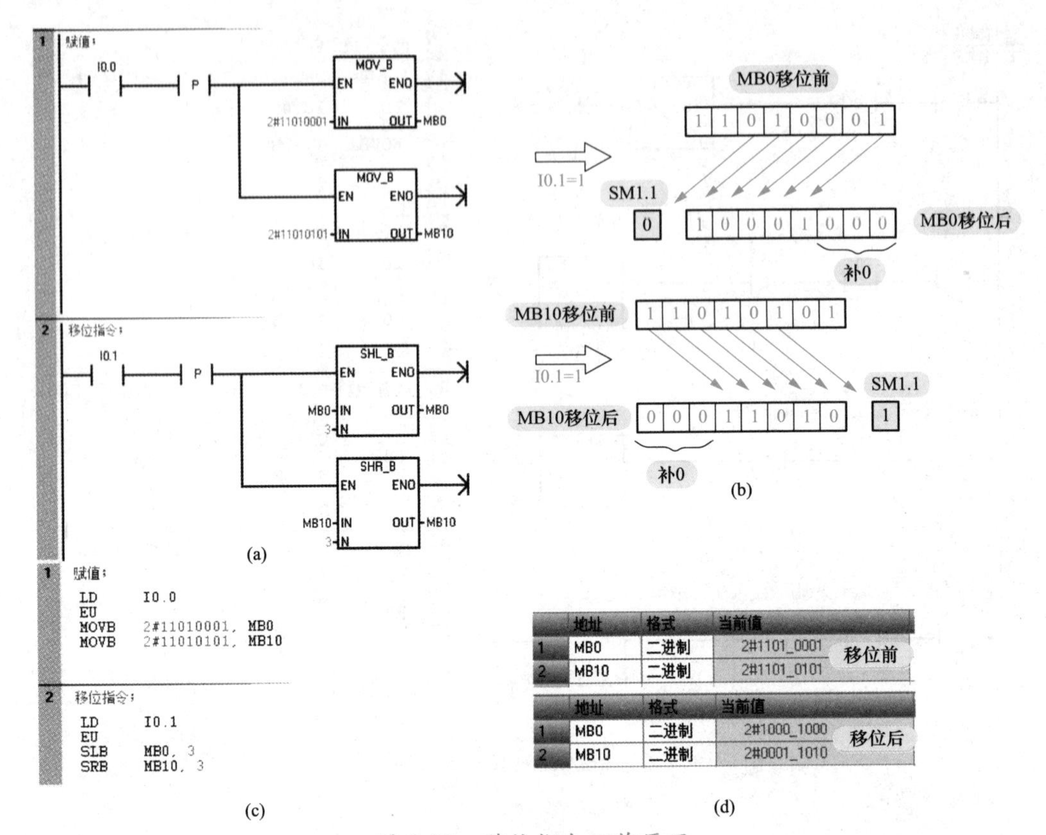

图 2-30 移位指令工作原理

(a) 梯形图；(b) 移位过程解析；(c) 语句表；(d) 状态图表

表 2-10 移位指令格式

指令名称	编程语言		操作数类型及操作范围
	梯形图	语句表	
字节左移位指令	SHL_B EN ENO IN OUT N	SLB OUT, N	IN：IB、QB、VB、MB、SB、SMB、LB、AC、常数； OUT：IB、QB、VB、MB、SB、SMB、LB、AC； IN/OUT 数据类型：字节
字节右移位指令	SHR_B EN ENO IN OUT N	SRB OUT, N	
字左移位指令	SHL_W EN ENO IN OUT N	SLW OUT, N	IN：IW、QW、VW、MW、SW、SMW、LW、AC、T、C、AIW、常数； OUT：IW、QW、VW、MW、SW、SMW、LW、AC、T、C、AQW； IN/OUT 数据类型：字
字右移位指令	SHR_W EN ENO IN OUT N	SRW OUT, N	

续表

指令名称	编程语言		操作数类型及操作范围
	梯形图	语句表	
双字左移位指令	SHL_DW EN ENO IN OUT N	SLD　OUT，N	IN：ID、QD、VD、MD、SD、SMD、LD、AC、HC、常数； OUT：ID、QD、VD、MD、SD、SMD、LD、AC； IN/OUT 数据类型：双字
双字右移位指令	SHR_DW EN ENO IN OUT N	SRD　OUT，N	
EN	I、Q、M、T、C、SM、V、S、L；		EN 数据类型：位
N	IB、QB、VB、MB、SB、SMB、LB、AC、常数；		N 数据类型：字节

3. 应用案例

小车自动往返控制示意图如图 2-31 所示。

（1）控制要求。设小车初始状态停止在最右端，当按下启动按钮小车按图 2-31 所示的轨迹运动；当再次按下启动按钮，小车又开始了新的一轮运动。

（2）程序设计。首先绘制顺序功能图，然后将顺序功能图转化为梯形图。小车自动往返控制顺序功能图与梯形图如图 2-32 所示。

1）绘制顺序功能图；

2）将顺序功能图转化为梯形图。

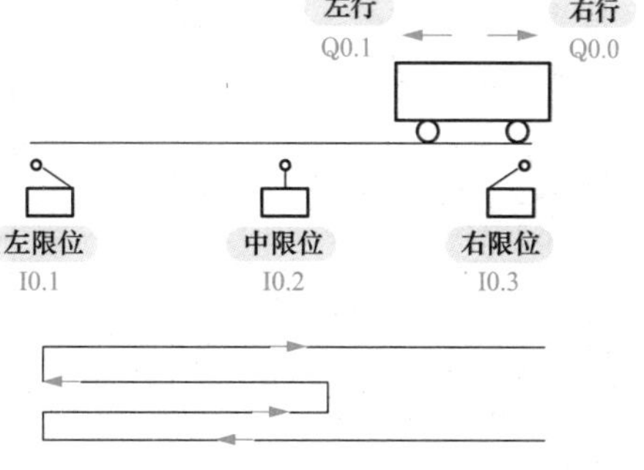

图 2-31　小车自动往返控制示意图

2.6.2　循环移位指令

1. 工作原理

循环移位指令分为循环左移位指令和循环右移位指令两种。该指令是指在满足使能条件的情况下，将 IN 中的数据向左或向右移 N 位后，把结果输出到 OUT 的指定地址。循环移位是一个环形，即被移出来的位将返回另一端空出的位置。若移动的位数 N 大于允许值（字节操作为 8，字操作为 16，双字操作为 32）时，执行循环移位之前先对 N 进行取模操作，如字节移位，将 N 除以 8 以后取余数，从而得到一个有效的移位次数。取模的结果对于字节操作的 0～7，对于字操作是 0～15，对于双字操作是 0～31，若取模操作为 0，则不能进行循环移位操作。

若执行循环移位操作，移位的最后一位的数值存放在溢出位 SM1.1 中；若实际移位次数为 0，零标志位 SM1.0 被置 1；字节操作是无符号的，对于有符号的双字移位时，符号位也被移位，具体如图 2-33 所示。

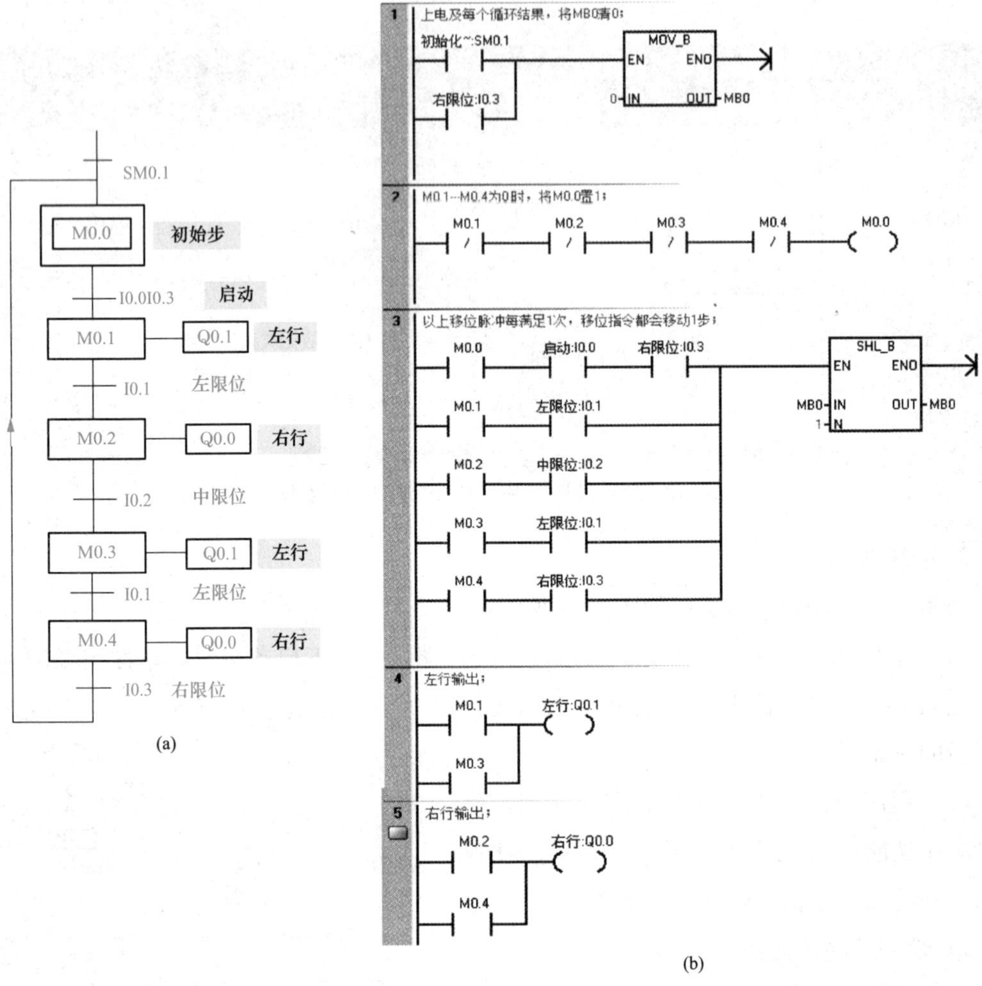

图 2-32 小车自动往返控制顺序功能图与梯形图

(a) 顺序功能图；(b) 梯形图

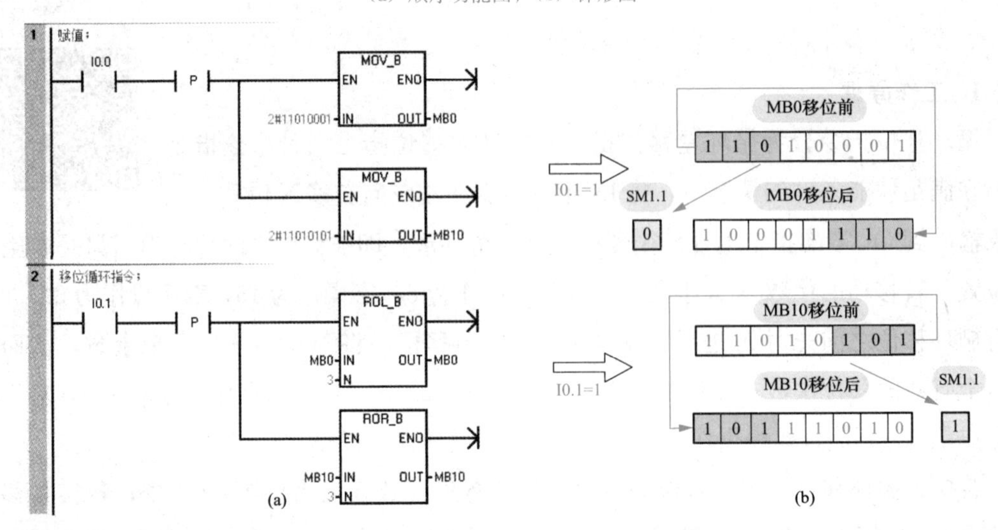

图 2-33 移位循环指令工作原理（一）

(a) 梯形图；(b) 移位过程解析

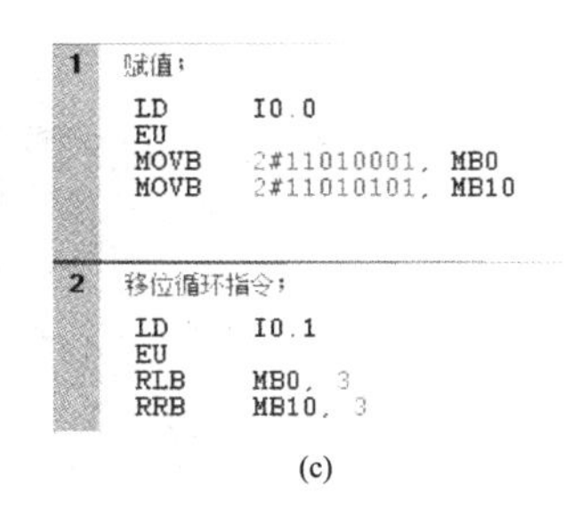

(c)

	地址	格式	当前值	移位前
1	MB0	二进制	2#1101_0001	
2	MB10	二进制	2#1101_0101	

	地址	格式	当前值	移位后
1	MB0	二进制	2#1000_1110	
2	MB10	二进制	2#1011_1010	

(d)

图 2-33　移位循环指令工作原理（二）

（c）语句表；（d）状态图表

2. 指令格式

移位循环指令格式见表 2-11。

表 2-11　　移位循环指令格式

指令名称	编程语言		操作数类型及操作范围
	梯形图	语句表	
字节左移位循环指令	ROL_B (EN, ENO, IN, OUT, N)	RLB OUT，N	IN：IB、QB、VB、MB、SB、SMB、LB、AC、常数； OUT：IB、QB、VB、MB、SB、SMB、LB、AC； IN/OUT 数据类型：字节
字节右移位循环指令	ROR_B (EN, ENO, IN, OUT, N)	RRB OUT，N	
字左移位循环指令	ROL_W (EN, ENO, IN, OUT, N)	RLW OUT，N	IN：IW、QW、VW、MW、SW、SMW、LW、AC、T、C、AIW、常数； OUT：IW、QW、VW、MW、SW、SMW、LW、AC、T、C、AQW； IN/OUT 数据类型：字
字右移位循环指令	ROR_W (EN, ENO, IN, OUT, N)	RRW OUT，N	
双字左移位循环指令	ROL_DW (EN, ENO, IN, OUT, N)	RLD OUT，N	IN：ID、QD、VD、MD、SD、SMD、LD、AC、HC、常数； OUT：ID、QD、VD、MD、SD、SMD、LD、AC； IN/OUT 数据类型：双字

续表

指令名称	编程语言		操作数类型及操作范围
	梯形图	语句表	
双字右移位循环指令	ROR_DW EN ENO IN OUT N	RRD OUT，N	IN：ID、QD、VD、MD、SD、SMD、LD、AC、HC、常数； OUT：ID、QD、VD、MD、SD、SMD、LD、AC； IN/OUT 数据类型：双字
N	IB、QB、VB、MB、SB、SMB、LB、AC、常数； N 数据类型：字节		

3. 应用案例

（1）控制要求。彩灯移位循环控制，按下启动按钮 I0.0 且选择开关处于 1 位置（I0.2 常闭处于闭合状态），小灯左移循环；搬动选择开关处于 2 位置（I0.2 常开处于闭合状态），小灯右移循环。试设计程序。

（2）程序设计。彩灯移位循环控制梯形图程序如图 2-34 所示。

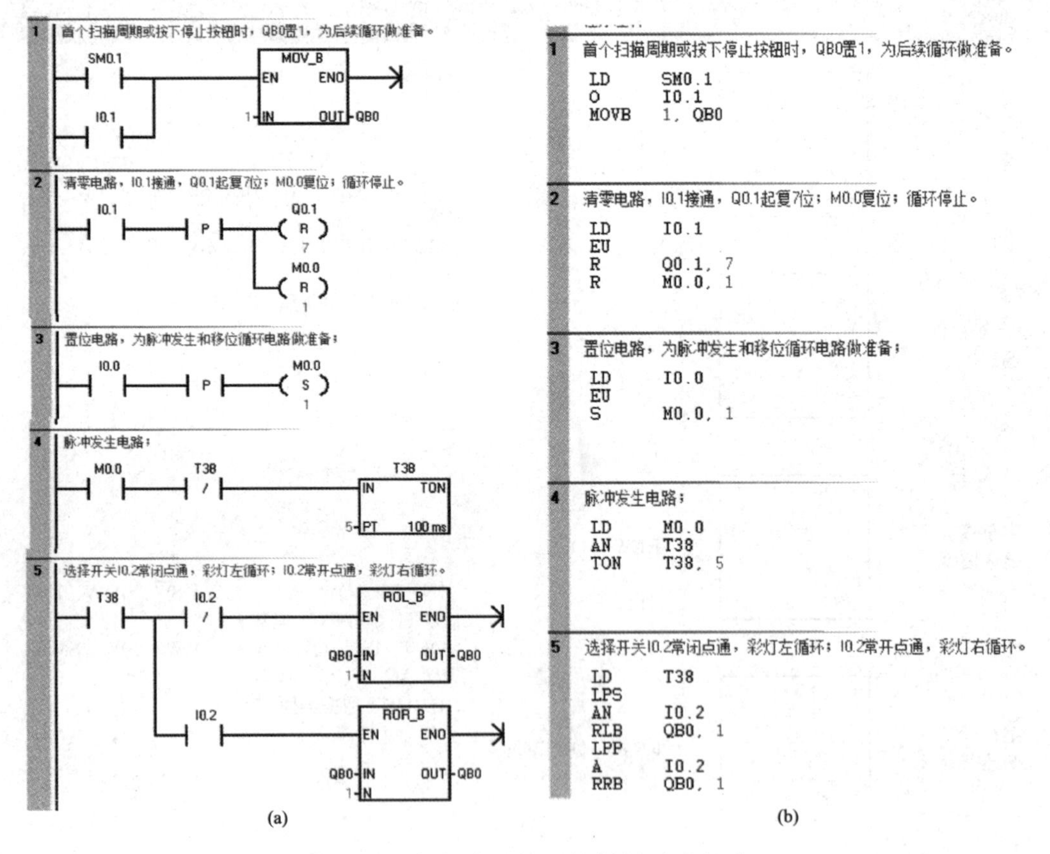

图 2-34 彩灯移位循环控制梯形图程序

（a）梯形图；（b）语句表

2.6.3 移位寄存器指令

移位寄存器指令是移位长度和移位方向可调的移位指令。在顺序控制、物流及数据流控制等场合应用广泛。

1. 移位寄存器指令说明

移位寄存器指令说明如图 2-35 所示。

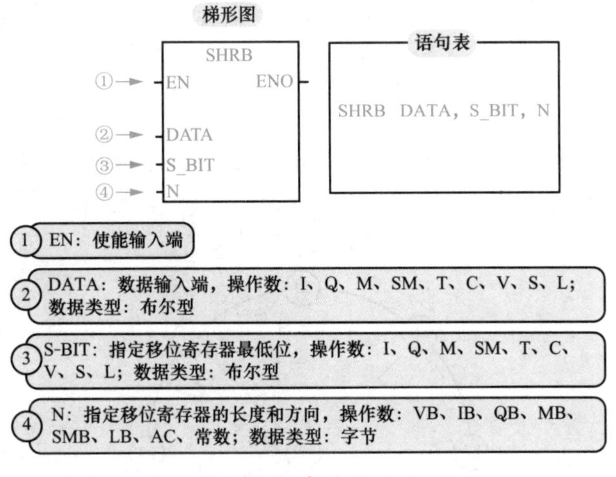

图 2-35　移位寄存器指令说明

2. 工作过程

当使能输入端 EN 有效时，位数据 DATA 实现装入移位寄存器的最低位 S_BIT，此后使能端每当有 1 个脉冲输入时，移位寄存器都会移动 1 位。需要说明移位长度和方向与 N 有关，移位长度范围：1～64；移位方向取决于 N 的符号，当 N>0 时，移位方向向左，输入数据 DATA 移入移位寄存器的最低位 S_BIT，并移出移位寄存器的最高位；当 N<0 时，移位方向向右，输入数据移入移位寄存器的最高位，并移出最低位 S_BIT，移出的数据被放置在溢出位 SM1.1 中，具体如图 2-36 所示。

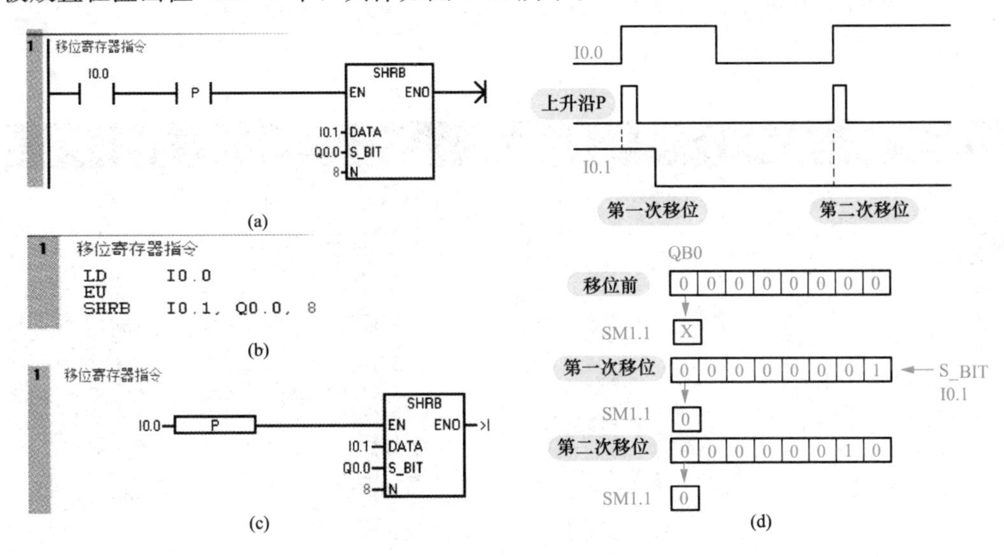

图 2-36　移位寄存器指令工作过程

(a) 梯形图；(b) 语句表；(c) 功能块图；(d) 移位过程解析

编者有料

移位寄存器中的N是移位总的长度，即一共移动了多少位；左右移位（循环）指令中的N是每次移位的长度。

3. 应用案例

（1）控制要求。某彩灯有10盏，彩灯循环样式示意图如图2-37所示。按下启动按钮，彩灯按图2-37花样循环点亮；按下停止按钮，彩灯全部停止。

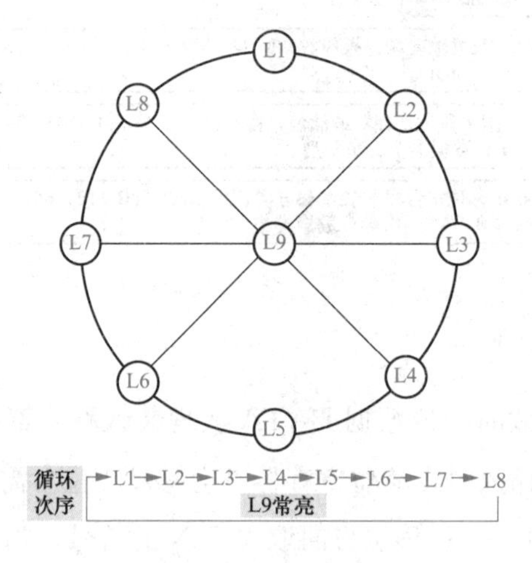

图2-37 彩灯循环样式

（2）程序设计。

1）I/O分配。彩灯循环点亮I/O分配见表2-12。

表2-12 彩灯循环点亮I/O分配表

输入量		输出量	
启动按钮	I0.0	L1彩灯	Q0.0
停止按钮	I0.1	L2彩灯	Q0.1
		L3彩灯	Q0.2
		L4彩灯	Q0.3
		L5彩灯	Q0.4
		L6彩灯	Q0.5
		L7彩灯	Q0.6
		L8彩灯	Q0.7
		L9彩灯	Q1.0

2）梯形图。彩灯循环控制梯形图程序如图2-38所示。

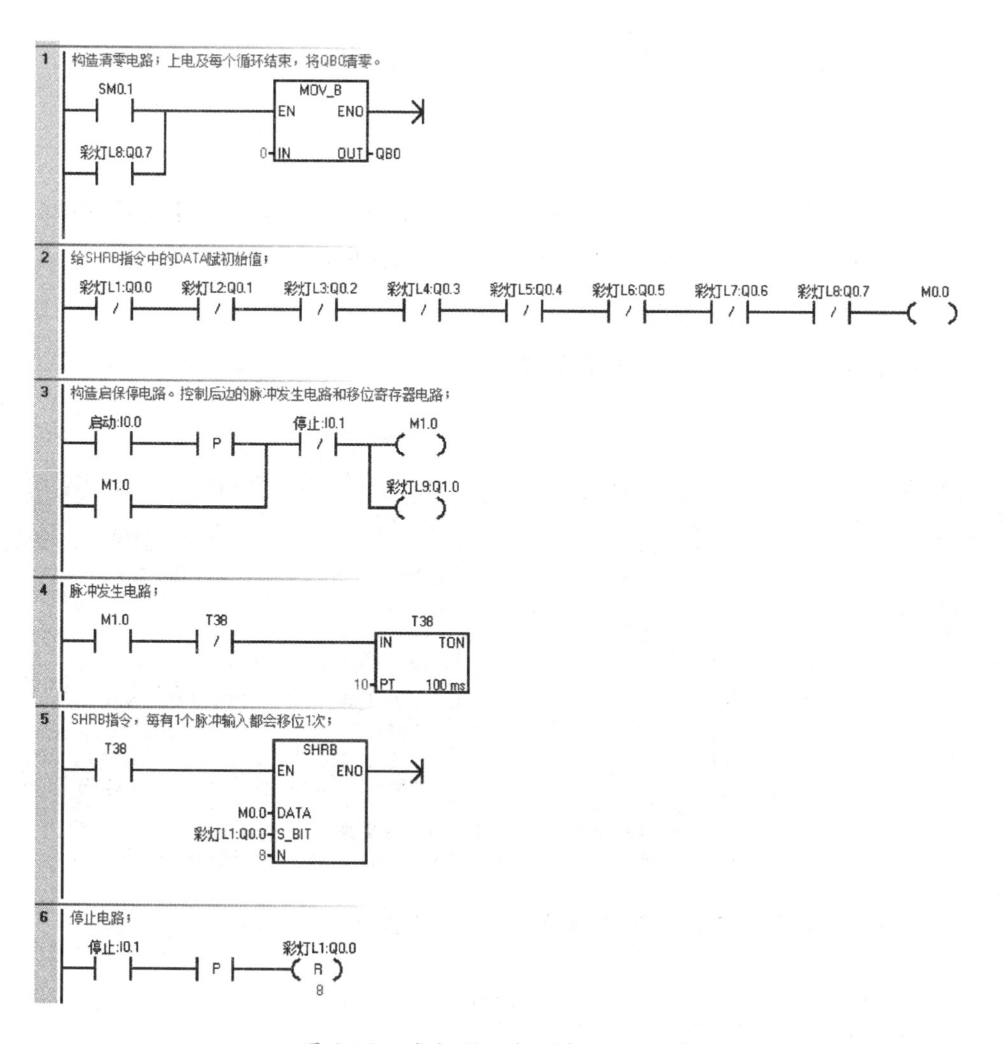

图 2-38　彩灯循环控制梯形图程序

编者有料

1. 将输入数据 DATA 置 1，可以采用启保停电路置 1，也可采用传送指令。
2. 构造脉冲发生器，用脉冲控制移位寄存器的移位。
3. 通过输出的第一位确定 S_BIT，有时还可能需要中间编程元件。
4. 通过输出个数确定移位长度。

2.7　数据转换指令

编程时，当实际的数据类型与需要的数据类型不符时，这时就需要对数据类型进行转换。数据转换指令就是完成这类任务的指令。

数据转换指令将操作数类型转换后，把输出结果存入到指定的目标地址中。数据转换指令包括数据类型转换指令、编码与译码指令以及字符串类型转换指令等。

2.7.1 数据类型转换指令

数据类型转换指令包括字节与字整数间的转换指令、字整数与双字整数间的转换指令、双整数与实数间的转换指令及 BCD 码与整数间的转换指令。

1. 字节与字整数间的转换指令

(1) 指令格式。字节与字整数间的转换指令指令格式见表 2-13。

表 2-13 字节与字整数间的转换指令格式

指令名称	编程语言		操作数类型及操作范围
	梯形图	语句表	
字节转换成字整数指令	B_I EN ENO IN OUT	BTI IN, OUT	IN: IB、QB、VB、MB、SB、SMB、LB、AC、常数; OUT: IW、QW、VW、MW、SW、SMW、LW、AC、T、C; IN 数据类型: 字节; OUT 数据类型: 整数
字整数转换成字节指令	I_B EN ENO IN OUT	ITB IN, OUT	IN: IW、QW、VW、MW、SW、SMW、LW、AC、T、C、常数; OUT: IB、QB、VB、MB、SB、SMB、LB、AC; IN 数据类型: 整数; OUT 数据类型: 字节
功能说明	1. 字节转换成字整数指令将字节数值 (IN) 转换成整数值，将结果存入目标地址 (OUT) 中; 2. 字整数转换字节指令将字整数 (IN) 转换成字节，将结果存入目标地址 (OUT) 中		

(2) 应用案例。字节与字整数间转换指令举例如图 2-39 所示。

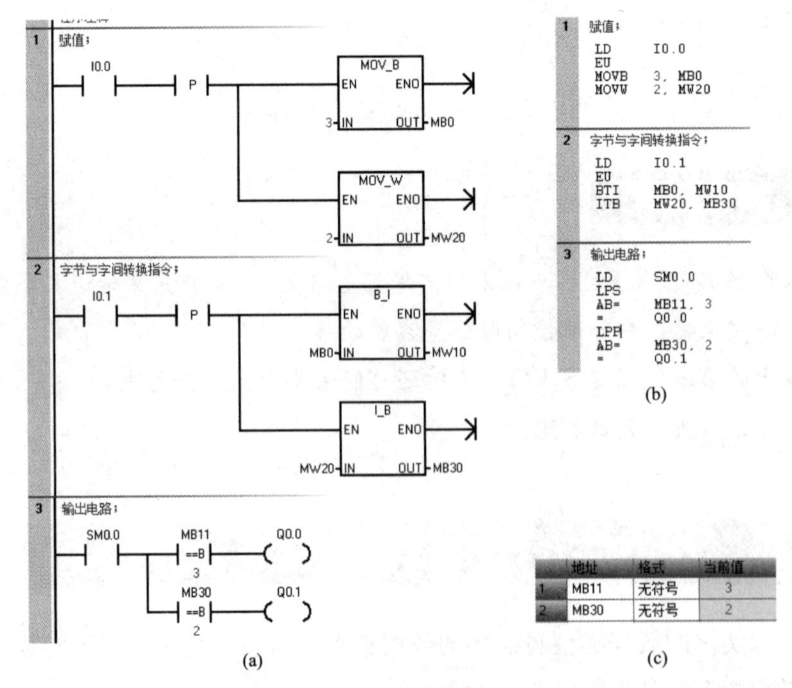

图 2-39 字节与字整数间转换指令举例

(a) 梯形图; (b) 语句表; (c) 状态图表

（3）程序解析。按下启动按钮 I0.0，字节传送指令 MOV_B 将 3 传入 MB0 中，通过字节转换成整数指令 B_I，MB0 中的 3 会存储到 MW10 中的低字节 MB11 中，通过比较指令 MB11 中的数恰好为 3，因此 Q0.0 亮；Q0.1 点亮过程与 Q0.0 点亮过程相似，故不赘述。

2. 字整数与双字整数间的转换指令

字整数与双字整数间的转换指令指令格式见表 2-14。

表 2-14　　字整数与双字整数间的转换指令格式

指令名称	编程语言		操作数类型及操作范围
	梯形图	语句表	
字整数转换成双字整数指令	I_DI EN ENO IN OUT	ITD IN，OUT	IN：IW、QW、VW、MW、SW、SMW、LW、AC、T、C、AIW、常数； OUT：ID、QD、VD、MD、SD、SMD、LD、AC； IN 数据类型：整数；OUT 数据类型：双整数
双字整数转换成字整数指令	DI_I EN ENO IN OUT	DTI IN，OUT	IN：ID、QD、VD、MD、SD、SMD、LD、AC、HC、常数； OUT：IW、QW、VW、MW、SW、SMW、LW、AC、T、C； IN 数据类型：双整数；OUT 数据类型：整数
功能说明	1. 字整数转换成双字整数指令将整数值（IN）转换成双整数值，将结果存入目标地址（OUT）中； 2. 双字整数转换成字整数指令将双整数值转换成整数值，将结果存入目标地址（OUT）中		

3. 双整数与实数间的转换指令

（1）指令格式。双整数与实数间的转换指令格式见表 2-15。

表 2-15　　双整数与实数间的转换指令格式

指令名称	编程语言		操作数类型及操作范围
	梯形图	语句表	
双整数转换成实数指令	DI_R EN ENO IN OUT	DIR IN，OUT	IN：ID、QD、VD、MD、SD、SMD、LD、HC、AC、常数； OUT：ID、QD、VD、MD、SD、SMD、LD、AC； IN 数据类型：双整数；OUT 数据类型：实数
四舍五入取整指令	ROUND EN ENO IN OUT	ROUND IN，OUT	IN：ID、QD、VD、MD、SD、SMD、LD、AC、常数； OUT：ID、QD、VD、MD、SD、SMD、LD、AC； IN 数据类型：实数；OUT 数据类型：双整数
截位取整指令	TRUNC EN ENO IN OUT	TRUNC IN，OUT	IN：ID、QD、VD、MD、SD、SMD、LD、HC、AC、常数； OUT：ID、QD、VD、MD、SD、SMD、LD、AC； IN 数据类型：实数；OUT 数据类型：双整数

续表

指令名称	编程语言		操作数类型及操作范围
	梯形图	语句表	
功能说明	1. DIR 指令将 32 位带符号整数（IN）转换成 32 位实数，并将结果存入目标地址中（OUT）； 2. ROUND 指令按小数部分四舍五入的原则，将实数（IN）转换成双整数值，将结果存入目标地址中（OUT）； 3. TRUNC 指令按小数部分直接舍去原则，将 32 位实数（IN）转换成 32 位双整数值，将结果存入目标地址中（OUT）		

（2）应用案例。双整数与实数间的转换指令举例如图 2-40 所示。

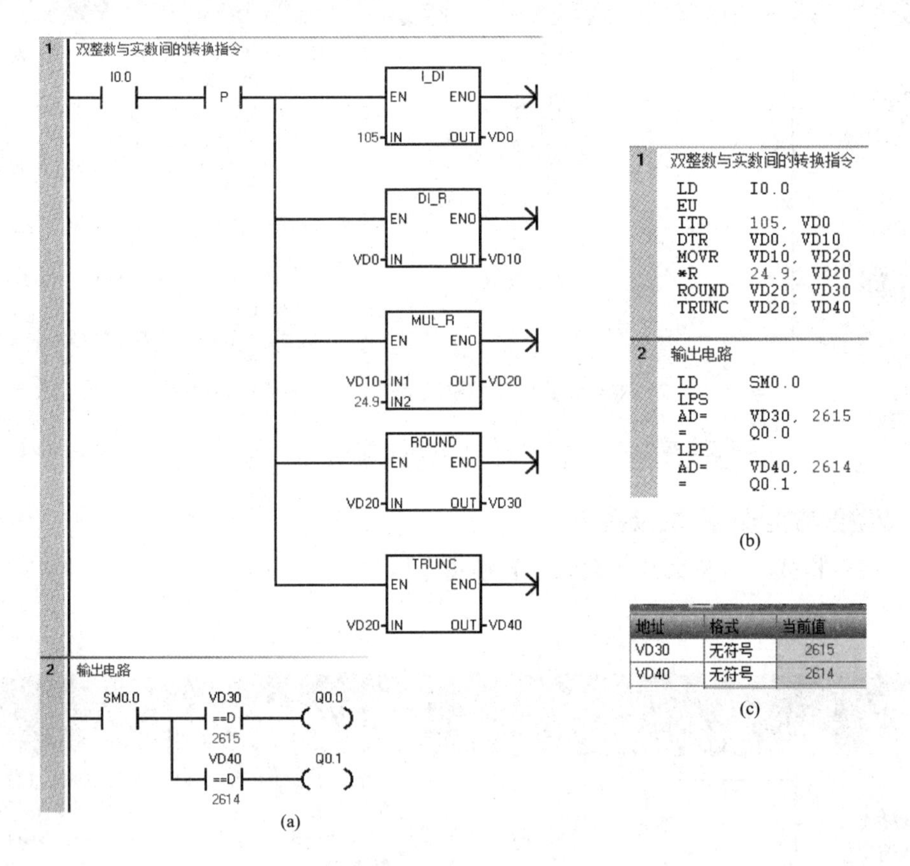

图 2-40 双整数与实数间的转换指令举例

（a）梯形图；（b）语句表；（c）状态图表

（3）程序解析。按下启动按钮 I0.0，I_DI 指令将 105 转换为双整数传入 VD0 中，通过 DI_R 指令将双整数转换为实数送入 VD10 中，VD10 中的 105.0×24.9 存入 VD20 中，ROUND 指令将 VD20 中的数四舍五入，存入 VD30 中，VD30 中的数为 2615；TRUNC 指令将 VD20 中的数舍去小数部分，存入 VD40 中，VD40 中的数为 2614，因此 Q0.0 和 Q0.1 都亮。

◆ 编者有料 ◆

以上转换指令是实现模拟量等复杂计算的基础，读者们需予以重视。

4. BCD 码与整数的转换指令

BCD 码与整数的转换指令指令格式见表 2-16。

表 2-16 BCD 码与整数的转换指令格式

指令名称	编程语言		操作数类型及操作范围
	梯形图	语句表	
BCD 码转换整数指令	BCD_I（EN、ENO、IN、OUT）	BCDI，OUT	IN：IW、QW、VW、MW、SW、SMW、LW、AC、T、C、AIW、常数； OUT：IW、QW、VW、MW、SW、SMW、LW、AC、T、C； IN/OUT 数据类型：字
整数转换 BCD 码指令	I_BCD（EN、ENO、IN、OUT）	IBCD，OUT	IN：IW、QW、VW、MW、SW、SMW、LW、AC、T、C、AIW、常数； OUT：IW、QW、VW、MW、SW、SMW、LW、AC、T、C； IN/OUT 数据类型：字
功能说明	1. BCD 码转换整数指令将二进制编码的十进制数 IN 转换成整数，并将结果存入目标地址中（OUT）；IN 的有效范围是 BCD 码 0～9999； 2. 整数转换成 BCD 码指令将输入整数 IN 转换成二进制编码的十进制数，将结果存入目标地址中（OUT）；IN 的有效范围是 BCD 码 0～9999		

2.7.2 译码与编码指令

1. 译码与编码指令

（1）指令格式。译码与编码指令格式见表 2-17。

表 2-17 译码与编码指令格式

指令名称	编程语言		操作数类型及操作范围
	梯形图	语句表	
译码指令	DECO（EN、ENO、IN、OUT）	DECO IN，OUT	IN：IB、QB、VB、MB、SB、SMB、LB、AC、常数； OUT：IW、QW、VW、MW、SW、SMW、LW、AC、T、C、AQW； IN 数据类型：字节；OUT 数据类型：字
编码指令	ENCO（EN、ENO、IN、OUT）	ENCO IN，OUT	IN：IW、QW、VW、MW、SW、SMW、LW、AC、T、C、AIW； OUT：IB、QB、VB、MB、SB、SMB、LB、AC、常数； N 数据类型：字；OUT 数据类型：字节

续表

指令名称	编程语言		操作数类型及操作范围
	梯形图	语句表	
功能说明	1. 译码指令根据输入字节 IN 的低 4 位表示的输出字的位号，将输出字的相对应位置 1； 2. 编码指令将输入字 IN 最低有效位的位号写入输出字节的低 4 位中		

（2）应用案例。译码与编码指令举例如图 2-41 所示。

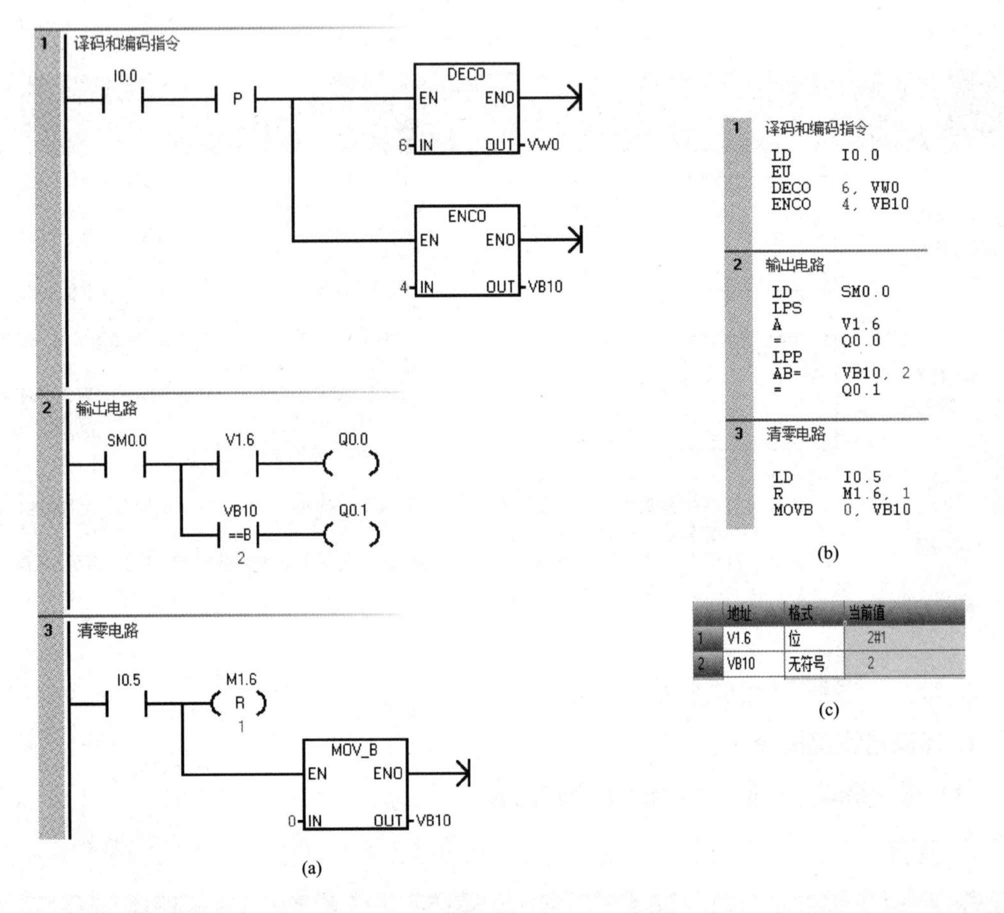

图 2-41　译码与编码指令举例

（a）梯形图；（b）语句表；（c）状态图表

2. 段译码指令

段译码指令将输入字节中 16＃0～F 转换成点亮 7 段数码管各段代码，并送到输出(OUT)。

（1）指令说明。段译码指令格式如图 2-42 所示。

（2）应用举例。段译码指令举例如图 2-43 所示，为显示数字 6 的 7 段显示码程序。

（3）程序解析。按下启动按钮 I0.0，SEG 指令 6 传给 QB0，除 Q0.1 外，Q0.0，Q0.2～Q0.6 均点亮。

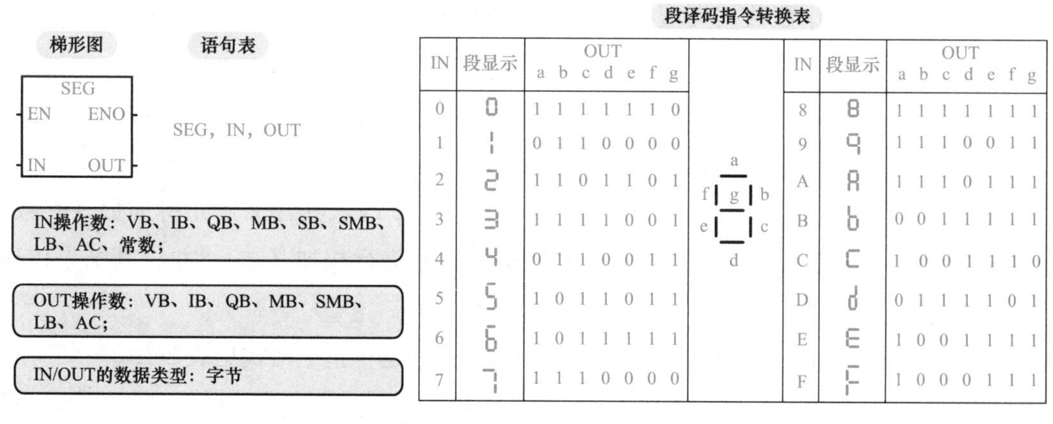

IN	段显示	OUT a b c d e f g	IN	段显示	OUT a b c d e f g
0	0	1 1 1 1 1 1 0	8	8	1 1 1 1 1 1 1
1	1	0 1 1 0 0 0 0	9	9	1 1 1 0 0 1 1
2	2	1 1 0 1 1 0 1	A	A	1 1 1 0 1 1 1
3	3	1 1 1 1 0 0 1	B	b	0 0 1 1 1 1 1
4	4	0 1 1 0 0 1 1	C	C	1 0 0 1 1 1 0
5	5	1 0 1 1 0 1 1	D	d	0 1 1 1 1 0 1
6	6	1 0 1 1 1 1 1	E	E	1 0 0 1 1 1 1
7	7	1 1 1 0 0 0 0	F	F	1 0 0 0 1 1 1

图 2-42　段译码指令格式

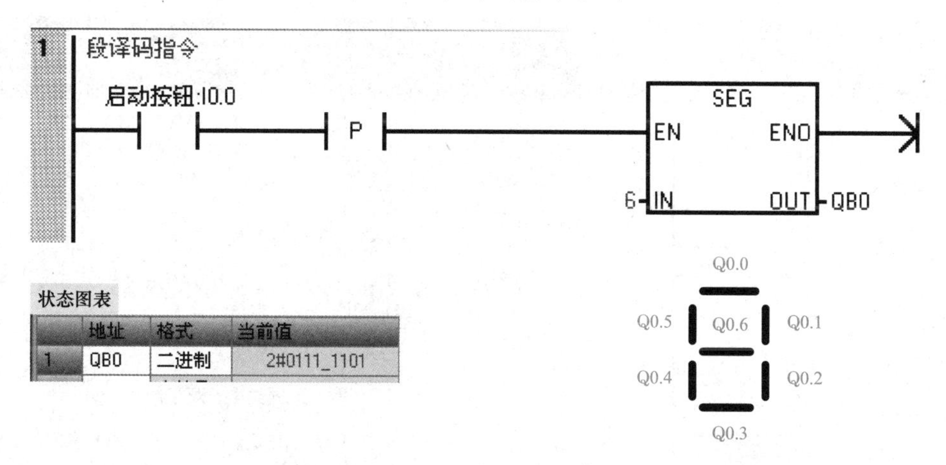

图 2-43　段译码指令举例

2.8　数学运算类指令

PLC 普遍具有较强的运算功能，其中数学运算指令是实现运算的主体，它包括四则运算指令、数学功能指令和递增、递减指令。其中四则运算指令包括整数四则运算指令、双整数四则运算指令、实数四则运算指令；数学功能指令包括三角函数指令、对数函数指令和平方根指令等。S7-200 SMART PLC 对于数学运算指令来说，在使用时需注意存储单元的分配，在梯形图中，源操作数 IN1、IN2 和目标操作数 OUT 可以使用不一样的存储单元，这样编写程序比较清晰且容易理解。在使用语句表时，其中的一个源操作数需要和目标操作数 OUT 的存储单元一致，因此给理解和阅读带来不便，在使用数学运算指令时，建议读者使用梯形图。

2.8.1　四则运算指令

1. 加法/乘法运算

整数、双整数、实数的加法/乘法运算时将源操作数运算后产生的结果，存储在目标操作数 OUT 中，操作数数据类型不变。常规乘法两个 16 位整数相乘，产生一个 32 的结果。

梯形图表示：IN1＋IN2＝OUT（IN1×IN2＝OUT），其含义为当加法（乘法）允许信号 EN＝1 时，被加数（被乘数）IN1 与加数（乘数）IN2 相加（乘）送到 OUT 中。

语句表表示：IN1＋OUT＝OUT（IN1×OUT＝OUT），其含义为先将加数（乘数）送到 OUT 中，然后把 OUT 中的数据和 IN1 中的数据进行相加（乘），并将其结果传送到 OUT 中。

（1）指令格式。加法运算指令格式见表 2-18；乘法运算指令格式见表 2-19。

表 2-18　加法运算指令格式

指令名称	编程语言		操作数类型及操作范围
	梯形图	语句表	
整数加法指令	ADD_I EN ENO IN1 OUT IN2	＋I IN1，OUT	IN1/IN2：IW、QW、VW、MW、SW、SMW、LW、AC、T、C、AIW、常数； OUT：IW、QW、VW、MW、SW、SMW、LW、AC、T、C； IN/OUT 数据类型：整数
双整数加法指令	ADD_DI EN ENO IN1 OUT IN2	＋D IN1，OUT	IN1/IN2：ID、QD、VD、MD、SD、SMD、LD、AC、HC、常数； OUT：ID、QD、VD、MD、SD、SMD、LD、AC； IN/OUT 数据类型：双整数
实数加法指令	ADD_R EN ENO IN1 OUT IN2	＋R IN1，OUT	IN1/IN2：ID、QD、VD、MD、SD、SMD、LD、AC、常数； OUT：ID、QD、VD、MD、SD、SMD、LD、AC； IN/OUT 数据类型：实数

表 2-19　乘法运算指令格式

指令名称	编程语言		操作数类型及操作范围
	梯形图	语句表	
整数乘法指令	MUL_I EN ENO IN1 OUT IN2	* I IN1，OUT	IN1/IN2：IW、QW、VW、MW、SW、SMW、LW、AC、T、C、AIW、常数； OUT：IW、QW、VW、MW、SW、SMW、LW、AC、T、C； IN/OUT 数据类型：整数
双整数乘法指令	MUL_DI EN ENO IN1 OUT IN2	* D IN1，OUT	IN1/IN2：ID、QD、VD、MD、SD、SMD、LD、AC、HC、常数； OUT：ID、QD、VD、MD、SD、SMD、LD、AC； IN/OUT 数据类型：双整数
实数乘法指令	MUL_R EN ENO IN1 OUT IN2	* R IN1，OUT	IN1/IN2：ID、QD、VD、MD、SD、SMD、LD、AC、常数； OUT：ID、QD、VD、MD、SD、SMD、LD、AC； IN/OUT 数据类型：实数

（2）应用案例。加法/乘法运算指令应用举例如图 2-44 所示。

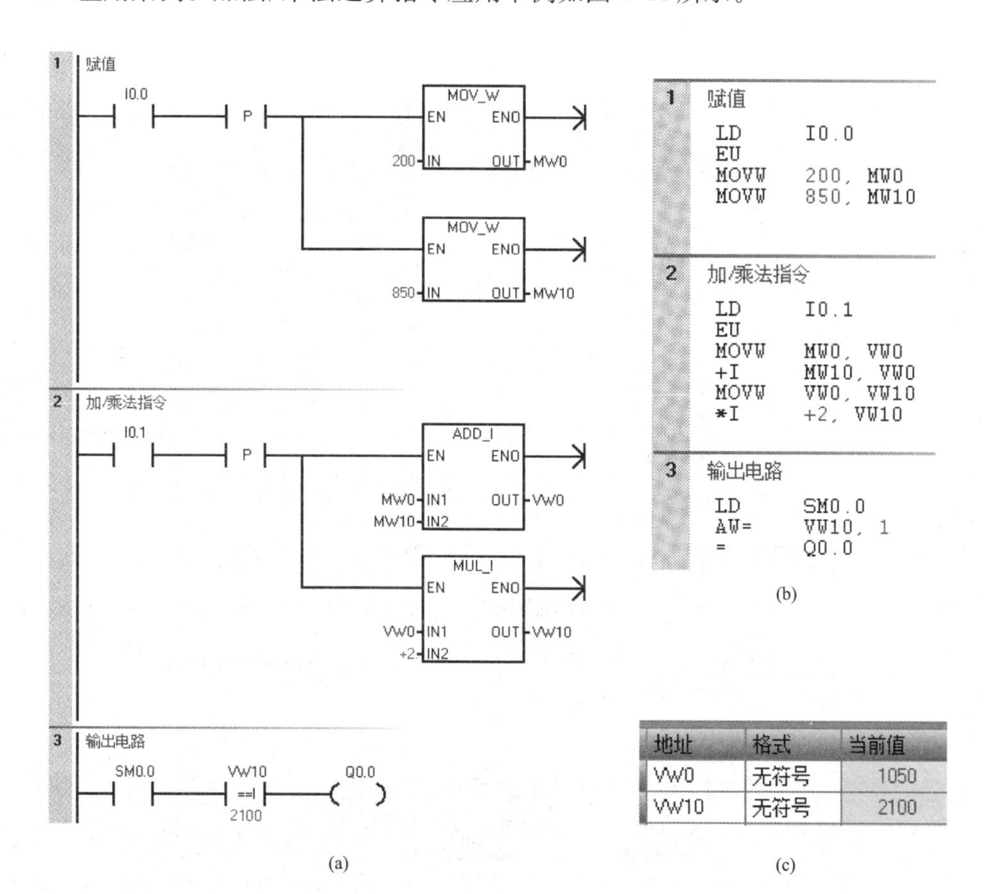

地址	格式	当前值
VW0	无符号	1050
VW10	无符号	2100

图 2-44　加法/乘法运算指令应用举例

（a）梯形图；（b）语句表；（c）状态图表

（3）程序解析。按下按钮 I0.0，字传送指令分别将 200 和 850 传送到 MW0 和 MW10 中；按钮 I0.1 接通，MW0 和 MW10 的数值相加，结果存入 VW0 中，即 200＋850，结果 1050 存入 VW0 中；VW0 中的 1050 再乘以 2 结果存入 VW10 中，VW10 中的数值为 2100，比较条件成立，输出线圈 Q0.0 为 1，故 PLC 的 Q0.0 灯点亮。

2. 减法/除法运算

整数、双整数、实数的减法/除法运算时将源操作数运算后产生的结果，存储在目标操作数 OUT 中，整数、双整数除法不保留小数。而常规除法两个 16 位整数相除，产生一个 32 的结果，其中高 16 位存储余数，低 16 位存储商。

梯形图表示：IN1－IN2＝OUT(IN1/IN2＝OUT)，其含义为当减法（除法）允许信号 EN＝1 时，被减数（被除数）IN1 与减数（除数）IN2 相减（除）送到 OUT 中。

语句表表示：IN1－OUT＝OUT(IN1/OUT＝OUT)，其含义为先将减数（除数）送到 OUT 中，然后把 OUT 中的数据和 IN1 中的数据进行相减（除），并将其结果传送到 OUT 中。

(1) 指令格式。减法运算指令格式见表 2-20；除法运算指令格式见表 2-21。

表 2-20　减法运算指令格式

指令名称	编程语言		操作数类型及操作范围
	梯形图	语句表	
整数减法指令	SUB_I EN ENO IN1 OUT IN2	−I IN1, OUT	IN1/IN2：IW、QW、VW、MW、SW、SMW、LW、AC、T、C、AIW、常数； OUT：IW、QW、VW、MW、SW、SMW、LW、AC、T、C； IN/OUT 数据类型：整数
双整数减法指令	SUB_DI EN ENO IN1 OUT IN2	−D IN1, OUT	IN1/IN2：ID、QD、VD、MD、SD、SMD、LD、AC、HC、常数； OUT：ID、QD、VD、MD、SD、SMD、LD、AC； IN/OUT 数据类型：双整数
实数减法指令	SUB_R EN ENO IN1 OUT IN2	−R IN1, OUT	IN1/IN2：ID、QD、VD、MD、SD、SMD、LD、AC、常数； OUT：ID、QD、VD、MD、SD、SMD、LD、AC； IN/OUT 数据类型：实数

表 2-21　除法运算指令格式

指令名称	编程语言		操作数类型及操作范围
	梯形图	语句表	
整数除法指令	DIV_I EN ENO IN1 OUT IN2	/I IN1, OUT	IN1/IN2：IW、QW、VW、MW、SW、SMW、LW、AC、T、C、AIW、常数； OUT：IW、QW、VW、MW、SW、SMW、LW、AC、T、C； IN/OUT 数据类型：整数
双整数除法指令	DIV_DI EN ENO IN1 OUT IN2	/D IN1, OUT	IN1/IN2：ID、QD、VD、MD、SD、SMD、LD、AC、HC、常数； OUT：ID、QD、VD、MD、SD、SMD、LD、AC； IN/OUT 数据类型：双整数
实数除法指令	DIV_R EN ENO IN1 OUT IN2	/R IN1, OUT	IN1/IN2：ID、QD、VD、MD、SD、SMD、LD、AC、常数； OUT：ID、QD、VD、MD、SD、SMD、LD、AC； IN/OUT 数据类型：实数

(2) 应用案例。减法/除法运算指令应用案例如图 2-45 所示。

(3) 程序解析。按下按钮 I0.0，实数传送指令分别将 20.0 和 2.0 传送到 MD0 和 MD10 中；按下按钮 I0.1，MD0 中的 20.0 和 MD10 中 2.0 相减得到的结果再与 6.0 相除，得到的结果存入 VD10 中，此时运算结果为 3.0，比较指令条件成立，故 Q0.0 点亮。

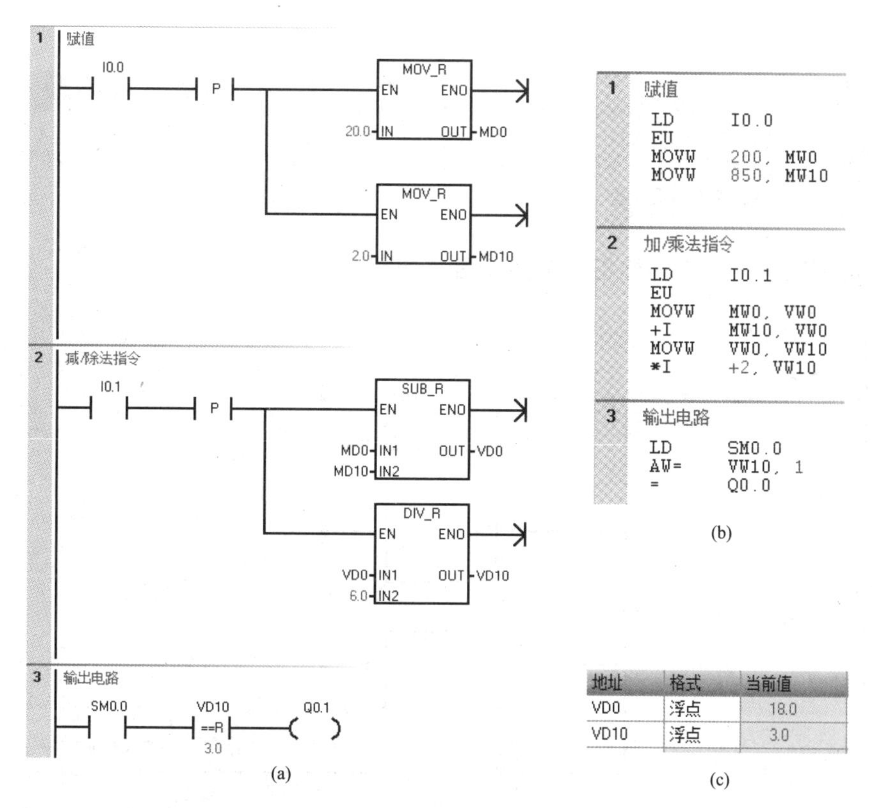

图 2-45　减法/除法运算指令应用案例

(a) 梯形图；(b) 语句表；(c) 状态图表

2.8.2　数学功能指令

S7-200 SMART PLC 的数学函数指令有平方根指令、自然对数指令、指数指令、正弦指令、余弦指令和正切指令。平方根指令将一个双字长（32 位）的实数 IN 开平方，得到 32 位的实数结果送到 OUT；自然对数指令将一个双字长（32 位）的实数 IN 取自然对数，得到 32 位的实数结果送到 OUT；指数指令将一个双字长（32 位）的实数 IN 取以 e 为底的指数，得到 32 位的实数结果送到 OUT；正弦、余弦和正切指令将一个弧度值 IN 分别求正弦、余弦和正切，得到 32 位的实数结果送到 OUT；以上运算输入/输出数据都为实数，结果大于 32 位二进制数表示的范围时产生溢出。

(1) 指令格式。数学功能指令格式见表 2-22。

表 2-22　数学功能指令格式

指令名称		平方根指令	自然对数指令	指数指令	正弦指令	余弦指令	正切指令
编程语言	梯形图	SQRT EN ENO IN OUT	EXP EN ENO IN OUT	LN EN ENO IN OUT	SIN EN ENO IN OUT	COS EN ENO IN OUT	TAN EN ENO IN OUT
	语句表	SQRT IN，OUT	EXP IN，OUT	LN IN，OUT	SIN IN，OUT	COS IN，OUT	TN IN，OUT

续表

指令名称	平方根指令	自然对数指令	指数指令	正弦指令	余弦指令	正切指令
操作数类型及操作范围	IN：ID、QD、VD、MD、SD、SMD、LD、AC、常数； OUT：ID、QD、VD、MD、SD、SMD、LD、AC； IN/OUT 数据类型：实数					

（2）应用案例。数学功能指令案例如图 2-46 所示。

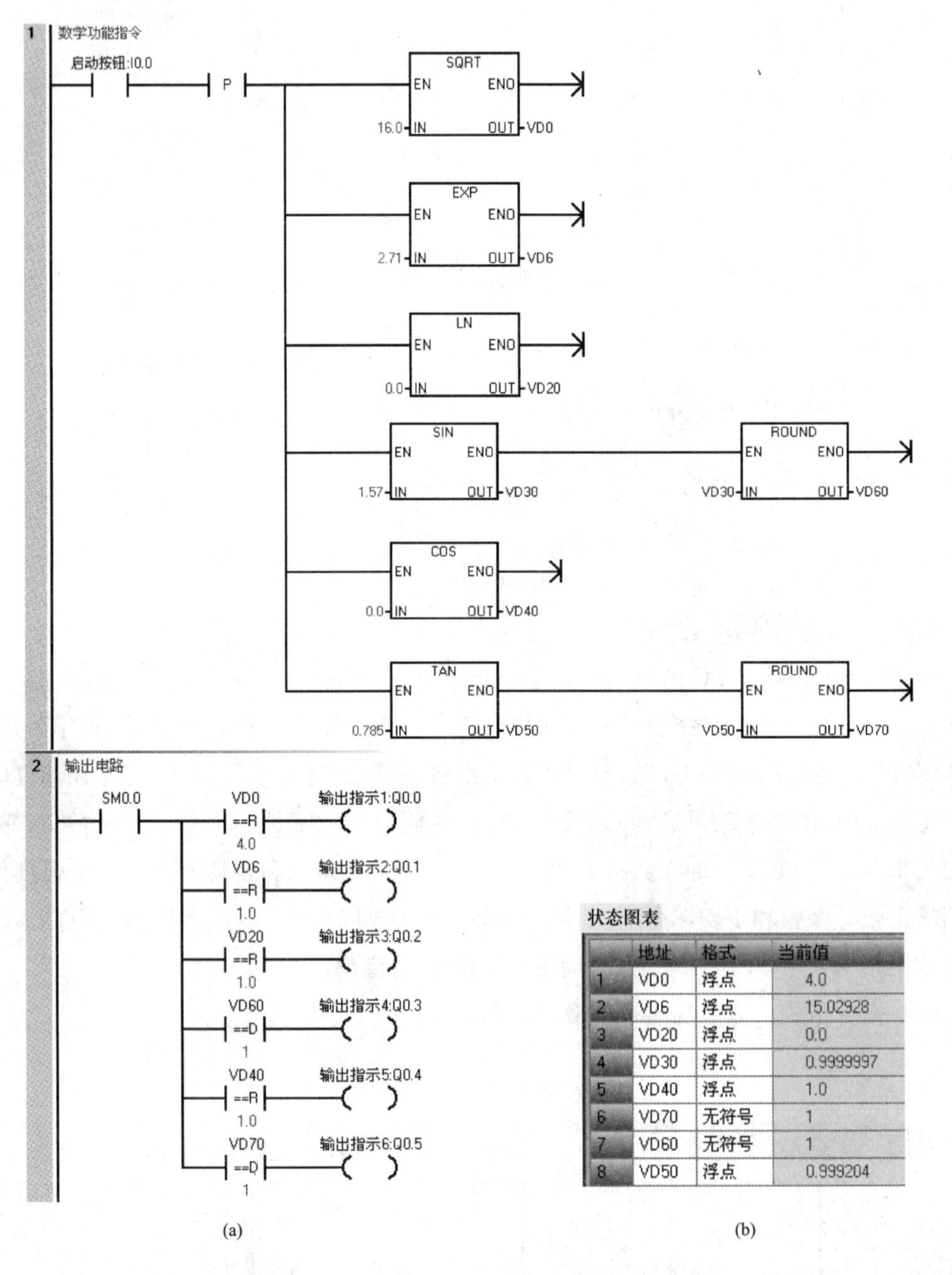

	地址	格式	当前值
1	VD0	浮点	4.0
2	VD6	浮点	15.02928
3	VD20	浮点	0.0
4	VD30	浮点	0.9999997
5	VD40	浮点	1.0
6	VD70	无符号	1
7	VD60	无符号	1
8	VD50	浮点	0.999204

(a) (b)

图 2-46 数学功能指令案例

（a）梯形图；（b）状态图表

2.8.3　递增/递减指令

字节、字、双字的递增/递减指令是源操作数加 1 或减 1，并将结果存放到 OUT 中，其中字节增减是无符号的，字和双字增减是有符号的数。

梯形图表示：IN＋1＝OUT，IN－1＝OUT。

语句表表示：OUT＋1＝OUT，OUT－1＝OUT。

值得说明的是，IN 和 OUT 使用相同的存储单元。递增/递减指令格式见表 2-23。

表 2-23　　递增/递减指令格式

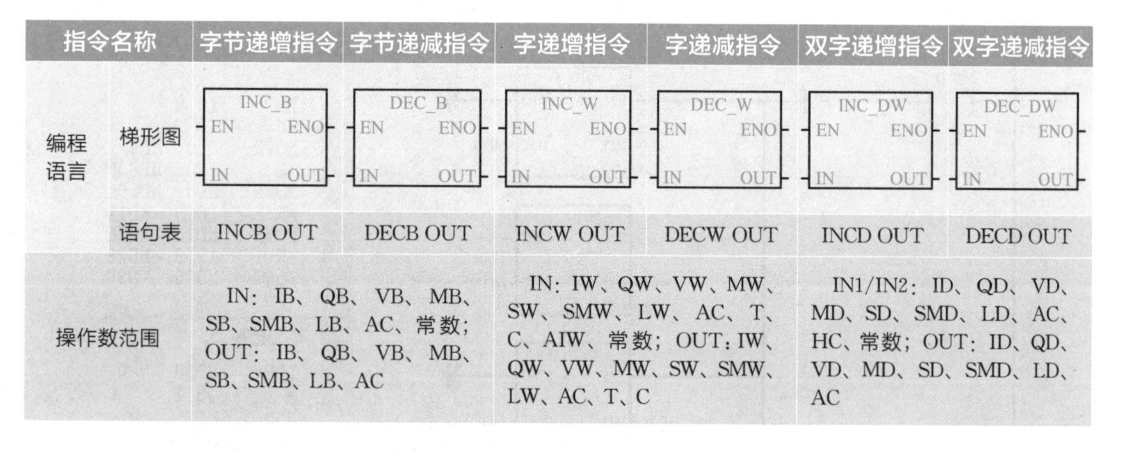

指令名称		字节递增指令	字节递减指令	字递增指令	字递减指令	双字递增指令	双字递减指令
编程语言	梯形图	INC_B EN ENO IN OUT	DEC_B EN ENO IN OUT	INC_W EN ENO IN OUT	DEC_W EN ENO IN OUT	INC_DW EN ENO IN OUT	DEC_DW EN ENO IN OUT
	语句表	INCB OUT	DECB OUT	INCW OUT	DECW OUT	INCD OUT	DECD OUT
操作数范围		IN：IB、QB、VB、MB、SB、SMB、LB、AC、常数；OUT：IB、QB、VB、MB、SB、SMB、LB、AC		IN：IW、QW、VW、MW、SW、SMW、LW、AC、T、C、AIW、常数；OUT：IW、QW、VW、MW、SW、SMW、LW、AC、T、C		IN1/IN2：ID、QD、VD、MD、SD、SMD、LD、AC、HC、常数；OUT：ID、QD、VD、MD、SD、SMD、LD、AC	

（1）应用举例。递增/递减指令应用案例如图 2-47 所示。

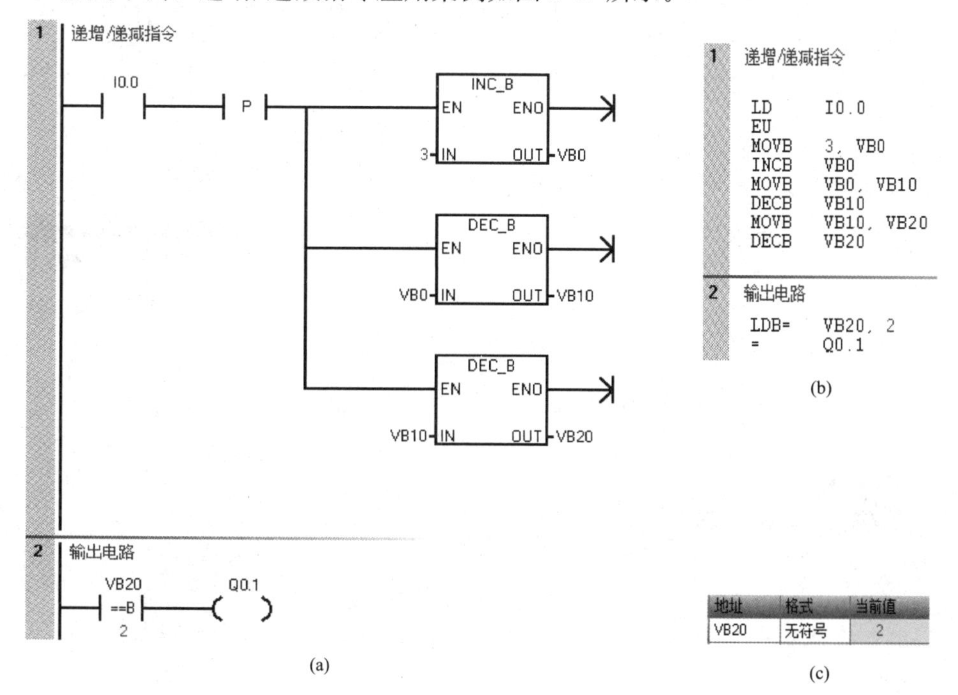

图 2-47　递增/递减指令应用案例

（a）梯形图；（b）语句表；（c）状态图表

（2）程序解析。按下按钮 I0.0，3 加 1 减 1 再减 1，将得到的结果 2 存入 VB20 中，比较条件成立，Q0.1 点亮。

2.8.4 综合应用举例

试用编程计算（8+2）×10－19，再开方的值。

具体程序如图 2-48 所示。程序编制并不难，按照数学（8+2）×10－19，一步步地用数学运算指令表达出来即可。这里考虑到 SQRT 指令输入/输出操作数均为实数，故加、减和乘指令也都选择了实数型。如果结果等于 9，Q0.1 灯会亮。

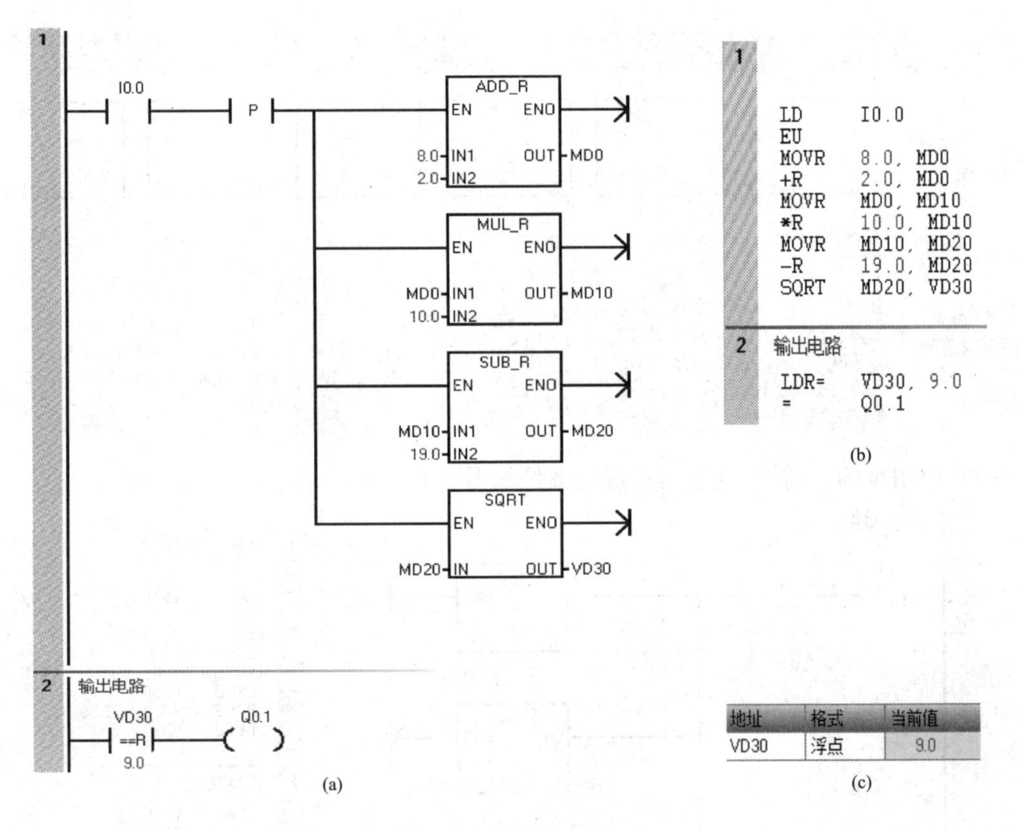

图 2-48 综合案例程序

（a）梯形图；（b）语句表；（c）状态图表

编者有料

1. 数学运算类指令是实现模拟量等复杂运算的基础，读者需要予以重视。

2. 递增/递减指令习惯上用脉冲形式，如使能端一直为 ON，则每个扫描周期都会加 1 或减 1，这样有些程序就无法实现了。

2.9　逻辑操作指令

逻辑操作指令对逻辑数（无符号数）对应位间的逻辑操作，它包括逻辑与、逻辑或、逻辑异或和取反指令。

2.9.1　逻辑与指令

在梯形图中，当逻辑与条件满足时，IN1 和 IN2 按位与，其结果传送到 OUT 中；在语句表中，IN1 和 OUT 按位与，结果传送到 OUT 中，IN2 和 OUT 使用同一存储单元。

（1）指令格式。逻辑与指令格式见表 2-24。

表 2-24　逻辑与指令格式

指令名称	编程语言		操作数类型及操作范围
	梯形图	语句表	
字节与指令	WAND_B EN　ENO IN1　OUT IN2	ANDB IN1，OUT	IN：IB、QB、VB、MB、SB、SMB、LB、AC、常数； OUT：IB、QB、VB、MB、SB、SMB、LB、AC; IN/OUT 数据类型：字节
字与指令	WAND_W EN　ENO IN1　OUT IN2	ANDW IN1，OUT	IN：IW、QW、VW、MW、SW、SMW、LW、AC、T、C、AIW、常数； OUT：IW、QW、VW、MW、SW、SMW、LW、AC、T、C、AQW; IN/OUT 数据类型：字
双字与指令	WAND_DW EN　ENO IN1　OUT IN2	ANDD IN，OUT	IN：ID、QD、VD、MD、SD、SMD、LD、AC、HC、常数； OUT：ID、QD、VD、MD、SD、SMD、LD、AC; IN/OUT 数据类型：双字

（2）应用案例。逻辑与指令应用案例如图 2-49 所示。

（3）程序解析。按下启动按钮 I0.0，字节传送指令分别将 7 和 5 传送到 MB0 和 MB10 中；7（即 2#111）与 5（2#101）逐位进行与，根据有 0 出 0，全 1 出 1 的原则，得到的结果恰好为 5（即 2#101），故比较指令成立，因此 Q0.1 为 1。

2.9.2　逻辑或指令

在梯形图中，当逻辑或条件满足时，IN1 和 IN2 按位或，其结果传送到 OUT 中；在语句表中，IN1 和 OUT 按位或，结果传送到 OUT 中，IN2 和 OUT 使用同一存储单元。

（1）指令格式。逻辑或指令格式见表 2-25。

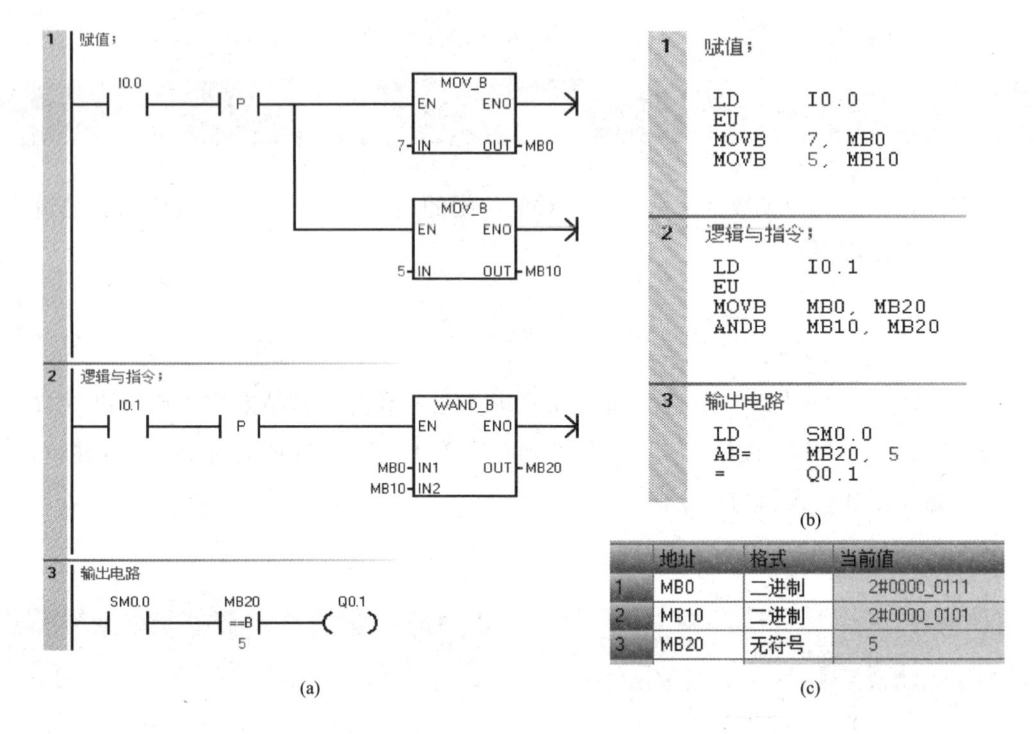

	地址	格式	当前值
1	MB0	二进制	2#0000_0111
2	MB10	二进制	2#0000_0101
3	MB20	无符号	5

(c)

图 2-49 逻辑与指令应用案例

(a) 梯形图；(b) 语句表；(c) 状态图表

表 2-25 逻辑或指令格式

指令名称	编程语言		操作数类型及操作范围
	梯形图	语句表	
字节或指令	WOR_B EN ENO IN1 OUT IN2	ORB IN1，OUT	IN：IB、QB、VB、MB、SB、SMB、LB、AC、常数； OUT：IB、QB、VB、MB、SB、SMB、LB、AC； IN/OUT 数据类型：字节
字或指令	WOR_W EN ENO IN1 OUT IN2	ORW IN1，OUT	IN：IW、QW、VW、MW、SW、SMW、LW、AC、T、C、AIW、常数； OUT：IW、QW、VW、MW、SW、SMW、LW、AC、T、C、AQW； IN/OUT 数据类型：字
双字或指令	WOR_DW EN ENO IN1 OUT IN2	ORD IN，OUT	IN：ID、QD、VD、MD、SD、SMD、LD、AC、HC、常数； OUT：ID、QD、VD、MD、SD、SMD、LD、AC； IN/OUT 数据类型：双字

（2）应用案例。逻辑或指令应用案例如图 2-50 所示。

（3）程序解析。按下启动按钮 I0.0，字节传送指令分别将 1 和 6 传送到 MB0 和 MB10 中；按钮 I0.1 接通，1（即 2＃001）与 6（2＃110）逐位进行或，根据有 1 出 1，全 0 出 0 的原则，得到的结果恰好为 7（即 2＃111），故比较指令成立，因此 Q0.1 为 1。

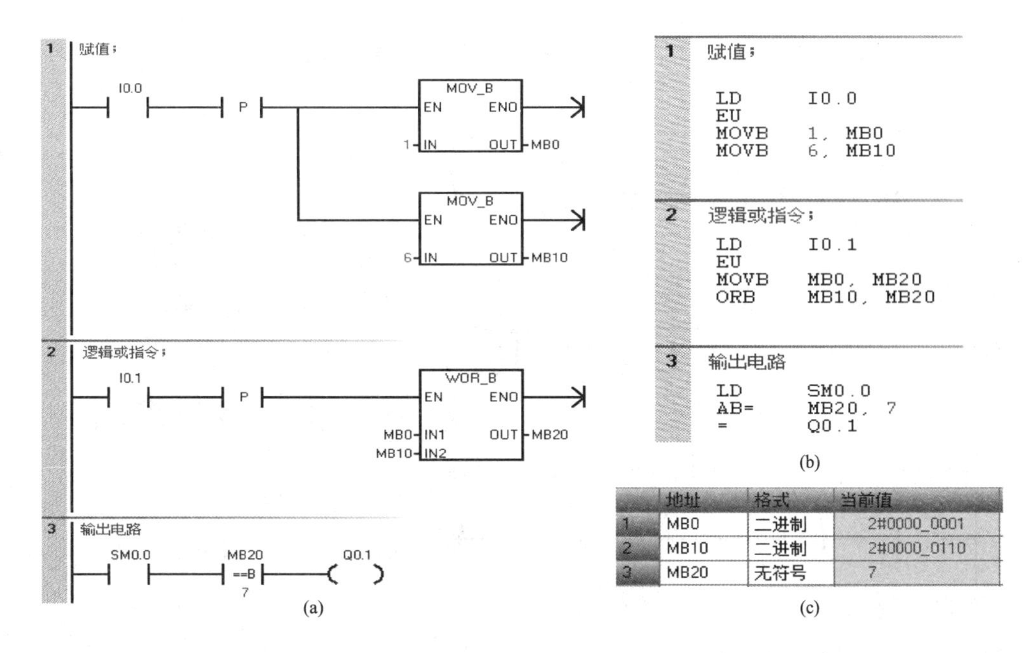

图 2-50　逻辑或指令应用案例

(a) 梯形图；(b) 语句表；(c) 状态图表

2.9.3　逻辑异或指令

在梯形图中，当逻辑异或条件满足时，IN1 和 IN2 按位异或，其结果传送到 OUT 中；在语句表中，IN1 和 OUT 按位异或，结果传送到 OUT 中，IN2 和 OUT 使用同一存储单元。

（1）指令格式。逻辑异或指令格式见表 2-26。

表 2-26　　逻辑异或指令格式

指令名称	编程语言		操作数类型及操作范围
	梯形图	语句表	
字节或指令	WXOR_B EN ENO IN1 OUT IN2	XORB IN1，OUT	IN：IB、QB、VB、MB、SB、SMB、LB、AC、常数； OUT：IB、QB、VB、MB、SB、SMB、LB、AC； IN/OUT 数据类型：字节
字或指令	WXOR_W EN ENO IN1 OUT IN2	XORW IN1，OUT	IN：IW、QW、VW、MW、SW、SMW、LW、AC、T、C、AIW、常数； OUT：IW、QW、VW、MW、SW、SMW、LW、AC、T、C、AQW； IN/OUT 数据类型：字
双字或指令	WXOR_DW EN ENO IN1 OUT IN2	XORD IN，OUI	IN：ID、QD、VD、MD、SD、SMD、LD、AC、HC、常数； OUT：ID、QD、VD、MD、SD、SMD、LD、AC； IN/OUT 数据类型：双字

（2）应用案例。逻辑异或指令应用案例如图 2-51 所示。

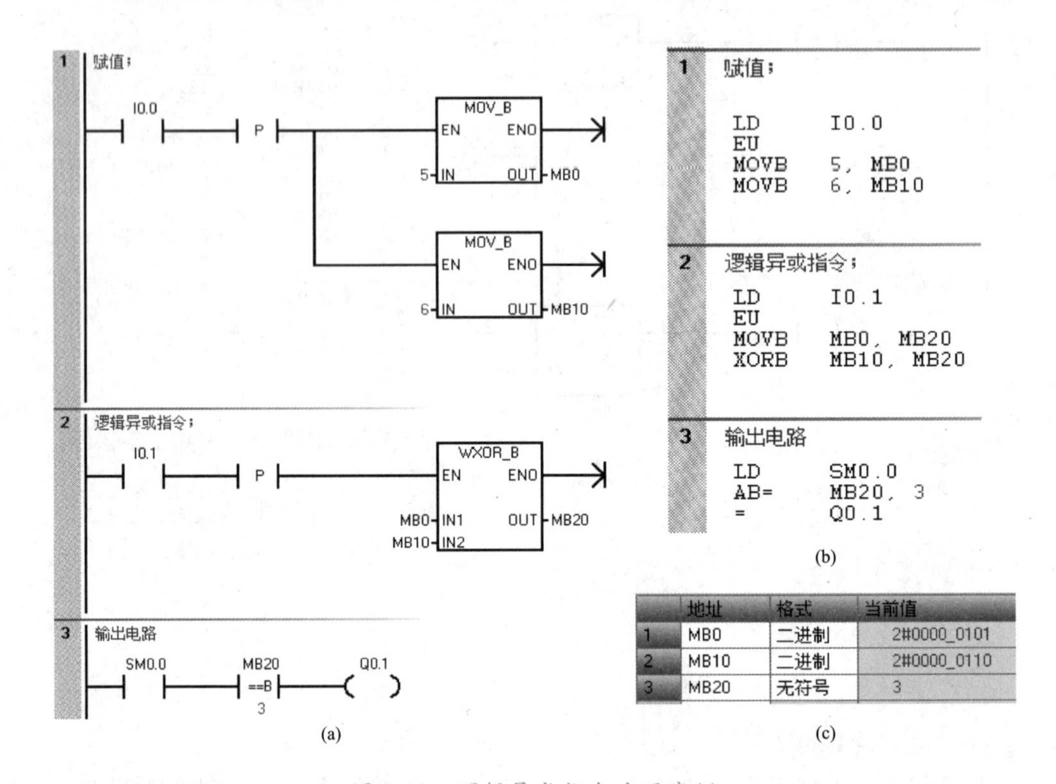

	地址	格式	当前值
1	MB0	二进制	2#0000_0101
2	MB10	二进制	2#0000_0110
3	MB20	无符号	3

图 2-51 逻辑异或指令应用案例

（a）梯形图；（b）语句表；（c）状态图表

（3）程序解析。按下启动按钮 I0.0，字节传送指令分别将 5 和 6 传送到 MB0 和 MB10 中；按钮 I0.1 接通，5（即 2＃101）与 6（2＃110）逐位进行异或，根据相同出 0，相异出 1 的原则，得到的结果恰好为 3（即 2＃011），故比较指令成立，因此 Q0.1 为 1。

编者有料

按照运算口诀以下口诀，掌握相应的指令是不难的。

逻辑与：有 0 为 0，全 1 出 1。

逻辑或：有 1 为 1，全 0 出 0。

逻辑异或：相同为 0，相异出 1。

2.9.4 取反指令

在梯形图中，当逻辑与条件满足时，IN 按位取反，其结果传送到 OUT 中；在语句表中，OUT 按位取反，结果传送到 OUT 中，IN 和 OUT 使用同一存储单元。

（1）指令格式。取反指令格式见表 2-27。

表 2-27　取反指令格式

指令名称	编程语言		操作数类型及操作范围
	梯形图	语句表	
字节取反指令	INV_B EN ENO IN OUT	INVB　OUT	IN：IB、QB、VB、MB、SB、SMB、LB、AC、常数； OUT：IB、QB、VB、MB、SB、SMB、LB、AC； IN/OUT 数据类型：字节；
字取反指令	INV_W EN ENO IN OUT	INVW　OUT	IN：IW、QW、VW、MW、SW、SMW、LW、AC、T、C、AIW、常数； OUT：IW、QW、VW、MW、SW、SMW、LW、AC、T、C、AQW； IN/OUT 数据类型：字
双字取反指令	INV_DW EN ENO IN OUT	INVD　OUT	IN：ID、QD、VD、MD、SD、SMD、LD、AC、HC、常数； OUT：ID、QD、VD、MD、SD、SMD、LD、AC； IN/OUT 数据类型：双字

（2）应用案例。取反指令应用案例如图 2-52 所示。

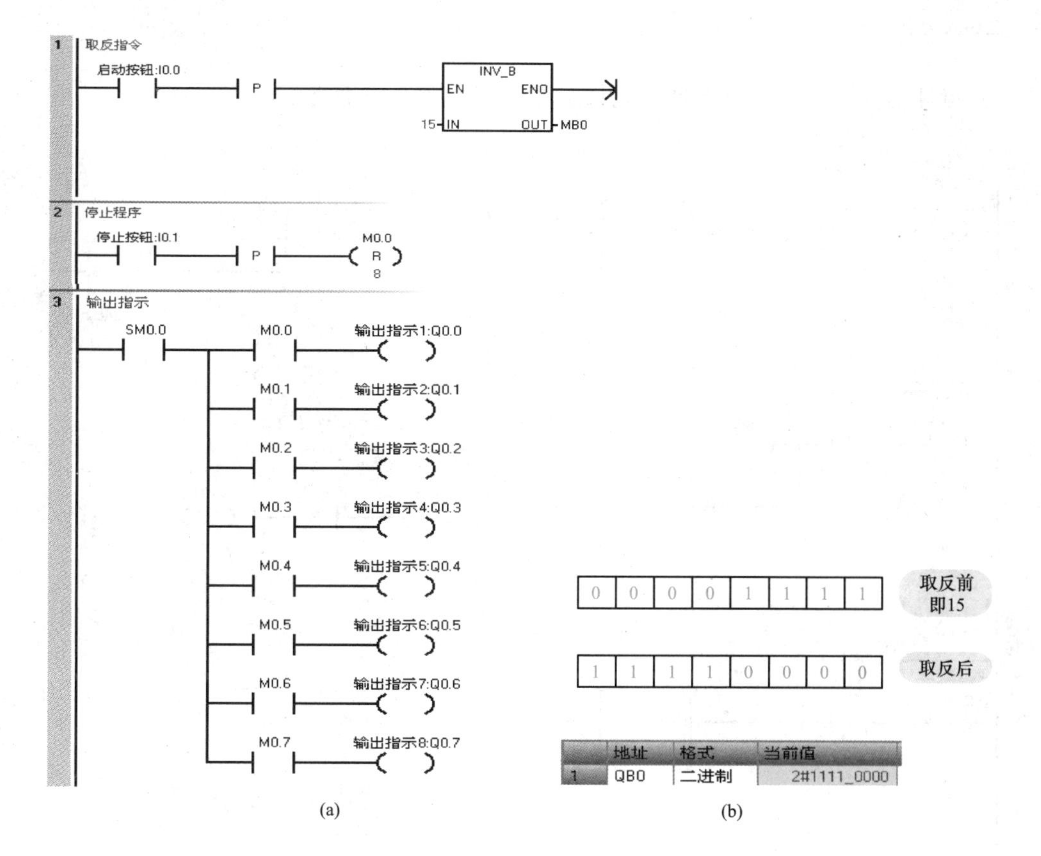

图 2-52　取反指令应用案例

（a）梯形图；（b）状态图表

（3）程序解析。按下启动按钮 I0.0，15（即 2＃00001111），逐项取反，得到的结果为 2＃11110000，故 Q0.0～Q0.3 不亮，Q0.4～Q0.7 亮。

2.9.5 点评器控制

（1）控制要求。某栏目有两位评委和若干表演选手，评委需对每位选手做出评价，看是选手过关还是被淘汰。当两位评委均按同意键，表示选手过关；否则将选手被淘汰；过关绿灯亮，淘汰红灯亮。当主持人按下公布按钮，结果会展示出来。试设计程序。

（2）程序设计。

1）点评器控制 I/O 分配见表 2-28。

表 2-28　点评器控制 I/O 分配

输入量		输出量	
1 号评委同意键	I0.0	过关绿灯	Q0.0
1 号评委不同意键	I0.1	淘汰红灯	Q0.1
2 号评委同意键	I0.2		
2 号评委不同意键	I0.3		
主持人键	I0.4		
主持人清零按钮	I0.5		

2）点评器控制程序。点评器控制梯形图程序如图 2-53 所示。

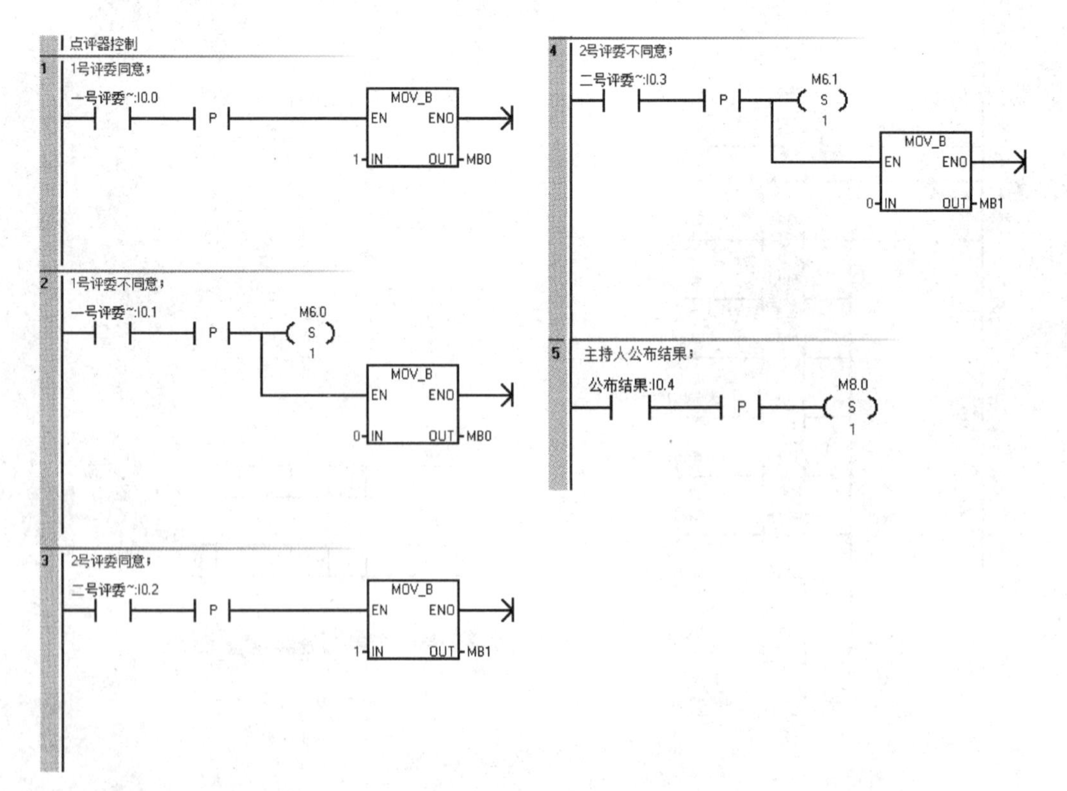

图 2-53　点评器控制梯形图程序（一）

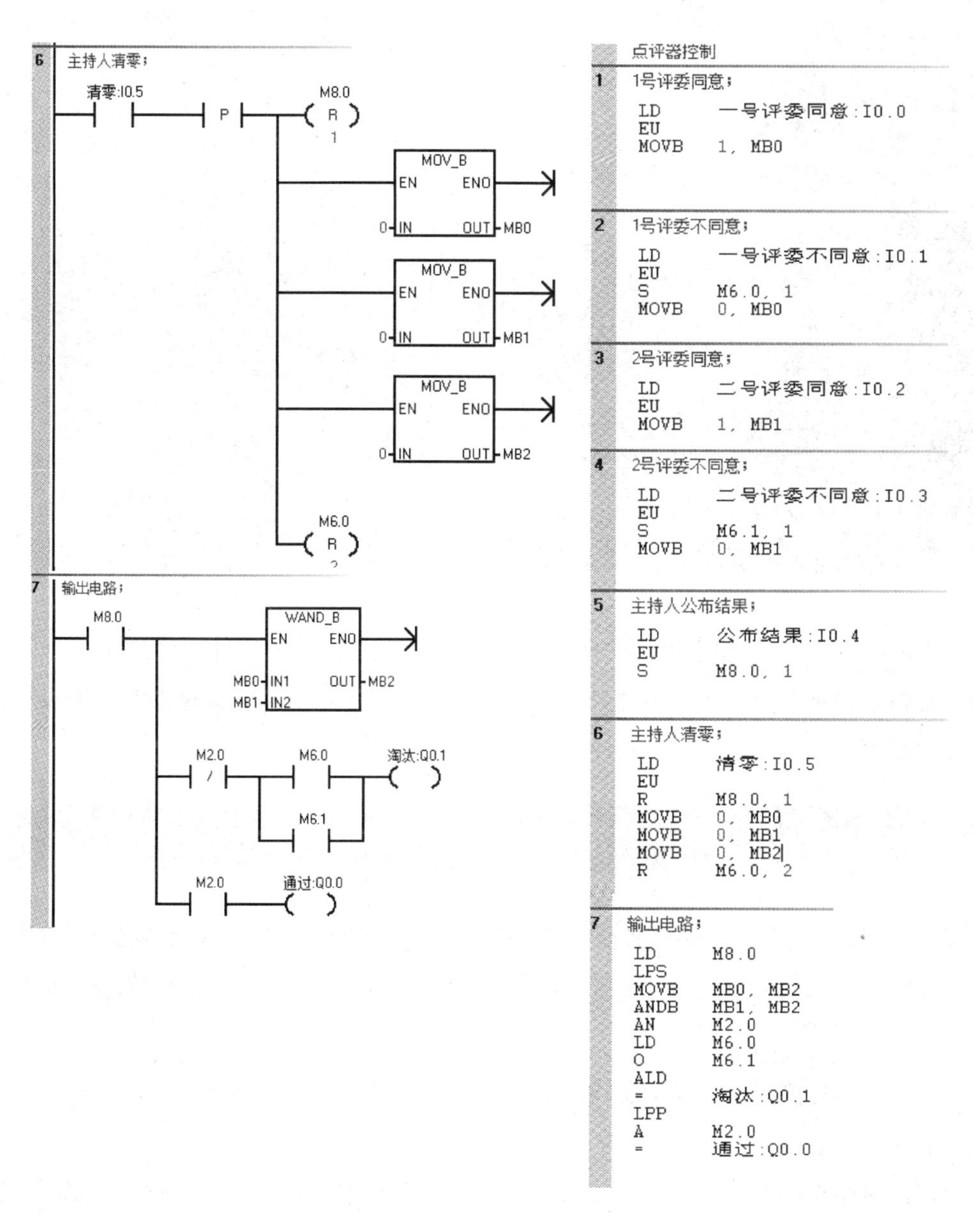

图 2-53　点评器控制梯形图程序（二）

第3章 S7-200 SMART PLC 开关量控制程序的开发

本章要点

- 常用的典型编程环节
- 顺序控制设计法与顺序功能图
- 送料小车控制程序的设计
- 水塔水位控制程序的设计
- 信号灯控制程序的设计

一个完整的PLC控制系统由硬件和软件两部分构成，其中软件程序质量的好坏，直接影响着整个控制系统性能。因此，本书从第3章开始重点讲解开关量控制程序设计、模拟量控制程序设计、运动量控制程序设计和通信的内容。

3.1 常用的经典编程环节

实际的PLC程序往往是某些典型电路的扩展与叠加，因此掌握一些典型电路对大型复杂程序编写非常有利。鉴于此，本节将给出一些典型的电路，即基本编程环节，供读者参考。

3.1.1 启保停电路与置位复位电路

1. 启保停电路

启保停电路在梯形图中应用广泛，其最大的特点是利用自身的自锁（又称自保持）可以获得“记忆”功能。启保停电路模式如图3-1所示。

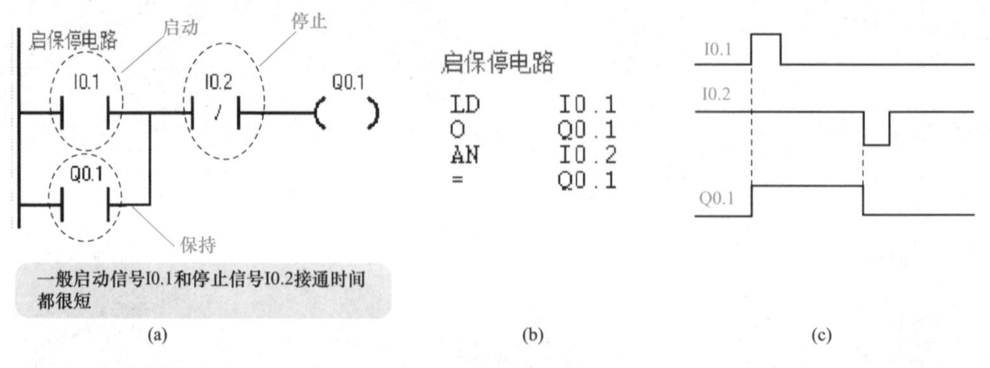

图3-1 启保停电路模式

(a) 梯形图；(b) 语句表；(c) 时序图

当按下启动按钮，常开触点 I0.1 接通，在未按停止按钮的情况下（即常闭触点 I0.2 为 ON），线圈 Q0.1 得电，其常开触点闭合；松开启动按钮，常开触点 I0.1 断开，这时“能流”经常开触点 Q0.1 和常闭触点 I0.2 流至线圈 Q0.1，Q0.1 仍得电，这就是“自锁”和“自保持”功能。

当按下停止按钮，其常闭触点 I0.2 断开，线圈 Q0.1 失电，其常开触点断开；松开停止按钮，线圈 Q0.1 仍保持断电状态。

2. 置位复位电路

和启保停电路一样，置位复位电路也具有“记忆”功能。置位复位电路由置位/复位指令实现。置位复位电路模式如图 3-2 所示。

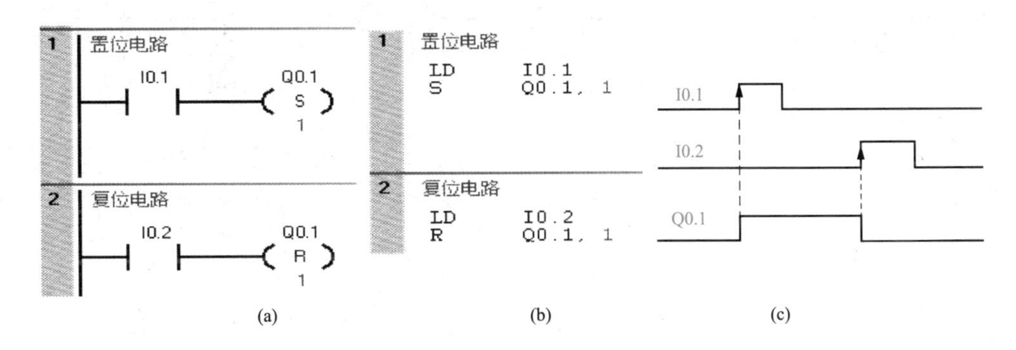

图 3-2　置位复位电路模式

(a) 梯形图；(b) 语句表；(c) 时序图

按下启动按钮，常开触点 I0.1 闭合，置位指令被执行，线圈 Q0.1 得电，当 I0.1 断开后，线圈 Q0.1 继续保持得电状态；按下停止按钮，常开触点 I0.2 闭合，复位指令被执行，线圈 Q0.1 失电，当 I0.2 断开后，线圈 Q0.1 继续保持失电状态。

3.1.2　互锁电路

有些情况下，两个或多个继电器不能同时输出，为了避免它们同时输出，往往相互将自身的常闭触点串在对方的电路中，这样的电路就是互锁电路。互锁电路模式如图 3-3 所示。

按下正向启动按钮，常开触点 I0.0 闭合，线圈 Q0.0 得电并自锁，其常闭触点 Q0.0 断开，这时即使 I0.1 接通，线圈 Q0.1 也不会动作。

按下反向启动按钮，常开触点 I0.1 闭合，线圈 Q0.1 得电并自锁，其常闭触点 Q0.1 断开，这时即使 I0.0 接通，线圈 Q0.0 也不会动作。

按下停止按钮，常闭触点 I0.2 断开，线圈 Q0.0、Q0.1 均失电。

3.1.3　延时断开电路

1. 控制要求

当输入信号有效时，立即有输出信号；而当输入信号无效时，输出信号要延时一段时间后再停止。

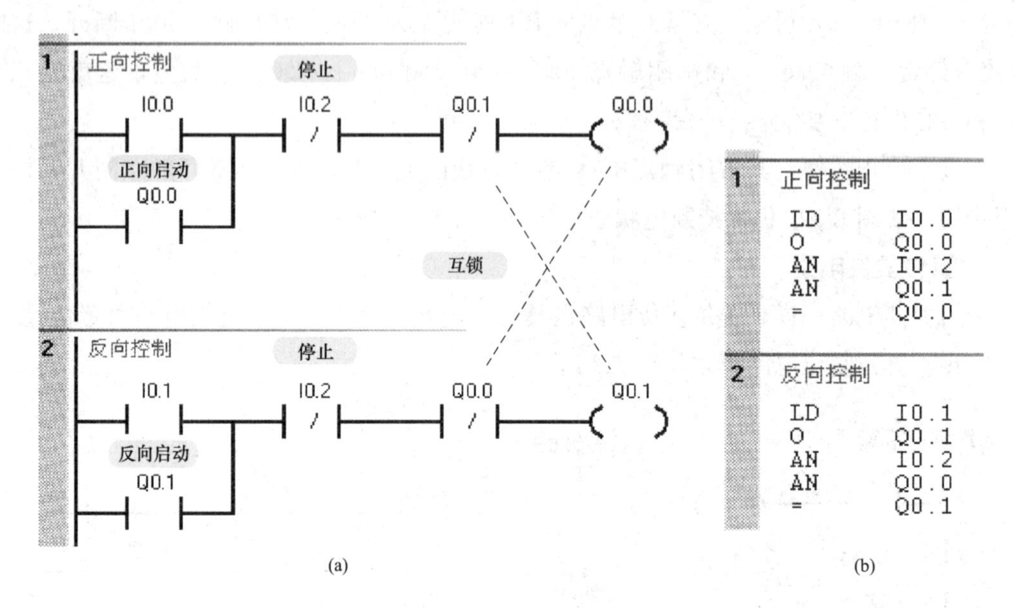

图 3-3 互锁电路模式

(a) 梯形图；(b) 语句表

2. 电路模式

延时断开电路模式如图 3-4 所示。

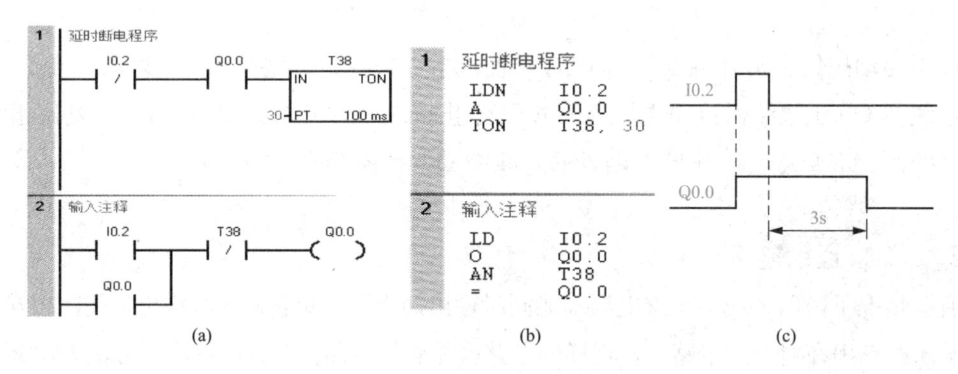

图 3-4 延时断开电路模式

(a) 梯形图；(b) 语句表；(c) 时序图

3. 程序解析

当按下启动按钮，I0.2 接通，Q0.0 立即有输出并自锁，当按下启动按钮松开后，定时器 T38 开始定时，延时 3s 后，Q0.0 断开，且 T38 复位。

3.1.4 延时接通/断开电路

1. 控制要求

当输入信号有效，延时一段时间后输出信号才接通；当输入信号无效，延时一段时间后输出信号才断开。

2. 电路模式

延时接通/断开电路模式如图 3-5 所示。

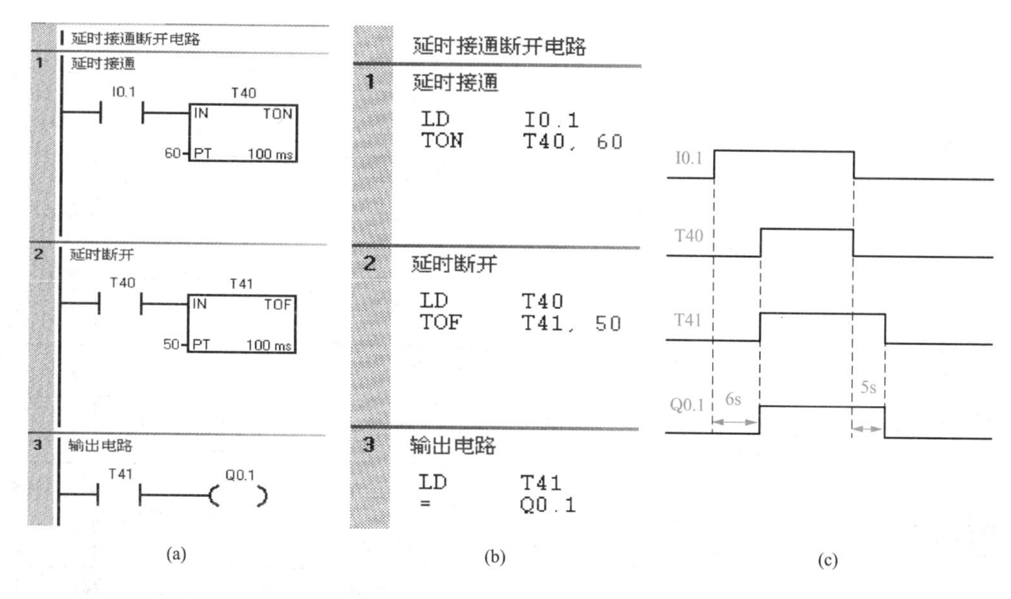

图 3-5　延时接通/断开电路模式

（a）梯形图；（b）语句表；（c）时序图

3. 程序解析

当 I0.1 接通后，定时器 T40 开始计时，6s 后 T40 常开触点闭合，断电延时定时器 T41 通电，其常开触点闭合，Q0.1 有输出；当 I0.1 断开后，断电延时定时器 T41 开始定时，5s 后，T41 定时时间到，其常开触点断开，线圈 Q0.1 的状态由接通到断开。

3.1.5　长延时电路

在 S7-200 SMART PLC 中，定时器最长延时时间为 3276.7s，如果需要更长的延时时间，则应该考虑多个定时器、计数器的联合使用，以扩展其延时时间。

1. 应用定时器的长延时电路

应用定时器的长延时电路的基本思路是利用多个定时器的串联来实现长延时控制。定时器串联使用时，其总的定时时间等于各定时器定时时间之和，即 $T=T_1+T_2$，具体如图 3-6 所示。

按下起动按钮，I0.0 接通，线圈 M0.1 得电，其常开触点闭合，定时器 T38 开始定时，200s 后 T38 常开触点闭合，T39 开始定时，100s 后 T39 常开触点闭合，线圈 Q0.1 有输出。I0.0 从接通到 Q0.1 接通总共延时时间＝200s＋100s＝300s。

2. 应用计数器的长延时电路

只要提供一个时钟脉冲信号作为计数器的计数输入信号，计数器即可实现定时功能。其定时时间等于时钟脉冲信号周期乘以计数器的设定值即 $T=T_1K_c$，其中 T_1 为时钟脉冲周期，K_c 为计数器设定值，时钟脉冲可以由 PLC 内部特殊标志位存储器产生如 SM0.4（分脉冲）、SM0.5（秒脉冲），也可以由脉冲发生电路产生。含有 1 个计数器的长延时电路如图 3-7 所示。

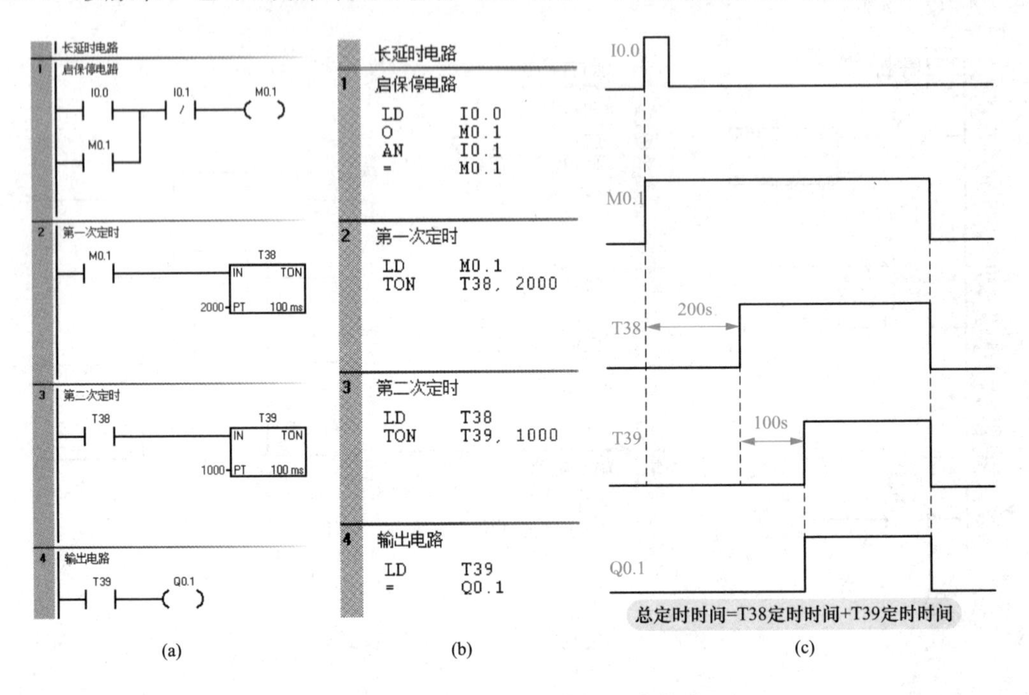

图 3-6　应用定时器的长延时电路

（a）梯形图；（b）语句表；（c）时序图

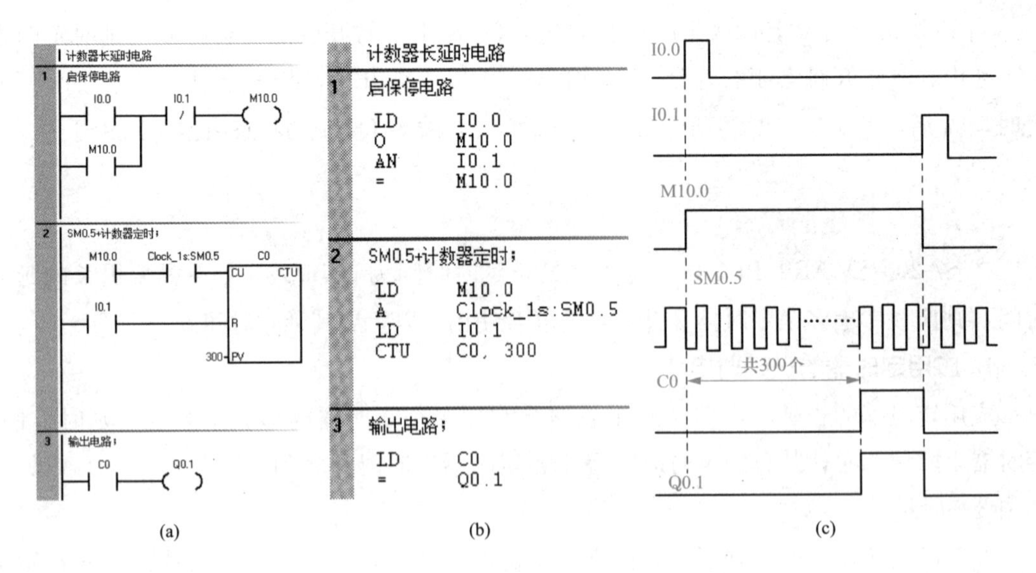

图 3-7　含有 1 个计数器的长延时电路

（a）梯形图；（b）语句表；（c）时序图

图 3-7 所示电路中，将 SM0.5 产生周期为 1s 的脉冲信号加到 CU 端，当按下启动按钮 I0.0 闭合，线圈 M10.0 得电并自锁，其常开触点闭合，当 C0 累计到 300 个脉冲后，

C0 常开触点动作，线圈 Q0.1 接通；I0.0 从闭合到 Q0.1 动作共计延时 300×1s=300s。

3. 应用定时器和计数器组合的长延时电路

该解决方案的基本思路是将定时器和计数器连接，来实现长延时，其本质是形成一个等效倍乘定时器，具体如图 3-8 所示。

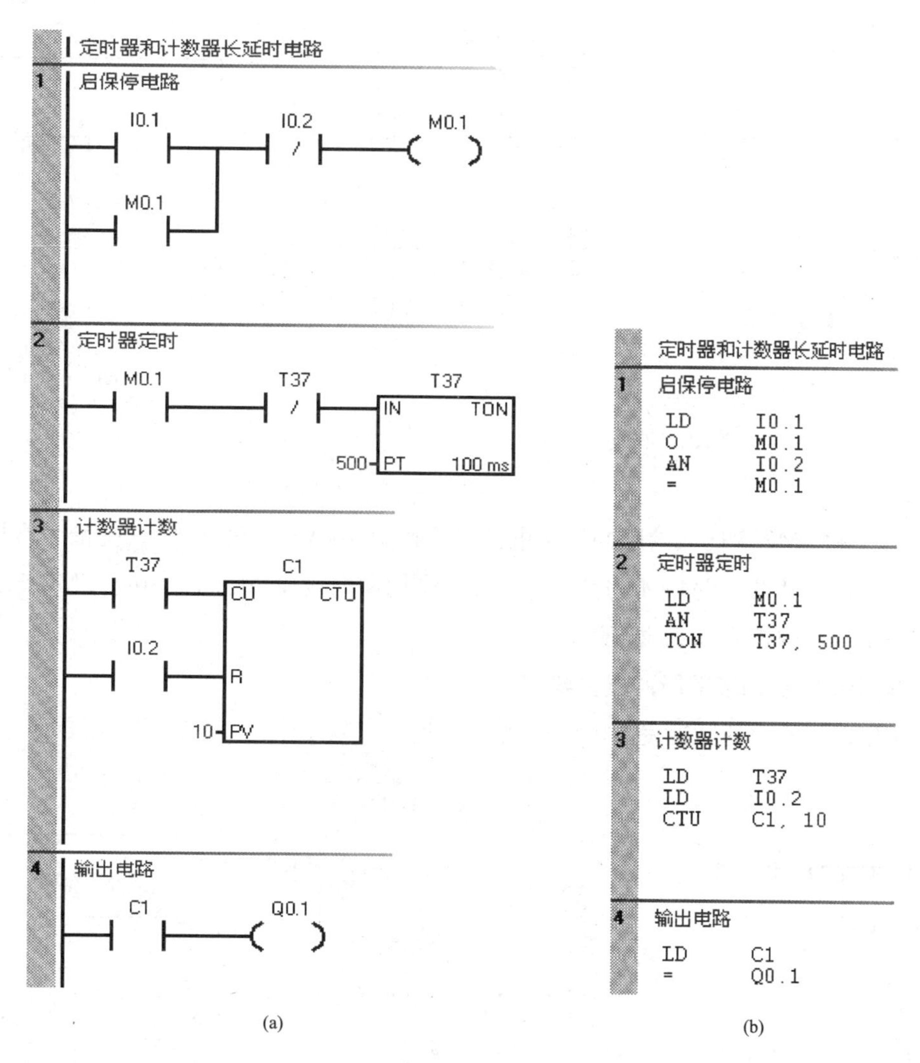

图 3-8　应用定时器和计数器组合的长延时电路

(a) 梯形图；(b) 语句表

网络 1 和网络 2 形成一个 50s 自复位定时器，该定时器每 50s 接通一次，都会给 C1 一个脉冲，当计数到达预置值 10 时，计数器常开触点闭合，Q0.1 有输出。从 I0.1 接通到 Q0.1 有输出总共延时时间为 50s×10=500s。

3.1.6　脉冲发生电路

脉冲发生电路是应用广泛的一种控制电路，它的构成形式很多，具体如下。

1. 由SM0.4和SM0.5构成的脉冲发生电路

SM0.4和SM0.5构成的脉冲发生电路最为简单，SM0.4和SM0.5是最为常用的特殊内部标志位存储器，SM0.4为分脉冲，在一个周期内接通30s断开30s，SM0.5为秒脉冲，在一个周期内接通0.5s断开0.5s，具体如图3-9所示。

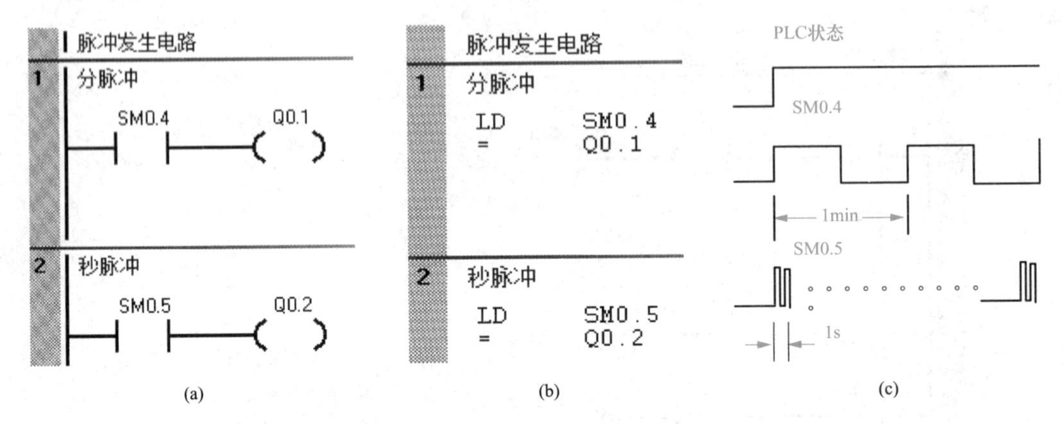

图3-9 由SM0.4和SM0.5构成的脉冲发生电路

(a) 梯形图；(b) 语句表；(c) 时序图

SM0.4和SM0.5构成的脉冲发生电路最为简单，SM0.4和SM0.5是最为常用的特殊内部标志位存储器，SM0.4为分脉冲，在一个周期内接通30s断开30s，SM0.5为秒脉冲，在一个周期内接通0.5s断开0.5s。

2. 单个定时器构成的脉冲发生电路

单个定时器构成的脉冲发生电路如图3-10所示。

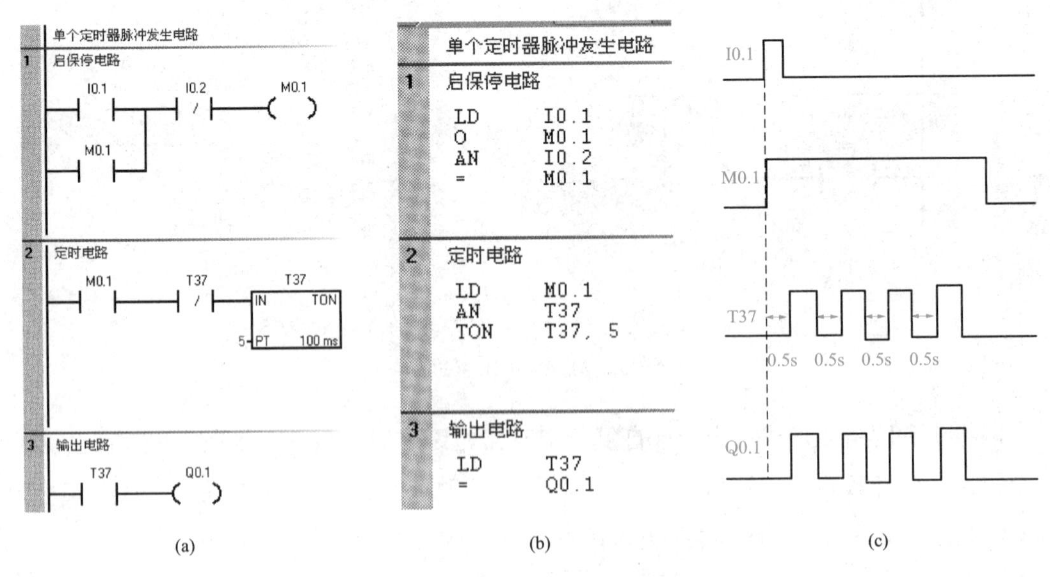

图3-10 单个定时器构成的脉冲发生电路

(a) 梯形图；(b) 语句表；(c) 时序图

单个定时器构成的脉冲发生电路的脉冲周期可调，通过改变T37的预置值，从而改变脉冲的延时时间，进而改变脉冲的发生周期。当按下起动按钮时，I0.1 闭合，线圈 M0.1 接通并自锁，M0.1 的常开触点闭合，T37 计时，0.5s 后 T37 定时时间到其线圈得电，其常开触点闭合，Q0.1 接通，当 T37 常开触点接通的同时，其常闭触点断开，T37 线圈断电，从而 Q0.1 失电，接着 T37 在从 0 开始计时，如此周而复始会产生间隔为 1s 的脉冲，直到按下停止按钮，才停止脉冲发生。

3. 多个定时器构成的脉冲发生电路

多个定时器构成的脉冲发生电路如图 3-11 所示。

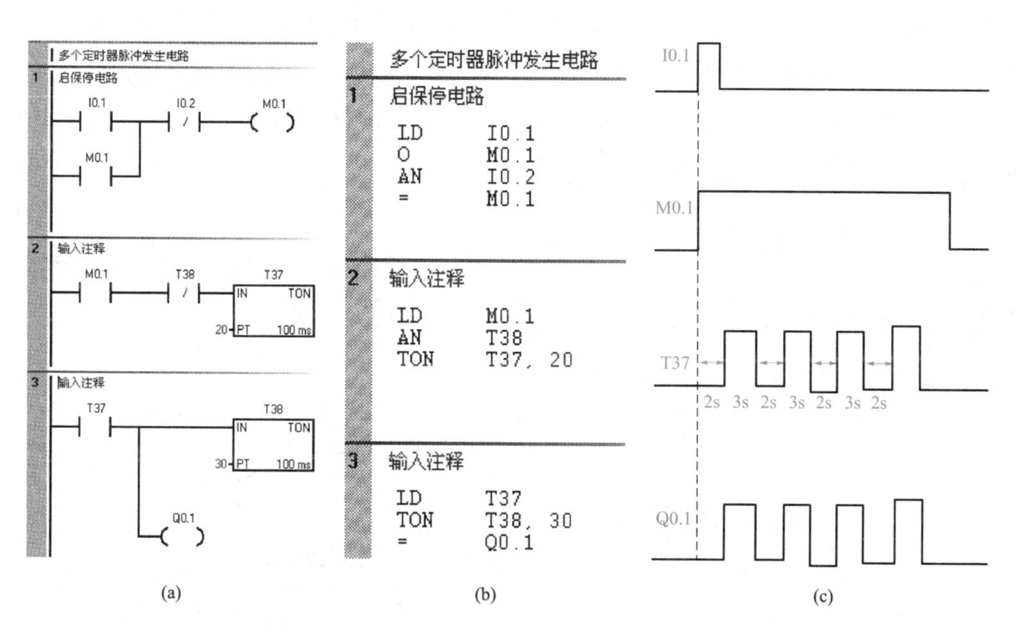

图 3-11　多个定时器构成的脉冲发生电路

(a) 梯形图；(b) 语句表；(c) 时序图

当按下起动按钮时，I0.1 闭合，线圈 M0.1 接通并自锁，M0.1 的常开触点闭合，T37 计时，2s 后 T37 定时时间到其线圈得电，其常开触点闭合，Q0.1 接通，与此同时 T38 定时，3s 后定时时间到，T38 线圈得电，其常闭触点断开，T37 断电其常开触点断开，Q0.1 和 T38 线圈断电，T38 的常闭触点复位，T37 又开始定时，如此反复，会发出一个个脉冲。

3.2　顺序控制设计法与顺序功能图

3.2.1　顺序控制设计法

1. 顺序控制设计法简介

采用经验设计法设计梯形图程序时，由于经验设计法本身没有一套固定的方法可循，且在设计过程中又存在着较大的试探性和随意性，给一些复杂程序的设计带来了很大的困难。即使勉强设计出来了，对于程序的可读性、时间的花费和设计结果来说，也不尽人意。鉴于此，本章将介绍一种有规律且比较通用的方法——顺序控制设计法。

顺序控制设计法是指按照生产工艺预先规定顺序，在各输入信号作用下，根据内部状态和时间顺序，使生产过程各个执行机构自动有秩序的进行操作的一种方法。该方法是一种比较简单且先进的方法，很容易被初学者接受，对于有经验的工程师来说，则可以提高设计效率。采用顺序控制设计法设计出来的程序可读性高，对于程序的调试和修改来说也非常方便。

2. 顺序控制设计法的基本步骤

顺序控制设计法的基本步骤为：首先进行 I/O 分配；接着根据控制系统的工艺要求，绘制顺序功能图；最后，根据顺序功能图设计梯形图。其中在顺序功能图的绘制中，往往是根据控制系统的工艺要求，将生产过程的一个周期划分为若干个顺序相连的阶段，每个阶段都对应顺序功能图一步。

3. 顺序控制设计法分类

顺序控制设计法大致可分为启保停电路编程法、置位复位指令编程法、顺序控制继电器指令编程法和移位寄存器指令编程法等 4 种，如图 3-12 所示。本章将根据顺序功能图的基本结构的不同，对以上 4 种方法进行详细讲解。

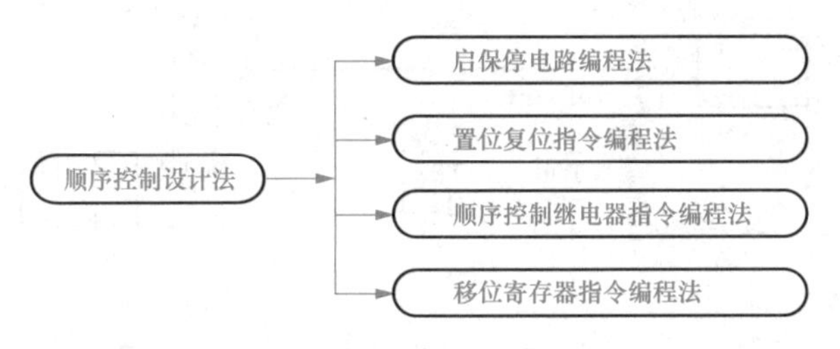

图 3-12　顺序控制设计法

使用顺序控制设计法时，绘制顺序功能图是关键，因此下面要对顺序功能图详细介绍。

◆ 编者有料 ◆

顺序控制设计法的基本步骤和方法分类是重点，读者需熟记。

3.2.2　顺序功能图简介

1. 顺序功能图的组成要素

顺序功能图是一种图形语言，用来编制顺序控制程序。在 IEC 的 PLC 编程语言标准（IEC 61131—3）中，顺序功能图被确定为 PLC 位居首位的编程语言。在编写程序的时候，往往根据控制系统的工艺过程，先画出顺序功能图，然后再根据顺序功能图写出梯形图。顺序功能图主要由步、有向连线、转换、转换条件和动作（或命令）这五大要素组成，如图 3-13 所示。

（1）步。将系统的一个周期划分为若干个顺序相连的阶段，这些阶段就叫步。步是根据输出量的状态变化来划分的，通常用编程元件代表，编程元件是指辅助继电器 M 和状态继电器 S。步通常涉及以下几个概念。

1）初始步。初始步一般在顺序功能图的最顶端，与系统的初始化有关，通常用双方框表示。注意每一个顺序功能图中至少有一个初始步，初始步一般由初始化脉冲 SM0.1 激活。

2）活动步。系统所处的当前步为活动状态，就称该步为活动步。当步处于活动状态时，相应的动作被执行；当步处于不活动状态时，相应的非记忆性动作被停止。

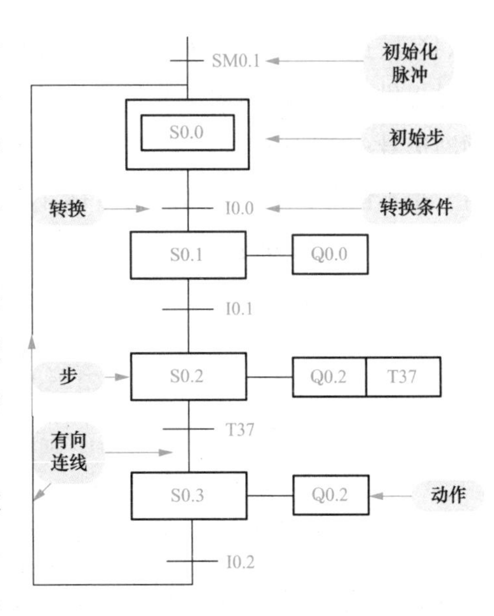

图 3-13　顺序功能图

3）前级步和后续步。前级步和后续步是相对的，如图 3-14 所示。对于 S0.2 步来说，S0.1 是它的前级步，S0.3 步是它的后续步；对于 S0.1 步来说，S0.2 是它的后续步，S0.0 步是它的前级步；需要指出，一个顺序功能图中可能存在多个前级步和多个后续步，如 S0.0 就有两个后续步，分别为 S0.1 和 S0.4；S0.7 也有两个前级步，分别为 S0.3 和 S0.6。

（2）有向连线。有向连线即连接步与步之间的连线，有向连线规定了活动步的进展路径与方向。通常规定有向连线的方向从左到右或从上到下时，箭头可省，从右到左或从下到上时，箭头一定不可省，如图 3-14 所示。

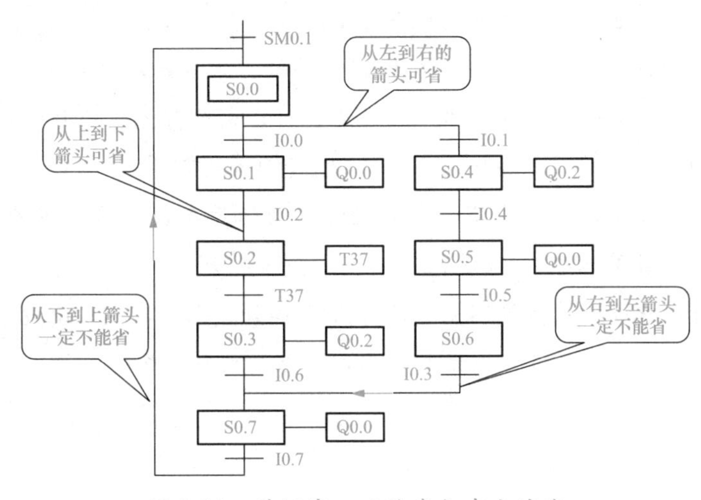

图 3-14　前级步、后续步与有向连线

（3）转换。转换用一条与有向连线垂直的短划线表示，转换将相邻的两步分隔开。步的活动状态的进展是由转换的实现来完成，并与控制过程的发展相对应。

(4) 转换条件。转换条件就是系统从上一步跳到下一步的信号。转换条件可以由外部信号提供，也可由内部信号提供。外部信号如按钮、传感器、接近开关、光电开关等的通断信号；内部信号如定时器和计数器常开触点的通断信号等。转换条件可以用文字语言、布尔代数表达式或图形符号标注在表示转换的短划线旁，使用较多的是布尔代数表达式，如图 3-15 所示。

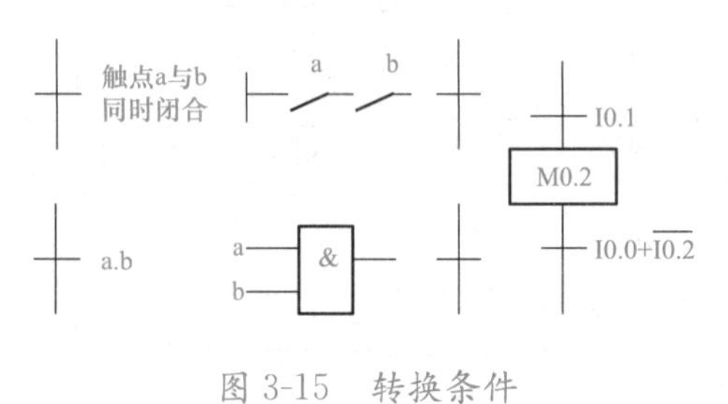

图 3-15　转换条件

(5) 动作。被控系统每一个需要执行的任务或者是施控系统每一要发出的命令都叫动作。注意动作是指最终的执行线圈或定时器计数器等，一步中可能有一个动作或几个动作。通常动作用矩形框表示，矩形框内标有文字或符号，矩形框用相应的步符号相连。需要指出，涉及多个动作时，处理方案如图 3-16 所示。

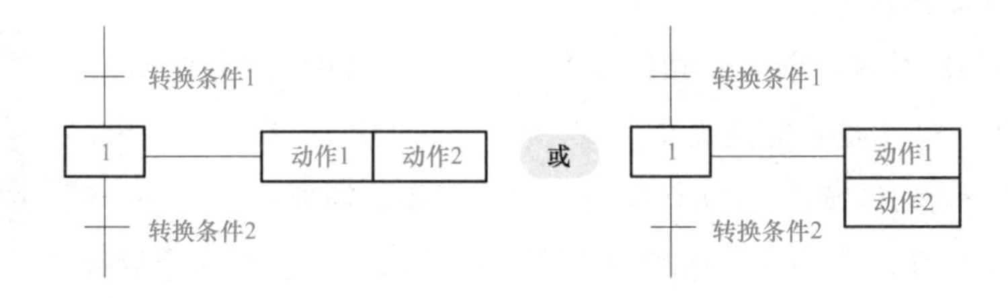

图 3-16　多个动作和处理方案

编者有料

对顺序功能图组成的五大要素梳理如下。

(1) 步的划分是以后绘制顺序功能图的关键，划分标准是根据输出量状态的变化。如小车开始右行，当碰到右限位转为左行，由此可见输出状态有明显变化，因此画顺序功能图时，一定要分为两步，即左行步和右行步。

(2) 一个顺序功能图至少有一个初始步，初始步在顺序功能图的最顶端，用双方框表示，一般用 SM0.1 激活。

(3) 动作是最终的执行线圈 Q、定时器 T 和计数器 C，辅助继电器 M 和顺序控制继电器 S 只是中间变量不是最终输出，这点一定要注意。

2. 顺序功能图的基本结构

顺序功能图的基本结构如图 3-17 所示。

(1) 单序列。所谓的单序列就是指没有分支和合并，步与步之间只有一个转换，每个转换两端仅有一个步，见图 3-17 (a)。

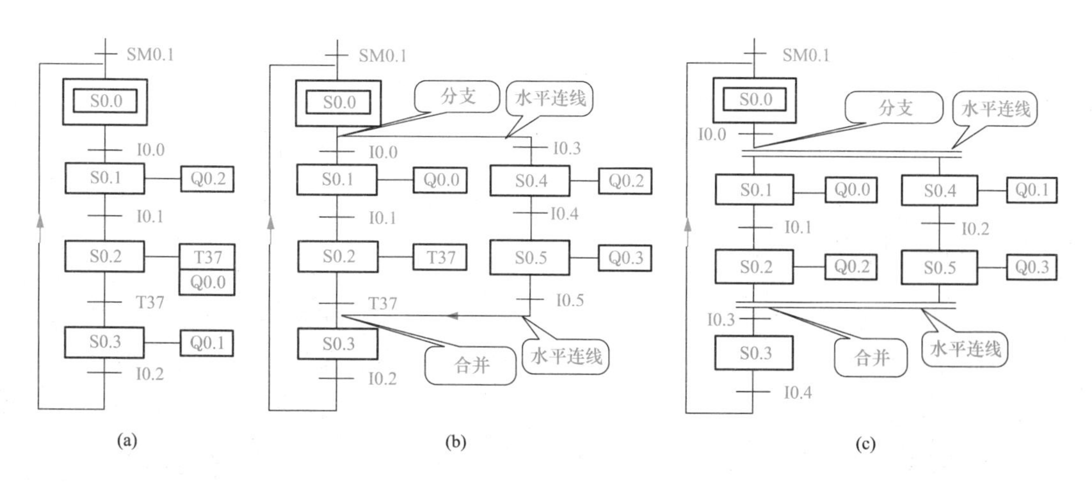

图 3-17　顺序功能图的基本结构

（a）单序列；（b）选择序列；（c）并行序列

（2）选择序列。选择序列既有分支又有合并，选择序列的开始叫分支，选择序列的结束叫合并，见图 3-17（b）。在选择序列的开始，转换符号只能标在水平连线之下，如 I0.0、I0.3 对应的转换就标在水平连线之下；选择序列的结束，转换符号只能标在水平连线之上，如 T37、I0.5 对应的转换就标在水平连线之上；当 S0.0 为活动步，并且转换条件 I0.0＝1，则发生由步 S0.0→步 S0.1 的跳转；当 S0.0 为活动步，并且转换条件 I0.3＝1，则发生由步 S0.0→步 S0.4 的跳转；当 S0.2 为活动步，并且转换条件 T37＝1，则发生由步 S0.2→步 S0.3 的跳转；当 S0.5 为活动步，并且转换条件 I0.5＝1，则发生由步 S0.5→步 S0.3 的跳转。需要指出，在选择程序中，某一步可能存在多个前级步或后续步，如 S0.0 就有两个后续步 S0.1 和 S0.4，S0.3 就有两个前级步 S0.2 和 S0.5。

（3）并行序列。并行序列用来表示系统的几个同时工作的独立部分的工作情况，见图 3-17（c）。并行序列的开始叫分支，当转换满足的情况下，导致几个序列同时被激活，为了强调转换的同步实现，水平连线用双线表示，且水平双线之上只有一个转换条件，如步 S0.0 为活动步，并且转换条件 I0.0＝1 时，步 S0.1、S0.4 同时变为活动步，步 S0.0 变为不活动步，水平双线之上只有转换条件 I0.0；并行序列的结束叫合并，当直接连在双线上的所有前级步 S0.2、S0.5 为活动步，并且转换条件 I0.3＝1，才会发生步 S0.2、S0.5→S0.3 的跳转，即 S0.2、S0.5 为不活动步，S0.3 为活动步，在同步双水平线之下只有一个转换条件 I0.3。

3. 梯形图中转换实现的基本原则

（1）转换实现的基本条件。在顺序功能图中，步的活动状态的进展是由转换的实现来完成的。转换的实现必须同时满足两个两个条件：①该转换的所有前级步都为活动步；②相应的转换条件得到满足。以上两个条件缺一不可，若转换的前级步或后续步不只一个时，转换的实现称为同时实现，为了强调同时实现，有向连线的水平部分用双线表示。

（2）转换实现完成的操作。

1）使所有由有向连线与相应转换符号连接的后续步都变为活动步。

2）使所有由有向连线与相应转换符号连接的前级步都变为不活动步。

编者有料

1. 以上转换实现的基本条件和转换完成的基本操作，可简要的概括为如下口决：当前级步为活动步，满足转换条件，程序立即跳转到下一步；当后续步为活动步时，前级步停止。

2. 转换实现的基本原则是根据顺序功能图设计梯形图的基础，它适用于顺序功能图中的各种结构和各种顺序控制梯形图的编程方法。

4. 绘制顺序功能图时的注意事项

（1）两步绝对不能直接相连，必须用一个转换将其隔开。

（2）两个转换也不能直接相连，必须用一个步将其隔开。

（3）顺序功能图中初始步必不可少，它一般对应于系统等待起动的初始状态，这一步可能没有什么动作执行，因此很容易被遗忘。若无此步，则无法进入初始状态，系统也无法返回停止状态。

（4）自动控制系统应能多次重复执行同一工艺过程，因此在顺序功能图中一般应有由步和有向连线组成的闭环，即在完成一次工艺过程的全部操作后，应从最后一步返回到初始步，系统停留在初始步（单周期操作）；在执行连续循环工作方式时，应从最后一步返回下一周期开始运行的第一步。

其中（1）、（2）两条为判断顺序功能图绘制正确与否的依据。

3.3 送料小车控制程序的设计

3.3.1 任务导入

图 3-18 所示为某送料小车控制示意图。送料小车初始位置在最右端，右限位 SQ1 压合；按下启动按钮，小车开始装料，25s 后，小车装料结束，开始左行；当碰到左限位 SQ2 后，小车停止左行开始卸料，20s 后，小车卸料完毕开始右行；当碰到右限位，小车停止右行开始装料，如此循环，试设计程序。

3.3.2 启保停电路编程法

本案例属于顺序控制，3.2 节讲到解决此类问题有 4 种方法，分别为启保停电路编程法、置位复位指令编程法、顺序控制继电器指令编程法和移位寄存器指令编程法，那么先看第一种方法。

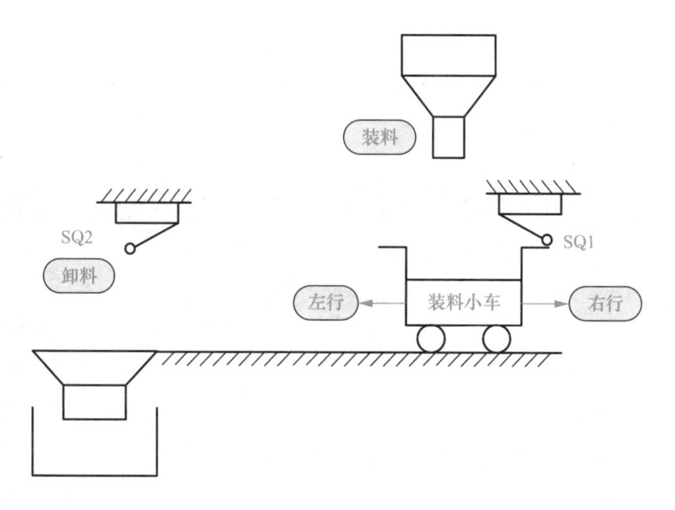

图 3-18　送料小车控制示意图

启保停电路编程法，其中间编程元件为辅助继电器 M，在梯形图中，为了实现当前级步为活动步且满足转换条件成立时，才进行步的转换，总是将代表前级步的辅助继电器的常开触点与对应的转换条件触点串联，作为激活后续步辅助继电器的启动条件；当后续步被激活，对应的前级步停止，所以用代表后续步的辅助继电器的常闭触点与前级步的电路串联作为停止条件。

3.2 节也讲到顺序功能图有 3 种基本结构，因此启保停电路编程法也因顺序功能图结构不同而不同，本节先看单序列启保停电路编程法。单序列顺序功能图与梯形图的对应关系如图 3-19 所示。在图 3-19 中，M_{a-1}，M_a，M_{a+1}是顺序功能图中连续 3 步。I_a，I_{a+1}为转换条件。对于 M_a步来说，它的前级步为 M_{a-1}，转换条件为 I_a，因此 M_a的启动条件为辅助继电器的常开触点 M_{a-1}与转换条件常开触点 I_a的串联组合；对于 M_a步来说，它的后续步为 M_{a+1}，因此 M_a的停止条件为 M_{a+1}的常闭触点。

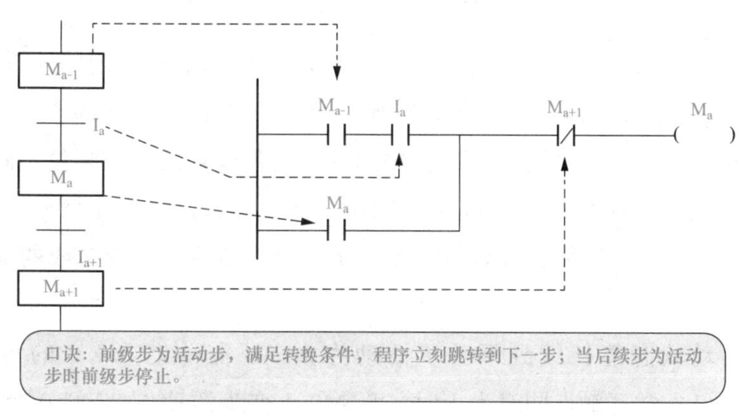

图 3-19　单序列顺序功能图与梯形图的对应关系

3.3.3 启保停电路编程法任务实施

1. I/O 分配

根据控制要求进行 I/O 分配，见表 3-1。

表 3-1 送料小车控制的 I/O 分配

输入量		输出量	
启动按钮	I0.0	左行	Q0.0
停止	I0.1	右行	Q0.1
右限位 SQ1	I0.2	装料	Q0.4
左限位 SQ2	I0.3	卸料	Q0.5

2. 绘制顺序功能图

根据控制要求，绘制顺序功能图，如图 3-20 所示。

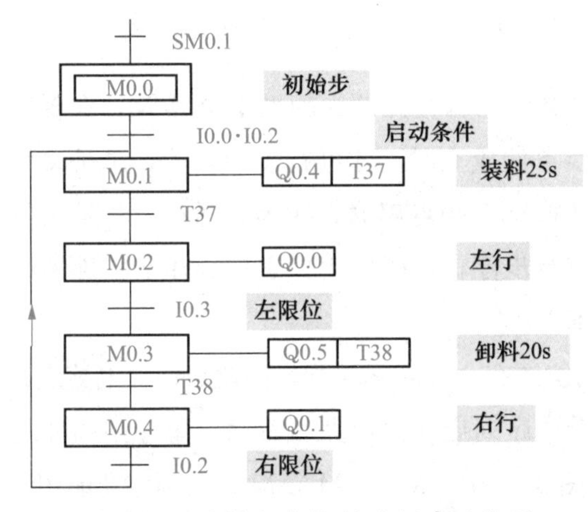

图 3-20 送料小车控制的顺序功能图

3. 转化为梯形图

将顺序功能图转化为梯形图，如图 3-21 所示。

4. 过程分析

以 M0.0 步为例，介绍顺序功能图转化为梯形图的过程。PLC 刚运行时，应将初始步 M0.0 激活，否则系统无法工作，所以初始化脉冲 SM0.1 为 M0.0 的一个启动条件；当按下停止按钮，将 M0.1～M0.4 这 4 步中间编程元件及输出动作复位，同时给初始步 M0.0 一个启动信号，为下次使用该控制系统做准备，那么这个停止信号 I0.1 作为初始步的另一个启动条件；以上两个启动条件都能使初始步激活，二者是或的关系，因此这两个启动条件应并联。

为了保证活动状态能持续到下一步活动为止，还需并上 M0.0 的自锁触点。当 M0.0、I0.0、I0.2 的常开触点同时为 1 时，步 M0.1 变为活动步，M0.0 变为不活动步，因此将 M0.1 的常闭触点串入 M0.0 的回路中作为停止条件。此后 M0.1～M0.4 步梯形图的转换与 M0.0 步梯形图的转换一致，故不赘述。

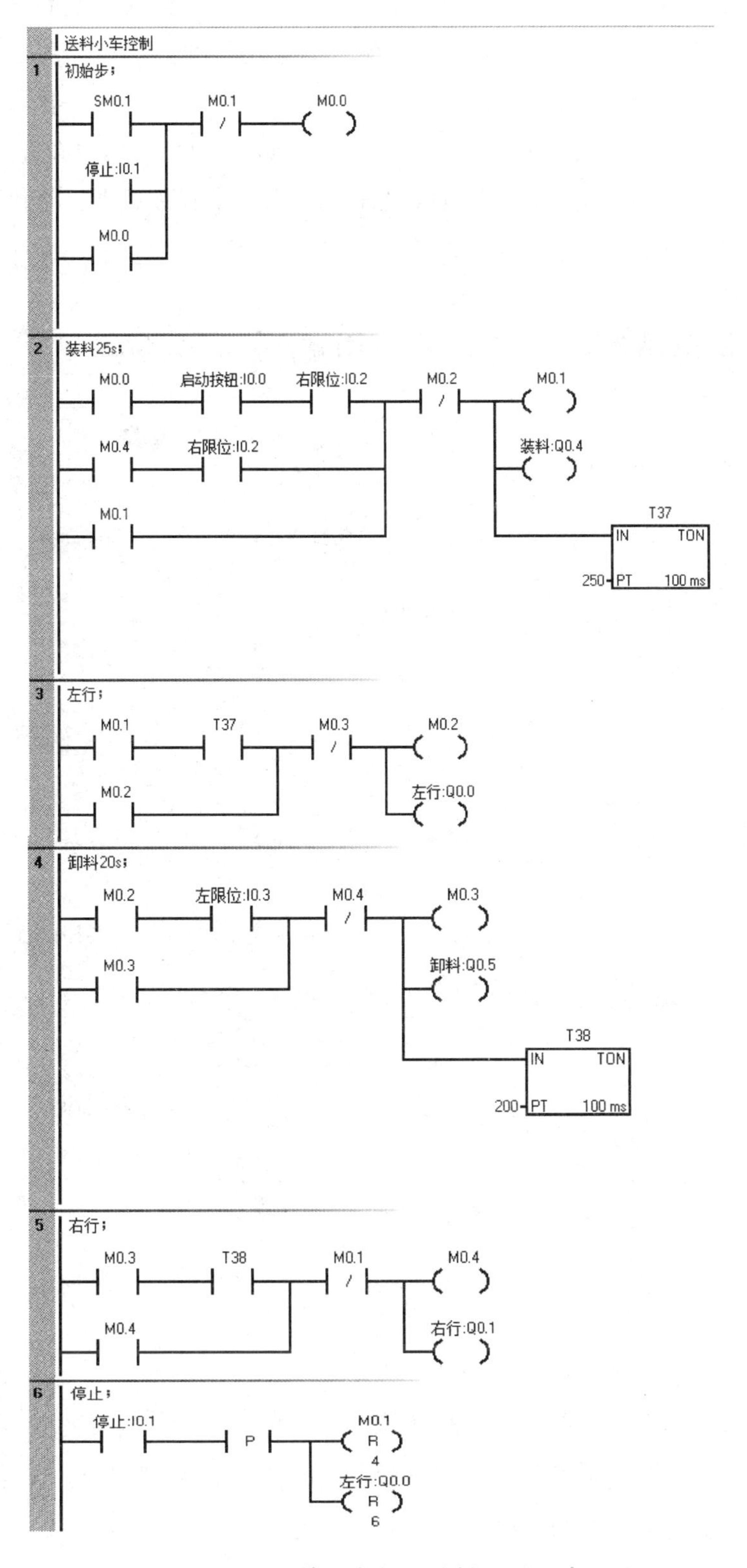

图 3-21　送料小车控制的梯形图程序

下面介绍顺序功能图转化为梯形图时输出电路的处理方法，可分为两种情况讨论。

(1) 某一输出量仅在某一步中为接通状态，这时可以将输出量线圈与辅助继电器线圈直接并联，也可以用辅助继电器的常开触点与输出量线圈串联。图 3-21 中，Q0.0、Q0.1、Q0.4、Q0.5 分别仅在 M0.2、M0.4、M0.1、M0.3 步出现一次，因此将 Q0.0、Q0.1、Q0.4、Q0.5 的线圈分别与 M0.2、M0.4、M0.1、M0.3 的线圈直接并联。

(2) 某一输出量在多步中都为接通状态，为了避免双线圈问题，将代表各步的辅助继电器的常开触点并联后，驱动该输出量线圈。

5. 程序解析

送料小车控制启保停电路编程法梯形图程序解析如图 3-22 所示。

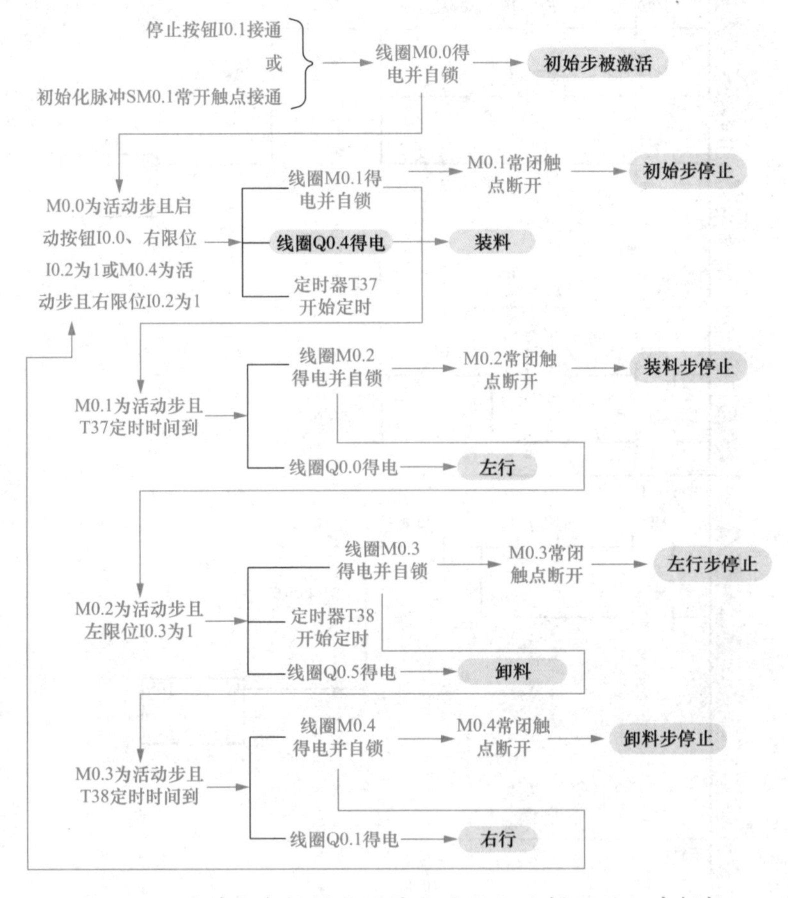

图 3-22 送料小车控制启保停电路编程法梯形图程序解析

3.3.4 置位复位指令编程法

置位复位指令编程法，其中间编程元件仍为辅助继电器 M，当前级步为活动步且满足转换条件的情况下，后续步被置位，同时前级步被复位。

需要说明，置位复位指令也称以转换为中心的编程法，其中有一个转换就对应有一个置位复位电路块，有多少个转换就有多少个这样的电路块。

与启保停电路编程法一样，置位复位指令编程法同样因顺序功能图结构不同而不同，本节先看下单序列置位复位指令编程法，置位复位指令编程法顺序功能图与梯形图的转化如图 3-23 所示。在图 3-23 中，当 M_{a-1} 为活动步，且转换条件 I_a 满足，M_a 被置位，同时 M_{a-1} 被复位，因此将 M_{a-1} 和 I_a 的常开触点组成的串联电路作为 M_a 步的启动条件，同时它有作为 M_{a-1} 步的停止条件。这里只有一个转换条件 I_a，故仅有一个置位复位电路块。

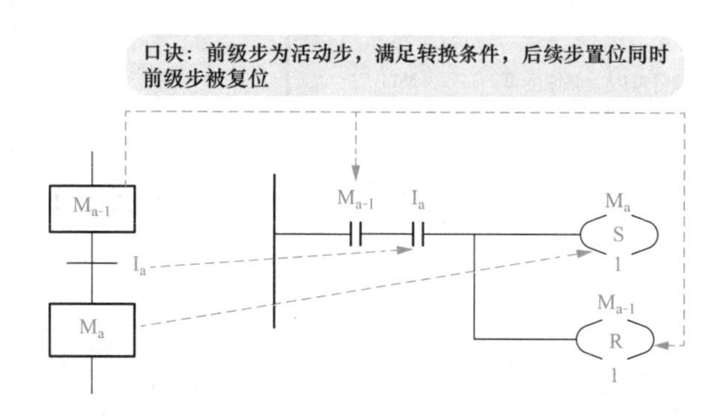

图 3-23　置位复位指令编程法顺序功能图与梯形图的转化

需要说明，输出继电器 Q_a 线圈不能与置位、复位指令直接并联，原因在于 M_{a-1} 与 I_a 常开触点组成的串联电路接通时间很短，当转换条件满足后，前级步立即复位，而输出继电器至少应在某步为活动步的全部时间内接通。处理方法：用所需步的常开触点驱动输出线圈 Q_a，如图 3-24 所示。

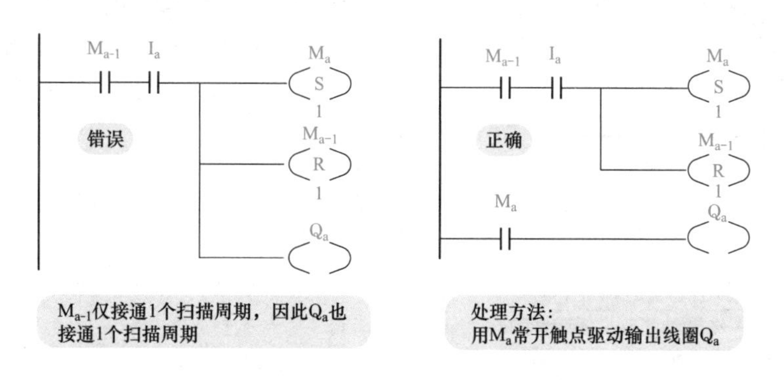

图 3-24　置位复位指令编程方法注意事项

3.3.5　置位复位指令编程法任务实施

置位复位指令编程法任务实施前两步与启保停电路编程法一样，这里不再赘述，关键是第三步，顺序功能图转化为梯形图与启保停电路编程法不同。

1. 将顺序功能图转化为梯形图

送料小车控制置位复位指令编程方法梯形图程序如图 3-25 所示。

2. 程序解析

送料小车控制置位复位指令编程法程序解析如图 3-26 所示。

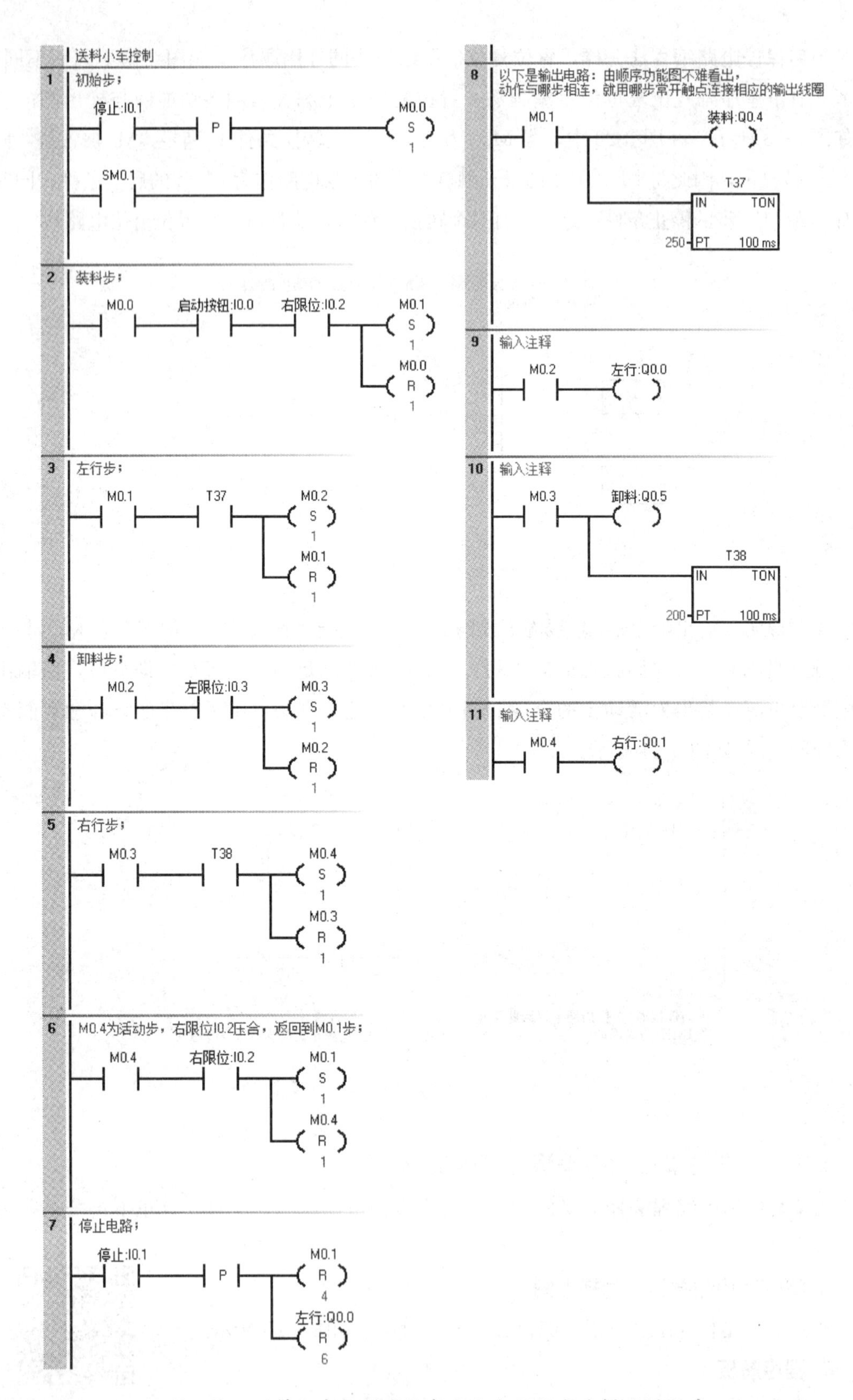

图 3-25 送料小车控制置位复位指令编程方法梯形图程序

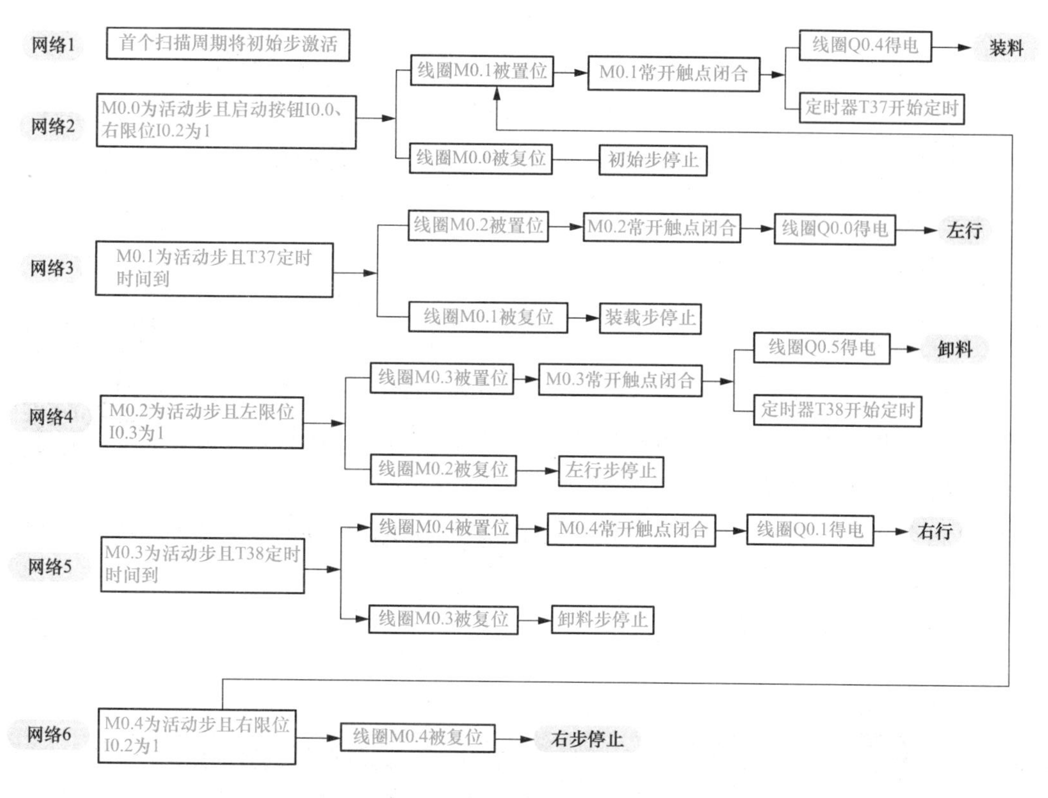

图 3-26　送料小车控制置位复位指令编程法程序解析

以 M0.1 步为例，讲解置位复位指令编程法顺序功能图转化为梯形图的过程。由顺序功能图可知，M0.1 的前级步为 M0.0，转换条件为 I0.0 • I0.2，因此将 M0.0 的常开触点和转换条件 I0.0 • I0.2 的常开触点串联组成的电路作为 M0.1 的置位条件和 M0.0 的复位条件，当 M0.0 的常开触点和转换条件 I0.0 • I0.2 的常开触点都闭合时，M0.1 被置位，同时 M0.0 被复位。

使用置位复位指令编程法时，不能将输出量的线圈与置位复位指令直接并联，原因在于置位复位指令所在的电路只接通一个扫描周期，当转换条件满足后前级步马上被复位，该串联电路立即断开，这样一来输出量线圈不能在某步对应的全部时间内接通。鉴于此，在处理梯形图输出电路时，用代表步的辅助继电器的常开触点或者常开触点的并联电路来驱动输出量线圈。

◆ 编者有料 ◆

1. 使用置位复位指令编程法时，当前级步为活动步且满足转换条件的情况下，后续步被置位，同时前级步被复位；置位复位指令也称以转换为中心的编程法，其中有一个转换就对应有一个置位复位电路块，有多少个转换就有多少个这样电路块。

2. 输出继电器 Q 线圈不能与置位复位指令并联，原因在于前级步与转换条件常开触点组成的串联电路接通时间很短，当转换条件满足后，前级步立即复位，而输出继电器至少应在某步为活动步的全部时间内接通。处理方法：用所需步的常开触点驱动输出线圈 Q。

3.3.6 SCR 指令编程法

与其他的 PLC 一样，西门子 S7-200 SMART PLC 也有一套自己专门的编程法，即 SCR 指令编程法，它用来专门编制顺序控制程序。SCR 指令编程法通常由 SCR 指令实现。

SCR 指令不能与辅助继电器 M 联用，只能和状态继电器 S 联用才能实现顺序控制功能。

1. SCR 指令格式

SCR 指令格式见表 3-2。

表 3-2　SCR 指令格式

指令名称	梯形图	语句表	功能说明	数据类型及操作数
顺序步开始指令	S bit SCR	LSCR　S bit	该指令标志着一个顺序控制程序段的开始，当输入为 1 时，允许 SCR 段动作，SCR 段必须用 SCRE 指令结束	BOOL，S
顺序步转换指令	S bit (SCRT)	SCRT　S bit	SCRT 指令执行 SCR 段的转换。当输入为 1 时，对应下一个 SCR 使能位被置位，同时本使能位被复位，即本 SCR 段停止工作	
顺序步结束指令	(SCRE)	SCRE	执行 SCRE 指令，结束由 SCR 开始到 SCRE 之间顺序控制程序段的工作	无

2. 单序列 SCR 指令编程法

SCR 指令编程法单序列顺序功能图与梯形图的对应关系如图 3-27 所示。在图 3-27 中，当 S_{a-1} 为活动步，S_{a-1} 步开始，线圈 Q_{a-1} 有输出；当转换条件 I_a 满足时，S_a 被置位，即转换到下一步 S_a 步，S_{a-1} 步停止。对于单序列程序，每步都是这样的结构。

3.3.7 SCR 指令编程法任务实施

SCR 指令编程法 I/O 分配与前两种方法一样，顺序功能图和顺序功能图与梯形图的转化与前两种方法不同。

1. 顺序功能图

送料小车控制的顺序功能图的绘制如图 3-28 所示。

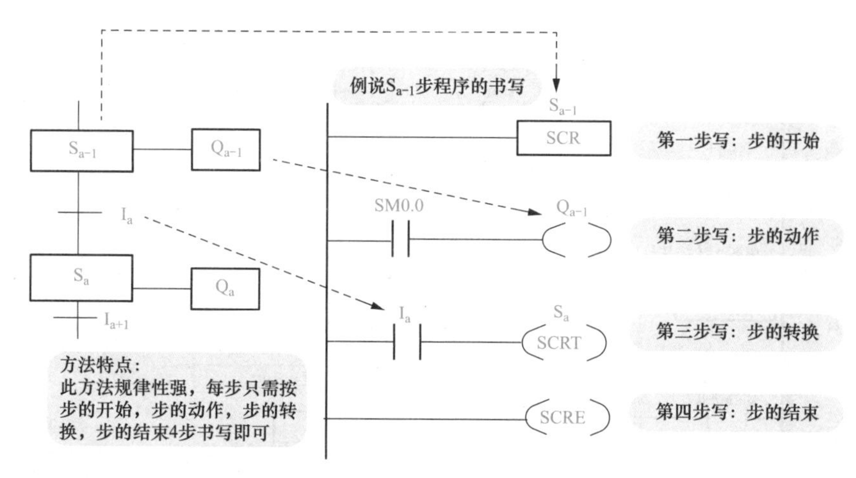

图 3-27　SCR 指令编程法单序列顺序功能图与梯形图的对应关系

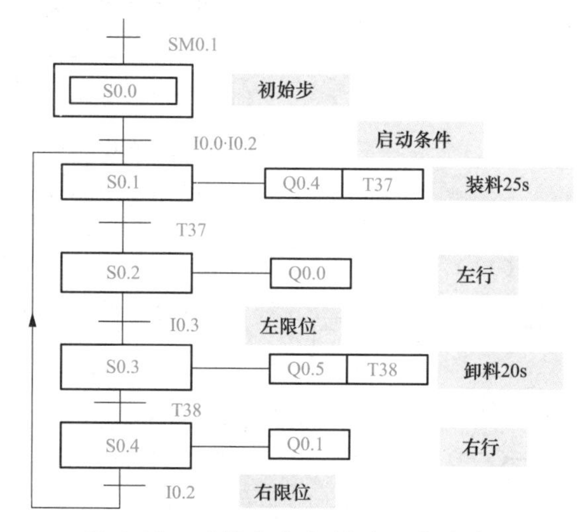

图 3-28　送料小车控制的顺序功能图

2. 将顺序功能图转化为梯形图

送料小车控制 SCR 指令编程方法梯形图程序如图 3-29 所示。

3.3.8　移位寄存器指令编程法

单序列顺序功能图中的各步总是顺序通断，且每一时刻只有一步接通，因此可以用移位寄存器指令进行编程。使用移位寄存器指令，在顺序功能图转化为梯形图时，需完成以下四步，如图 3-30 所示。

3.3.9　移位寄存器指令编程法任务实施

送料小车控制的顺序功能图与启保停电路编程法、置位复位指令编程法的顺序功能图一致。送料小车控制的移位寄存器指令编程法顺序功能图与梯形图的转化如图 3-31 所示。

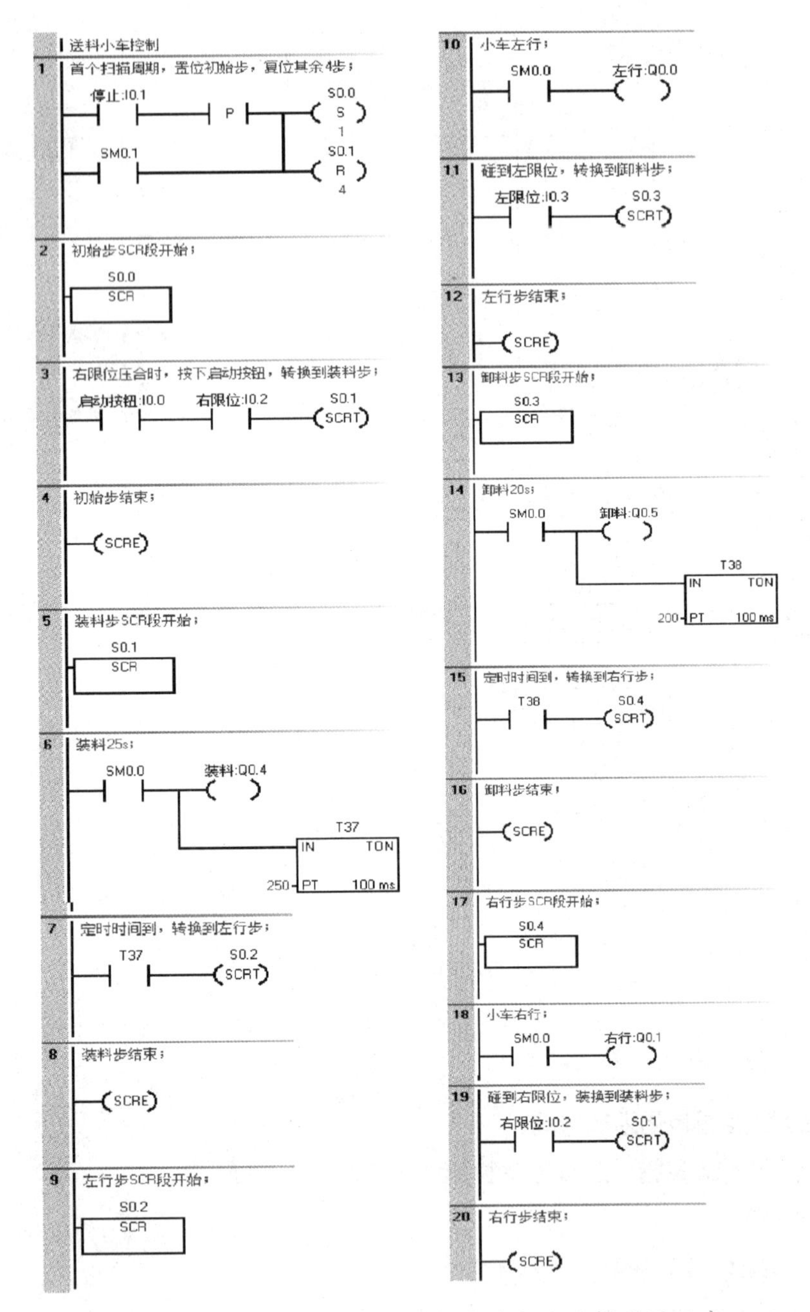

图 3-29　送料小车控制 SCR 指令编程方法梯形图程序

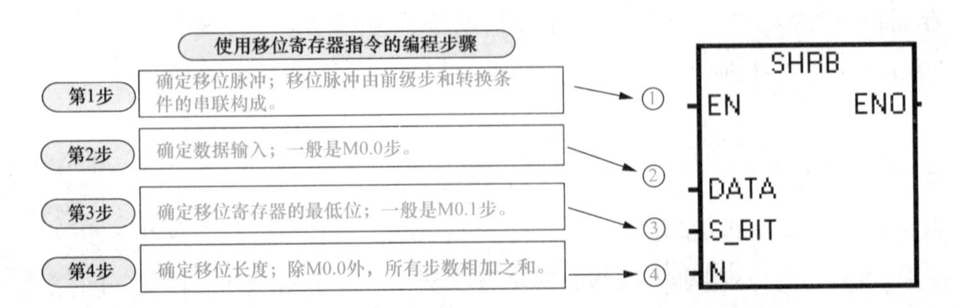

图 3-30　使用移位寄存器指令编程法的编程步骤

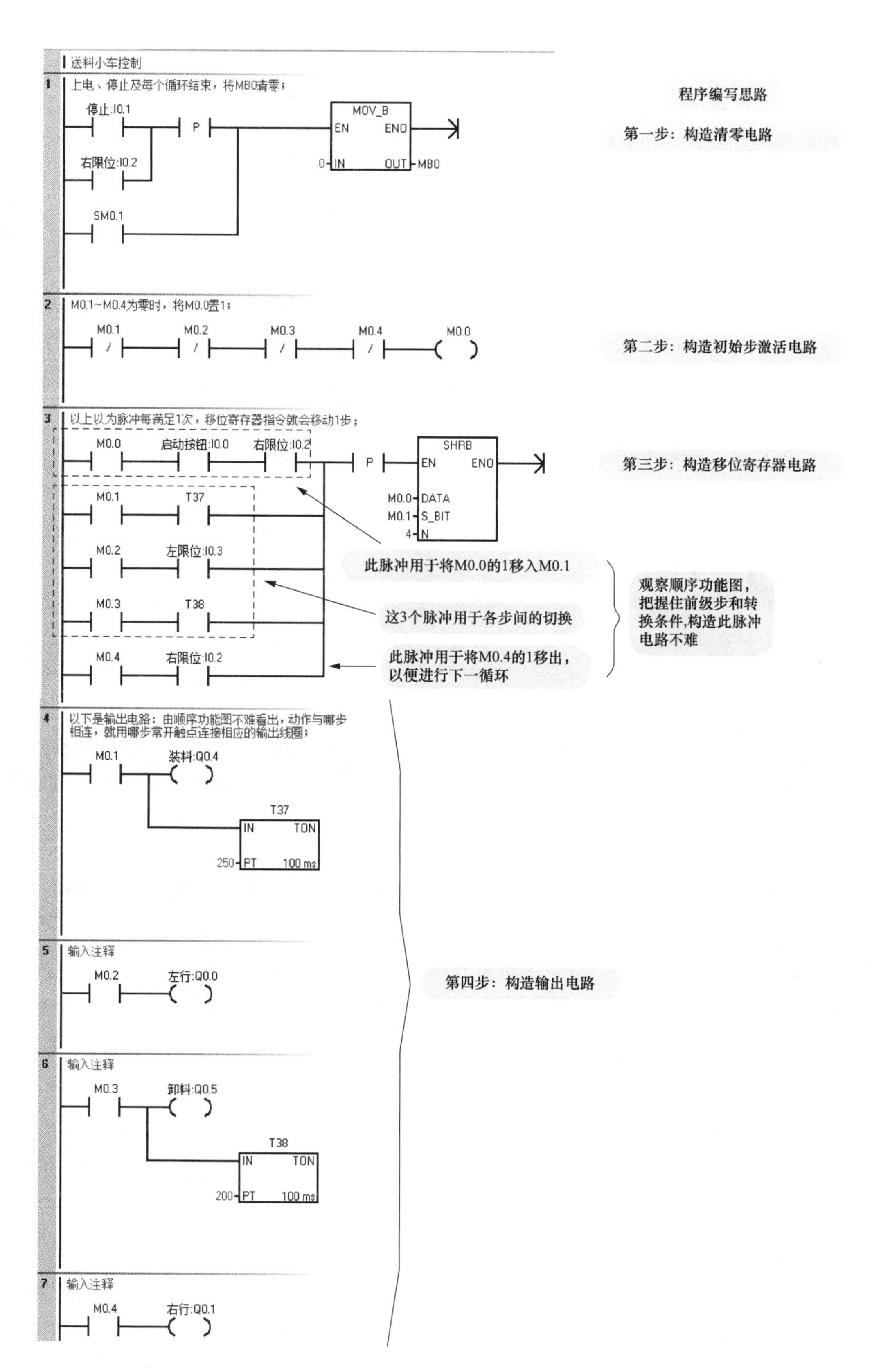

图 3-31　送料小车控制的移位寄存器指令编程法顺序功能图与梯形图的转化

图 3-31 所示梯形图中，用移位寄存器 M0.1～M0.4 这 4 位代表装料、左行、卸料、右行 4 步。移位寄存器的移位输入端由若干串联电路并联而成，每条串联电路由某一步的辅助继电器的常开触点和对应的转换条件组成。网络 1 和网络 2 的作用是使 M0.1～M0.4 清零，使 M0.0 置 1。M0.0 置 1 使数据输入端 DATA 移入 1。当右限位 I0.2 为 1 时，按下启动按钮 I0.0，移位输入电路第一行接通，使 M0.0 中的 1 移入 M0.1 中，M0.1 被激活，M0.1 的常开触点使输出量 T37、Q0.4 接通，送料小车装料 25s。同理，各转换条件 T37、I0.3、T38 和 I.2 接通产生的移位脉冲使 1 状态向下移动，并最终返回 M0.0。在整个过程中，M0.1～M0.4 接通，它们的相应常开触点断开，使接在移位寄存器数据输入端 DATA 的 M0.0 总是断开的，直到右限位 I0.2 接通产生移位脉冲使 1 溢出。右限位 I0.2 接通产生移位脉冲的另一个作用是使 M0.1～M0.4 清零，这时网络 2 的 M0.0 所在的电路再次接通，使数据输入端 DATA 移入 1，当再按下启动按钮 I0.0 时，系统重新开始运行。

编者有料

移位寄存器指令编程法只适用于单序列程序，这点读者需注意。

3.4 水塔水位控制程序的设计

3.4.1 任务导入

图 3-32 所示为某水塔水位控制示意图。在水池水位低于下限时，按下启动按钮，进水电磁阀开启，开始往水池中注水。当水池水位到达上限位时，进水电磁阀关闭。当水塔水位低于下限位时，水泵启动，为水塔补水。当水塔水位到达上限位时，水泵停止工作。当水塔水位再次低于下限位时，水泵再次启动为水塔补水。水塔补水 2 次后，水池水位不足，进水电磁阀再开启为水池补水，重复上边的循环。

3.4.2 选择序列启保停电路编程法

选择序列顺序功能图转化为梯形图的关键点在于分支处和合并处程序的处理，其余部分与单序列的处理方法一致。

1. 分支处编程

若某步后有一个由 N 条分支组成的选择程序，该步可能转换到不同的 N 步去，则应将这 N 个后续步对应的辅助继电器的常闭触点与该步线圈串联，作为该步的停止条件。分支处顺序功能图与梯形图的转化如图 3-33 所示。

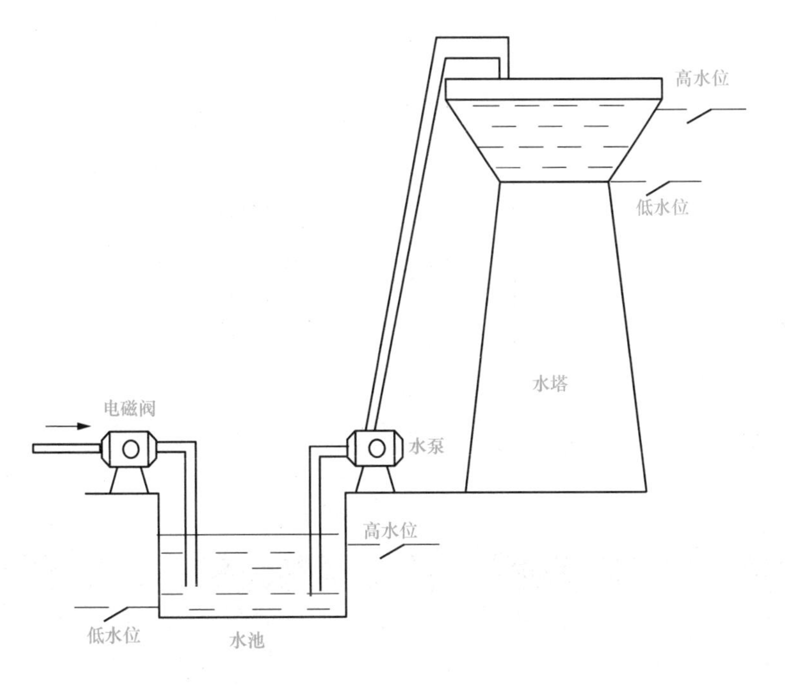

图 3-32　水塔水位控制示意图

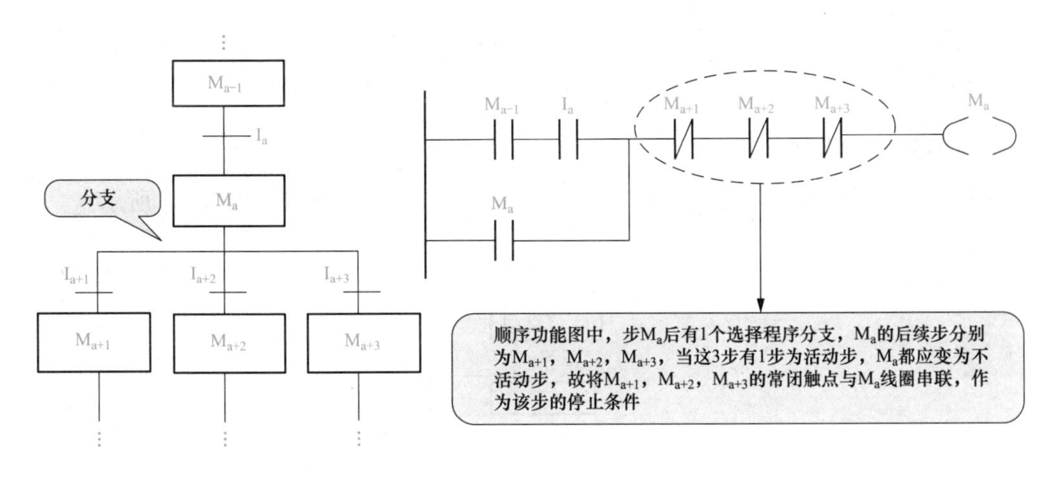

图 3-33　分支处顺序功能图与梯形图的转化

2. 合并处编程

对于选择程序的合并，若某步之前有 N 个转换，即有 N 条分支进入该步，则控制代表该步的辅助继电器的启动电路由 N 条支路并联而成，每条支路都由前级步辅助继电器的常开触点与转换条件的触点构成的串联电路组成。合并处顺序功能图与梯形图的转化如图 3-34 所示。

3.4.3　选择序列启保停电路编程法任务实施

1. I/O 分配

根据控制要求，进行 I/O 分配，见表 3-3。

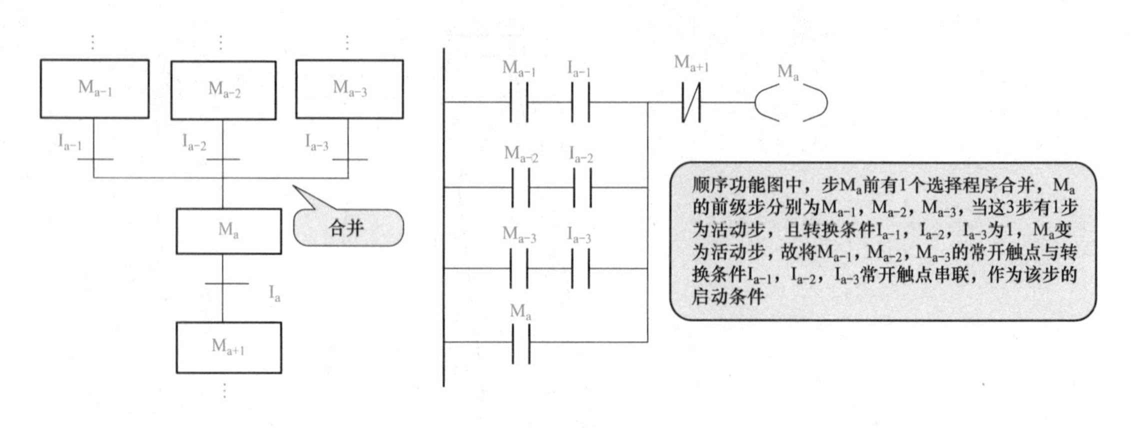

图 3-34　合并处顺序功能图与梯形图的转化

表 3-3　水塔水位控制的 I/O 分配

输入量		输出量	
启动按钮	I0.0	进水电磁阀	Q0.0
水池低水位	I0.1	水泵	Q0.1
水池高水位	I0.2		
水塔低水位	I0.3		
水塔高水位	I0.4		
停止	I0.5		

2. 绘制顺序功能图

根据控制要求，绘制顺序功能图。水塔水位控制的顺序功能图如图 3-35 所示。

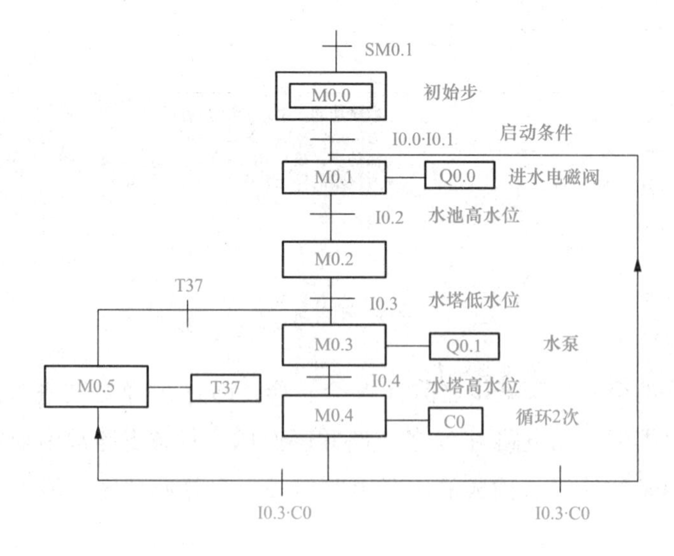

图 3-35　水塔水位控制的顺序功能图

3. 转化为梯形图

将顺序功能图转化为梯形图。水塔水位控制启保停电路编程法梯形图程序如图 3-36 所示。

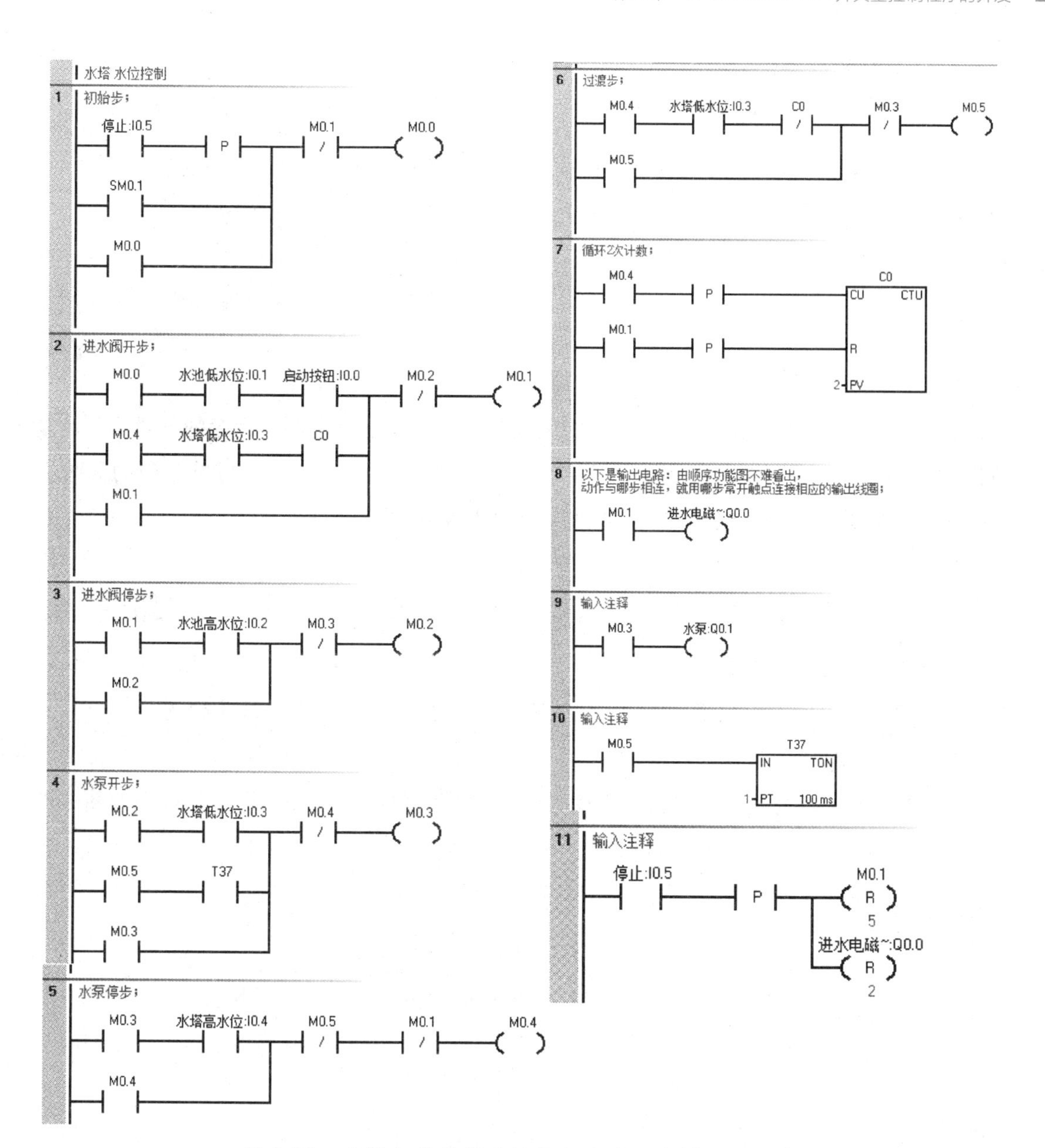

图 3-36　水塔水位控制启保停电路编程法梯形图程序

4. 过程分析

（1）选择序列分支处的处理方法。图 3-35 中，步 M0.4 之后有一个选择序列的分支，设 M0.4 为活动步，当它的后续步 M0.5 或 M0.1 为活动步时，它应变为不活动步，故在图 3-36 所示梯形图中将 M0.5 和 M0.1 的常闭触点与 M0.4 线圈串联。

（2）图 3-35 中，步 M0.1 之前有一个选择序列的合并，当步 M0.0 为活动步且转换条件 I0.0 • I0.1 为 1 满足，或 M0.4 为活动步且转换条件 C0 • I0.3 满足，步 M0.1 应变为活动步，故在图 3-36 所示梯形图中 M0.1 的启动条件为 M0.0 • I0.0 • I0.1＋M0.4 • C0 • I0.3，对应的启动电路由两条并联分支组成，并联支路分别由 M0.0 • I0.0 • I0.1 和 M0.4 • C0 • I0.3 的触点串联组成。

编者有料

按道理实际控制中应该没有 M0.5 步，但如果这样的话，M0.3 和 M0.4 间就存在小闭环，程序无法正常运行。因此在 M0.3 和 M0.4 间增加步 M0.5 步，起到过渡作用。M0.5 步动作时间很短，仅 0.1s，故系统运行不受影响。

3.4.4 选择序列置位复位指令编程法

选择序列顺序功能图转化为梯形图的关键点在于分支处和合并处程序的处理，置位复位指令编程法核心是转换，因此选择序列在处理分支和合并处编程上与单序列的处理方法一致，无需考虑多个前级步和后续步的问题，只考虑转换即可。

3.4.5 选择序列置位复位指令编程法任务实施

1. I/O 分配

I/O 分配和绘制顺序功能图与选择序列启保停电路编程法一致，故不赘述。

2. 转化为梯形图

将顺序功能图转化为梯形图。水塔水位控制置位复位指令编程法梯形图程序如图 3-37 所示。

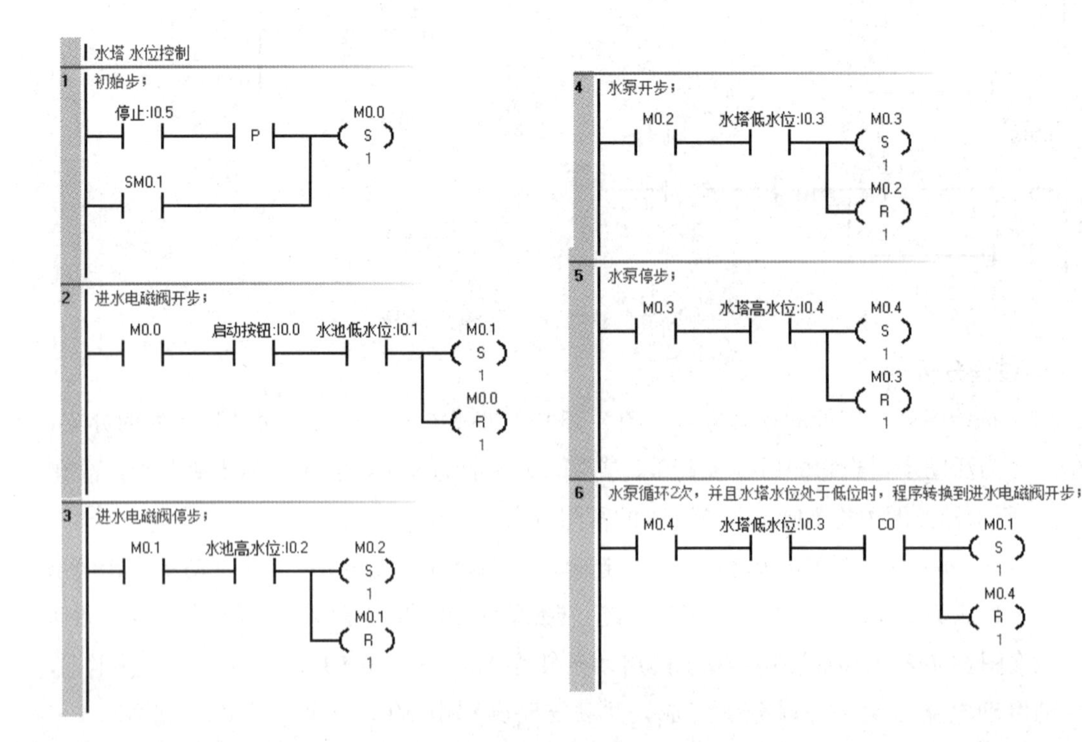

图 3-37 水塔水位控制置位复位指令编程法梯形图程序（一）

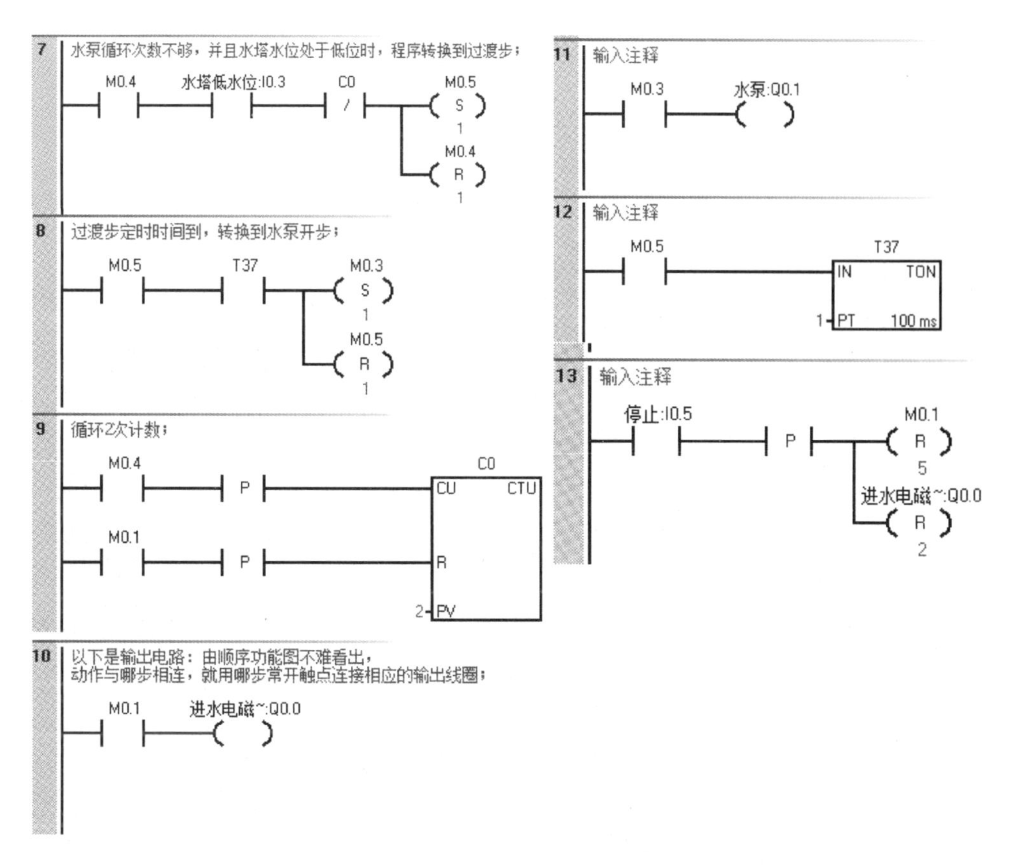

图 3-37　水塔水位控制置位复位指令编程法梯形图程序（二）

3.4.6　选择序列顺序控制继电器指令编程法

选择序列每个分支的动作由转换条件决定，但每次只能选择一条分支进行转移。

1. 分支处编程

顺序控制继电器指令编程法选择序列分支处顺序功能图与梯形图的转化如图 3-38 所示。

2. 合并处编程

顺序控制继电器指令编程法选择序列合并处顺序功能图与梯形图的转化如图 3-39 所示。

3.4.7　选择序列顺序控制继电器指令编程法任务实施

1. 绘制顺序功能图

根据控制要求，绘制顺序功能图。水塔水位控制的顺序功能图如图 3-40 所示。

2. 转化为梯形图

将顺序功能图转化为梯形图。水塔水位控制的梯形图程序如图 3-41 所示。

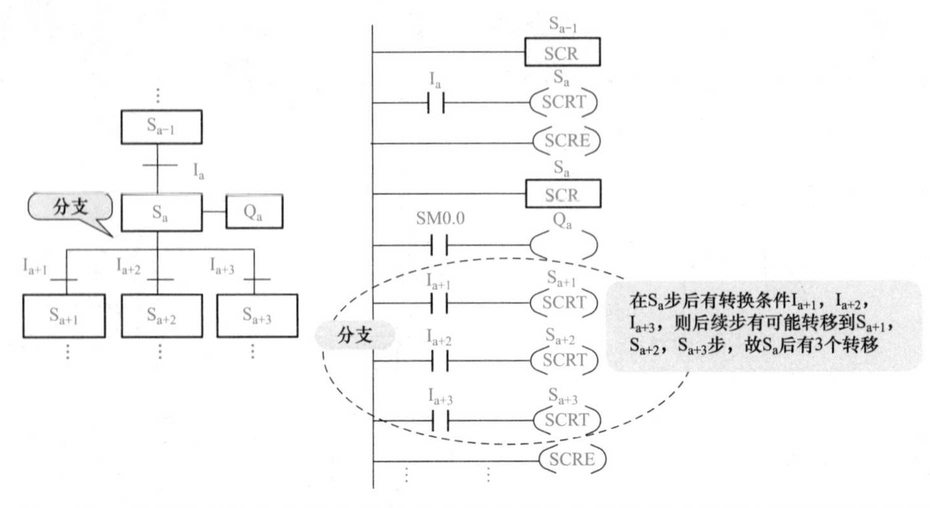

图 3-38　顺序控制继电器指令编程法选择序列分支处顺序功能图与梯形图的转化

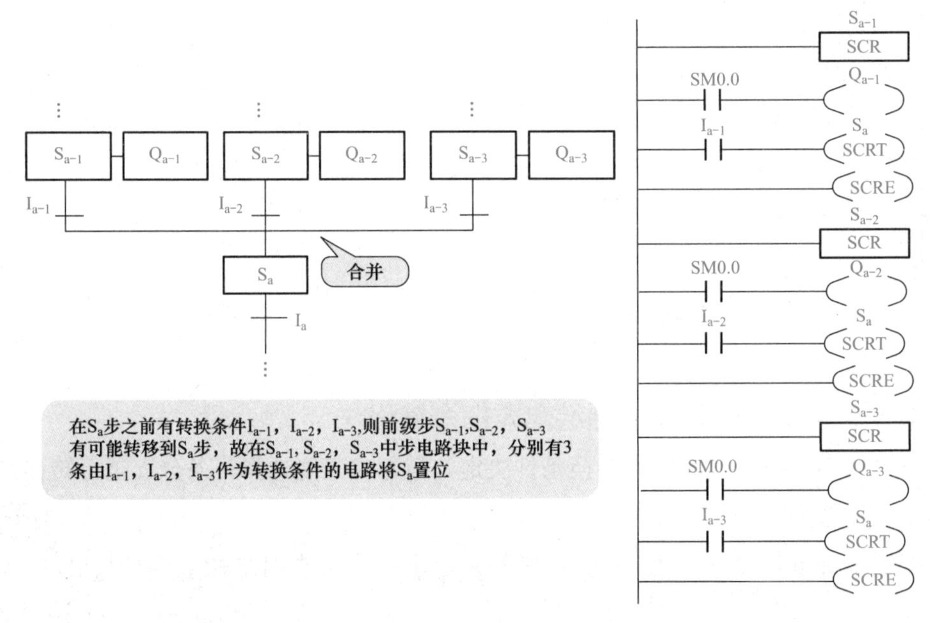

图 3-39　顺序控制继电器指令编程法选择序列合并处顺序功能图与梯形图的转化

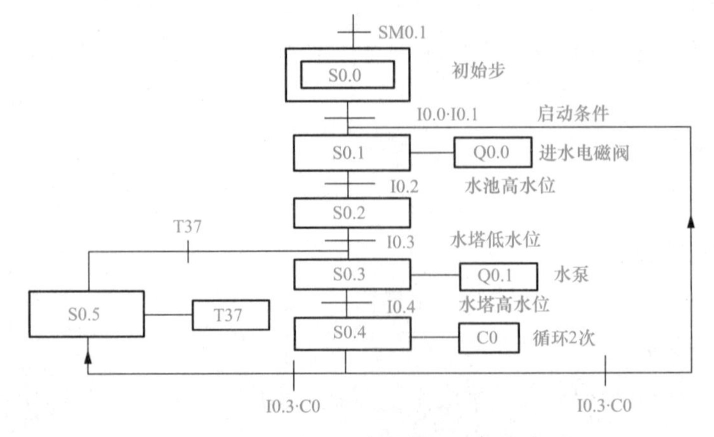

图 3-40　水塔水位控制的顺序功能图

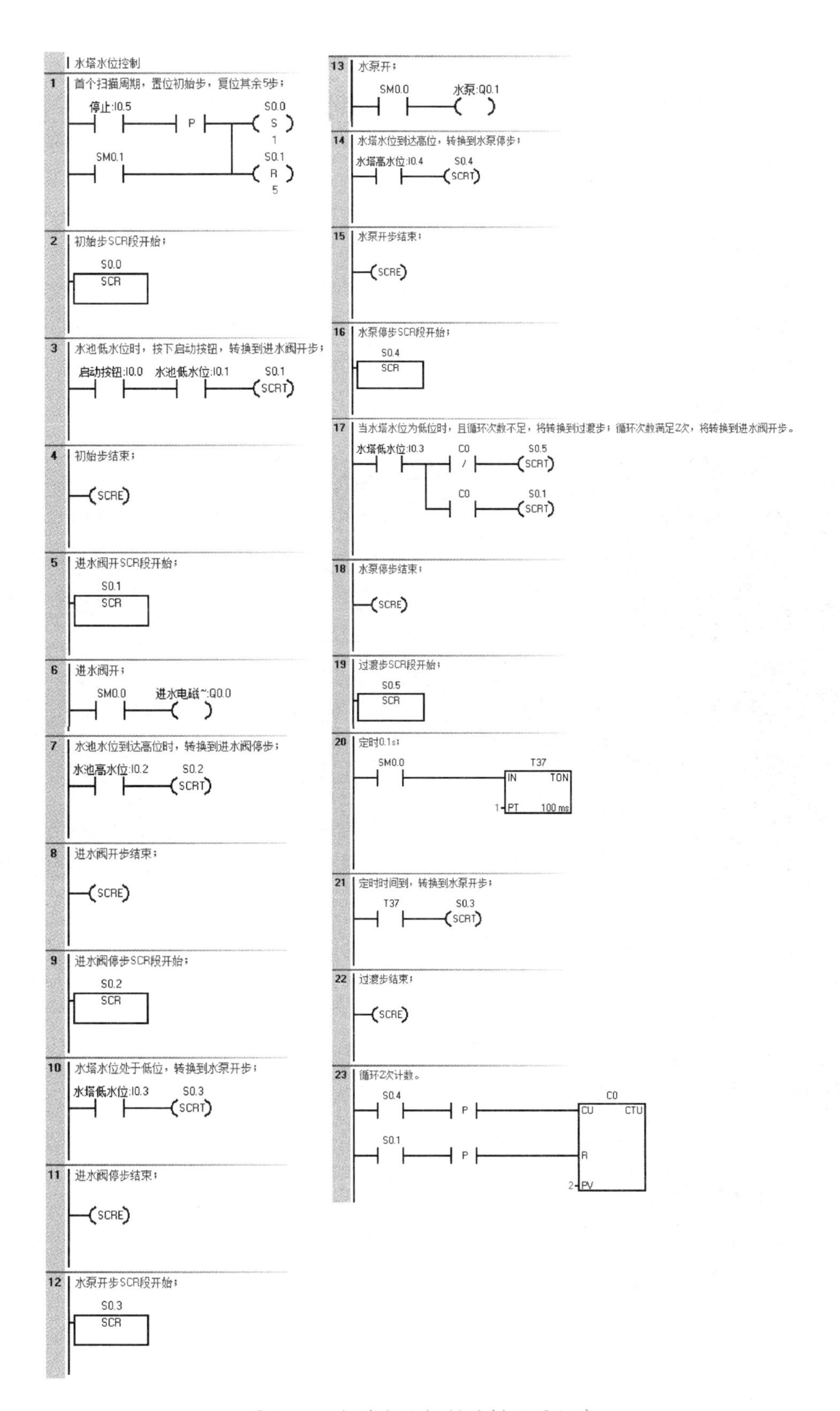

图 3-41　水塔水位控制的梯形图程序

3.5 信号灯控制程序的设计

3.5.1 任务导入

1. 控制要求

信号灯布置如图 3-42 所示。按下启动按钮，东西绿灯亮 20s 后闪烁 3s 后熄灭，然后黄灯亮 2s 后熄灭，紧接着红灯亮 25s 后再熄灭，再接着绿灯亮……，如此循环；在东西绿灯亮的同时，南北红灯亮 25s，接着绿灯亮 20s 后闪烁 3s 熄灭，然后黄灯亮 2s 后熄灭，红灯亮……，如此循环。信号灯工作情况见表 3-4。

图 3-42 信号灯布置

试根据上述控制要求编制程序。

表 3-4 信号灯工作情况表

<table>
<tr><td rowspan="2">东西</td><td>绿灯</td><td>绿闪</td><td>黄灯</td><td colspan="3">红灯</td></tr>
<tr><td>20s</td><td>3s</td><td>2s</td><td colspan="3">25s</td></tr>
<tr><td rowspan="2">南北</td><td colspan="3">红灯</td><td>绿灯</td><td>绿闪</td><td>黄灯</td></tr>
<tr><td colspan="3">25s</td><td>20s</td><td>3s</td><td>2s</td></tr>
</table>

2. 本例考察点

本例考察用启保停电路编程法、置位复位指令编程法和顺序控制继电器指令编程法设计并行序列程序。

3.5.2 并行序列启保停电路编程法

1. 分支处编程

若并行程序某步后有 N 条并行分支，若转换条件满足，则并行分支的第一步同时被激活。这些并行分支的第一步的启动条件均相同，都是前级步的常开触点与转换条件的常开触点组成的串联电路，不同的是各个并行分支的停止条件。串入各自后续步的常闭触点作为停止条件。并行序列顺序功能图与梯形图的转化如图 3-43 所示。

2. 合并处编程

对于并行程序的合并，若某步之前有 N 分支，即有 N 条分支进入该步，则并行分支的最后一步同时为 1，且转换条件满足，方能完成合并。因此合并处的启动电路为所有并行分支最后一步的常开触点串联和转换条件的常开触点的组合；停止条件仍为后续步的常闭触点。并行序列顺序功能图与梯形图的转化如图 3-43 所示。

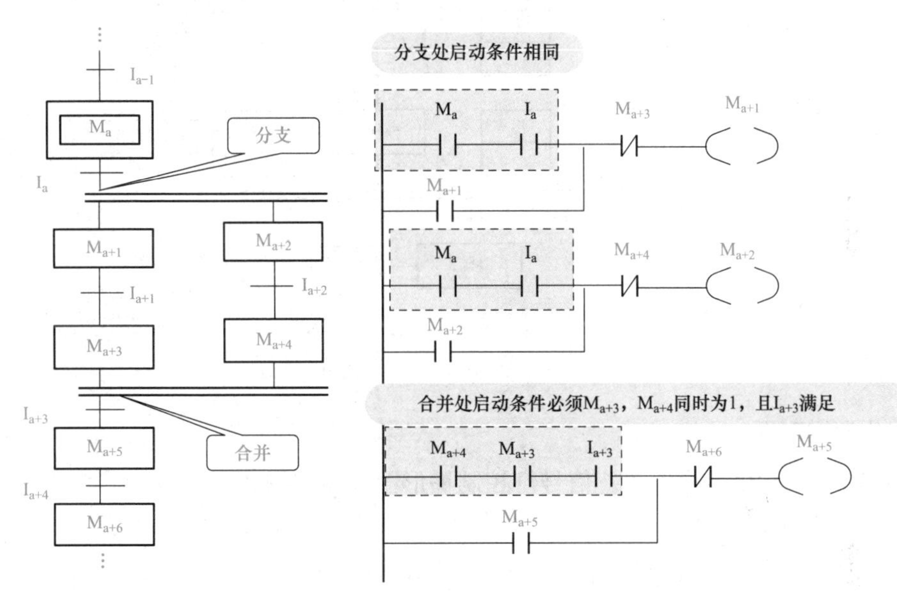

图 3-43　并行序列顺序功能图与梯形图的转化

3.5.3　并行序列启保停电路编程法任务实施

1. I/O 分配

根据控制要求进行信号灯 I/O 分配，见表 3-5。

表 3-5　信号灯 I/O 分配表

输入量		输出量	
启动按钮	I0.0	东西绿灯	Q0.0
停止按钮	I0.1	东西黄灯	Q0.1
		东西红灯	Q0.2
		南北绿灯	Q0.3
		南北黄灯	Q0.4
		南北红灯	Q0.5

2. 绘制顺序功能图

根据控制要求绘制顺序功能图。信号灯控制顺序功能图如图 3-44 所示。

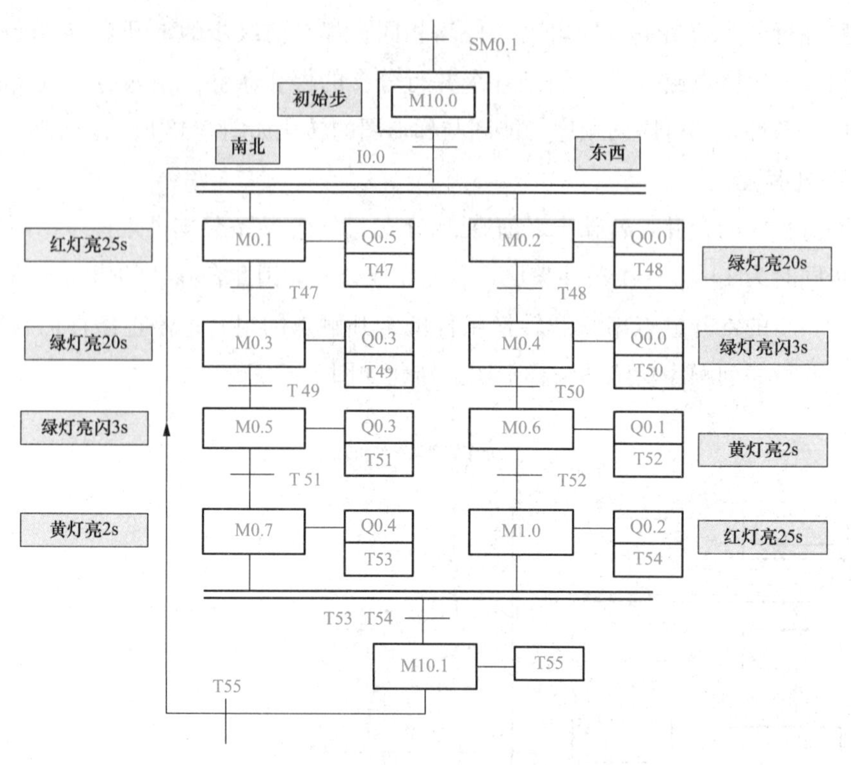

图 3-44 信号灯控制顺序功能图

3. 转化为梯形图

将顺序功能图转化为梯形图。信号灯控制梯形图程序如图 3-45 所示。

4. 转化过程分析

（1）并行序列分支处的处理方法。图 3-44 中，步 M10.0 之后有一个并行序列的分支，设 M10.0 为活动步且 I0.0 为 1 时，则 M0.1，M0.2 步同时激活，故图 3-45 所示梯形图中，M0.1，M0.2 的启动条件相同，都为 M10.0 • I0.0；其停止条件不同，M0.1 的停止条件 M0.1 步需串 M0.3 的常闭触点，M0.2 的停止条件 M0.2 步需串 M0.4 的常闭触点。M10.1 后也有 1 个并行分支，道理与 M10.0 步相同，这里不再赘述。

（2）并行序列合并处的处理方法。图 3-44 中，步 M10.1 之前有 1 个并行序列的合并，当 M0.7，M1.0 同时为活动步且转换条件 T53 • T54 满足，M10.1 应变为活动步，故图 3-45 所示梯形图中，M10.1 的启动条件为 M0.7 • M1.0 • T53 • T54，停止条件为 M10.1 步中应串入 M0.1 和 M0.2 的常闭触点。这里的 M10.1 比较特殊，它既是并行分支又是并行合并，故启动和停止条件有些特别。附带指出 M10.1 步本应没有，出于编程方便考虑，设置此步，T55 的时间非常短，仅为 0.1s，因此不影响程序的整体。

3.5.4 并行序列置位复位指令编程法

1. 分支处编程

如果某一步 M_a 的后面由 N 条分支组成，当 M_a 为活动步且满足转换条件后，其后的

N 个后续步同时激活，故 M_a 与转换条件的常开触点串联来置位后 N 步，同时复位 M_a 步。并行序列顺序功能图与梯形图的转化，如图 3-46 所示。

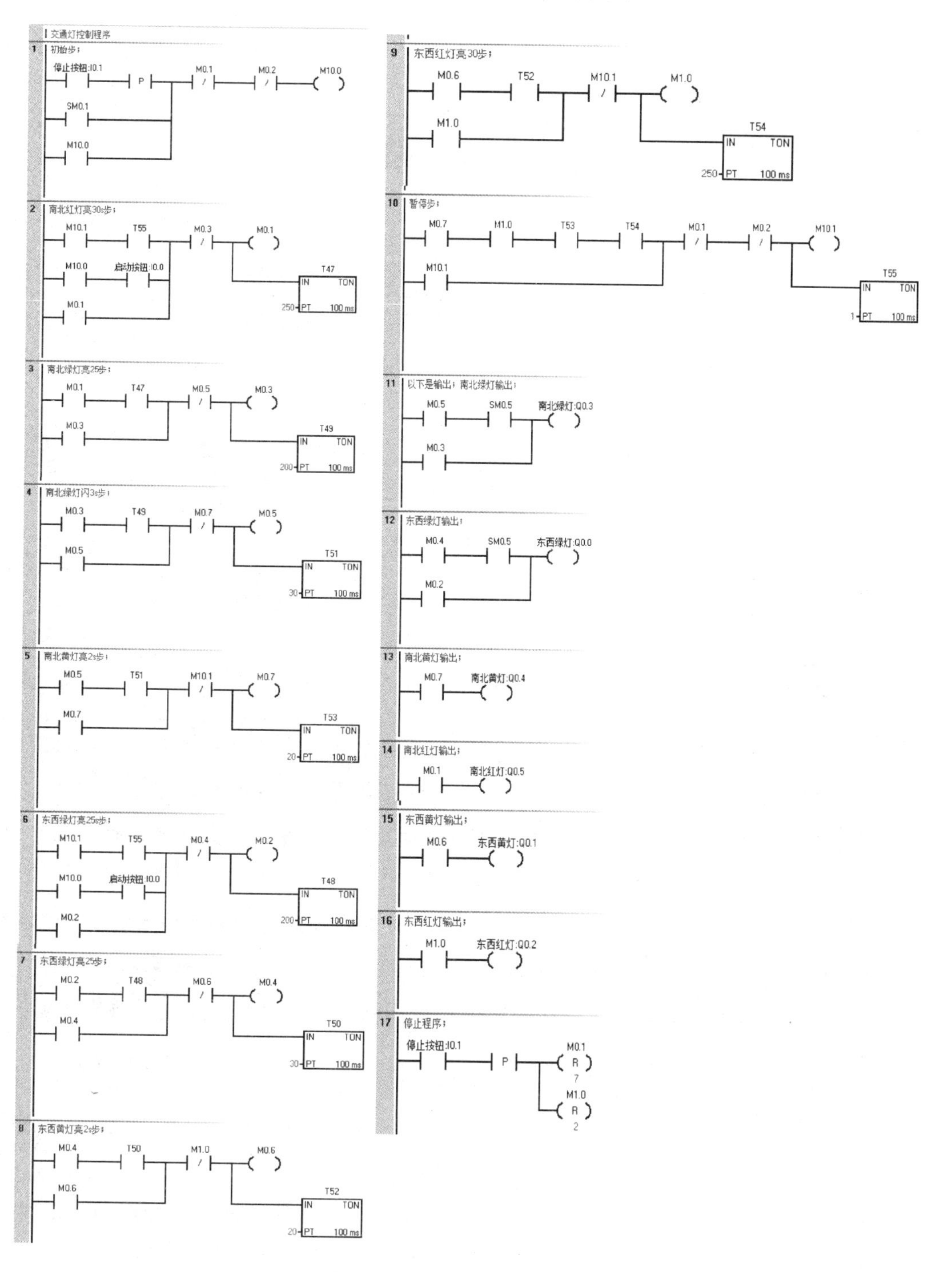

图 3-45　信号灯控制梯形图程序

2. 合并处编程

对于并行程序的合并，若某步之前有 N 分支，即有 N 条分支进入该步，则并行 N 个分支的最后一步同时为 1，且转换条件满足，方能完成合并。因此合并处的 N 个分支最后一步常开触点与转换条件的常开触点串联，置位 M_{a+5} 步同时复位 M_{a+5} 的所有前级步，即 M_{a+2} 和 M_{a+4} 步。并行序列顺序功能图与梯形图的转化如图 3-46 所示。

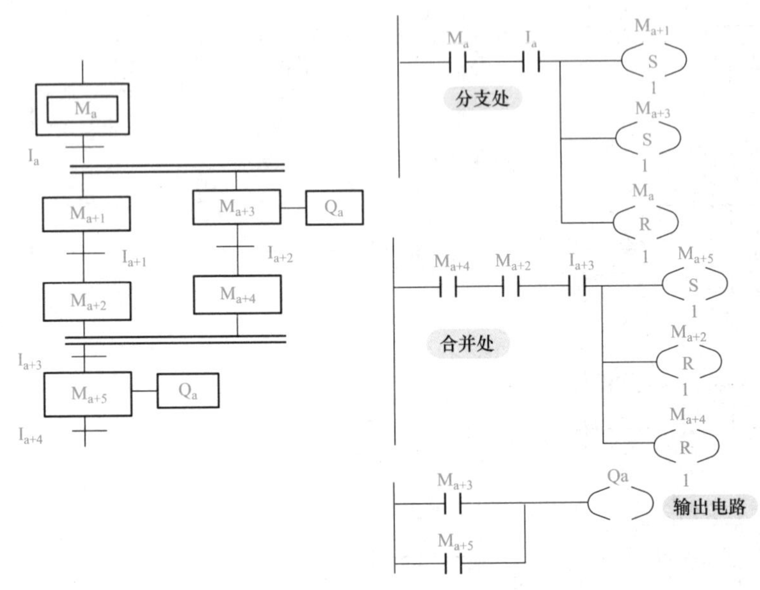

图 3-46　置位复位指令编程法并行序列顺序功能图与梯形图的转化

编者有料

1. 使用置位复位指令编程法，当前级步为活动步且满足转换条件的情况下，后续步被置位，同时前级步被复位；对于并联序列来说，分支处有多个后续步，那么这些后续步都同时被置位，仅有 1 个前级步复位；合并处有多个前级步，那么这些前级步都同时复位，仅有 1 个后续步置位；

2. 输出继电器 Q 线圈不能与置位复位指令并联，原因在于前级步与转换条件常开触点组成的串联电路接通时间很短，当转换条件满足后，前级步立即复位，而输出继电器至少应在某步为活动步的全部时间内接通。处理方法：用所需步的常开触点驱动输出线圈 Q。

3.5.5　并行序列置位复位指令编程法任务实施

信号灯控制并行程序，用置位复位指令编程法将顺序功能图转化为梯形图。交通灯控制并行序列置位复位指令编程法的梯形图程序如图 3-47 所示。

3.5.6　并行序列顺序控制继电器编程法

用顺序控制继电器指令编程法将并行序列顺序功能图转化为梯形图，也有分支处合并处两个关键点。顺序控制继电器指令编程法并行序列分支处顺序功能图与梯形图的转化如图 3-48 所示。

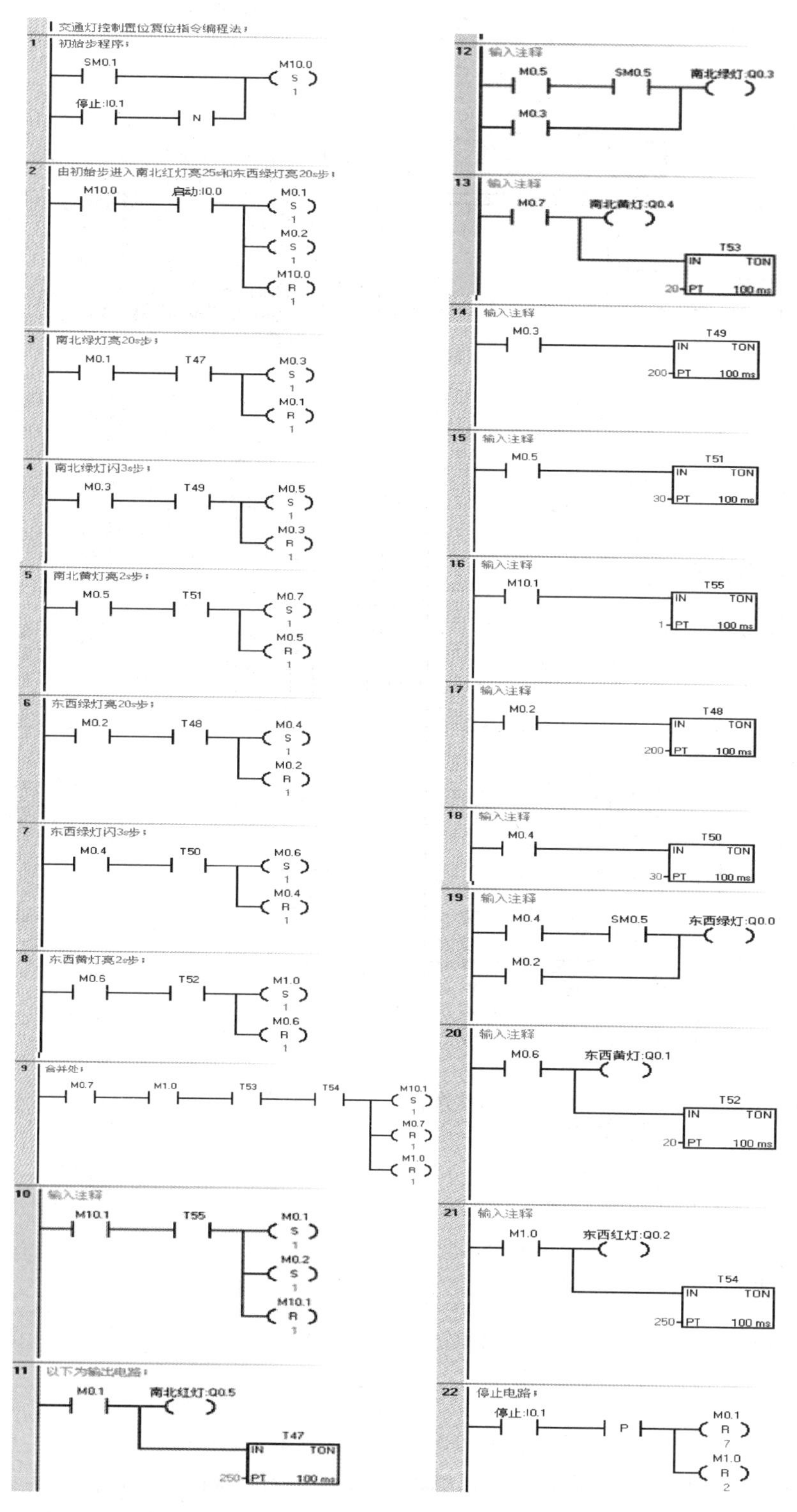

图 3-47　交通灯控制并行序列置位复位指令编程法的梯形图程序

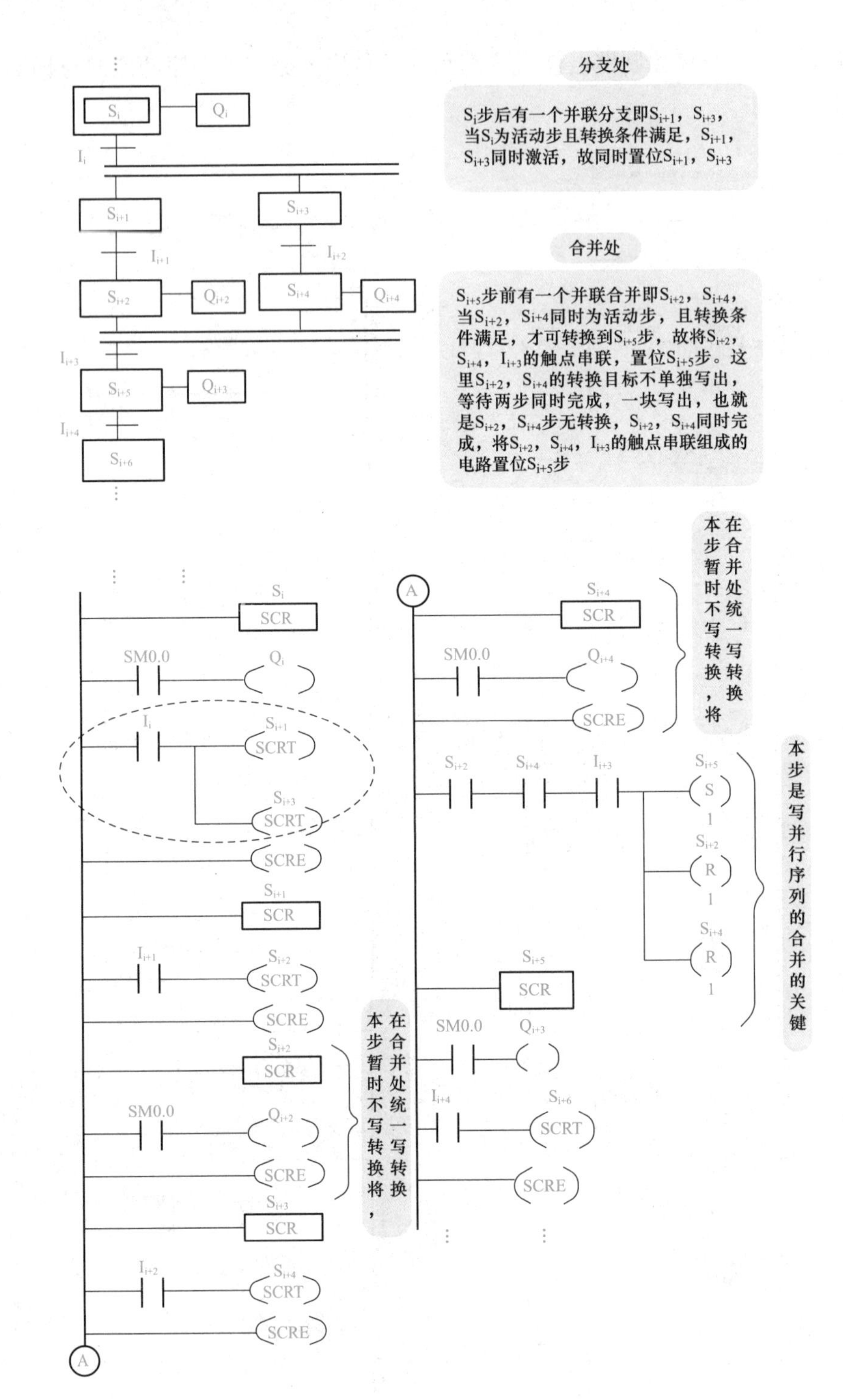

图 3-48　顺序控制继电器指令编程法并行序列分支处顺序功能图与梯形图转化

3.5.7　并列序列顺序控制继电器编程法任务实施

信号灯控制并列程序，用顺序控制继电器指令编程法将顺序功能图转化为梯形图，如图 3-49 所示。

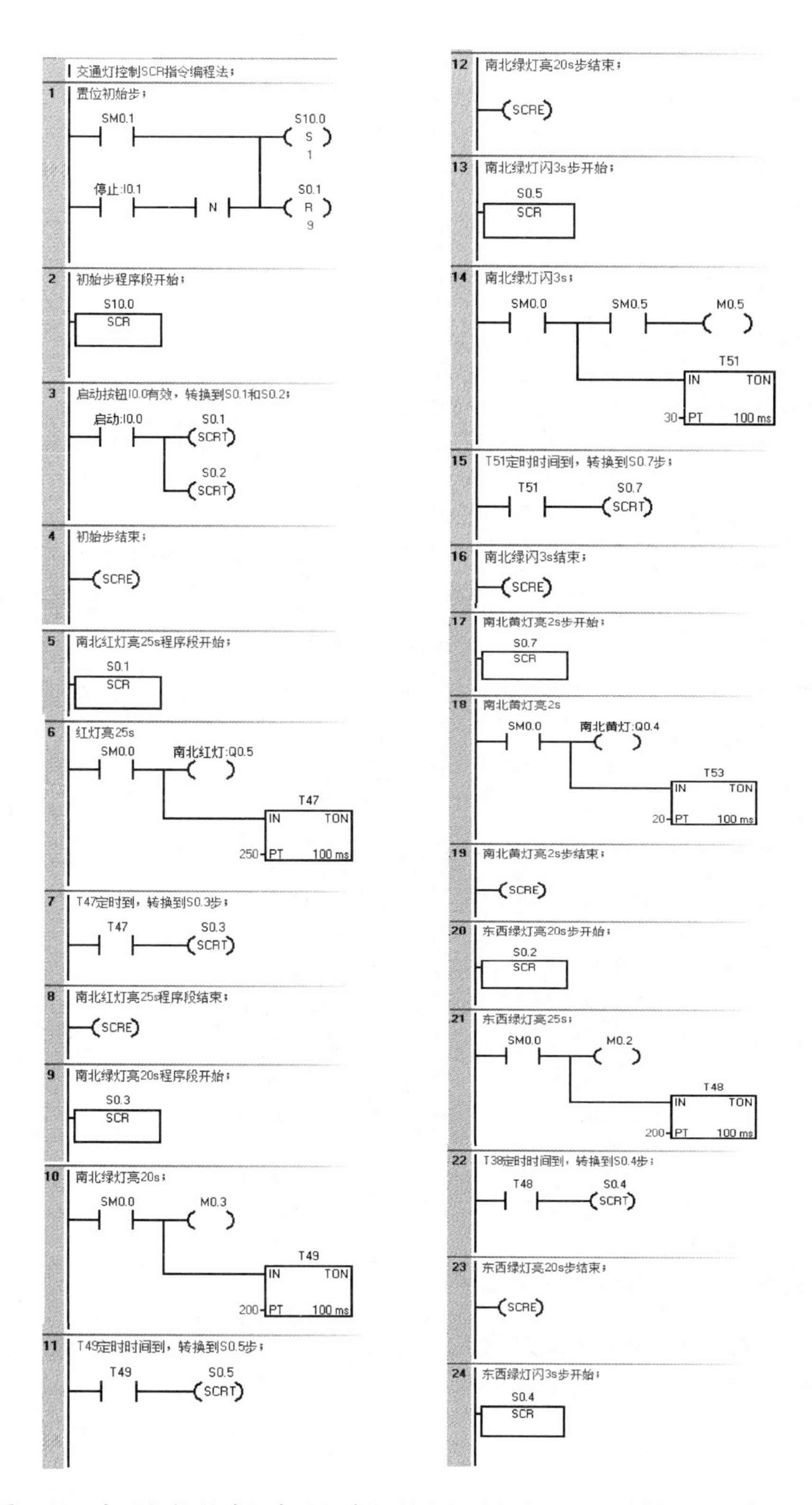

图 3-49　交通灯控制并行序列顺序控制继电器指令编程法的梯形图程序（一）

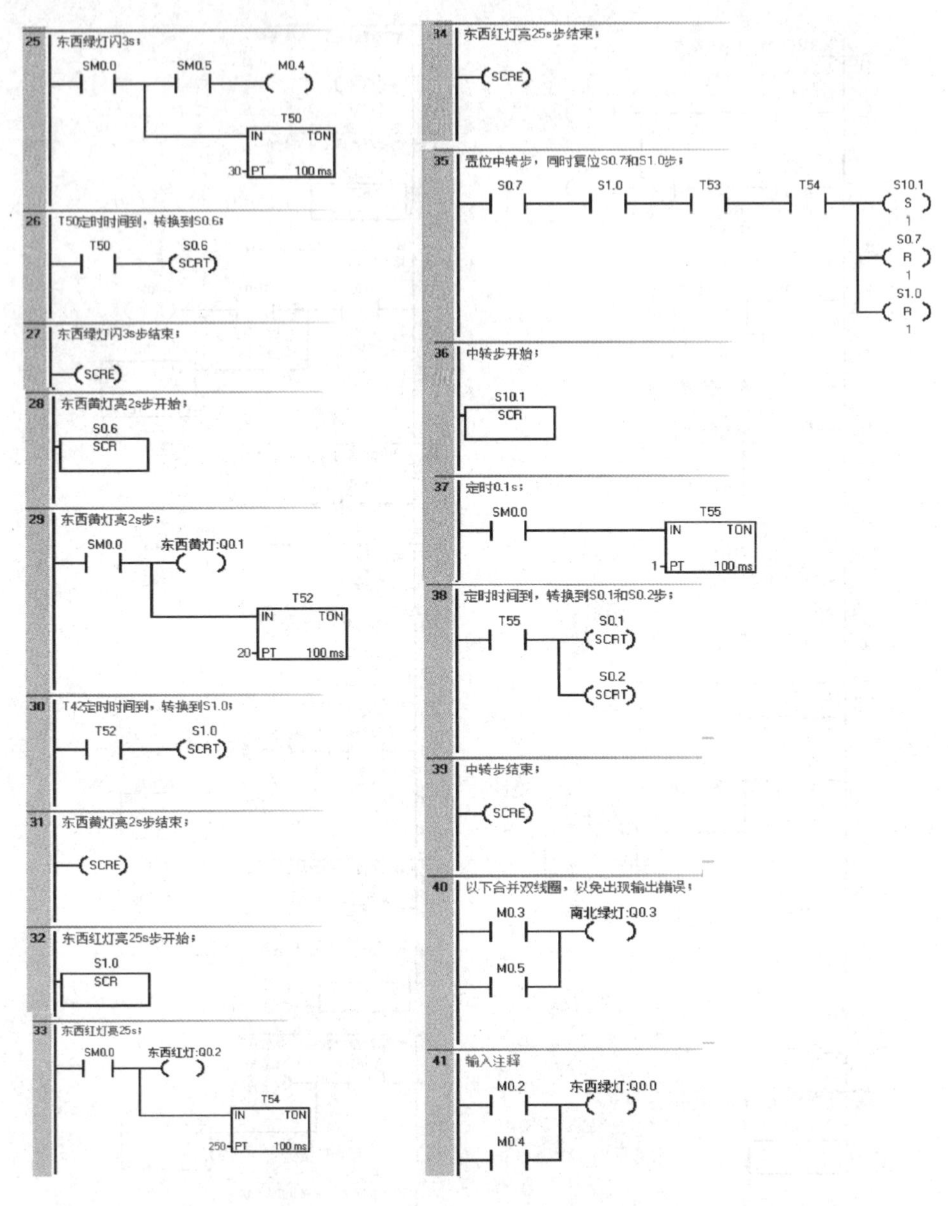

图 3-49 交通灯控制并行序列顺序控制继电器指令编程法的梯形图程序（二）

编者有料

顺序控制继电器指令编程法也需注意合并双线圈问题，以免输出出错。

第4章 S7-200 SMART PLC 模拟量控制程序的开发

本章要点

- 模拟量控制概述
- 模拟量扩展模块
- 内码与实际物理量转换案例
- 水塔控制程序的设计
- PID控制及应用案例
- PID向导及应用案例

4.1 模拟量控制概述

4.1.1 模拟量控制简介

1. 模拟量控制简介

在工业控制中，某些输入量（压力、温度、流量和液位等）是连续变化的模拟量信号，某些被控对象也需模拟信号控制，因此要求 PLC 有处理模拟信号的能力。

PLC 内部执行的均为数字量，因此模拟量处理需要完成有两方面任务：①将模拟量转换成数字量（A/D 转换）；②将数字量转换为模拟量（D/A 转换）。

2. 模拟量处理过程

模拟量处理过程如图 4-1 所示。这个过程分为以下几个阶段。

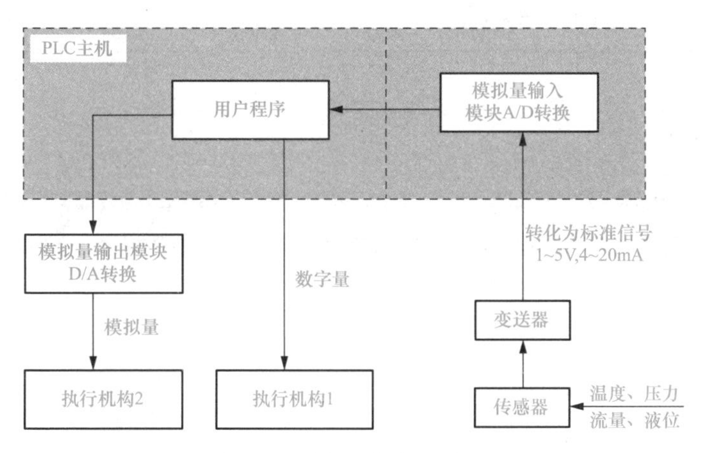

图 4-1 模拟量处理过程

（1）模拟量信号的采集，由传感器来完成。传感器将非电信号（如温度、压力、液位和流量等）转化为电信号。注意此时的电信号为非标准信号。

（2）非标准电信号转化为标准电信号，此项任务由变送器来完成。传感器输出的非标准电信号输送给变送器，经变送器将非标准电信号转化为标准电信号。根据国际标准，标准信号有两种类型，分为电压型和电流型。电压型的标准信号为 DC 1～5V；电流型的标准信号为 DC 4～20mA。

（3）A/D 转换和 D/A 转换。变送器将其输出的标准信号传送给模拟量输入扩展模块后，模拟量输入扩展模块将模拟量信号转化为数字量信号，PLC 经过运算，其输出结果或直接驱动输出继电器，从而驱动开关量负载；或经模拟量输出模块实现 D/A 转换后，输出模拟量信号控制模拟量负载。

4.1.2 模块扩展连接

S7-200 SMART PLC 本机有一定数量的 I/O 点，其地址分配也是固定的。当 I/O 点数不够时，通过连接 I/O 扩展模块或安装信号板，可以实现 I/O 点数的的扩展。扩展模块一般安装在本机的右端，最多可以扩展 6 个扩展模块；扩展模块可以分为数字量输入模块、数字量输出模块、数字量输入/输出模块、模拟量输入模块、模拟量输出模块、模拟量输入/输出模块、热电阻输入模块和热电偶输入模块。

扩展模块的地址分配由 I/O 模块的类型和模块在 I/O 链中的位置决定。数字量 I/O 模块的地址以字节为单位，某些 CPU 和信号板的数字量 I/O 点数如不是 8 的整数倍，最后一个字节中未用的位不会分配给 I/O 链中的后续模块。

CPU、信号板和各扩展模块的起始地址分配如图 4-2 所示。用系统块组态硬件时，编程软件 STEP 7-Micro/WIN SMART 会自动分配各模块和信号板的地址。

	CPU	信号板	信号模块 0	信号模块 1	信号模块 2	信号模块 3
起始地址	I0.0 Q0.0	I7.0 Q7.0 无 AI 信号板 AQW12	I8.0 Q8.0 A/W16 AQW16	I12.0 Q12.0 A/W32 AQW32	I16.0 Q16.0 A/W48 AQW48	I20.0 Q20.0 A/W64 AQW64

图 4-2 扩展模块连接及起始地址分配

4.2 模拟量模块及内码与实际物理量的转换

4.2.1 模拟量输入模块

1. 概述

模拟量输入模块有 4 路模拟量输入 EM AE04 和 8 路模拟量输入 EM AE08 两种，其功能将输入的模拟量信号转化为数字量，并将结果存入模拟量输入映像寄存器 AI 中。AI

中的数据以字（1 个字 16 位）的形式存取。电压模式的分辨率为 12 位加符号位，电流模式的分辨率为 12 位。

模拟量输入模块有 4 种量程，分别为 0～20mA、±10V、±5V、±2.5V。所选择的量程可以通过编程软件 STEP 7-Micro/WIN SMART 来设置。

对于单极性满量程输入范围对应的数字量输出为 0～27648；双极性满量程输入范围对应的数字量输出为－27648～＋27648。

通过查阅西门子 S7-200 SMART PLC 手册发现，模拟量输入模块 EM AE04 和 EM AE08 仅模拟量通道数量上有差异，其余特性不变。下面将以 4 路模拟量输入模块 EM AE04 为例，对相关问题进行展开。

编者有料

1. 在 S7-200 SMART PLC 上市之初，仅有 4 路模拟量输入模块 EM AE04，后来又陆续推出了 8 路模拟量输入模块 EM AE08，二者仅有模拟量通道数量上的差别，其余性质一致。

2. 随着 S7-200 SMART PLC 技术的更新，分辨率由原来的 11 位更新为现在的 12 位。

2. 技术指标

模拟量输入模块 EM AE04 的技术参数见表 4-1。

表 4-1　　模拟量输入模块 EM AE04 的技术参数

4 路模拟量输入	
功耗	1.5W（空载）
电流消耗（SM 总线）	80mA
电流消耗（24V DC）	40mA（空载）
满量程范围	－27648～＋27648
过冲/下冲范围（数据字）	电压：27649～32511/－27649～－32512； 电流：27649～32511/－4864～0
上溢/下溢（数据字）	电压：32512～32767/－32513～－32768； 电流：32512～32767/－4865～－32768
输入阻抗	≥9MΩ 电压输入 250Ω 电流输入
最大耐压/耐流	±35V DC/±40mA
输入范围	±5V，±10V，±2.5V，或 0～20mA
分辨率	电压模式：12 位＋符号位； 电流模式：12 位

续表

4 路模拟量输入	
隔离	无
精度（25℃/0～55℃）	电压模式：满程的±0.1%/±0.2%； 电流模式：满程的±0.2%/±0.3%
电缆长度（最大值）	100m，屏蔽双绞线

3. 模拟量输入模块 EM AE04 的外形与接线图

模拟量输入模块 EM AE04 的外形与接线图如图 4-3 所示。

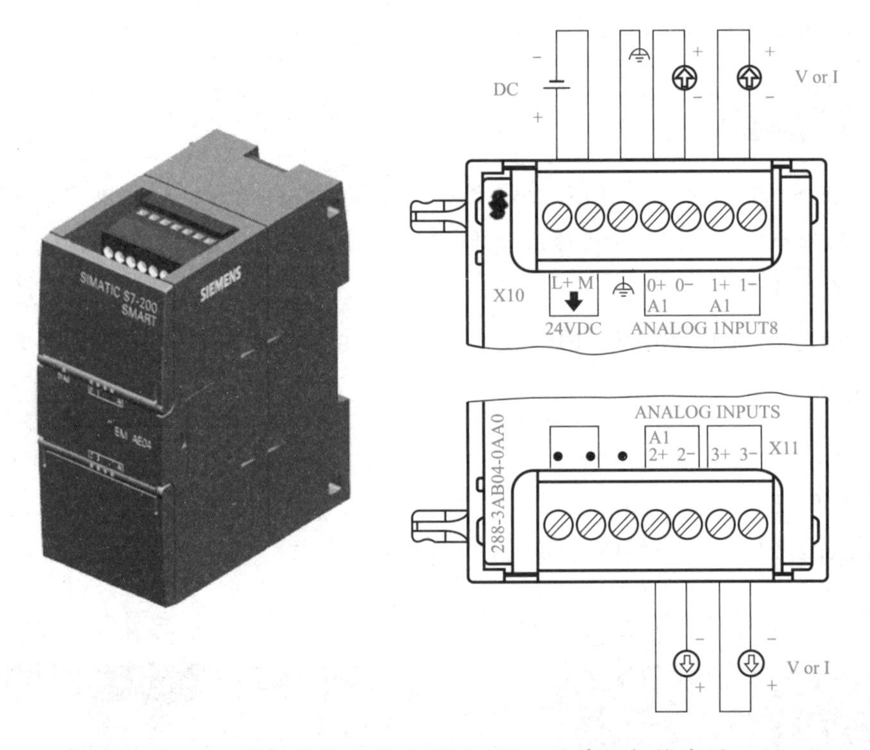

图 4-3 模拟量输入模块 EM AE04 的外形与接线图

模拟量输入模块 EM AE04 需要 DC 24V 电源供电，可以外接开关电源，也可由来自 PLC 的传感器电源（L+，M 之间 24V DC）提供；在扩展模块及外围元件较多的情况下，不建议使用 PLC 的传感器电源供电，具体电源需要量计算，请查阅第一章的内容。模拟量输入模块安装时，将其连接器插入 CPU 模块或其他扩展模块的插槽里，不在是 S7-200 PLC 那种采用扁平电缆的连接方式。

模拟量输入模块支持电压信号和电流信号输入，对于模拟量电压信号、电流信号的类型及量程的选择由编程软件 STEP 7-Micro/WIN SMART 设置来完成，不再像 S7-200 PLC 那样要通过 DIP 开关设置，这样更加便捷。

4. 模拟量输入模块 EM AE04 接线应用案例

（1）接线要求。现有 2 线制、3 线制和 4 线制传感器各 1 个，1 块模拟量输入模块

EM AE04，2 线制、3 线制和 4 线制传感器要接到模拟量输入模块 EM AE04 上。

（2）接线图。模拟量输入模块 EM AE04 与传感器的接线图如图 4-4 所示。

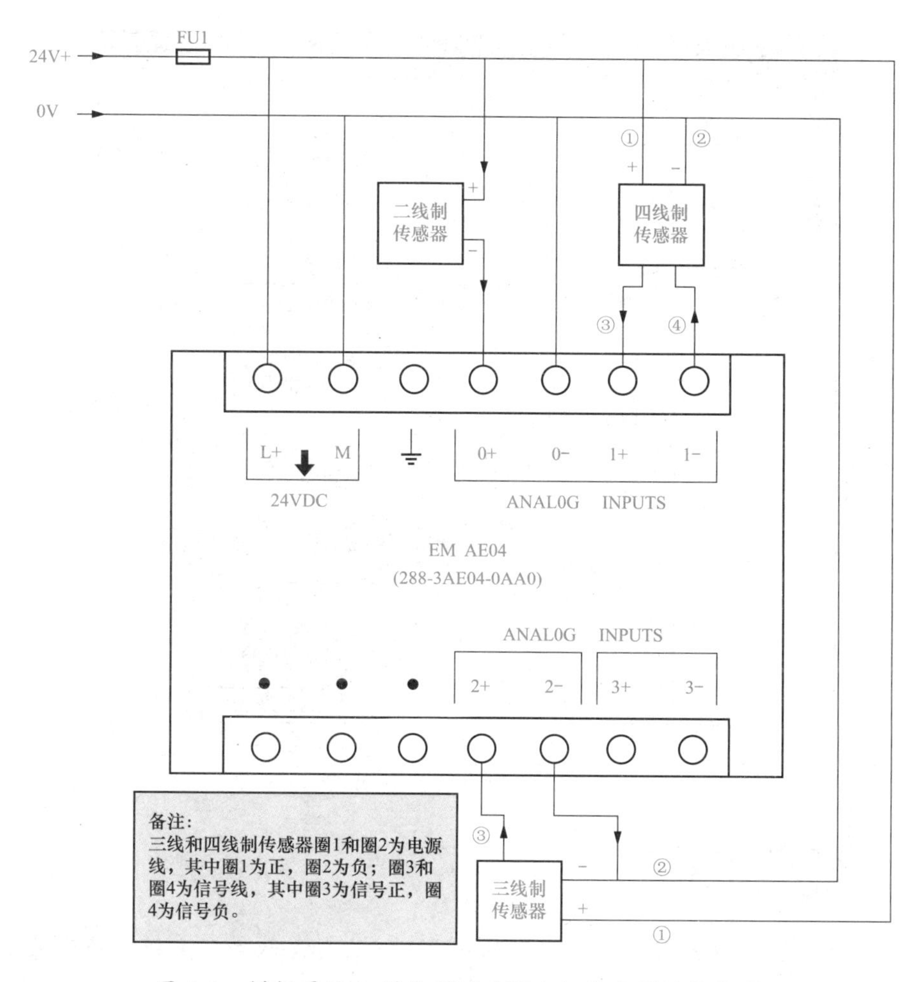

图 4-4　模拟量输入模块 EM AE04 与传感器的接线图

（3）解析。传感器按接线方式的不同可分为 2 线制、3 线制和 4 线制传感器。2 线制传感器两根线既是电源线又是信号线，和模拟量输入模块 EM AE04 对接，这里选择了 0 通道，将标有＋的一根线接到 24V＋上，标有-的一根线接到 0＋上，0－直接和电源线的 0V 对接即可；3 线制和 4 线制传感器电源线和信号线是分开的，标有①的接到 24V＋上，标有②的接到 0V 上，以上两根是电源线；对于 3 线制传感器信号线正③接到模块的 2＋上，信号负和电源负共用；对于 4 线制传感器信号线正③接到模块的 1＋上，信号负④接到模块 1－上。

5. 模拟量输入模块 EM AE04 组态模拟量输入

在编程软件中，先选中模拟量输入模块，再选中要设置的通道，模拟量的类型有电压和电流两种，电压范围有 3 种：±2.5V、±5V、±10V；电流范围只 1 种：0～20mA。

值得注意的是，通道 0 和通道 1 的类型相同；通道 2 和通道 3 的类型相同。组态模拟量输入具体设置如图 4-5 所示。

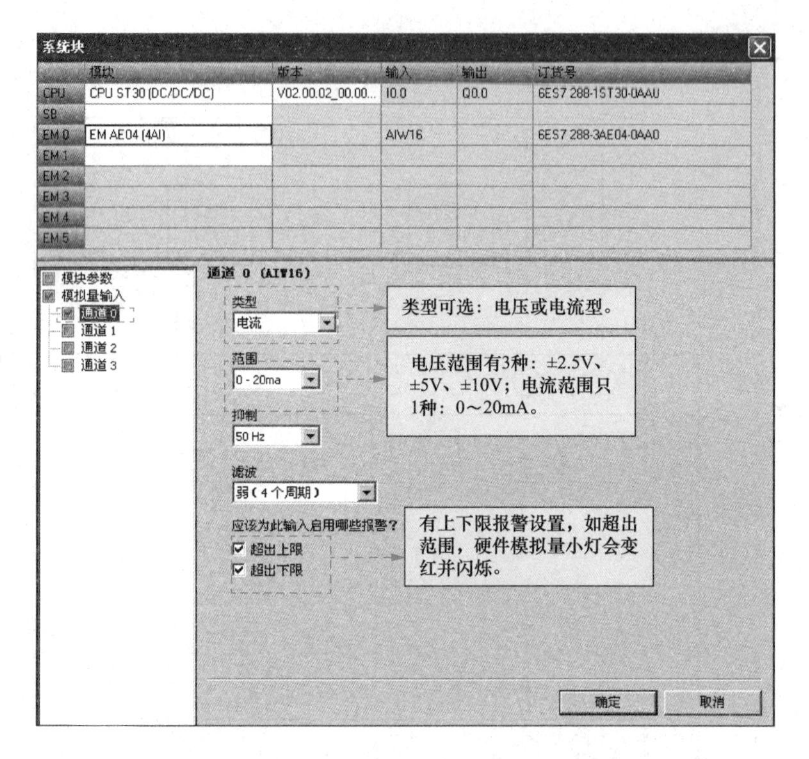

图 4-5 组态模拟量输入

编者有料

1. 模拟量输入模块接线应用案例抽象出来了实际工程中所有模拟量传感器与模拟量输入模块的对接方法，该例子读者应细细品味。

2. 典型的 2 线制模拟量传感器有压力变送器；常见的 3 线制模拟量传感器有温度传感器、光电传感器、红外线传感器和超声波传感器等；常见的 4 线制传感器有电磁流量计和磁滞位移传感器等。

4.2.2 模拟量输出模块

1. 概述

模拟量输出模块有 2 路模拟量输出 EM AQ02 和 4 路模拟量输出 EM AQ04 两种，其功能将模拟量输出映像寄存器 AQ 中的数字量转换为可用于驱动执行元件的模拟量。此模块有两种量程，分别为±10V 和 0～20mA，对应的数字量为－27648～＋27648 和 0～27648。

AQ 中的数据以字（1 个字 16 位）的形式存取，电压模式分辨率为 11 位加符号位；电流模式分辨率为 11 位。

通过查阅西门子 S7-200 SMART PLC 手册发现，模拟量输出模块 EM AQ02 和 EM AQ04 仅模拟量通道数量上有差异，其余性质不变。那么本节将以 2 路模拟量输出 EM AQ02 为例，对相关问题进行展开。

2. 技术指标

模拟量输出模块 EM AQ02 的技术参数见表 4-2。

表 4-2　　模拟量输出模块 EM AQ02 的技术参数

参数	数值
功耗	1.5W（空载）
电流消耗（SM 总线）	80mA
电流消耗（24VDC）	50mA（空载）
信号范围	电压输出：±10V； 电流输出：0～20mA
分辨率	电压模式：11 位+符号位； 电流模式：11 位
满量程范围	电压：－27648～＋27648； 电流：0～＋27648
精度（25℃/0～55℃）	满程的±0.5%/±1.0%
负载阻抗	电压：≥1000Ω；电流：≤500Ω
电缆长度（最大值）	100m，屏蔽双绞线

◆ 编者有料 ◆

1. 在 S7-200 SMART PLC 上市之初，仅有 2 路模拟量输出模块 EM AQ02，后来又陆续推出了 4 路模拟量输出模块 EM AE04，二者仅有模拟量通道数量上的差别，其余性质一致。

2. 随着 S7-200 SMART PLC 技术的更新，分辨率由原来的 10 位更新为现在的 11 位。

3. 模拟量输出模块 EM AQ02 端子与接线

模拟量输出模块 EM AQ02 的外形及接线图如图 4-6 所示。

模拟量输出模块需要 DC 24V 电源供电，可以外接开关电源，也可由来自 PLC 的传感器电源（L＋，M 之间 DC 24V）提供；在扩展模块及外围元件较多的情况下，不建议使用 PLC 的传感器电源供电，具体电源需要量计算，可查阅第一章的内容。

通道的两个端子直接对接到设备（伺服比例阀和调节阀等）的两端即可，通道的 0 接设备端子的正，通道的 0M 接到设备端子的负。

模拟量输出模块安装时，将其连接器插入 CPU 模块或其他扩展模块的插槽里。

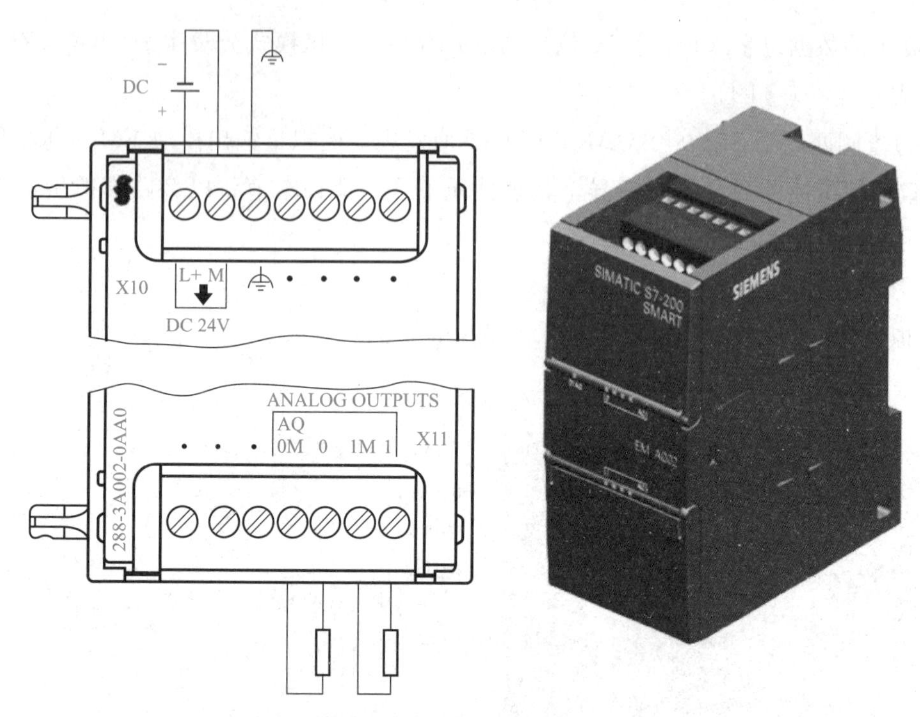

图 4-6　模拟量输出模块 EM AQ02 的外形及接线图

4. 模拟量输出模块 EM AQ02 组态模拟量输出

先选中模拟量输出模块，再选中要设置的通道，模拟量的类型有电压和电流两种，电压范围只有 1 种：±10V；电流范围也只有 1 种：0～20mA。组态模拟量输出具体设置如图 4-7 所示。

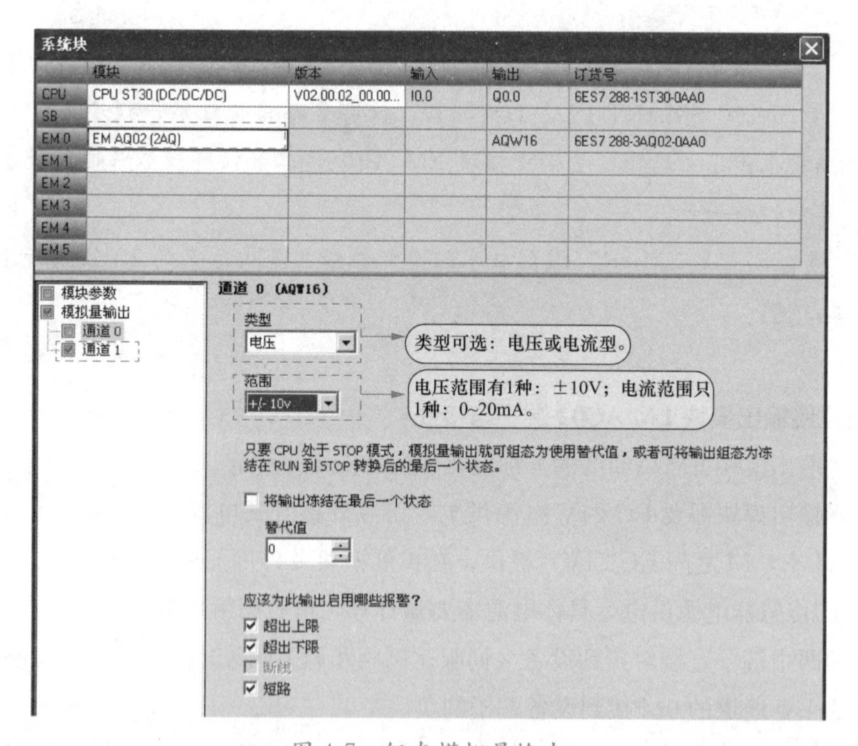

图 4-7　组态模拟量输出

4.2.3　模拟量输入/输出混合模块

1. 模拟量输入/输出混合模块

模拟量输入/输出混合模块有两种：①EM AM06，即 4 路模拟量输入和 2 路模拟量输出；②EM AM03，即 2 路模拟量输入和 1 路模拟量输出。

2. 模拟量输入/输出混合模块的接线

模拟量输入/输出混合模块 EM AM03 和 EM AM06 的接线如图 4-8 所示。

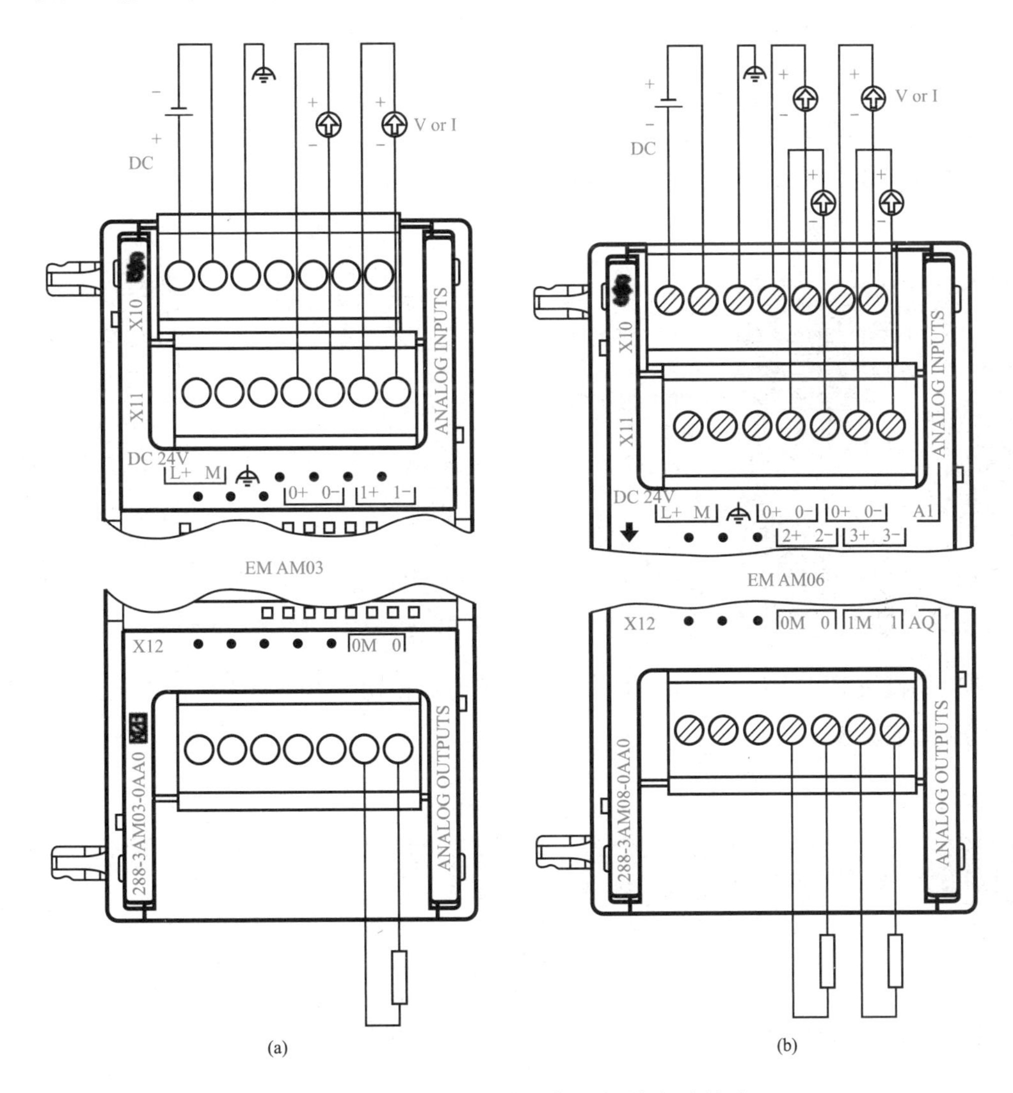

图 4-8　模拟量输入/输出混合模块的接线

(a) EM AM03；(b) EM AM06

模拟量输入/输出混合模块实际上是模拟量输入模块和模拟量输出模块的叠加，故技术参数上可以参考表 4-1 和表 4-2，组态模拟量输入/输出可以参考图 4-5 和图 4-7，这里不再赘述。

4.2.4 热电偶模块

热电偶模块 EM AT04 是热电偶专用热模块，可以连接多种热电偶（J、K、E、N、S、T、R、B、C、TXK 和 XK），还可以测量范围为±80mV 的低电平模拟量信号。组态时，温度测量类型可选择“热电偶”，也可以选择“电压”。选择“热电偶”时，内码（模拟量信号转化为数字量）与实际温度的对应关系是实际温度乘以 10 会得到内码；选择“电压”时，额定范围的满量程值将是 27648。

热电偶模块有冷端补偿电路，可以对测量数据进行修正，以补偿基准温度和模块温度差。

1. 热电偶模块 EM AT04 技术参数

热电偶模块 EM AT04 的技术参数见表 4-3。

表 4-3　　热电偶模块 EM AT04 技术参数

输入范围	热电偶类型：S、T、R、E、N、K、J；电压范围：±80mV
分辨率	温度：0.1℃/0.1℉ 电阻：15 位+符号位
导线长度	到传感器最长为 100m
电缆电阻	最大 100Ω
数据字格式	电压值测量：−27648～+27648
阻抗	≥10MΩ
最大耐压	±35VDC
重复性	±0.05%FS
冷端误差	±1.5℃
24V DC 电压范围	20.4～28.8V DC（开关电源，或来自 PLC 的传感器电源）

热电偶模块 EM AT04 的技术参数给出了热电偶模块 EM AT04 支持热电偶的类型，热电偶选型表见表 4-4。

表 4-4　　热电偶选型表

类型	低于范围最小值	额定范围下限	额定范围上限	超出范围最大值	25℃时的精度（℃）	−20～55℃时的精度（℃）
J	−210.0℃	−150.0℃	1200.0℃	1450.0℃	±0.3	±0.6
K	−270.0℃	−200.0℃	1372.0℃	1622.0℃	±0.4	±1.0
T	−270.0℃	−200.0℃	400.0℃	540.0℃	±0.5	±1.0
E	−270.0℃	−200.0℃	1000.0℃	1200.0℃	±0.3	±0.6
R&S	−50.0℃	100.0℃	1768.0℃	2019.0℃	±1.0	±2.5
B	0.0℃	200.0℃	800.0℃	—	±2.0	±2.5
	—	800.0℃	1820.0℃	1820.0℃	±1.0	±2.3
N	−270.0℃	−200℃	1300.0℃	1550.0℃	±1.0	±1.6
C	0.0℃	100.0℃	2315.0℃	2500.0℃	±0.7	±2.7
TXK/XK（L）	−200.0℃	−150.0℃	800.0℃	1050.0℃	±0.6	±1.2
电压	−32512	−27648 −80mV	27648 80mV	32511	±0.05	±0.1

2. 热电偶 EM AT04 的接线

热电偶 EM AT04 的接线如图 4-9 所示。

热电偶模块 EM AT04 需要 DC 24V 电源供电，可以外接开关电源，也可由来自 PLC 的传感器电源（L+，M 之间 DC 24V）提供；热电偶模块通过连接器与 CPU 模块或其他模块连接。热电偶接到相应的通道上即可。

3. 热电偶 EM AT04 组态

热电偶模块 EM AT04 组态如图 4-10 所示。

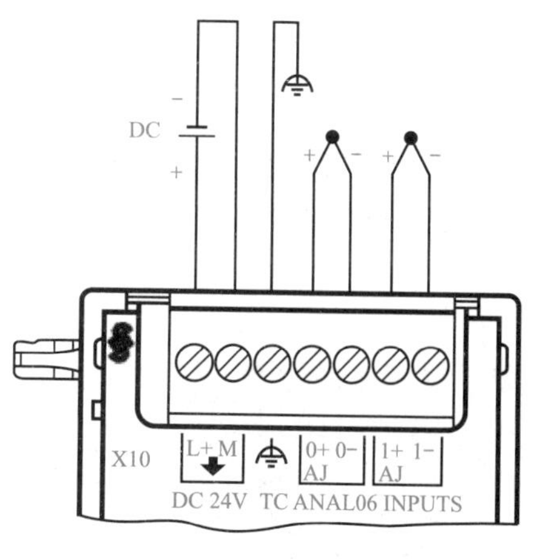

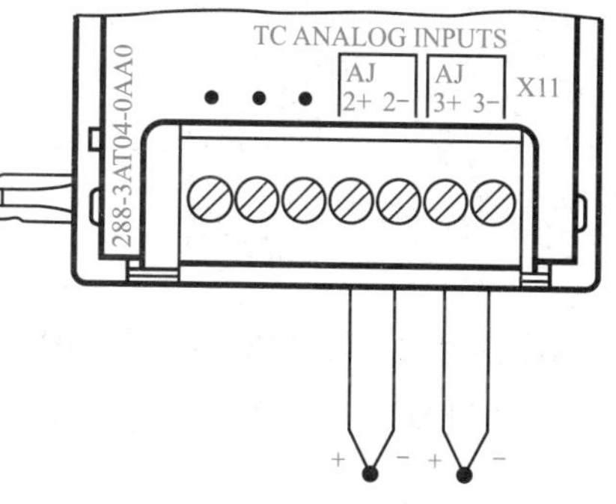

图 4-9　热电偶 EM AT04 的接线

4. 2. 5　热电阻模块

热电阻模块是热电阻专用热模块，可以连接 Pt、Cu、Ni 等热电阻，热电阻用于采集温度信号，热电阻模块则将采集来的温度信号转化为数字量。热电阻模块有两路输入热电阻模块 EM AR02 和四路输入热电阻模块 EM AR04 两种。热电阻模块的温度测量分辨率为 0.1℃/0.1F，电阻测量精度为 15 位加符号位。

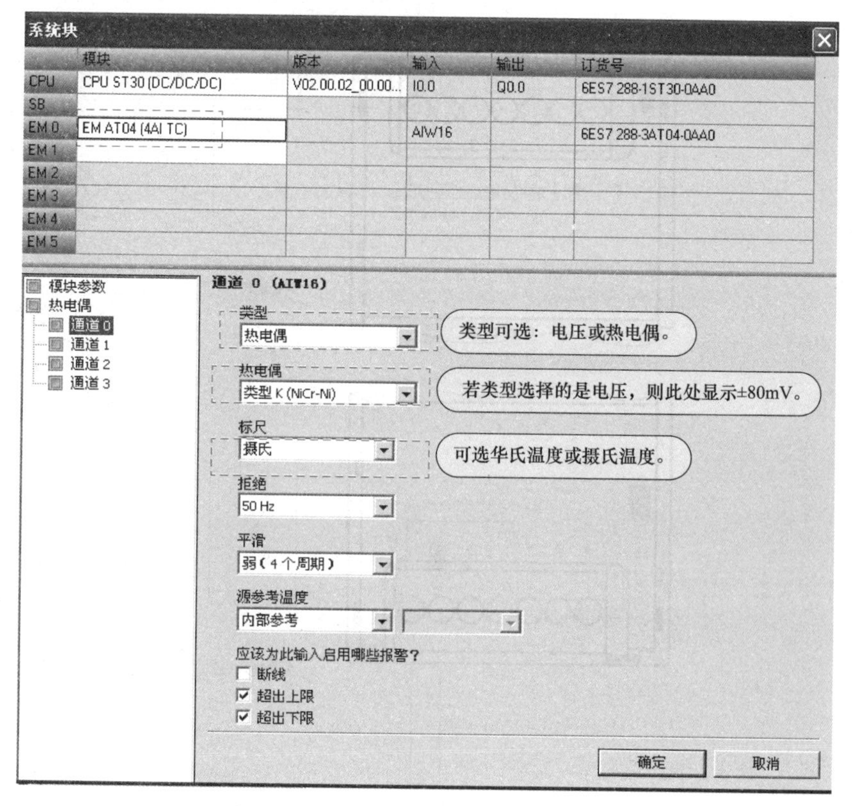

图 4-10　热电偶模块 EM AT04 组态

鉴于两路输入热电阻模块 EM AR02 和四路输入热电阻模块 EM AR04 只是输入通道上有差别，其余性质不变，故本节以两路输入热电阻模块 EM AR02 为例，对相关问题进行展开。

1. 热电阻模块 EM AR02 技术指标

热电组模块 EM AR02 的技术指标见表 4-5。

表 4-5　　　　热电阻模块 EM AR02 技术指标

输入范围	热电阻类型：Pt、Cu、Ni
分辨率	温度：0.1℃/0.1F； 电阻：15 位+符号位
导线长度	到传感器最长为 100m
电缆电阻	最大 20Ω，对于 Cu10，最大为 2.7Ω
阻抗	≥10MΩ
最大耐压	±35VDC
重复性	±0.05%FS
24V DC 电压范围	20.4～28.8V DC（开关电源，或来自 PLC 的传感器电源）

2. 热电阻 EM AR02 端子与接线

热电阻模块 EM AR02 的接线如图 4-11 所示。

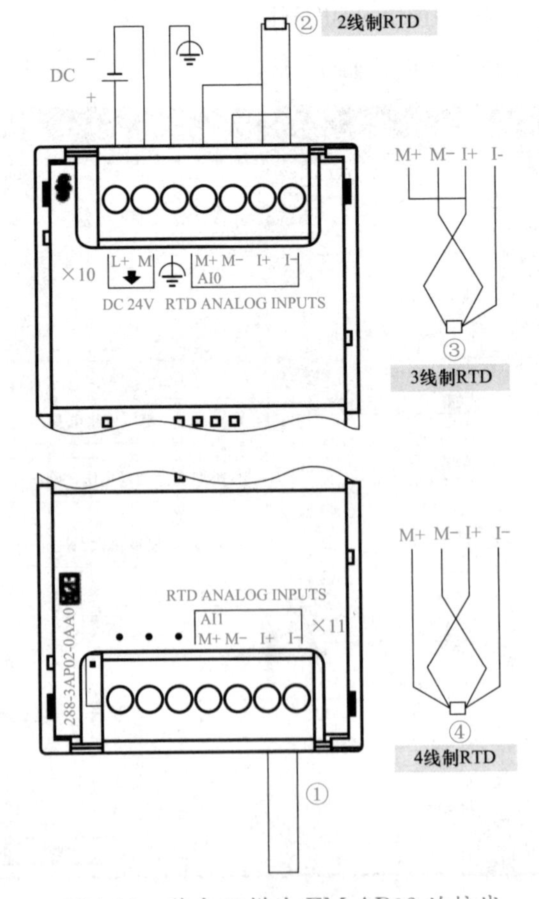

图 4-11　热电阻模块 EM AR02 的接线

热电阻模块 EM AR02 需要 DC 24V 电源供电，可以外接开关电源，也可由来自 PLC 的传感器电源（L+，M 之间 24V DC）提供；热电阻模块通过连接器与 CPU 模块或其他模块连接。热电阻因有 2、3 和 4 线制，故接法略有差异，图 4-11 中已给出了 2、3 和 4 线制的接法，其中以 4 线制接法精度最高。

3. 热电阻 EM AR02 组态

热电阻模块 EM AR02 组态如图 4-12 所示。

图 4-12　热电阻模块 EM AR02 组态

4.2.6　内码与实际物理量的转换

内码与实际物理量的转换问题属于实际物理量与模拟量模块内部数字量对应关系问题，转换时，应考虑变送器输出量程和模拟量输入模块的量程，找出被测量与 A/D 转换后的数字量之间的比例关系。

1. 压力变送器示例

某压力变送器量程为 0～10MPa，输出信号为 0～10V，模拟量输入模块 EM AE04 量程为－10～10V，转换后数字量范围为 0～27648，设转换后的数字量为 X，试编程求压力值。

（1）程序设计。首先要找到实际物理量与模拟量输入模块内部数字量比例关系。此例中，压力变送器的输出信号的量程 0～10V 恰好和模拟量输入模块 EM AE04 的量程一半 0～10V 一一对应，因此对应关系为正比例，实际物理量 0MPa 对应模拟量模块内部数字量 0，实际物理量 10MPa 对应模拟量模块内部数字量 27648，如图 4-13 所示。

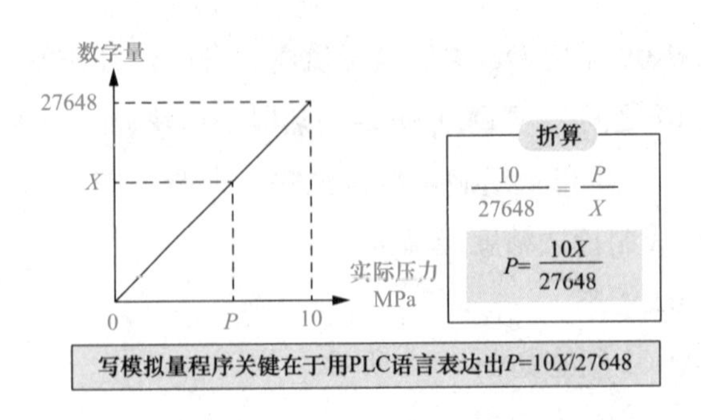

图 4-13 实际物理量与数字量的对应关系

(2) 程序编写。找到比例关系后，便可以进行模拟量程序的编写了，编写的关键在于用 PLC 语言表达出 $P=10X/27648$。压力变送器转换程序如图 4-14 所示。

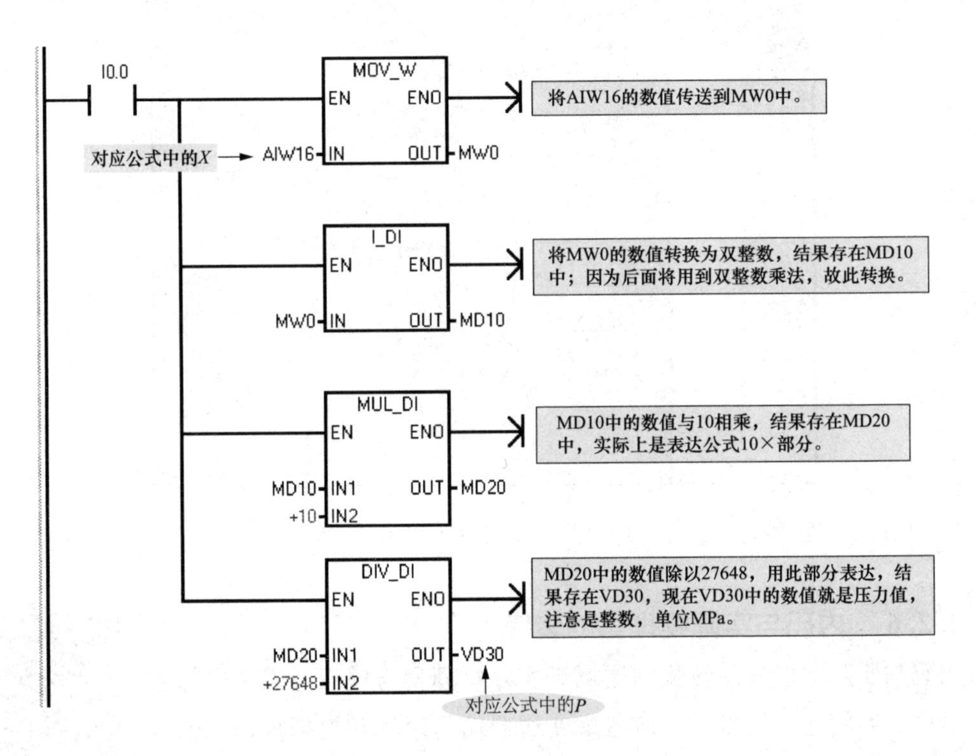

图 4-14 压力变送器转换程序

2. 温度变送器示例

某温度变送器量程为 0～100℃，输出信号为 4～20mA，模拟量输入模块 EM AE04 量程为 0～20mA，转换后数字量为 0～27648，设转换后的数字量为 X，试编程求温度值。

(1) 程序设计。首先要找到实际物理量与模拟量输入模块内部数字量比例关系。

此例中，温度变送器的输出信号的量程为 4～20mA，模拟量输入模块 EM AE04 的量程为 0～20mA，二者不完全对应，因此实际物理量 0℃对应模拟量模块内部数字量 5530，实际物理量 100℃对应模拟量模块内部数字量 27648，如图 4-15 所示。

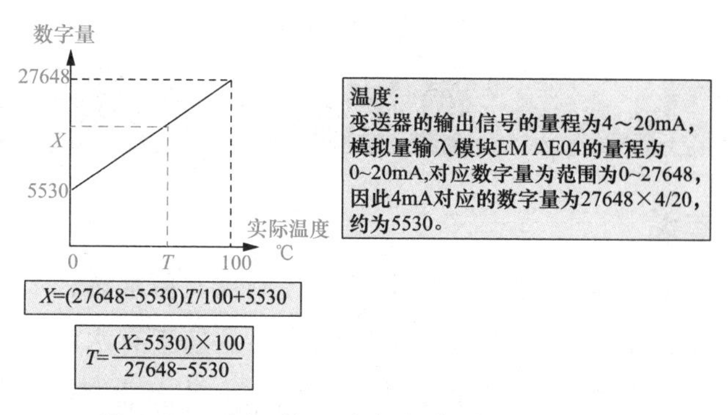

图 4-15　实际物理量与数字量的对应关系

（2）程序编写。找到比例关系后，便可以进行模拟量程序的编写了，编写的关键在于用 PLC 语言表达出 $P=100(X-5530)/(27648-5530)$，温度变送器转换程序如图 4-16 所示。

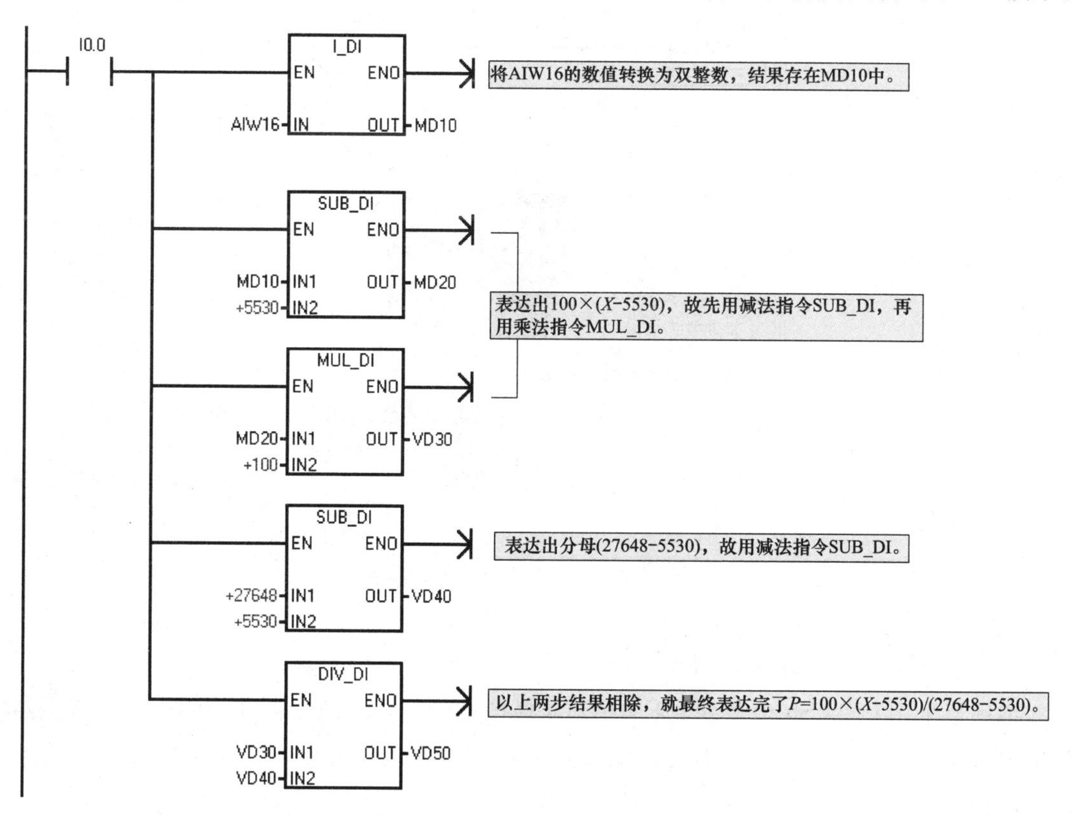

图 4-16　温度变送器转换程序

编者有料

1. 读者应细细品味以上两个例子的异同点，真正理解内码与实际物理量的对应关系，才是掌握模拟量编程的关键；一些初学者模拟量编程不会，原因就在这。

2. 用热电阻和热电偶模块采集温度时，实际温度＝内码/10，这点容易被读者忽略。

4.3 蓄水罐水位控制项目

4.3.1 控制要求

某蓄水装置示意图如图 4-17 所示。该装置由控制器、蓄水罐、水位传感器（模拟量的）和潜水泵组成，设计该装置的目的是使蓄水罐总是处于有水状态，供生产使用。当蓄水罐处于空的状态（即水位为 1m）时，按下控制箱上的启动按钮，潜水泵运行，将水井中的水抽至蓄水罐中。当水位到达 10m 时，潜水泵停止抽水。当水位再次为 1m 时，潜水泵重新启动为蓄水罐抽水，如此循环。

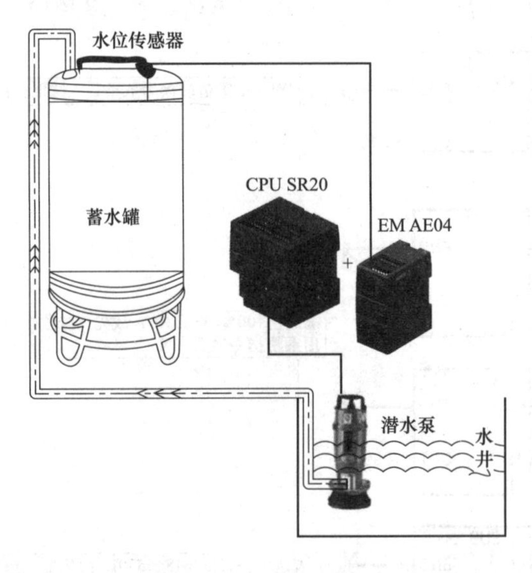

图 4-17 蓄水装置示意图

4.3.2 PLC 及相关元件选型

本项目采用 CPU SR20 模块＋EM AE04 模拟量输入模块进行自动控制；水位传感器为模拟量型，负责水位检测；潜水泵为执行元件，负责将水井中的水抽至蓄水罐。蓄水罐水位控制项目材料清单见表 4-6。

表 4-6 蓄水罐水位控制项目材料清单

序号	物料名称	型号	明细	数量	单位	厂家
1	微型断路器	A9F28310	380V，D10	1	个	施耐德
2	微型断路器	A9F28320	380V，C20	1	个	施耐德
3	中间继电器	HHC68A-L-2Z-24VDC	24V，10A，2 极	2	个	欣灵
4	中间继电器插座	PTF08A		2	个	欣灵
5	液位位开关	LMA50A	24V，1A，常开	2	个	翼尔
6	按钮	X2BA31C	绿色，常开	1	个	施耐德
7	按钮	XB2BA42C	红色，常闭	1	个	施耐德

续表

序号	物料名称	型号	明细	数量	单位	厂家
8	指示灯	XB2BVB4LC	24V，红色	1	个	施耐德
9	熔体	RT28N-32/4A	4A	2	个	正泰
10	熔体	RT28N-32/2A	2A	1	个	正泰
11	熔座	RT28N-32		3	个	正泰
12	接触器	LC1-D09BDC	24VDC，9A	1	个	施耐德
13	热继电器	LRD12C	整定范围：5.5～8A	1	个	施耐德
14	直流开关电源	EDR-150-24	150W，24VDC	1	个	明纬
15	电线	BVR-2.5mm²		10	m	艾克
16	电线	BVR-1.5mm²		20	m	艾克
17	电线	BVR-1.0mm²		40	m	艾克

4.3.3　硬件设计

蓄水罐水位控制系统电路图如图 4-18 所示。

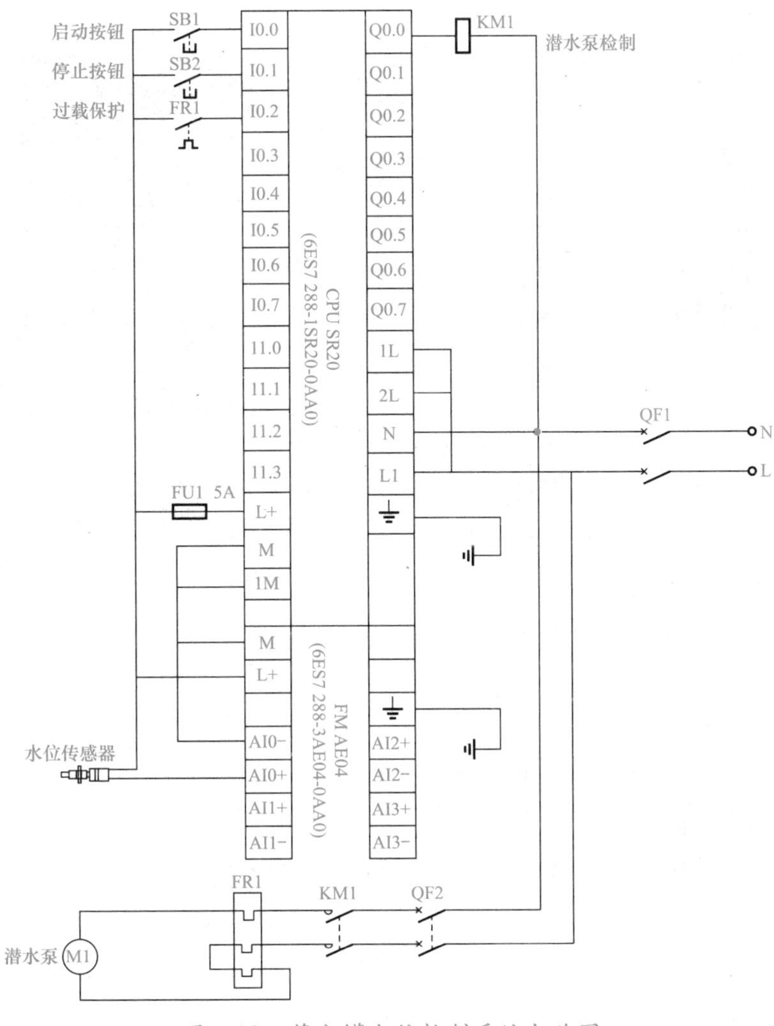

图 4-18　蓄水罐水位控制系统电路图

4.3.4 程序设计

1. I/O 分配

明确控制要求，确定 I/O 分配。蓄水罐水位控制 I/O 分配见表 4-7。

表 4-7 蓄水罐水位控制 I/O 分配

输入量		输出量	
启动按钮	I0.0	潜水泵	Q0.0
停止按钮	I0.1		
过载保护	I0.2		

2. 硬件组态

蓄水罐水位控制硬件组态如图 4-19 所示。

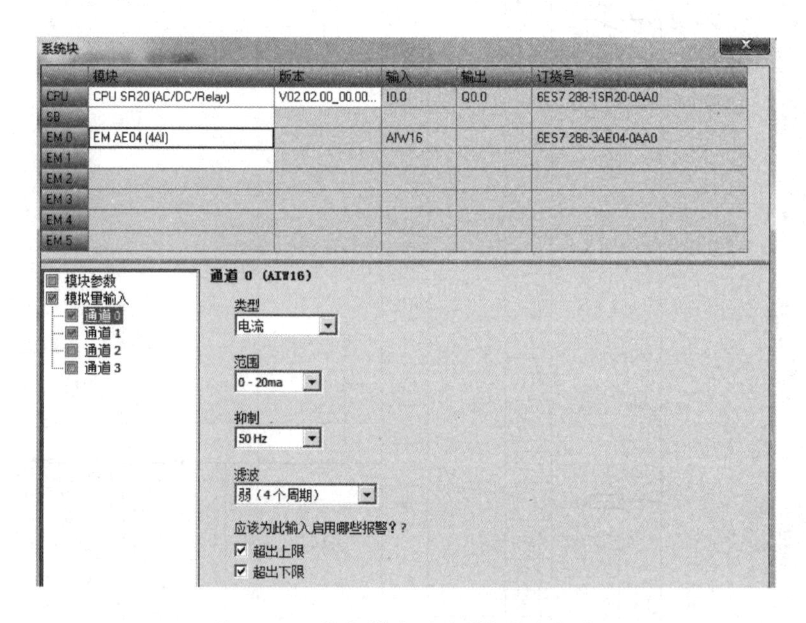

图 4-19 蓄水罐水位控制硬件组态

3. 梯形图程序

蓄水罐水位控制梯形图程序如图 4-20 所示。

4. 编程思路及程序解析

本程序主要分为潜水泵启停程序和水位信号采集程序两大部分。

(1) 潜水泵启停程序。潜水泵启动有两个条件：①启动按钮 I0.0；②水位小于 1m 信号（VD50<1）。二者为或的关系，所以并联；潜水泵启动后，当水位小于 10m（VD 50<10），潜水泵一直接通；当水位高于 10m，潜水泵停止工作。

(2) 水位信号采集程序的编写先将数据类型由字转换为双整数，这样做的目的是为

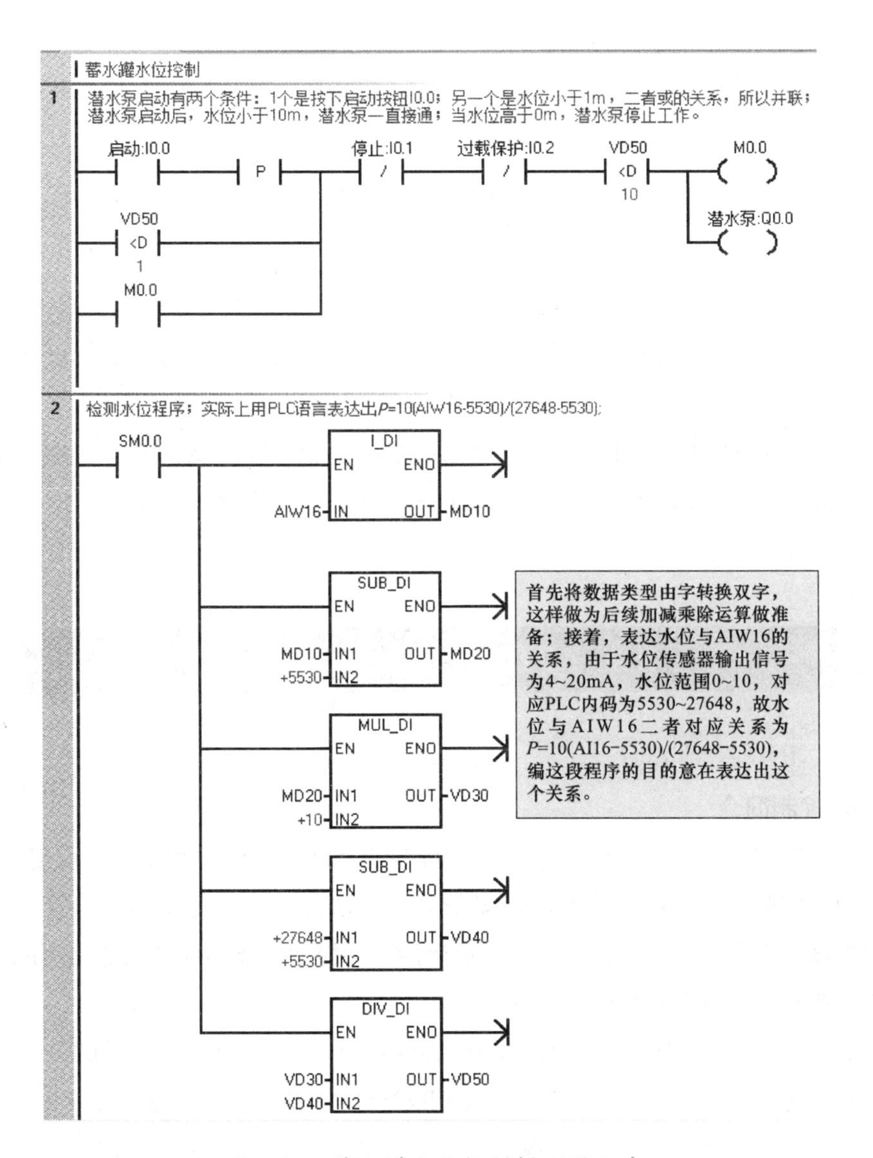

图 4-20　蓄水罐水位控制梯形图程序

后续的加减乘除运算做准备，防止数据运算时超出范围；接下来，找到实际水位与数字量转换之间的比例关系，是编写模拟量程序的关键，其比例关系为 $P=10(\text{AIW16}-5530)/(27648-5530)$。用 PLC 指令表达出水位 P 与 AIW16（现在的 AIW16 中的数值以双整数形式，存在 MD10 中）之间的关系，即 $P=10(\text{MD10}-5530)/(27648-5530)$，因此水位信号采集程序用 SUB-DI 指令表达出（MD10-5530），数据存放在 MD20 中，之后用 MUL-DI 指令表达出 MD20 乘以 10，得到的数据保持在 VD30 中，以上两步表达完了关系式的分子。用 SUB-DI 指令表达出（27648.0－5530.0）作关系式的分母。分子除以分母，用 DIV-DI 表达。这样，整个关系式 $P=10(\text{AIW16}-5530)/(27648-5530)$ 就表达完成了。

编者有料

模拟量编程的几个注意点：

1. 找到实际物理量与对应数字量的关系是编程的关键，之后 PLC 功能指令表达出这个关系即可。

2. 硬件组态输入输出地址编号是软件自动生成的，需严格遵照此编号，不可自己随便编号，否则编程会出现错误，如本例中，模拟量通道的地址就为 AIW16，而不是 AWI0。

3. S7-200 SMART PLC 编程软件比较智能，模拟量模块组态时有超出上限、超出下限及断线报警，若模拟量通道红灯不停闪烁，需考虑以上几点。

4.4 PID 控制及应用案例

4.4.1 PID 控制简介

1. PID 控制简介

PID 是闭环控制系统的比例－积分－微分控制算法。PID 控制器根据设定值（给定）与被控对象的实际值（反馈）的差值，按照 PID 算法计算出控制器的输出量，控制执行机构去影响被控对象的变化。PID 控制是负反馈闭环控制，能够抑制系统闭环内的各种因素所引起的扰动，使反馈跟随给定变化。

典型的 PID 算法包括比例项、积分项和微分项 3 个部分，即输出＝比例项＋积分项＋微分项。下面以离散系统的 PID 控制为例，对 PID 算法进行说明。离散系统的 PID 算法为

$$\mathrm{M}(n)=K_c\times[\mathrm{SP}(n)-\mathrm{pV}(n)]+K_c(T_s/T_i)\times[\mathrm{SP}(n)-\mathrm{pV}(n)]+\mathrm{M}(x)+K_c\times(T_d/T_s)\times[\mathrm{pV}(n-1)-\mathrm{pV}(n)]$$

其中，$\mathrm{M}(n)$ 为在采样时刻 n 计算出来的回路控制输出值；K_c 为回路增益；$\mathrm{SP}(n)$ 为在采样时刻 n 的给定值；$\mathrm{pV}(n)$ 为在采样时刻 n 的过程变量值；$\mathrm{pV}(n-1)$ 为在采样时刻 $n-1$ 的过程变量值；T_s 为采样时间；T_i 为积分时间常数；T_d 为微分时间常数，$\mathrm{M}(x)$ 为在采样时刻 $n-1$ 的积分项。

比例项 $K_c\times[\mathrm{SP}(n)-\mathrm{pV}(n)]$：将偏差信号按比例放大，提高控制灵敏度；积分项 $K_c(T_s/T_i)\times[\mathrm{SP}(n)-\mathrm{pV}(n)]+\mathrm{M}(x)$：积分控制对偏差信号进行积分处理，缓解比例放大量过大，引起的超调和振荡；微分项 $(T_d/T_s)\times[\mathrm{pV}(n-1)-\mathrm{pV}(n)]$ 对偏差信号进行微分处理，提高控制的迅速性。

根据具体项目的控制要求，在实际应用中，PID 控制有可能只用到其中的一部分，比如常用的是 PI（比例－积分）控制，这时没有微分控制部分。

2. PID 控制举例

炉温控制即采用 PID 控制方式，炉温控制系统示意图如图 4-21 所示。在炉温控制系统中，热电偶为温度检测元件，其信号传至变送器转换为标准电压或电流信号，标准信号再送至 A/D 模块，经 A/D 转换后的数字量与 CPU 设定值比较，二者的差值进行 PID 运算，将运算结果送给 D/A 模块，D/A 模块输出相应的电压或电流信号对电动阀进行控制，从而实现了温度的闭环控制。

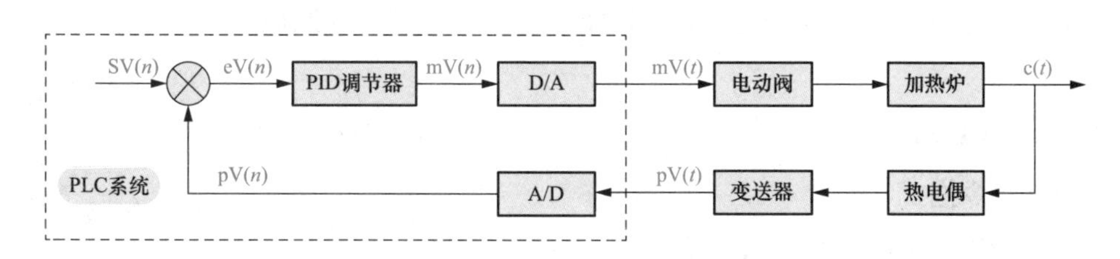

图 4-21　炉温控制系统示意图

图中 SV(*n*) 为给定量；pV(*n*) 为反馈量，此反馈量 A/D 已经转换为数字量了；mV(*t*) 为控制输出量；令 $\Delta X = SV(n) - pV(n)$，如果 $\Delta X > 0$，表明反馈量小于给定量，则控制器输出量 mV(*t*) 将增大，使电动阀开度变大，进入加热炉的天然气流量增大，进而炉温上升；如果 $\Delta X < 0$，表明反馈量大于给定量，则控制器输出量 mV(*t*) 将减小，使电动阀开度变小，进入加热炉的天然气流量变小，进而炉温降低；如果 $\Delta X = 0$，表明反馈量等于给定量，则控制器输出量 mV(*t*) 不变，电动阀开度不变，进入加热炉的天然气流量不变，进而炉温不变。

3. PID 算法在 S7-200 SMART 中的实现

S7-200 SMART 能够进行 PID 控制。S7-200 SMART CPU 最多可以支持 8 个 PID 控制回路（8 个 PID 指令功能块）。

PID 控制算法有几个关键的参数 K_c（Gain，增益），T_i（积分时间常数），T_d（微分时间常数），*T*s（采样时间）。

在 S7-200 SMART 中，PID 功能是通过 PID 指令功能块实现。通过定时（按照采样时间）执行 PID 功能块，按照 PID 运算规律，根据当时的给定、反馈、比例—积分—微分数据，计算出控制量。

PID 功能块通过一个 PID 回路表交换数据，这个表是在 V 数据存储区中的开辟，长度为 36 字节。因此每个 PID 功能块在调用时需要指定两个要素：PID 控制回路号，以及控制回路表的起始地址（以 VB 表示）。

由于 PID 可以控制温度、压力等许多对象，它们各自都是由工程量表示，因此有一种通用的数据表示方法才能被 PID 功能块识别。S7-200 SMART 中的 PID 功能使用占调节范围的百分比的方法抽象地表示被控对象的数值大小。在实际工程中，这个调节范围往往被认为与被控对象（反馈）的测量范围（量程）一致。

PID 功能块只接受 0.0～1.0 之间的实数（实际上就是百分比）作为反馈、给定与控制输出的有效数值，如果是直接使用 PID 功能块编程，必须保证数据在这个范围之内，否则会出错。其他如增益、采样时间、积分时间、微分时间都是实数。

因此，必须把外围实际的物理量与 PID 功能块需要的（或者输出的）数据进行转换。这就是所谓输入/输出的转换与标准化处理。

S7-200 SMART 的编程软件 Micro/WIN SMART 提供了 PID 指令向导，以方便地完成这些转换/标准化处理。除此之外，PID 指令也同时会被自动调用。

4.4.2 PID 指令

1. PID 指令格式

PID 指令格式如图 4-22 所示。

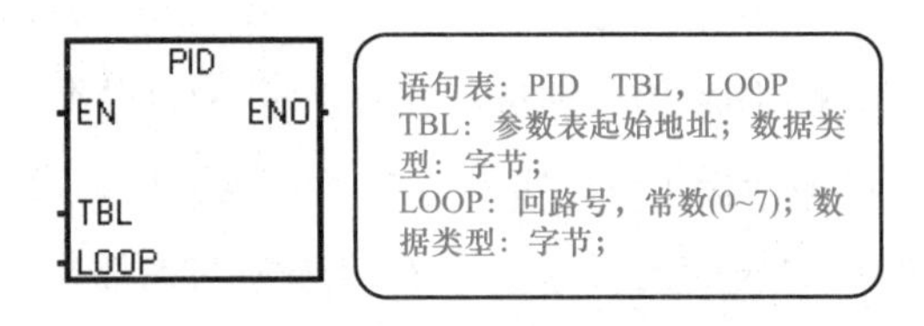

图 4-22 PID 指令格式

2. 指令功能解析

当使能端有效时，根据回路参数表（TAL）中的输入测量值、控制设定值及 PID 参数进行计算。

3. 说明

(1) 运行 PID 指令前，需要对 PID 控制回路参数进行设定，参数共 9 个，均为 32 位实数，共占 36 字节。PID 控制回路参数见表 4-8。

表 4-8 PID 控制回路参数表

地址（VD）	参数	数据格式	参数类型	说明
0	过程变量当前值 pV（n）	实数	输入	取值范围：0.0~1.0
4	给定值 SP（n）	实数	输入	取值范围：0.0~1.0
8	输出值 M（n）	实数	输入/输出	范围：0.0~1.0
12	增益 K_c	实数	输入	比例常数，可为正数可负数
16	采用时间 T_s	实数	输入	单位为 s，必须为正数
20	积分时间 T_i	实数	输入	单位为 min，必须为正数
24	微分时间 T_d	实数	输入	单位为 min，必须为正数
28	上次积分值 M（x）	实数	输入/输出	范围在 0.0~1.0 之间
32	上次过程变量 pV（n−1）	实数	输入/输出	最近一次 PID 运算值

(2) 程序中可使用 8 条 PID 指令，分别编号 0～7，不能重复使用。

(3) 使 ENO=0 的错误条件：0006（间接地址），SM1.1（溢出，参数表起始地址或指令中指定的 PID 回路指令号码操作数超出范围）。

4.4.3　PID 控制编程思路

1. PID 初始化参数设定

运行 PID 指令前，必须根据对 PID 控制回路参数表对初始化参数进行设定，一般需要给增益 K_c、采样时间 T_s、积分时间 T_i 和微分时间 T_d 这 4 个参数赋以相应的数值，数值以满足控制要求为目的。特别的，当不需要比例项时，将增益 K_c 设置为 0；当不需要积分项时，将积分参数 T_i 设置为无限大，即 9999.99；当不需要微分项时，将微分参数 T_d 设置为 0。

◆ 编者有料 ◆

能设置出合适的初始化参数，并不是一件简单的事，需要工程技术人员对控制系统极其熟悉。往往是多次调试，最后找到合适的初始化参数；第一次试运行参数时，一般将增益设置得小一点，积分时间不要太小，以保证不会出现较大的超调量。微分一般都设置为 0。

2. 输入量的转换和标准化

每个回路的给定值和过程变量都是实际的工程量，其大小、范围和单位不尽相同，在进行 PID 之前，必须将其转换成标准格式。

第一步：将 16 位整数转换为工程实数；可以参考 4.2 节内码与实际物理量的转换参考程序，这里不再赘述。

第二步：在第一步的基础上，将工程实数值转换为 0.0～1.0 之间的标准数值；往往是第一步得到的实际工程数值（如 VD30 等）比上其最大量程。

3. 编写 PID 指令

编写相应 PID 指令。

4. 将 PID 回路输出转换为成比例的整数

程序执行后，要将 PID 回路输出 0.0～1.0 之间的标准化实数值转换为 16 位整数值，方能驱动模拟量输出。转换方法：将 PID 回路输出 0.0～1.0 之间的标准化实数值乘以 27648.0 或 55296.0；若单极型乘以 27648.0，若双极型乘以 55296.0。

4.4.4　恒温控制

1. 控制要求

某加热炉需要恒温控制，温度应维持在 60℃。按下加热启动按钮，全温开启加热

（加热管受模拟量固态继电器控制，模拟量信号 0～10V），当加热到 80℃，开始进入 PID 模式，将温度维持在 60℃；当低于 40℃，全温加热；温度检测传感器为热电阻，经变送器转换输出信号为 4～20mA，对应温度 0～100℃，试编程。

2. 硬件组态

恒温控制硬件组态如图 4-23 所示。

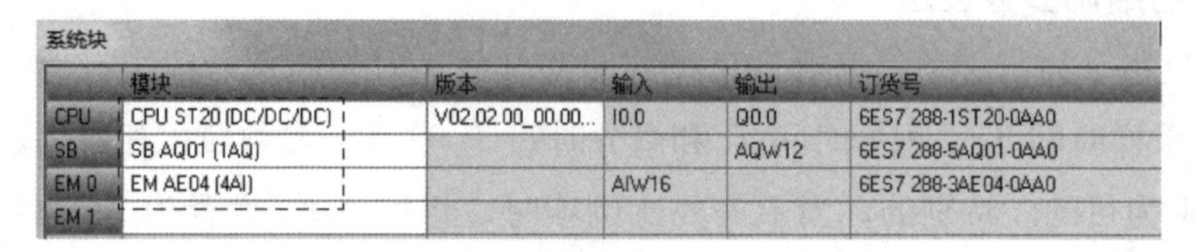
系统块

	模块	版本	输入	输出	订货号
CPU	CPU ST20 (DC/DC/DC)	V02.02.00_00.00...	I0.0	Q0.0	6ES7 288-1ST20-0AA0
SB	SB AQ01 (1AQ)			AQW12	6ES7 288-5AQ01-0AA0
EM 0	EM AE04 (4AI)		AIW16		6ES7 288-3AE04-0AA0
EM 1					

图 4-23 恒温控制硬件组态

3. 程序设计

恒温控制程序如图 4-24 所示。

本项目程序的编写主要考虑 3 方面，具体如下。

（1）全温启停控制程序的编写。全温启停控制比较简单，关键是找到启动和停止信号，启动信号一个是启动按钮所给的信号，另一个为当温度低于 40℃时，比较指令所给的信号，两个信号是或的关系，因此并联；停止信号为当温度为 80℃时，比较指令通过中间编程元件所给的信号。

（2）温度信号采集程序的编写。之前不止一次强调过，解决此问题的关键在于找到实际物理量温度与内码 AIW16 之间的比例关系。温度变送器的量程为 0～100℃，其输出信号为 4～20mA，EM AE04 模拟量输入通道的信号范围为 0～20mA，内码范围为 0～27648，故不难找出压力与内码的对应关系，对应关系为 P=100(AIW16−5530)/(2768−5530)=(AIW16−5530)/222，其中 P 为温度。因此温度信号采集程序编写实际上就是用 SUB-DI，DIV-DI 指令表达出上述这种关系，此时得到的结果为双字，再用 DI-R 指令将双字转换为实数，这样做有两点考虑，第一得到的温度为实数比较精确，第二此段程序恰好也是 PID 控制输入回路的转换程序，因此必须转换为实数。

（3）PID 控制程序的编写。恒温控制 PID 控制回路参数表见表 4-9。PID 控制程序的编写主要分为以下 4 步。

表 4-9　恒温控制 PID 控制回路参数表

地址（VD）	参数	数值	数据格式	参数类型
VD48	给定值	50.0/100.0=0.5	实数	输入
VD56	增益	3.0	实数	输入
VD60	采用时间	1.0	实数	输入
VD64	积分时间	10.0	实数	输入
VD68	微分时间	0.0	实数	输入

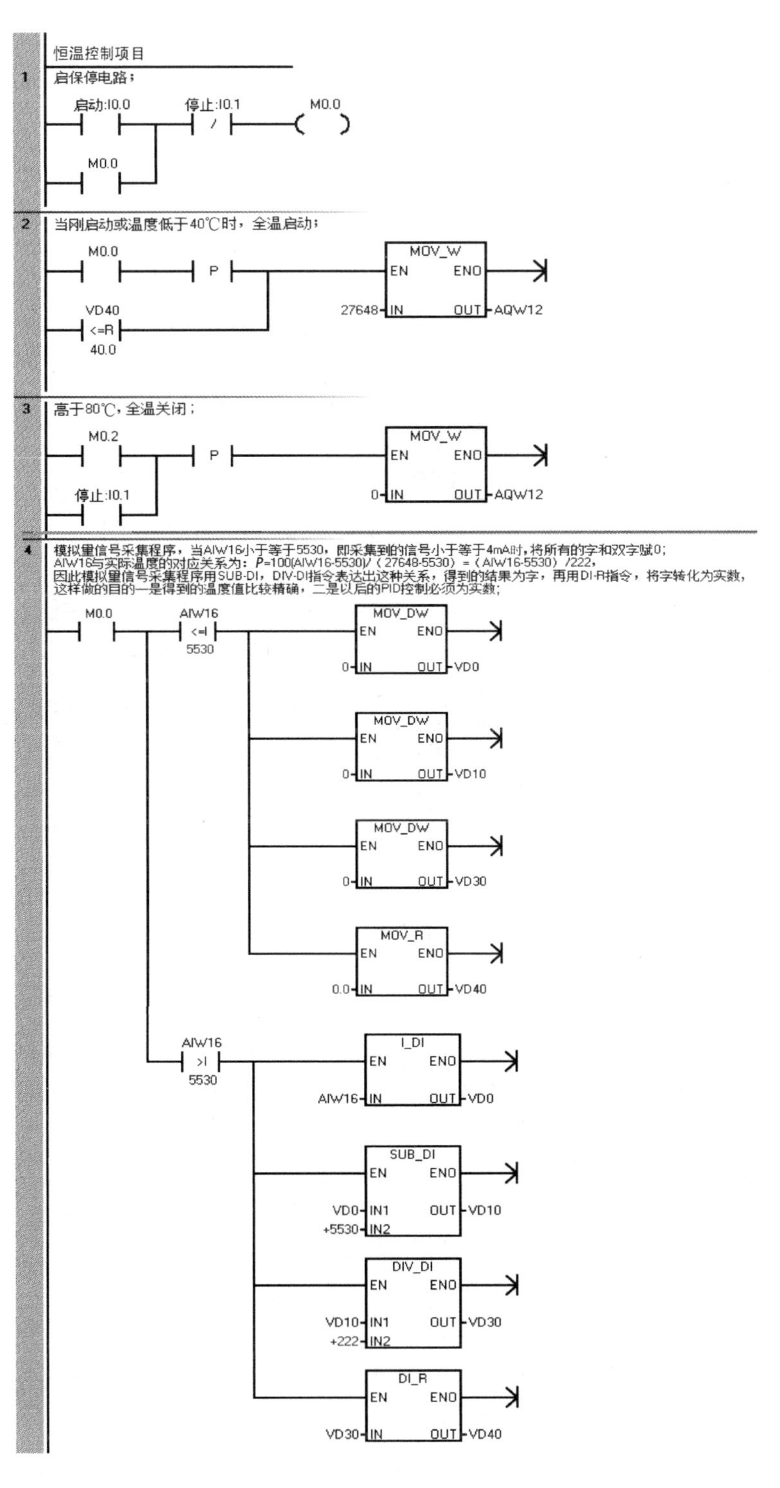

图 4-24　恒温控制程序（一）

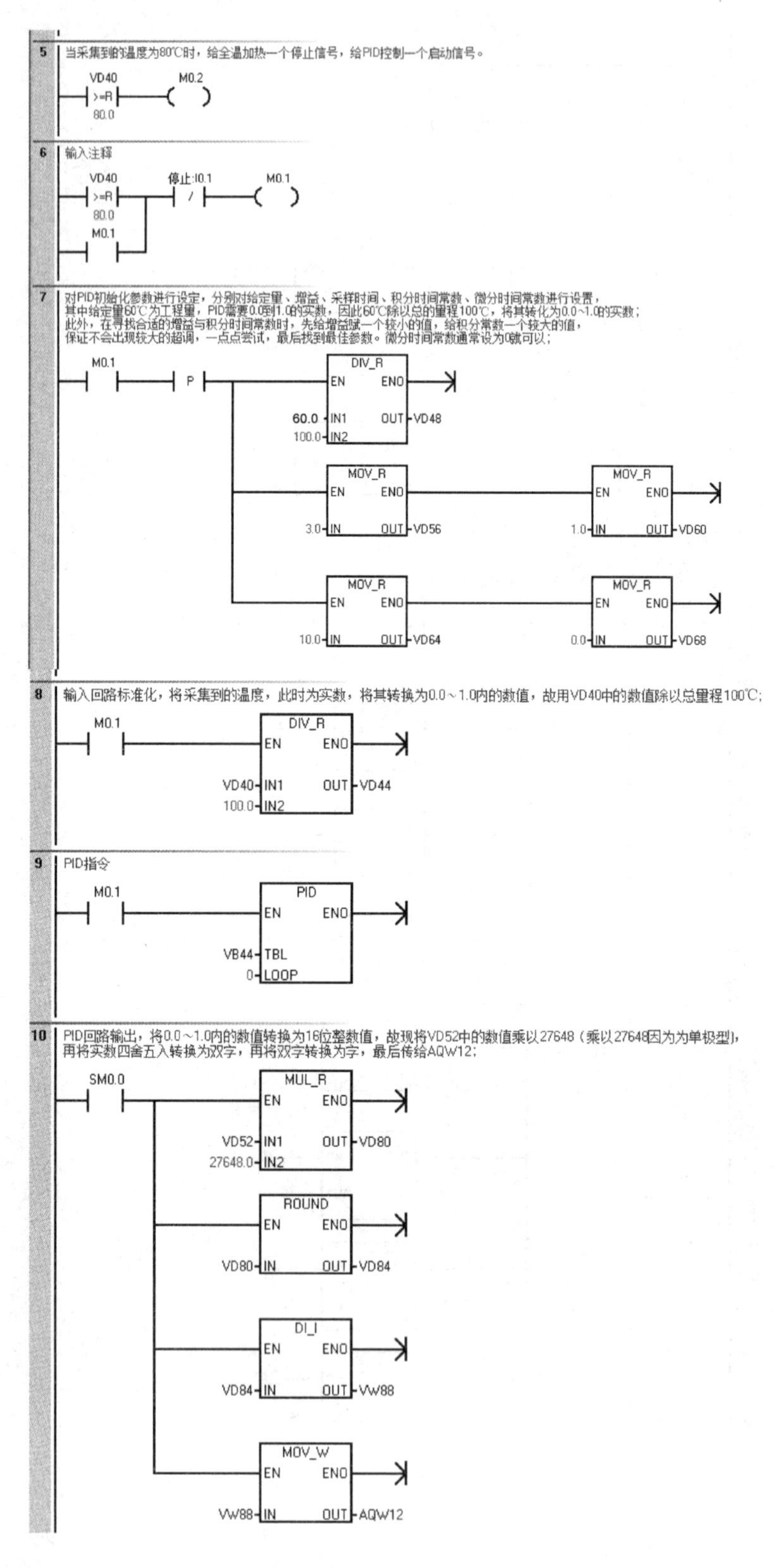

图 4-24　恒温控制程序（二）

1）PID 初始化参数设定。PID 初始化参数的设定，主要涉及给定值、增益、采样时间、积分时间常数和微分时间常数这 5 个参数的设定。给定值为 0.0～1.0 之间的数，其中温度恒为 60℃，60℃为工程量，需将工程量转换为 0.0～1.0 之间的数，故将实际温度 60℃比上量程 100℃，即 DIV-R 60.0，100.0。寻找合适的增益值和积分时间常数时，需将增益赋 1 个较小的数值，将积分时间常数赋 1 个较大的值，其目的为系统不会出现较大的超调量，多次试验，最后得出合理的结果；微分时间常数通常设置为 0。

2）输入量的转换及标准化。输入量的转换程序即温度信号采集程序，输入量的转换程序最后得到的结果为实数，需将此实数转换为 0.0～1.0 之间的标准数值，故将 VD40 中的实数比上 100℃，其中 100℃为满量程的数值。

3）编写 PID 指令。

4）将 PID 回路输出转换为成比例的整数；故 VD52 中的数先乘以 27648.0（为单极型），接下来将实数四舍五入转化为双字，再将双字转化为字送至 AQW12 中，从而完成了 PID 控制。

4.5　PID 向导及应用案例

STEP 7-Micro/WIN SMART 提供了 PID 指令向导，可以帮助用户方便地生成一个闭环控制过程的 PID 算法。此向导可以完成绝大多数 PID 运算的自动编程，用户只需在主程序中调用 PID 向导生成的子程序，就可以完成 PID 控制任务。

PID 向导既可以生成模拟量输出 PID 控制算法，也支持开关量输出；既支持连续自动调节，也支持手动参与控制。建议用户使用此向导对 PID 编程，以避免不必要的错误。

4.5.1　PID 向导编程步骤

1. 打开 PID 向导

方法 1：打开 STEP 7-Micro/WIN SMART 编程软件，在项目树中打开“向导”文件夹，然后双击 PID 。

方法 2：在 STEP 7-Micro/WIN SMART 编程软件的“工具”菜单中选择 PID 向导 PID 。

2. 定义需要配置的 PID 回路号

“PID 回路向导”对话框如图 4-25 所示，先选择要组态的回路，再单击“下一页”，最多可组态 8 个回路。

3. 给回路组态命名

可为回路组态自定义名称。此部分的默认名称是“Loop x”，其中“x”为回路编号，命名完毕后单击“下一页”如图 4-26 所示。

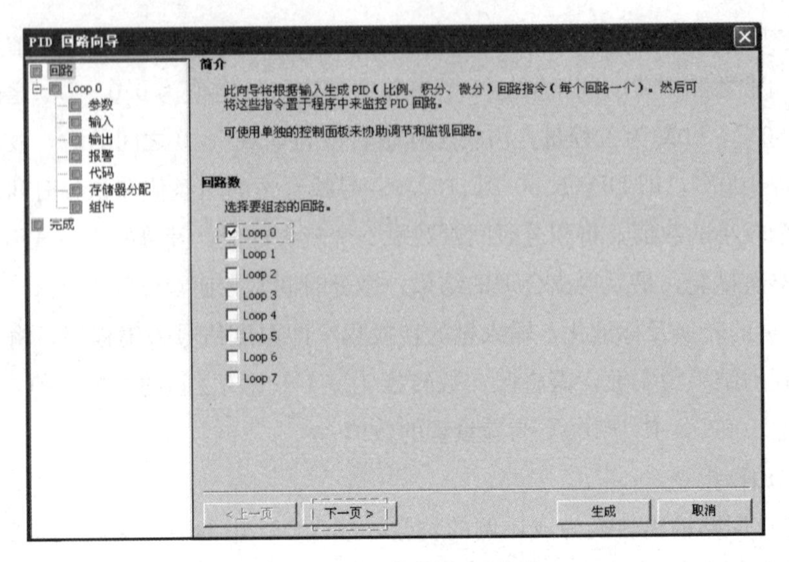

图 4-25　配置 PID 回路号

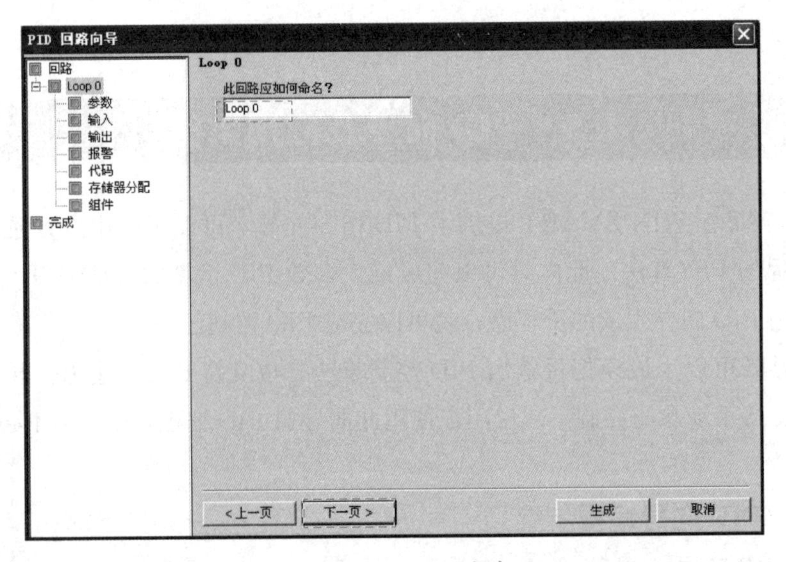

图 4-26　给回路组态命名

4. PID 回路参数设置

PID 回路参数设置如图 4-27 所示。PID 回路参数设置分为 4 个部分，分别为增益设置、采样时间设置、积分时间设置和微分时间设置。注意这些参数的数值均为实数。

(1) 增益。增益即比例常数，默认值为 1.00，本例设置为 2.0。

(2) 积分时间。如果不想要积分作用可以将该值设置很大（比如 10000.0）。积分时间的默认值为 10.00。

(3) 微分时间。如果不想要微分回路，可以把微分时间设为 0，微分时间的默认值为 0.00。

(4) 采样时间。采样时间是 PID 控制回路对反馈采样和重新计算输出值的时间间隔，默认值为 1.00。在向导完成后，若想要修改此数，则必须返回向导中修改，不可在程序中或状态表中修改。

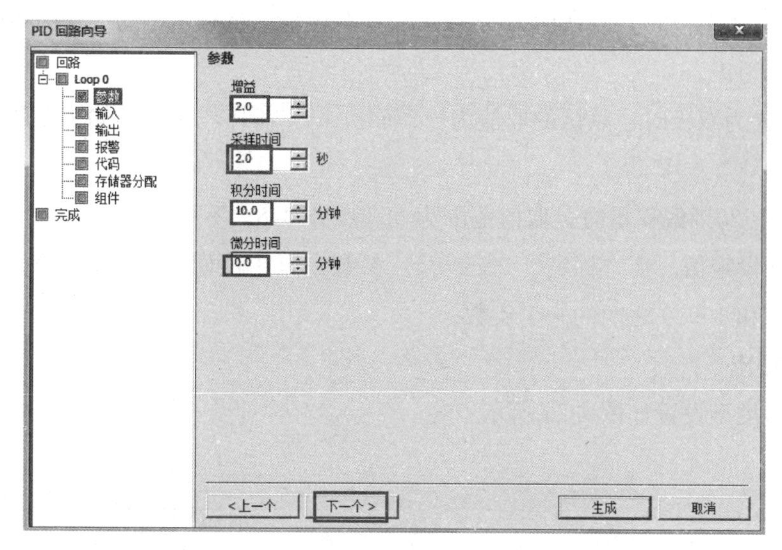

图 4-27　PID 回路参数设置

5. 输入回路过程变量设置

输入回路过程变量设置如图 4-28 所示。

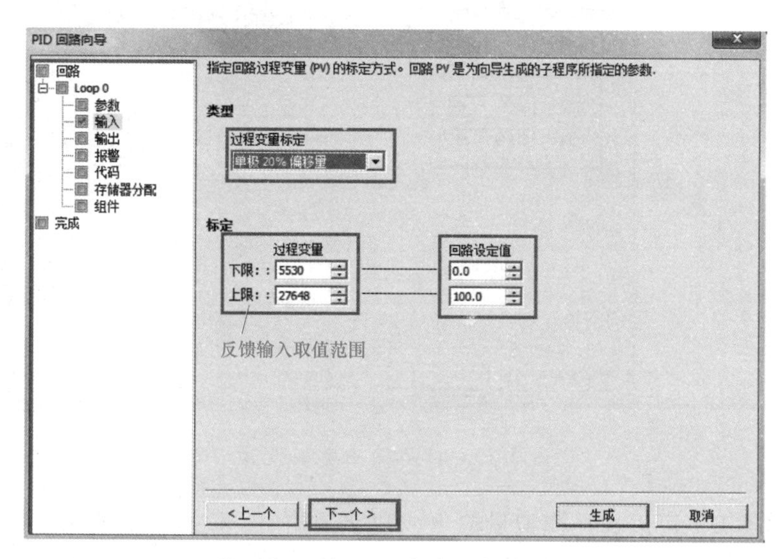

图 4-28　输入回路过程变量设置

(1) 过程变量标定。指定回路过程变量（PV）如何标定。可以从以下选项中选择。

1）单极性：即输入的信号为正，如 0～10V 或 0～20mA 等。

2）双极性：输入信号在从负到正的范围内变化。如输入信号为±10V、±5V 等时选用。

3）选用 20%偏移：如果输入为 4～20mA 则选单极性及此项，4mA 是 0～20mA 信号的 20%，所以选 20%偏移，即 4mA 对应 5530，20mA 对应 27648。

4）温度×10℃。

5）温度×10℉。

（2）反馈输入取值范围。

1）当设置为单极时，默认值为 0～27648，对应输入量程范围为 0～10V 或 0～20mA 等，输入信号为正。

2）当设置为双极时，默认的取值为－27648～＋27648，对应的输入范围根据量程不同可以是±10V、±5V 等。

3）当选中 20％偏移量时，取值范围为 5530～27648，不可改变。

（3）回路设定值。在“标定”（Scaling）参数中，指定回路设定值（SP）如何标定。默认值是 0.0 和 100.0 之间的一个实数。

6. 回路输出

回路输出类型设置如图 4-29 所示。

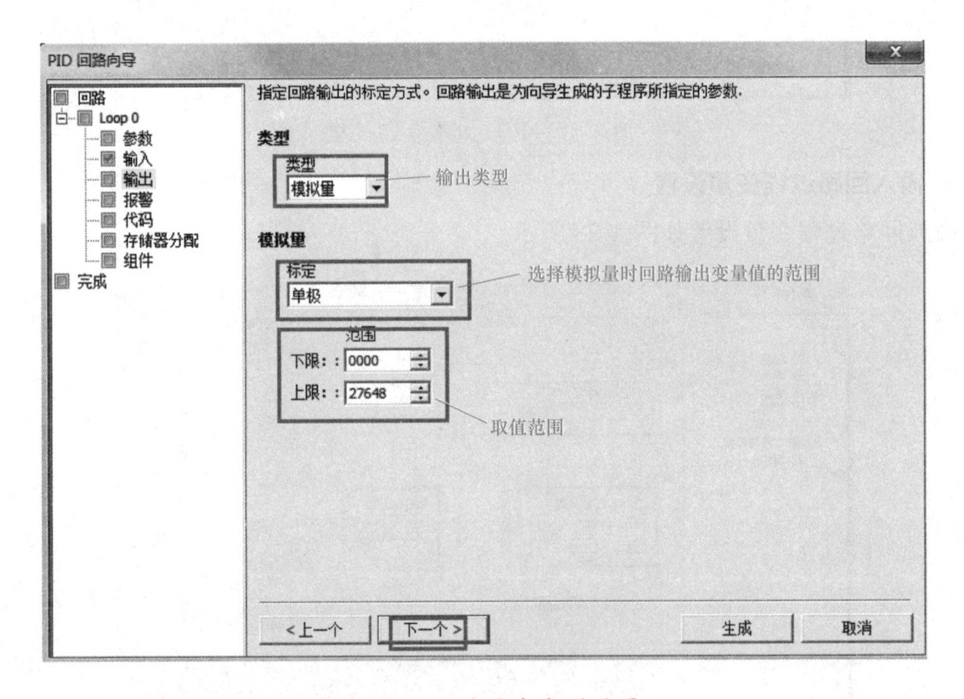

图 4-29　回路输出类型设置

（1）输出类型。可以选择模拟量输出或数字量输出。模拟量输出用来控制一些需要模拟量给定的设备，如比例阀、变频器等；数字量输出实际上是控制输出点的通、断状态按照一定的占空比变化，可以控制固态继电器等。

（2）选择模拟量则需设定回路输出变量值的范围，有下列选择。

1）单极：单极性输出，可为 0～10V 或 0～20mA 等。

2）双极：双极性输出，可为±10V 或±5V 等。

3）单极 20％偏移量：如果选中 20％偏移，则输出为 4～20mA。

（3）选择模拟量时的取值范围。

1）为单极时，默认值为 0～27648。

2）为双极时，取值－27648～27648。

3）为 20％偏移量时，取值 5530～27648，不可改变。

（4）如果选择了“数字量”输出，需要设定循环时间，如图 4-30 所示。

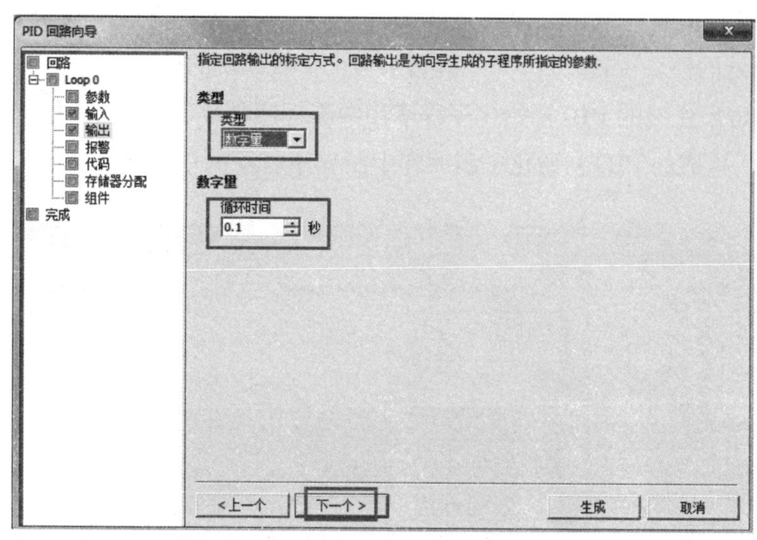

图 4-30　数字量输出类型及循环时间设置

7. 回路报警选项设置

回路报警选项设置如图 4-31 所示。

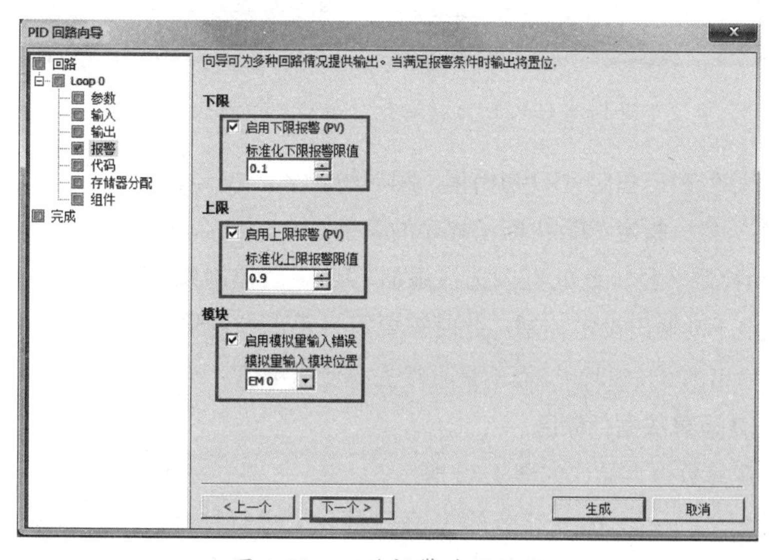

图 4-31　回路报警选项设置

向导提供了 3 个输出来反映过程值（PV）的低值报警、高值报警及过程值模拟量模块错误状态。当报警条件满足时，输出置位为 1。这些功能在选中了相应的选择框之后起作用。

（1）启用下限报警（PV）。使能低值报警并设定过程值（PV）报警的低值，此值为过程值的百分数，默认值为 0.10，即报警的低值为过程值的 10％。此值最低可设为 0.01，即满量程的 1％。

(2) 启用上限报警（PV）。使能高值报警并设定过程值（PV）报警的高值，此值为过程值的百分数，默认值为 0.90，即报警的高值为过程值的 90%。此值最高可设为 1.00，即满量程的 100%。

(3) 启用模拟量输入错误。使能过程值（PV）模拟量模块错误报警并设定模块于 CPU 连接时所处的模块位置。“EM0”就是第一个扩展模块的位置。

8. 定义向导所生成的 PID 初始化子程序和中断程序名及手/自动模式

定义向导所生成的 PID 初始化子程序和中断程序名及手/自动模式如图 4-32 所示。

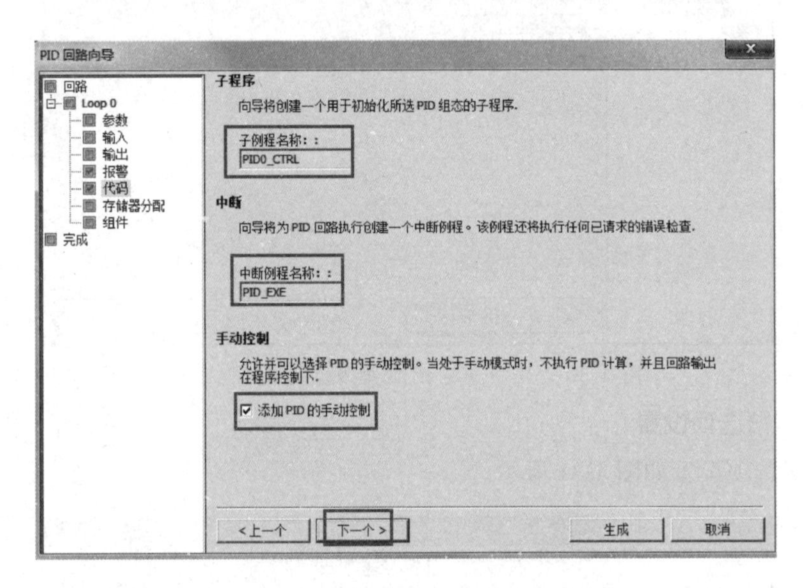

图 4-32　定义向导所生成的 PID 初始化子程序和中断程序名及手/自动模式

(1) “子程序”栏。指定 PID 初始化子程序的名字。

(2) “中断”栏。指定 PID 中断子程序的名字。

(3) “手动控制”栏。此处可以选择添加 PID 手动控制模式。在 PID 手动控制模式下，回路输出由手动输出设定控制，此时需要写入手动控制输出参数，即一个 0.0～1.0 的实数，代表输出的 0%～100%而不是直接去改变输出值。

9. 指定 PID 运算数据存储区

指定 PID 运算数据存储区如图 4-33 所示。

PID 指令使用了一个 120 个字节的 V 区参数表来进行控制回路的运算工作；除此之外，PID 向导生成的输入/输出量的标准化程序也需要运算数据存储区。需要为它们定义一个起始地址，要保证该地址起始的若干字节在程序的其他地方没有被重复使用。如果单击“建议”，则向导将自动设定当前程序中没有用过的 V 区地址。

10. 生成 PID 子程序、中断程序及符号表等

生成 PID 子程序、中断程序及符号表等如图 4-34 所示。单击完成按钮，将在项目中生成上述 PID 子程序、中断程序及符号表等。

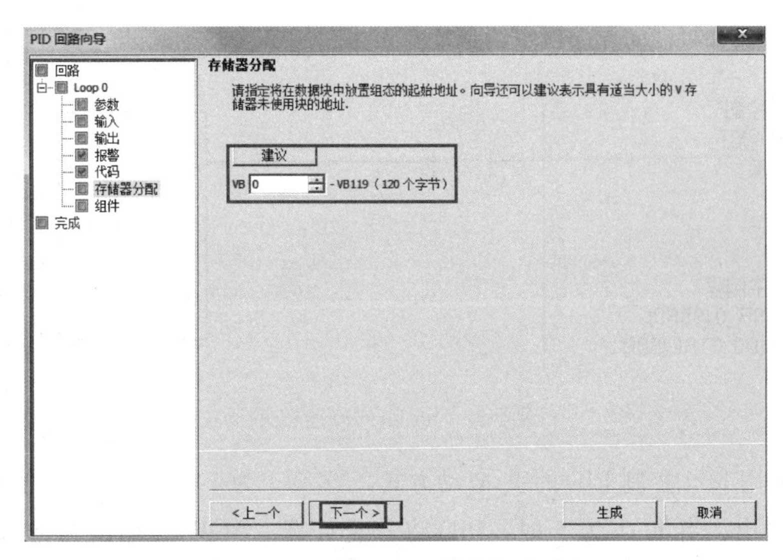

图 4-33　指定 PID 运算数据存储区

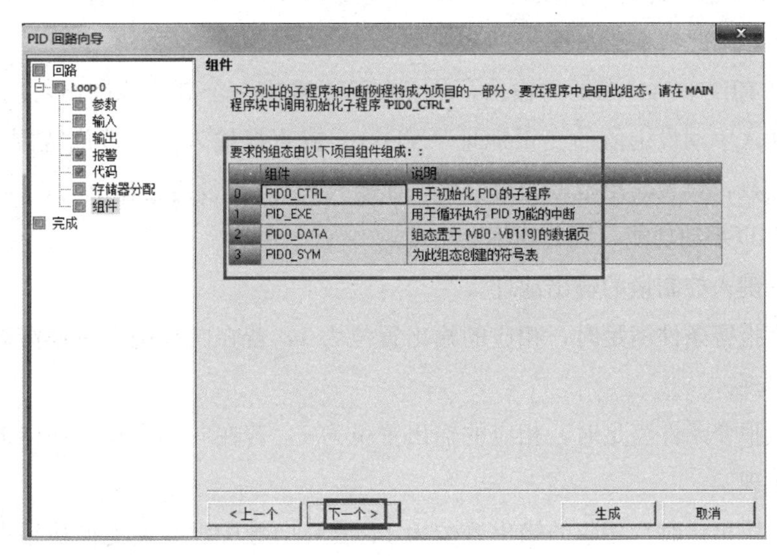

图 4-34　生成 PID 子程序、中断程序及符号表等

11. 调用 PID 子程序

配置完 PID 向导，需要在程序中调用向导生成的 PID 子程序，在用户程序中调用 PID 子程序时，可在指令树的程序块中双击由向导生成的 PID 子程序，如图 4-35 所示。

(1) 必须用 SM0.0 来使能 PIDx_CTRL 子程序，SM0.0 后不能串联任何其他条件，而且也不能有越过它的跳转；如果在子程序中调用 PIDx_CTRL 子程序，则调用它的子程序也必须仅使用 SM0.0 调用，以保证它的正常运行。

(2) 此处输入过程值（反馈）的模拟量输入地址。

(3) 此处输入设定值变量地址（VDxx），或者直接输入设定值常数，根据向导中的设定 0.0～100.0，此处应输入一个 0.0～100.0 的实数，如输入 20，即为过程值的 20%，假设过程值 AIW16 是量程为 0～200℃ 的温度值，则此处的设定值 20 代表 40℃（即

200℃的 20%）；如果在向导中设定给定范围为 0.0～100.0，则此处的 20 相当于 20℃。

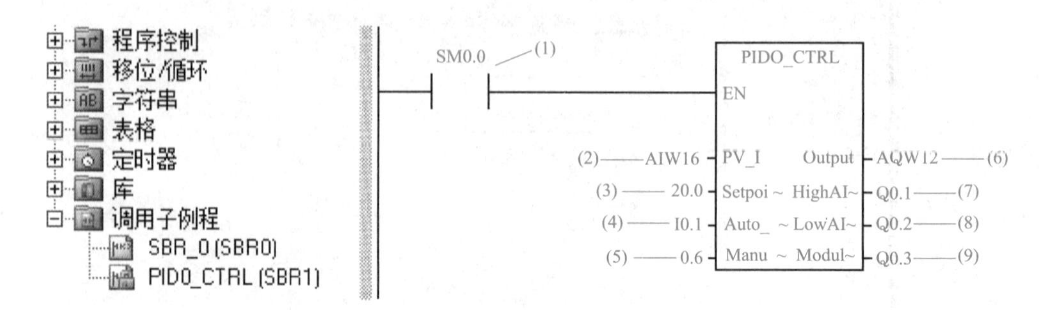

图 4-35　调用 PID 子程序

（4）此处用 I0.1 控制 PID 的手/自动方式，当 I0.1 为 1 时，为自动，经过 PID 运算从 AQW12 输出；当 I0.1 为 0 时，PID 将停止计算，AQW12 输出为 Manual Output（VD4）中的设定值，此时不需要另外编程或直接给 AQW12 赋值。若在向导中没有选择 PID 手动功能，则此项不会出现。

（5）定义 PID 手动状态下的输出，从 AQW12 输出一个满值范围内对应此值的输出量。此处可输入手动设定值的变量地址（VDxx）或直接输入数。数值范围为 0.0～1.0 之间的一个实数，代表输出范围的百分比。如输入 0.5，则设定为输出的 50%。若在向导中没有选择 PID 手动功能，则此项不会出现。

（6）此处键入控制量的输出地址。

（7）当高报警条件满足时，相应的输出置位为 1，若在向导中没有使能高报警功能，则此项不会出现。

（8）当低报警条件满足时，相应的输出置位为 1，若在向导中没有使能低报警功能，则此项不会出现。

（9）当模块出错时，相应的输出置位为 1，若在向导中没有使能模块错误报警功能，则此项不会出现。

4.5.2　恒温控制

1. 控制要求

本例与 4.4.4 案例的控制要求、硬件组态完全一致，将程序换由 PID 向导来编写。

2. 程序设计

（1）PID 向导生成。本例的 PID 向导生成可参考 4.5.1PID 向导生成步骤，其中第 4 步设置回路参数增益改成 3.0，第 7 步设置回路报警全不勾选，第 8 步定义向导所生成的 PID 初始化子程序和中断程序名及手/自动模式中手动控制不勾选，第 9 步指定 PID 运算数据存储区 VB44，其余与 4.5.1 PID 向导生成步骤所给图片一致，故这里不再赘述。

（2）程序结果。恒温控制程序（PID 向导）如图 4-36 所示。

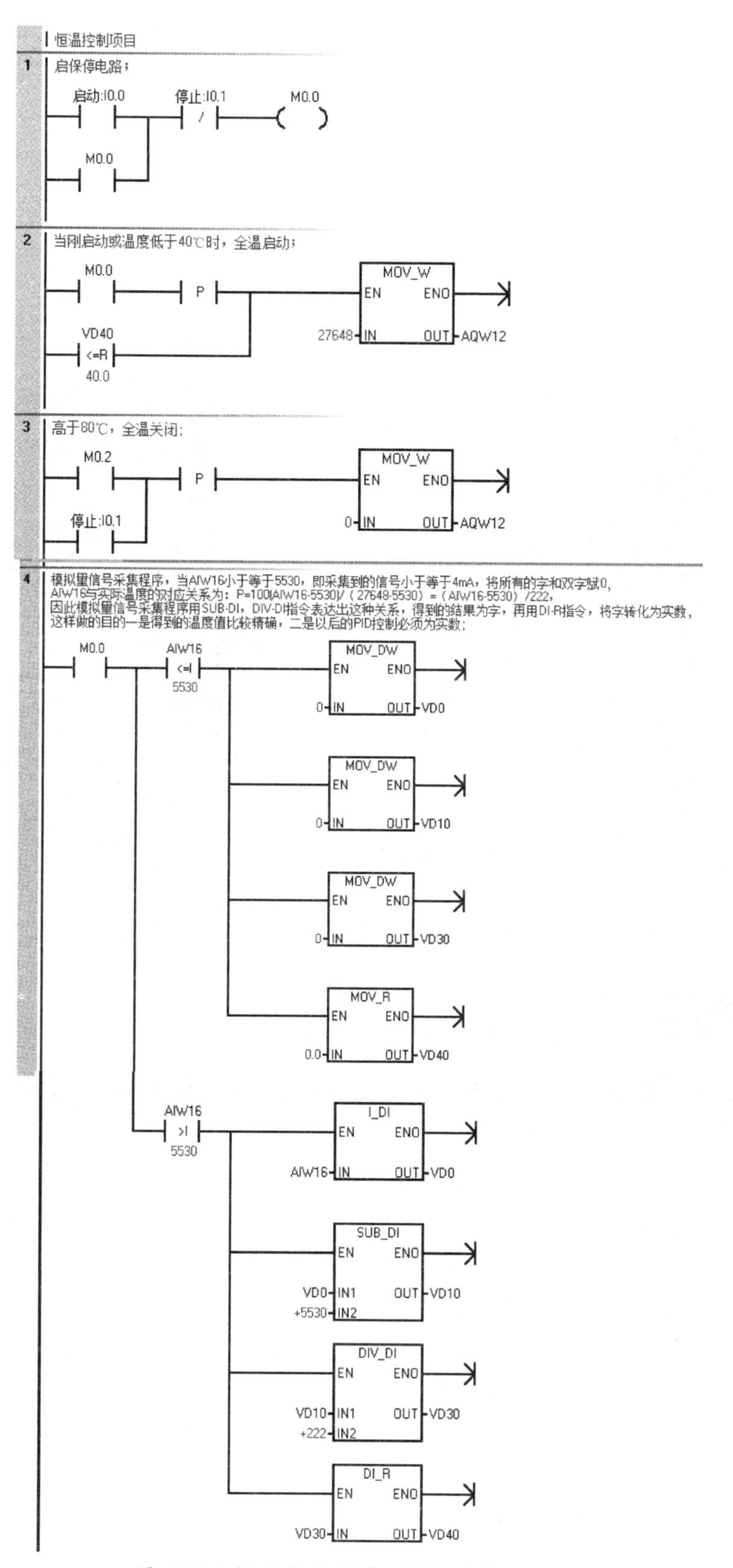

图 4-36　恒温控制程序（PID 向导）（一）

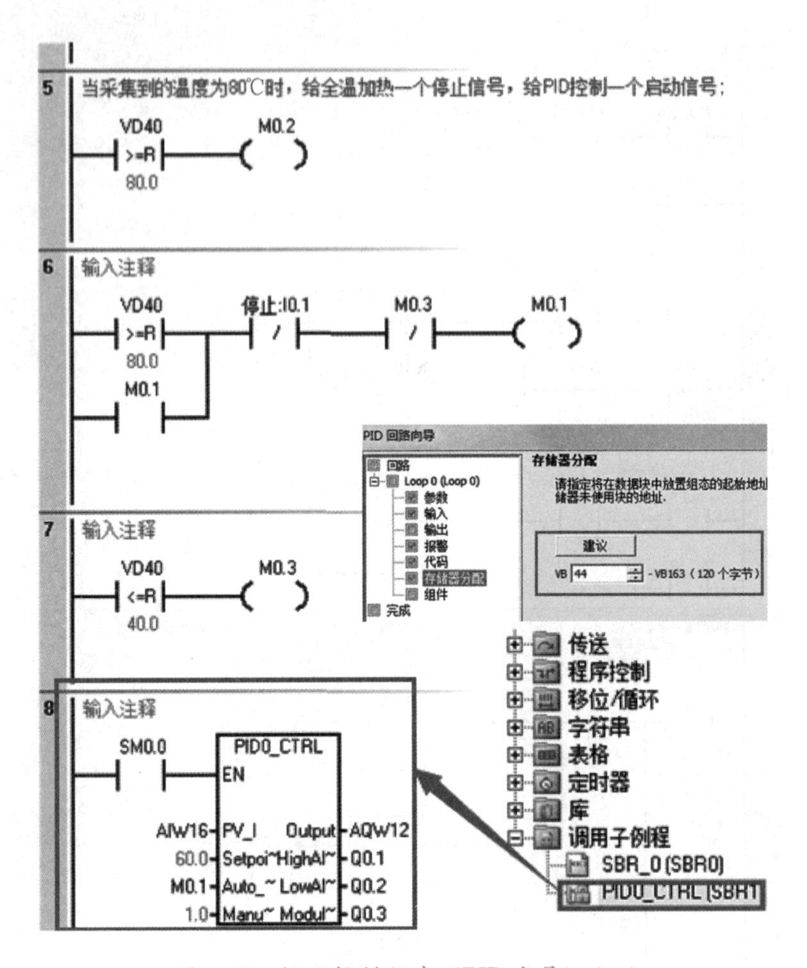

图 4-36　恒温控制程序（PID 向导）（二）

编者有料

使用 PID 向导时，千万要注意存储器地址的分配，否则程序会出错。

第5章 S7-200 SMART PLC 运动量控制程序的开发

本章要点

- 步进电机与步进电机驱动器
- 运动控制相关指令及向导
- 步进电机控制应用案例

5.1 步进电机及步进电机驱动器

5.1.1 步进电机

1. 简介

步进电机是一种将电脉冲转换成角位移的执行机构，是专门用于精确调速和定位的特种电机。每输入一个脉冲，步进电机就会转过一个固定的角度或者说前进一步。改变脉冲的数量和频率可以控制步进电机角位移的大小和旋转速度。步进电机的外形如图 5-1 所示。

图 5-1 步进电机的外形

2. 工作原理

(1) 单三拍控制步进电机的工作原理。单三拍控制中的“单”指的是每次只有一相控制绕组通电。通电顺序为 U→V→W→U 或者按 U→W→V→U 顺序。“拍”是指由一种通电状态转换到另一种通电状态；“三拍”是指经过 3 次切换控制绕组的电脉冲为一个循环。

1）当 U 相控制绕组通入脉冲时，U、U′为电磁铁的 N、S 极。由于磁路磁通要沿着磁阻最小的路径闭合，这样使得转子齿的 1、3 要和定子磁极的 U、U′对齐，如图 5-2（a）所示。

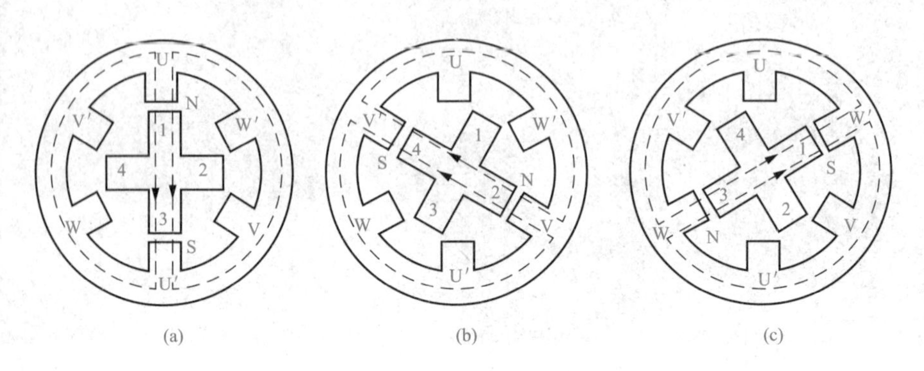

图 5-2　单三拍控制下步进电机的工作原理

（a）U 相通电；（b）V 相通电；（c）W 相通电

2）当 U 相脉冲结束，V 相控制绕组通入脉冲，转子齿的 2、4 要和定子磁极的 V、V′对齐，如图 5-2（b）所示。和 U 相通电对比，转子顺时针旋转了 30°。

3）当 V 相脉冲结束，W 相控制绕组通入脉冲，转子齿的 3、1 要和定子磁极的 W、W′对齐，如图 5-2（c）所示。和 V 相通电对比，转子顺时针旋转了 30°。

通过上边的分析可知，如果按 U→V→W→U 顺序通入脉冲，转子就会按顺时针一步一步地转动，每步转过 30°，通入脉冲的频率越高，转得越快。

（2）双三拍和六拍控制步进电机的工作原理。双三拍和六拍控制与单三拍控制相比，就是通电的顺序不同，转子的旋转方式与单三拍类似。双三拍控制的通电顺序为 UV→VW→WU→UV；六拍控制的通电顺序为 U→UV→V→VW→W→WU→U。

3. 几个重要参数

（1）步距角。步距角是指控制系统每发出一个脉冲信号，转子都会转过一个固定的角度，这个固定的角度，就叫步距角。这是步进电机的一个重要参数，在步进电机的名牌中会给出。步距角的计算公式为 $\beta=360°/ZKM$，其中 Z 为转子齿数，M 为定子绕组相数，K 为通电系数，当前后通电相数一致 K 为 1，否则 K 为 2。

（2）相数。相数是指定子的线圈组数，或者说产生不同对磁极 N、S 磁场的励磁线圈的对数。目前常用的有两相、三相和五相步进电机。两相步进电机步距角 0.9°/1.8°；三相步进电机步距角 0.75°/1.5°；五相步进电机步距角 0.36°/0.72°。步进电机驱动器如果没有细分，用户主要靠选择不同相数的步进电机来满足自己的步距角；如果有步进电机驱动器，用户可以通过步进电机驱动器改变细分来改变步距角，这时相数没有意义了。

（3）保持转矩。保持转矩是指步进电机通电但没转动时，定子锁定转子的力矩。这是步进电机的另一个重要的参数。

◆ 编者有料 ◆

1. 步进电机转速取决于通电脉冲的频率；角位移取决于通电脉冲的数量。
2. 和普通的电机相比，步进电机用于精确定位和精确调速的场合。

5.1.2　步进电机驱动器

步进电机驱动器是一种能使步进电机运转的功率放大器。当控制器发出脉冲信号和方向信号，步进电机驱动器接收到这些信号后，先进行环形分配和细分，然后进行功率放大，这样就将微弱的脉冲信号放大成安培级的脉冲信号，从而驱动了步进电机。

本节将以深圳某公司的步进电机驱动器为例，进行相关内容讲解。步进电机驱动器外形及端子标注如图 5-3 所示。

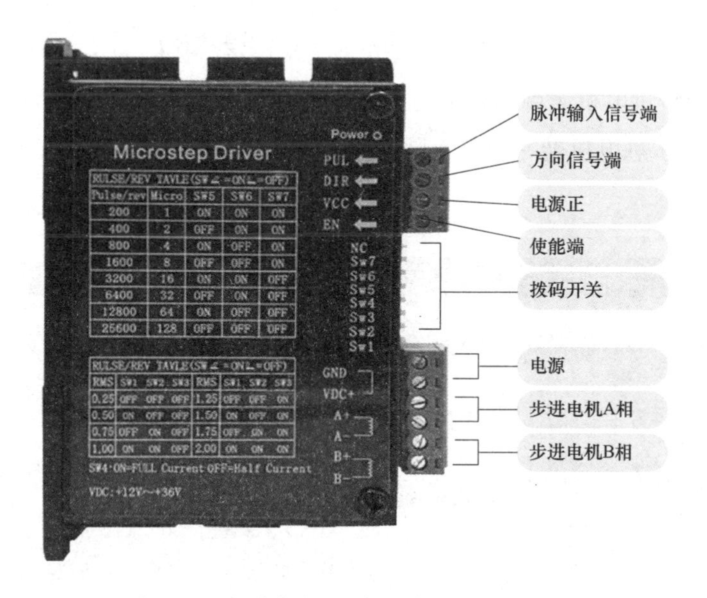

图 5-3　步进电机驱动器外形及端子标注

1. 拨码开关设置

拨码开关的设置是步进电机驱动器使用中的一项重要内容。步进电机驱动器通过拨码开关的不同组合，能设定步进电机的运行电流、半流/全流锁定和细分。

（1）步进电机运行电流的设定。步进电机驱动器通过前 3 个拨码开关 Sw1、Sw2 和 Sw3 不同组合，设定步进电机的运行电流。在设定运行电流时，需查看步进电机的铭牌中的额定电路，设定的运行电流不能超过步进电机的额定电流。

步进电机驱动器拨码开关 Sw1、Sw2 和 Sw3 的组合见表 5-1。如步进电机名牌额定电流为 1.5A，那么步进驱动器拨码开关 Sw1 为 on，Sw2 为 off，Sw3 为 off，即此时的运转电流为 1.5A。

表 5-1　　步进电机驱动器拨码开关 Sw1、Sw2 和 Sw3 的组合

Sw1	Sw2	Sw3	电流
on	on	on	0.30A
off	on	on	0.40A
on	off	on	0.50A
off	off	on	0.60A
on	on	off	1.00A
off	on	off	1.20A
on	off	off	1.50A
off	off	off	2.00A

（2）半流/全流锁定。拨码开关 Sw4 能设定驱动器工作在半电流锁定状态还是全电流锁定状态。Sw4＝on，驱动器工作在半电流锁定状态；Sw4＝off，驱动器工作在全电流锁定状态；半流锁定状态是指当外部输入脉冲串停止并持续 0.1s 后，驱动器的输出电流将自动切换为正常运行电流的一半以降低发热，保护电机不受损坏。实际应用中，建议设置成半流锁定状态。

（3）细分设定。细分通过 Sw5、Sw6 和 Sw7 来设定。拨码开关 Sw5、Sw6 和 Sw7 的组合见表 5-2。如步进电机名牌步距角为 1.8°，细分设置为 4（即 Sw5 为 on，Sw6 为 off，Sw7 为 on），那么步进电机转一圈需要脉冲数＝(360°/1.8°)×4＝800 个。

表 5-2　　拨码开关 Sw5、Sw6 和 Sw7 的组合

细分倍数	脉冲数/圈	Sw5	Sw6	Sw7
1	200	on	on	on
2	400	off	on	on
4	800	on	off	on
8	1600	off	off	on
16	3200	on	on	off
32	6400	off	on	off
64	12800	on	off	off
128	25600	off	off	off

◆ 编者有料 ◆

拨码开关的设置在步进电机编程中非常重要，请结合上边的实例，熟练掌握此部分内容。

2. 步进电机驱动器与控制器之间的接线

步进电机驱动器与控制器之间的接线，分为共阴极接法和共阳接法。

步进脉冲信号端为 PULS，方向信号端为 DIR，使能信号端为 EN，VCC 是 3 个控制端口的公共端，如果 VCC 供电为 5V，步进电机驱动器各控制端可以和控制器相应输出端直接接入；如果 VCC 供电电压超过 5V，控制器相应输出端就需外加限流电阻。步进电机驱动器

与控制器之间的接线图如图 5-4 所示，其中 R1、R2、R3 电阻为 2kΩ，功率为 1/4W。

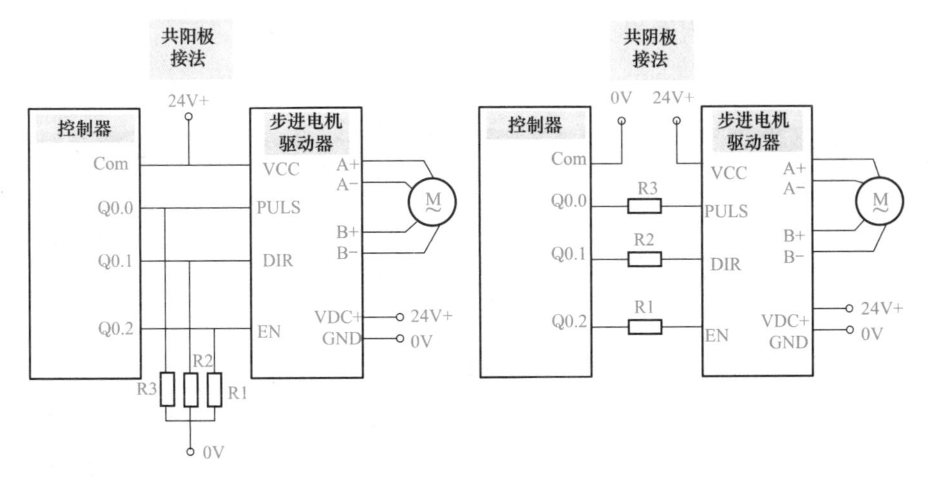

图 5-4 步进电机驱动器与控制器之间的接线图

编者有料

1. 步进电机驱动器与控制器之间的接线图非常重要，S7-200 SMART PLC 与步进电机驱动器的对接采用共阳极的接法。

2. 不同的步进电机驱动器和控制器之间接线会有不同，读者需查看相应厂家的样本。

5.2 步进电机控制应用案例

5.2.1 任务引入

系统设有 1 个启动开关和 1 个停止开关，合上启动开关，步进电机正转 5 圈，在反转 5 圈；合上停止开关，运动停止。按要求设计步进电机控制系统的接线图和控制程序。

5.2.2 软硬件配置

（1）采用西门子 CPU ST20 作为控制器。

（2）采用 42 系列两相步进电机，型号为 BS42HB47-01，步距角 1.8°，额定电流 1.2A，保持转矩 0.317N·m；步进电机驱动器型号为 2MD320，用来匹配 42 系列两相步进电机。根据步进电机的参数，驱动器运行电流设为 1.2A（拨码开关 Sw1 为 off，Sw2 为 on，Sw3 为 off，参考表 5-1）；细分设置为 4（拨码开关 Sw5 为 on，Sw6 为 off，Sw7 为 on，参考表 5-2）；半流/全流锁定拨码开关 Sw4=on，使驱动器工作在半电流锁定状态，降低发热，保护电机不受损坏。

（3）PLC 编程软件采用 STEP 7-Micro/WIN SMART V2.2。

5.2.3 PLC 地址输入/输出分配

步进电机控制输入/输出（I/O）分配见表 5-3。

表 5-3　　步进电机控制 I/O 分配

输入量		输出量	
启动按钮	I0.0	高速脉冲信号控制	Q0.0
停止按钮	I0.1	方向控制	Q0.1
		使能控制	Q0.2

5.2.4 步进电机控制系统的接线图

步进电机控制系统接线如图 5-5 所示。值得注意的是，PLC 与驱动器之间对接，必须加限流电阻，根据西门子 S7-200 SMART PLC 的输出情况，本例采用共阳极接法。

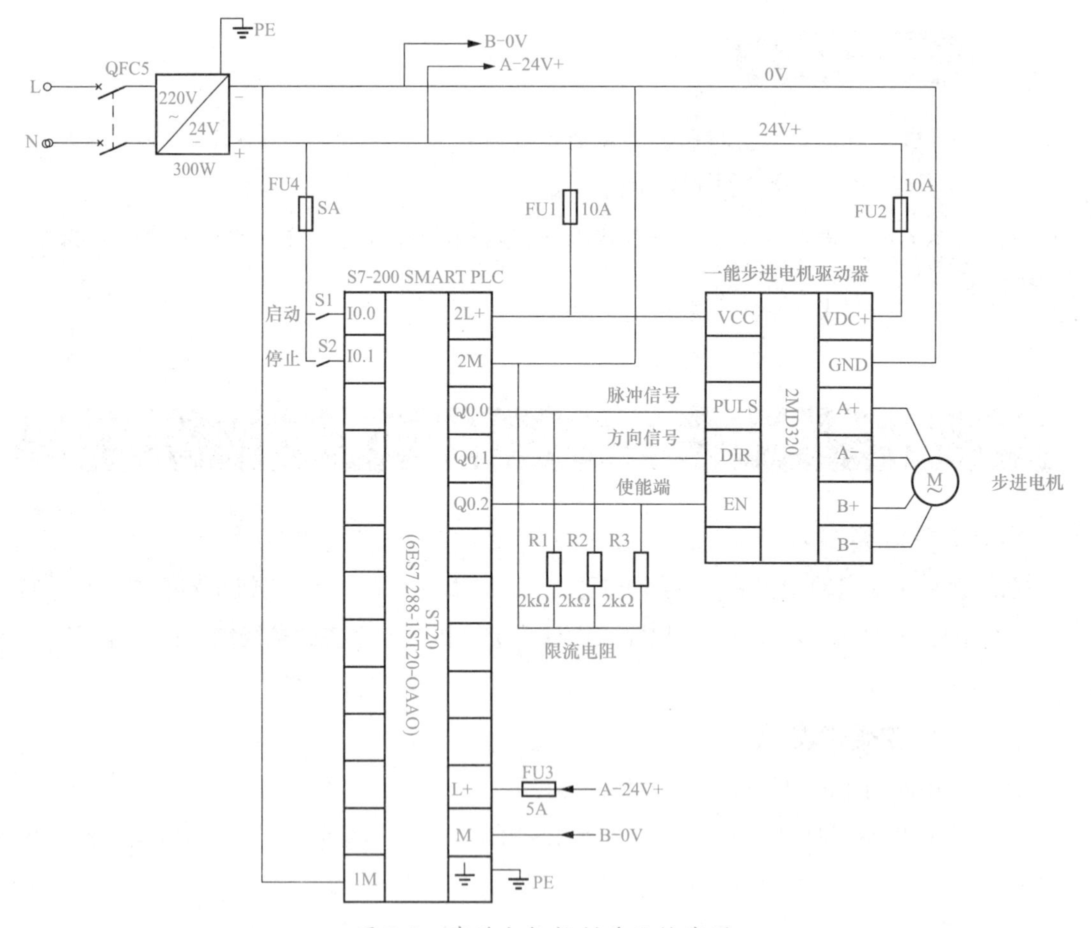

图 5-5　步进电机控制系统接线图

5.2.5 运动控制向导

S7-200 SMART PLC 采用运动控制向导编写运动量控制程序，非常方便。下面通过本实例，讲解运动控制向导的使用。

1. 打开运动控制向导

首先打开编程软件 STEP 7-Micro/WIN SMART V2.2，在主菜单“工具”中，单击“运动”按钮，会弹出配置界面。

2. 选择需要配置的轴

CPU ST20 内设有 2 个轴，本例选择“轴 0”，如图 5-6 所示。配置完，单击“下一个”。

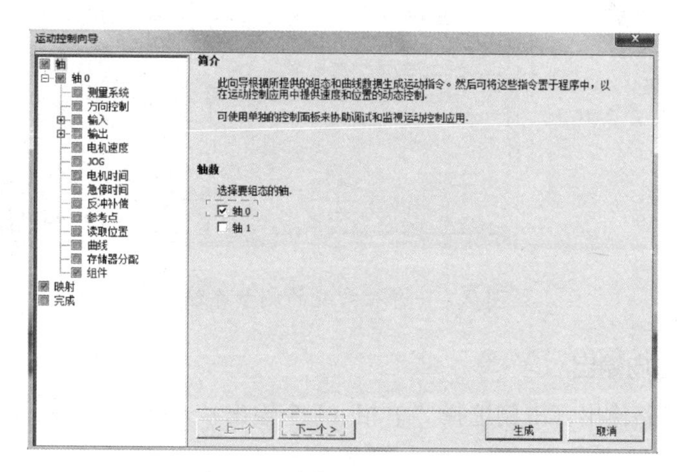

图 5-6　选择需要配置的轴

3. 为所选的轴命名

为所选的轴命名，本例采用默认“轴 0”，如图 5-7 所示。配置完，单击“下一个”。

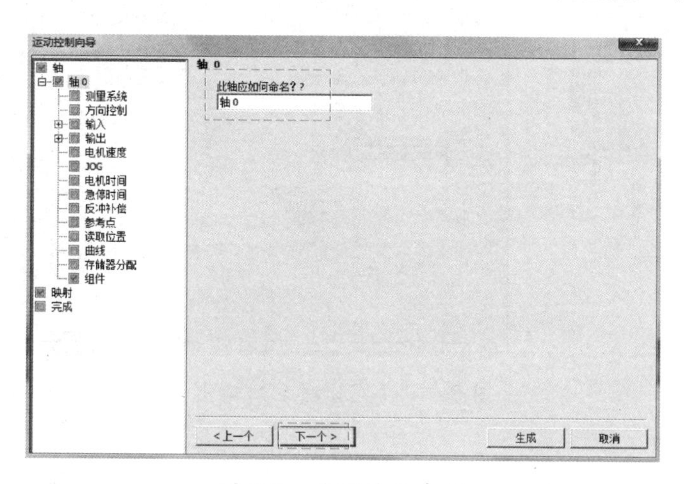

图 5-7　为所选轴命名

4. 输入系统的测量系统

在“选择测量系统”项选择“工程单位”；由于步进电机步距角为 1.8°，步进电机驱动器的细分为 4，所以“电机一次旋转所需脉冲”输入为 800，即（360°/1.8°）×4=800；“测量的基本单位”选择 mm（毫米）；“电机一次旋转产生多少 mm 的运动”输入 8.0，由于本例采用的是丝杠，因此电机一次旋转产生的距离即为导程，导程=螺距×螺纹头数=8mm×1=8mm；以上设置，如图 5-8 所示。配置完，单击“下一个”。

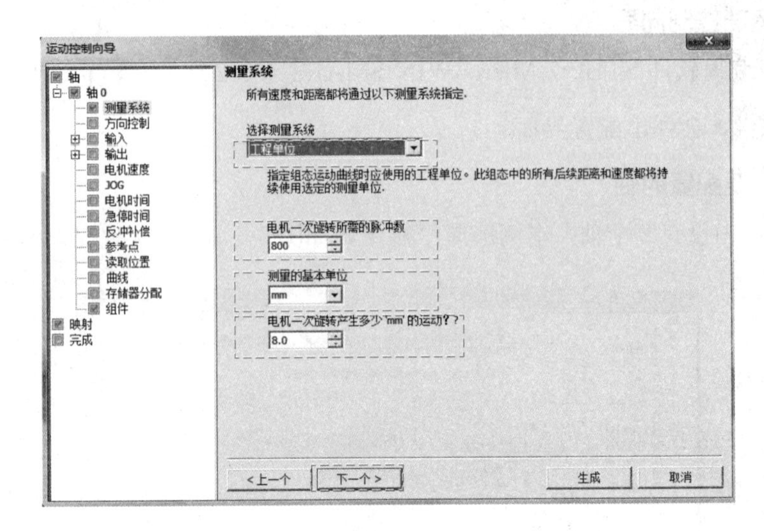

图 5-8　输入系统的测量系统

5. 设置脉冲方向输出

设置脉冲有几路输出，本例选择“单相（1 个输出）”，如图 5-9 所示。配置完，单击“下一个”。

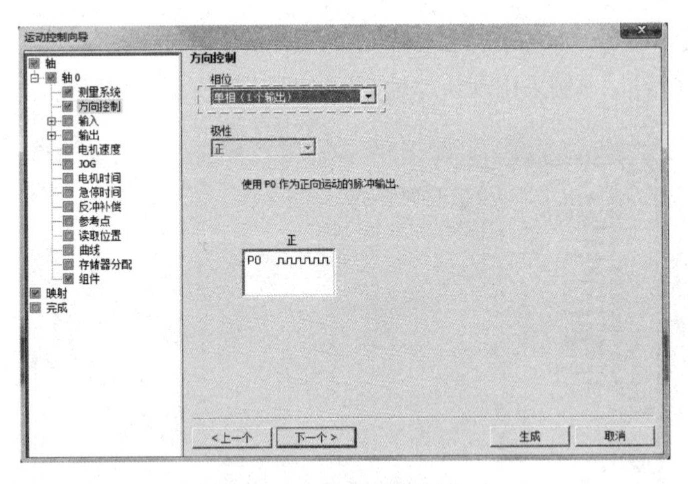

图 5-9　设置脉冲方向输出

6. 分配输入点

本例只设置“STP”（停止输入点），如图 5-10 所示。其余并未用到，无需输入。配置完，单击“下一个”。

7. 定义电机的速度

定义电机运动的最大速度（MAX_SPEED）为 20.0mm/s，定义的最大速度不能过高，否则可能会失步；定义电机的启动/停止速度（SS_SPEED）为 1.0mm/s。如图 5-11 所示。

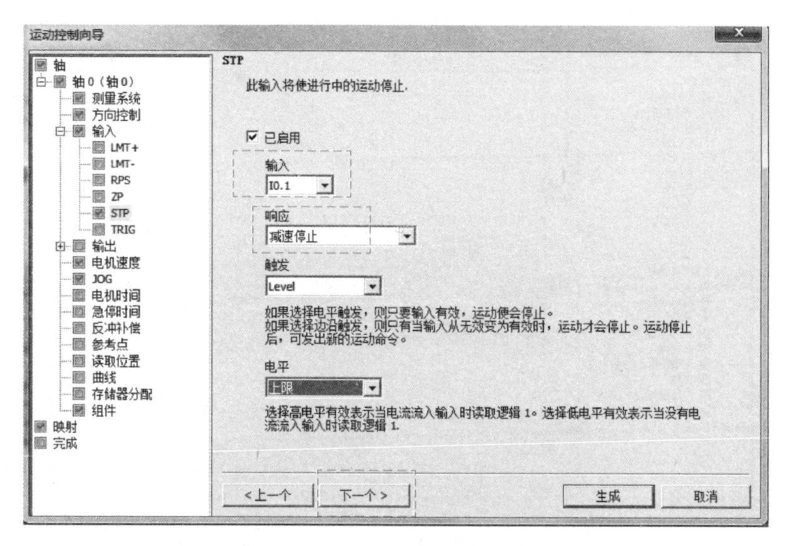

图 5-10　分配输入点

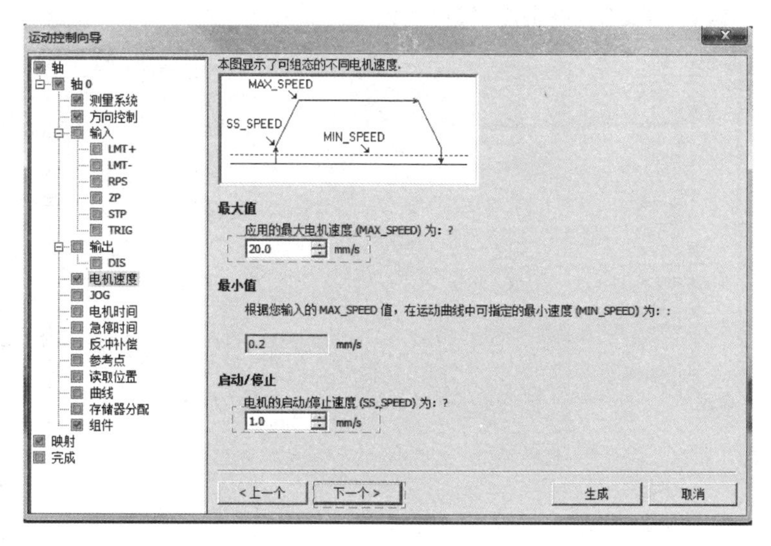

图 5-11　定义电机速度

8. 设置加速/减速时间

本例加速/减速时间都是默认 1000ms，如图 5-12 所示。配置完，单击“下一个”。

9. 配置分配存储区

编程时不能使用向导已使用的地址，否则程序会出错。配置分配存储区如图 5-13 所示。

10. 组态完成

图 5-13 配置完以后，单击“下一个”，会弹出如图 5-14 所示界面，显示所有配置都完成后生成的组件。再单击“下一个”，会弹出如图 5-15 所示界面，显示停止信号和脉冲信号的地址，单击“生成”，组态完毕。组态完毕后，在编程软件 STEP 7-Micro/WIN SMART V2.2 的项目树“调用子例程”会显示所有的运动控制指令，编程时，可以根据需要调用相关指令。“调用子例程”中的指令如图 5-16 所示。

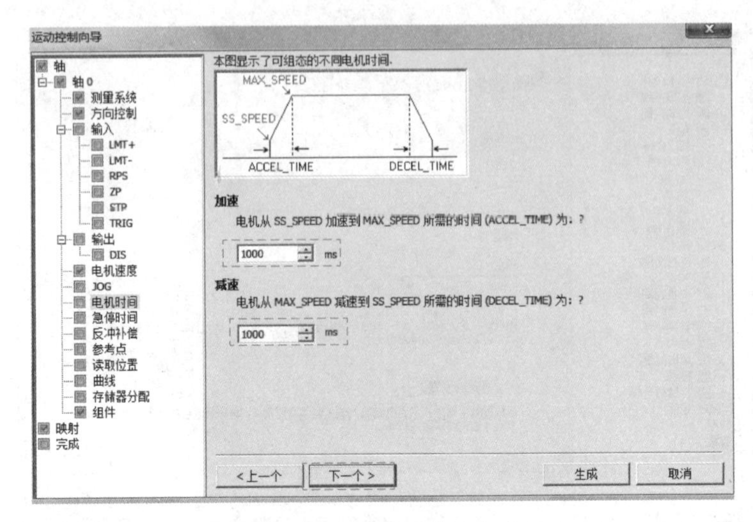

图 5-12　设置加速/减速时间

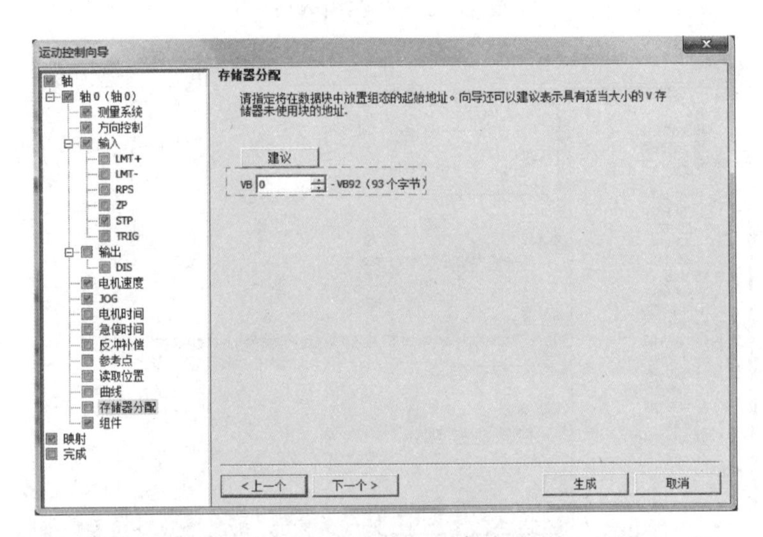

图 5-13　配置分配存储区

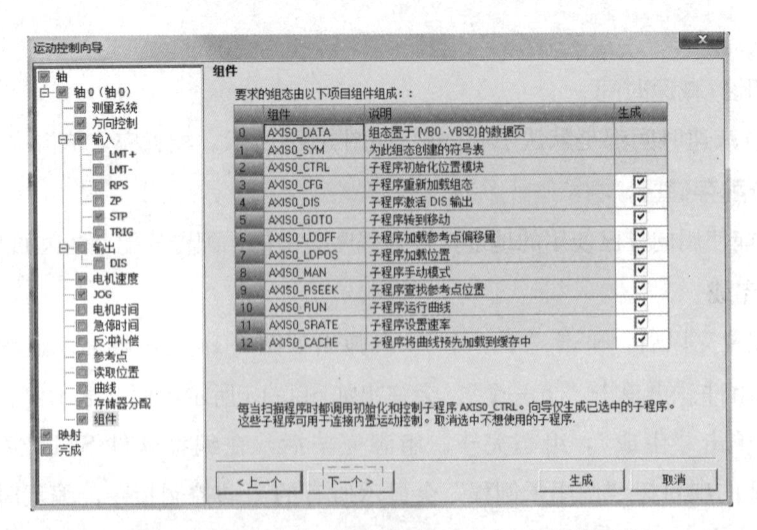

图 5-14　所有都配置完后生成的组件

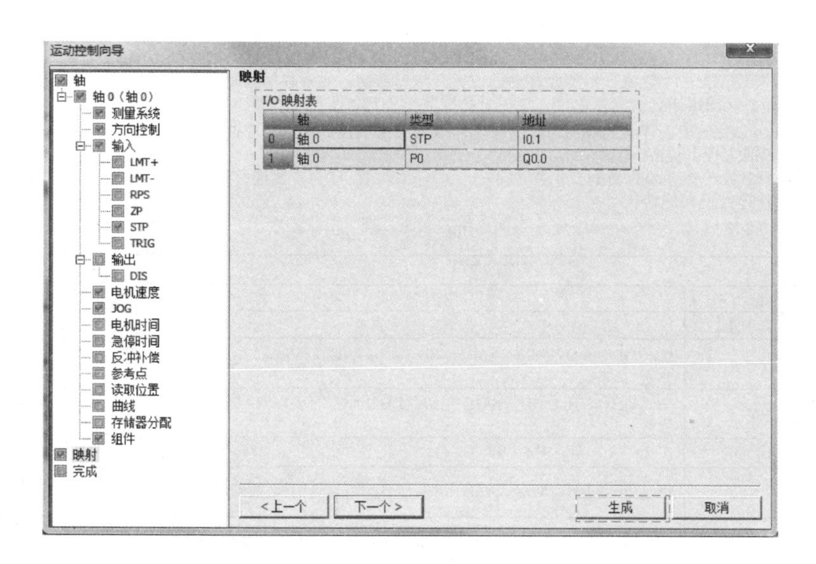

图 5-15　显示停止信号和脉冲信号的地址

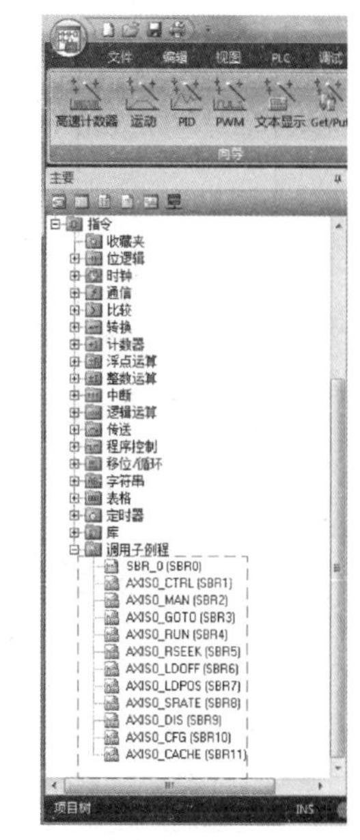

图 5-16　“调用子例程”中的指令

5.2.6　常用的运动控制指令

1. AXISx_CTRL 指令

AXISx_CTRL 指令说明如图 5-17 所示。

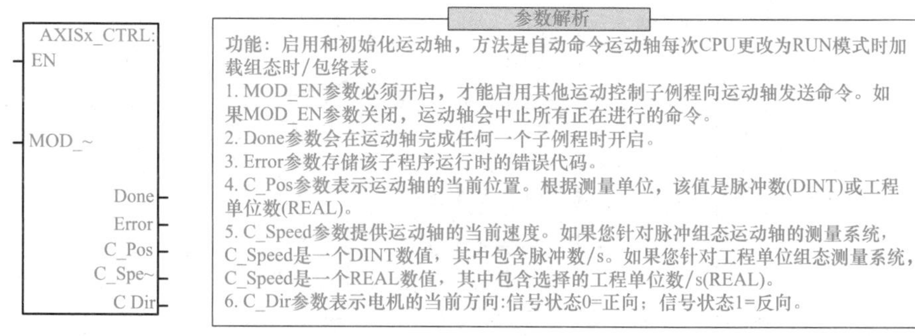

输入/输出	数据类型	操作数
MOD_EN	BOOL	I、Q、V、M、SM、S、T、C、L、能流
Done、C_Dir	BOOL	I、Q、V、M、SM、S、T、C、L
Error	BYTE	IB、QB、VB、MB、SMB、SB、LB、AC、*VD、*AC、*LD
C_Pos、C_Speed	DINT、REAL	ID、QD、VD、MD、SMD、SD、LD、AC、*VD、*AC、*LD

图 5-17　AXISx_CTRL 指令说明

2. AXISx_GOTO 指令

AXISx_GOTO 指令说明如图 5-18 所示。

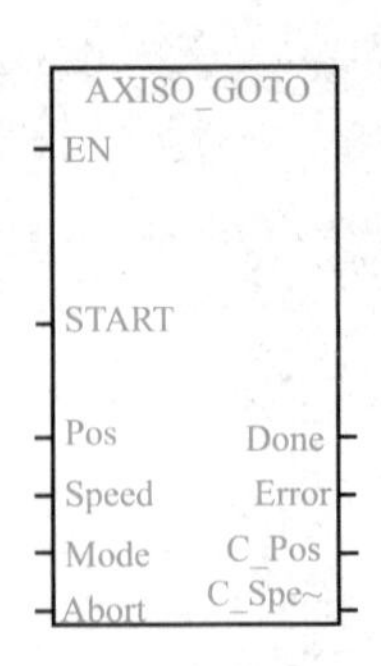

参数解析

功能：命令运动轴转到所需位置。

1. START参数开启会向运动轴发出GOTO命令。对于在START参数开启且运动轴当前不繁忙时执行的每次扫描，该子例程向运动轴发送一个GOTO命令。为了确保仅发送了一个为GOTO命令，请使用边沿检测元素用脉冲方式开启START参数。
2. Pos参数包含一个数值，指示要移动的位置（绝对移动）或要移动的距离（相对移动）。根据所选的测量单位，该值是脉冲数(DINT)或工程单位数(REAL)。
3. Speed参数确定该移动的最高速度。根据所选的测量单位，该值是脉冲数/s(DINT)或工程单位数/s(REAL)。
4. Mode参数选择移动的类型:0为绝对位置；1为相对位置；2为单速连续正向旋转；3为单速连续反向旋转。
5. Abort参数启动会命令运动轴停止当前包络并减速，直至电机停止。

输入/输出	数据类型	操作数
START	BOOL	I、Q、V、M、SM、S、T、C、L、能流
Pos、Speed	DINT、REAL	ID、QD、VD、MD、SMD、SD、LD、AC、*VD、*AC、*LD、常数
Mode	BYTE	IB、QB、VB、MB、SMB、SB、LB、AC、*VD、*AC、*LD、常数
Abort、Done	BOOL	I、Q、V、M、SM、S、T、C、L
Error	BYTE	IB、QB、VB、MB、SMB、SB、LB、AC、*VD、*AC、*LD
C_Pos、C_Speed	DINT、REAL	ID、QD、VD、MD、SMD、SD、LD、AC、*VD、*AC、*LD

图 5-18 AXISx_GOTO 指令说明

5.2.7 步进电机控制程序

步进电机的控制程序如图 5-19 所示。

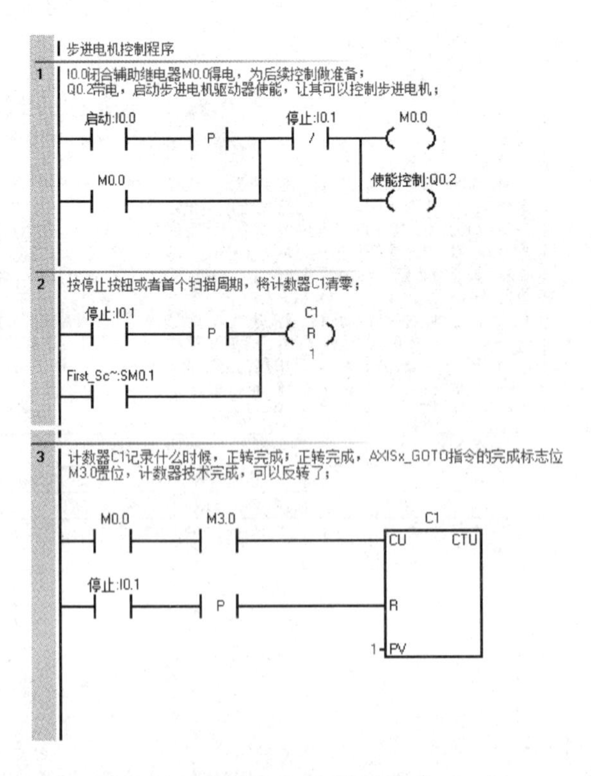

图 5-19 步进电机的控制程序（一）

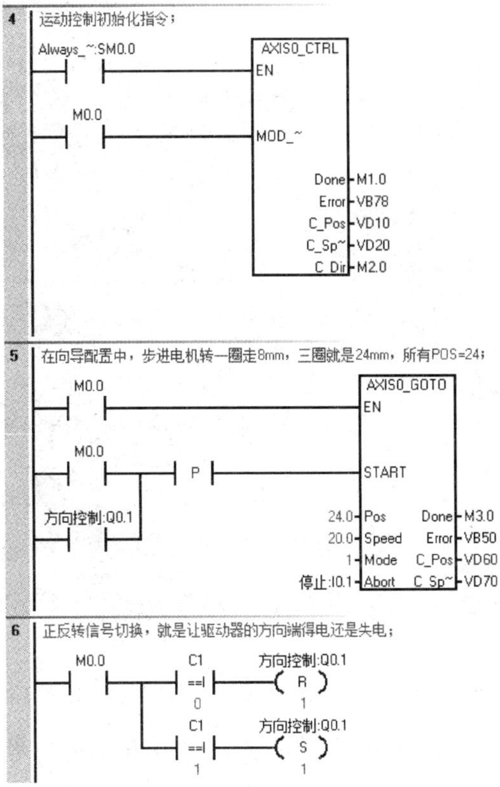

4　运动控制初始化指令；

5　在向导配置中，步进电机转一圈走8mm，三圈就是24mm，所有POS=24；

6　正反转信号切换，就是让驱动器的方向端得电还是失电；

图 5-19　步进电机的控制程序（二）

第6章　S7-200 SMART PLC 通信控制程序的设计

本章要点

- PLC通信基础
- S7-200 SMART PLC Modbus通信及案例
- S7-200 SMART PLC 的S7通信及案例
- S7-200 SMART PLC 的TCP通信及案例
- S7-200 SMART PLC 的ISO-on-TCP 通信及案例
- S7-200 SMART PLC 的UDP通信及案例
- S7-200 SMART PLC 的OPC通信及案例

随着计算机技术、通信技术和自动化技术的不断发展及推广，可编程控制设备已在各个企业大量使用。将不同的可编程控制设备进行相互通信、集中管理，是企业不能不考虑的问题。因此本章根据实际的需要，对 PLC 通信知识进行介绍。

6.1　PLC 通信基础

6.1.1　单工、全双工与半双工通信

1. 单工通信

单工通信指信息只能保持同一方向传输，不能反向传输，如图 6-1 所示。

2. 全双工通信

全双工通信指信息可以沿两个方向传输，A、B 两方都可以同时一方面发送数据，另一方面接收数据，如图 6-2 所示。

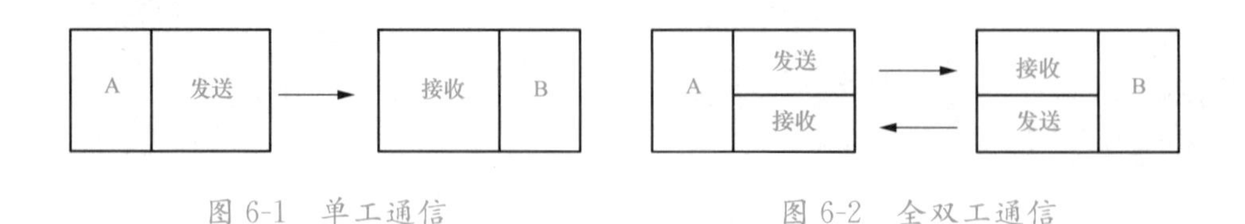

图 6-1　单工通信　　图 6-2　全双工通信

3. 半双工通信

半双工通信指信息可以沿两个方向传输，但同一时刻只限于一个方向传输，即同一时刻 A 方发送 B 方接收或 B 方发送 A 方接收。

6.1.2　串行通信接口标准

串联通信接口标准有3种，分别为RS-232C串行接口标准、RS-422串行接口标准和RS-485串行接口标准。

1. RS-232C串行接口标准

1969年，美国电子工业协会EIA推荐了一种串行接口标准，即RS-232C串行接口标准。其中的RS是英文中的“推荐标准”缩写，232为标识号，C表示标准修改的次数。

(1) 机械性能。RS-232C接口一般使用9针或25针D型连接器。以9针D型连接器最为常见。

(2) 电气性能。

1）采用负逻辑，用−5～−15V表示逻辑“1”，用+5～+15V表示逻辑“0”。

2）只能进行一对一通信。

3）最大通信距离15m，最大传输速率为20Kbit/s。

4）通信采用全双工方式。

5）接口电路采用单端驱动、单端接收电路，如图6-3所示。需要说明的是，此电路易受外界信号及公共地线电位差的干扰。

6）两个设备通信距离较近时，只需3线。PLC与RS-232设备通信如图6-4所示。

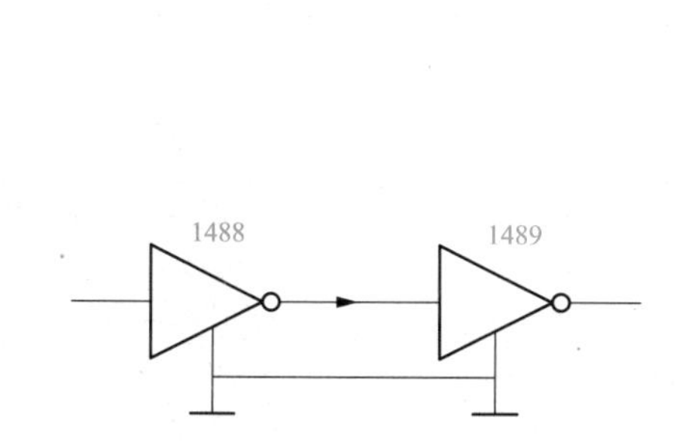

图6-3　单端驱动、单端接收电路

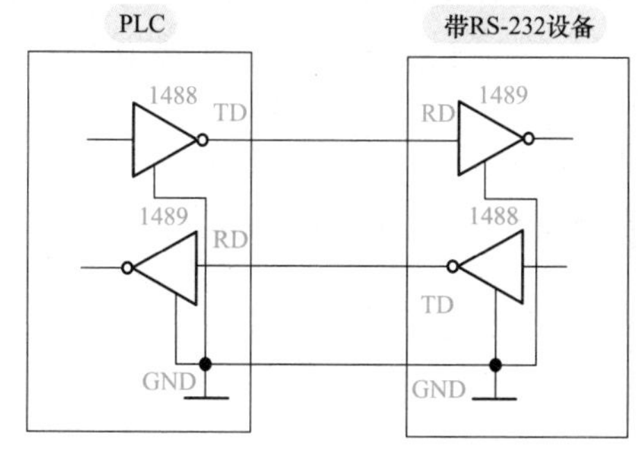

图6-4　PLC与RS-232设备通信

2. RS-422串行接口标准

由于RS-232C接口传输速率、传输距离和抗干扰能力等受限，美国电子工业协会EIA又推出了一种新的串行接口标准，即RS-422串行接口标准。

(1) RS-422接口采用平衡驱动、差分接收电路，可提高抗干扰能力。

(2) RS-422接口通信采用全双工方式。

(3) 传输速率为100Kbit/s时，最大通信距离为1200m。

(4) RS-422通信接线如图6-5所示。

3. RS-485 串行接口标准

RS-485 是 RS-422 的变形，其只有一对平衡差分信号线，不能同时发送和接收信号；RS-485 通信采用半双工方式；RS-485 通信接口和双绞线可以组成串行通信网络，构成分布式系统，在一条总线上最多可以接 32 个站。RS-485 通信接线如图 6-6 所示。

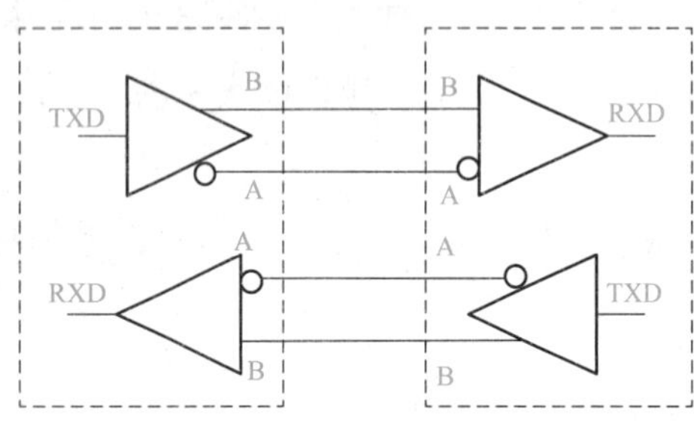

图 6-5 RS-422 通信接线

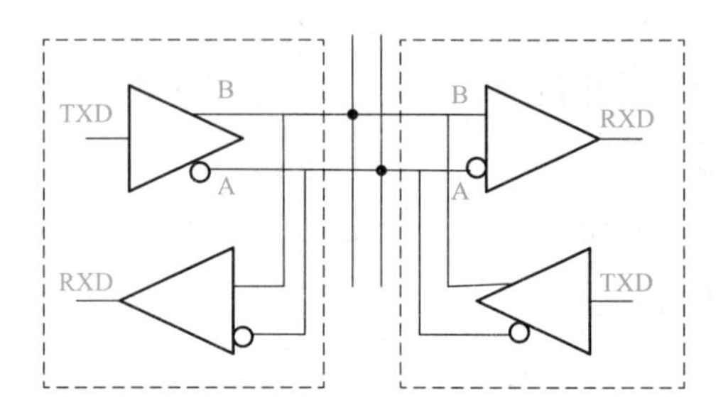

图 6-6 RS-485 通信接线

6.1.3 S7-200 SMART PLC 及其信号板 RS-485 端口引脚分配

每个 S7-200 SMART CPU 都能提供一个 RS-485 端口（端口 0），标准型 CPU 额外支持 SB CM01 信号板（端口 1），信号板可通过 STEP 7-Micro/WIN SMART 软件组态为 RS-232 通信端口或 RS-485 通信端口。

1. S7-200 SMART PLC RS-485 端口引脚分配

S7-200 SMART PLC 集成的 RS-485 通信端口（端口 0）是与 RS-485 兼容的 9 针 D 型连接器。S7-200 SMART PLC 集成 RS-485 端口的引脚分配及定义见表 6-1。

表 6-1 RS-485 端口的引脚分配及定义

连接器	引脚标号	信号	引脚定义
	1	屏蔽	机壳接地
	2	24V 返回	逻辑公共端
	3	RS-485 信号 B	RS-485 信号 B
	4	发送请求	RTS（TTL）
	5	5V 返回	逻辑公共端
	6	+5V	+5V，100Ω 串联电阻
	7	+24V	+24V
	8	RS-485 信号 A	RS-485 信号 A
	9	不适用	10 位协议选择（输入）

2. 信号板 SB CM01 端口引脚分配

信号板 SB CM01 可通过 STEP 7-Micro/WIN SMART 软件组态为 RS-232 通信端口或 RS-485 通信端口。S7-200 SMART SB CM01 信号板端口（端口 1）的引脚分配及定义见表 6-2。

表 6-2　　SB CM01 信号板的引脚分配及定义

连接器	引脚标号	信号	引脚定义
	1	接地	机壳接地
	2	Tx/B	RS232-Tx/RS485-B
	3	发送请求	RTS（TTL）
	4	M 接地	逻辑公共端
	5	Rx/A	RS232-Rx/RS485-A
	6	+5V	+5V，100Ω 串联电阻

6.1.4　通信传输介质

通信传输介质一般有 3 种，分别为双绞线、同轴电缆和光纤，如图 6-7 所示。

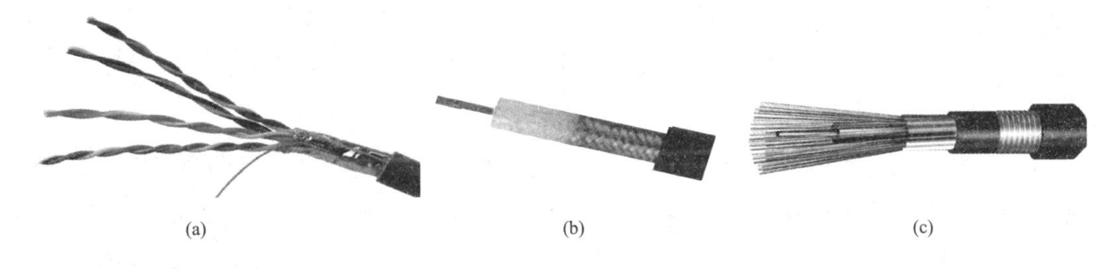

(a)　(b)　(c)

图 6-7　通信传输介质

（a）双绞线；（b）同轴电缆；（c）光缆

1. 双绞线

（1）双绞线。双绞线是由一对相互绝缘的导线按照一定的规律互相缠绕在一起而制成的一种传输介质。两根线扭绞在一起其目的是为了减小电磁干扰。实际使用时，一对或多对双绞线一起包在一个绝缘电缆套管里，常见的双绞线有 1 对、2 对和 4 对的。双绞线按有无屏蔽层可分为非屏蔽双绞线和屏蔽双绞线，屏蔽层可以减小电磁干扰。双绞线具有成本低，重量轻，易弯曲，易安装等特点。RS-232、RS-485 和以太网多采用双绞线进行通信。

（2）以太网线制作。以太网线常见的有 4 芯和 8 芯的。制作以太网线时，需压制专用的连接头，即 RJ45 连接头，俗称水晶头。水晶头的压制有两个标准，分别为 TIA/EIA 568B 和 TIA/EIA 568A。制作水晶头首先将水晶头有卡的一面朝下，有铜片的一面朝上，有开口的一边朝自己，TIA/EIA 568B 的线序为 1 白橙、2 橙、3 白绿、4 蓝、5 蓝白、6 绿、7 白棕、8 棕；TIA/EIA 568A 的线序为 1 白绿、2 绿、3 白橙、4 蓝、5 蓝白、6 橙、7 白棕、8 棕。RJ45 连接头铜片线序如图 6-8 所示。

10M 以太网用 1、2、3、6 线芯传递数据；100M 以太网用 4、5、7、8 线芯传递数据。对于一条网线来说，可以分为直通线和交叉线。所谓的直通线就是制作两个水晶头按同一标准，采用 TIA/EIA 568B 标准或者采用 TIA/EIA 568A 标准；所谓的交叉线就是制作两个水晶头采用不同标准，一端用 TIA/EIA 568A 标准，另一端用 TIA/EIA 568B 标准。

TIA/EIA 568B的线序：
1白橙、2橙、3白绿、4蓝、5蓝白、6绿、7白棕、8棕。

TIA/EIA 568A的线序：
1白绿、2绿、3白橙、4蓝、5蓝白、6橙、7白棕、8棕。

12345678

图 6-8　RJ45 连接头铜片线序

2. 同轴电缆

同轴电缆有 4 层，由外向内依次是护套、外导体（屏蔽层）、绝缘介质和内导体。同轴电缆从用途上分可分为基带同轴电缆和宽带同轴电缆。基带同轴电缆特性阻抗为 50Ω，适用于计算机网络连接；宽带同轴电缆特性阻抗为 75Ω，常用于有线电视传输介质。

3. 光纤

（1）光纤。光纤是由石英玻璃经特殊工艺拉制而成。按工艺的不同可将光纤分为单模光纤和多模光纤。单模光纤直径为 8～9μm，多模光纤直径为 62.5μm。单模光纤光信号没反射、衰减小、传输距离远；多模光纤光信号多次反射、衰减大、传输距离近。

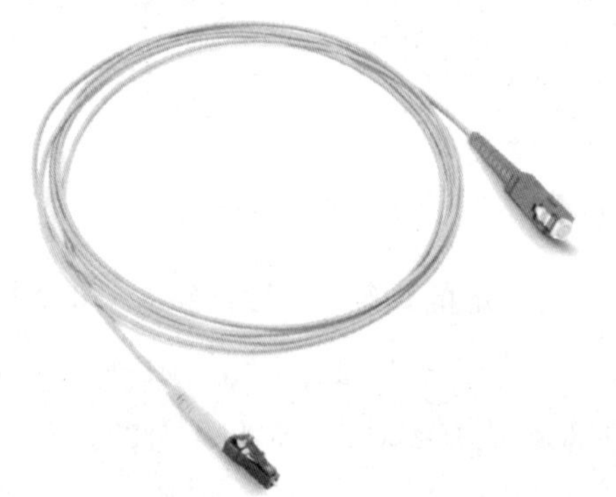

图 6-9　光纤跳线

（2）光纤跳线和尾纤。光纤跳线两端都有活动头，直接可以连接两台设备。光纤跳线如图 6-9 所示。尾纤只有一端有活动头，另一端没有活动头，需用专用设备与另一根光纤熔在一起。

（3）光纤接口。光纤的接口很多，不同的接口需要配不同的耦合器，一旦设备的接口确定，跳线和尾纤的接口也确定了。常用的光纤接口见表 6-3。

表 6-3　常用的光纤接口

连接器型号	描述	外形图	连接器型号	描述	外形图
FC/PC	圆形光纤接头/微凸球面研磨抛光	FC/PC	FC/APC	圆形光纤接头/面呈 8°并作微凸球面研磨抛光	FC/APC
SC/PC	方形光纤接头/微凸球面研磨抛光	SC/PC	SC/APC	方形光纤接头/面呈 8°并作微凸球面研磨抛光	SC/APC

续表

连接器型号	描述	外形图	连接器型号	描述	外形图
ST/PC	卡接式圆形光纤接头/微凸球面研磨抛光	ST/PC	ST/APC	卡接式圆形光纤接头/面呈 8°并作微凸球面研磨抛光	ST/APC
MT-RJ	机械式转换-标准插座	MT-RJ	LC/PC	卡接式方形光纤接头/微凸球面研磨抛光	LC/PC
E2000/PC	带弹簧闸门卡接式方形光纤接头/微凸球面研磨抛光		E2000/APC	带弹簧闸门卡接式方形光纤接头/面呈 8°并作微凸球面研磨抛光	

（4）光纤工程应用。实际工程中，光纤传输需配光纤收发设备。光纤应用实例如图 6-10 所示。

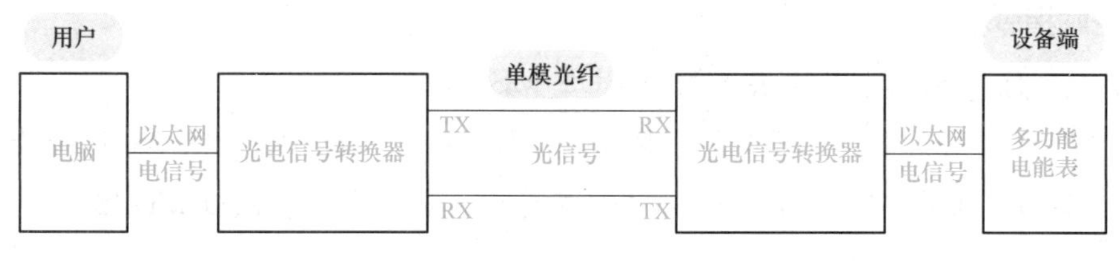

图 6-10　光纤应用实例

6.2　S7-200 SMART PLC Modbus 通信及案例

Modbus 通信协议在工业控制中应用广泛，PLC、变频器和自动化仪表等工控产品都采用了此协议。Modbus 通信协议已成为一种通用的工业标准。

Modbus 通信协议是一个主—从协议，采用请求—响应方式，主站发出带有从站地址的请求信息，具有该地址的从站接收后，发出响应信息作为应答。主站只有一个，从站可以有 1～247 个。

6.2.1　Modbus 寻址

Modbus 的地址通常有 5 个字符值，其中包含数据类型和偏移量。第 1 个字符决定数据类型，后 4 个字符选择数据类型内的正确数值。

1. Modbus 主站寻址

Modbus 主站指令将地址映射至正确功能，以发送到从站设备。Modbus 主站指令支持下列 Modbus 地址。

（1）00001～09999 是离散量输出（线圈）。

（2）10001～19999 是离散量输入（触点）。

（3）30001～39999 是输入寄存器（通常是模拟量输入）。

（4）40001～49999 是保持寄存器。

所有 Modbus 地址均从 1 开始，也就是说第一个数据值从地址 1 开始。实际有效地址范围取决于从站设备。不同的从站设备支持不同的数据类型和地址范围。

2. Modbus 从站寻址

Modbus 主站设备将地址映射至正确的功能。Modbus 从站指令支持下列地址。

（1）00001～00256 是映射到 Q0.0～Q31.7 的离散量输出。

（2）10001～10256 是映射到 I0.0～I31.7 的离散量输入。

（3）30001～30056 是映射到 AIW0～AIW110 的模拟量输入寄存器。

（4）40001～49999 和 400001～465535 是映射到 V 存储器的保持寄存器。

6.2.2 主站指令与从站指令

1. 主站指令

主站指令有 MBUS_CTRL 指令和 MBUS_MSG 指令 2 条。

（1）MBUS_CTRL 指令。MBUS_CTRL 指令用于 S7-200 SMART PLC 端口 0 初始化、监视或禁用 Modbus 通信。在使用 MBUS_MSG 指令前，必须先正确执行 MBUS_CTRL 指令。MBUS_CTRL 的指令格式见表 6-4。

表 6-4　MBUS_CTRL 的指令格式

子程序	输入/输出端	输入/输出端数据类型	输入/输出端操作数	输入输出功能注释
MBUS_CTRL EN Mode Baud　Done Parity　Error Port Timeout	EN	BOOL	I、Q、M、S、SM、T、C、V、L	使能端：必须保证每一扫描周期都被使能（使用 SM0.0）
	Mode	BOOL	I、Q、M、S、SM、T、C、V、L	模式：为 1 时，使能 Modbus 协议功能；为 0 时恢复为系统 PPI 协议
	Baud	DWORD	VD、ID、QD、MD、SD、SMD、LD、AC、常数、*VD、*AC、*LD	波特率：支持的通信波特率为 1200、2400、4800、9600、19200、38400、57600、115200bit/s
	Parity	BYTE	VB、IB、QB、MB、SB、SMB、LB、AC、常数、*VD、*AC、*LD	校验方式选择： 0=无校验； 1=奇校验； 2=偶校验
	Port	BYTE	VB、IB、QB、MB、SB、SMB、LB、AC、常数、*VD、*AC、*LD	端口号：0=CPU 集成的RS-485 通信口；1=可选 CM 01 信号板

续表

子程序	输入/输出端	输入/输出端数据类型	输入/输出端操作数	输入输出功能注释
	Timeout	WORD	VW、IW、QW、MW、SW、SMW、LW、AC、常数、* VD、* AC、* LD	超时：主站等待从站响应的时间，以 ms 为单位，典型的设置值为 1000ms（1s），允许设置的范围为 1～32767。 注意：这个值必须设置足够大以保证从站有时间响应
	Error	BYTE	VB、IB、QB、MB、SB、SMB、LB、AC、* VD、* AC、* LD	初始化错误代码（只有在 Done 位为 1 时有效）： 0 = 无错误； 1 = 校验选择非法； 2 = 波特率选择非法； 3 = 超时无效； 4 = 模式选择非法； 9 = 端口无效； 10 = 信号板端口 1 缺失或未组态

（2）MBUS_MSG 指令。MBUS_MSG 指令用于启动对 Modbus 从站的请求，并处理应答。MBUS_MSG 的指令格式见表 6-5。

表 6-5　　MBUS _ MSG 的指令格式

子程序	输入/输出端	输入/输出端数据类型	输入/输出端操作数	输入输出功能注释
MBUS_MSG EN First Slave　Done RW　Error Addr Count DataPtr	EN	BOOL	I、Q、M、S、SM、T、C、V、L	使能端：必须保证每一扫描周期都被使能（使用 SM0.0）
	First	BOOL	I、Q、M、S、SM、T、C、V、L	读写请求位：每一个新的读写请求必须使用脉冲触发
	Slave	BYTE	VB、IB、QB、MB、SB、SMB、LB、AC、常数、* VD、* AC、* LD	从站地址：可选择的范围 1～247
	RW	BYTE	VB、IB、QB、MB、SB、SMB、LB、AC、常数、* VD、* AC、* LD	读写请求：0 = 读，1 = 写。注意：0 = 读，1 = 写；开关量输入和模拟量输入只支持读功能
	Addr	DWORD	VD、ID、QD、MD、SD、SMD、LD、AC、常数、* VD、* AC、* LD	读写从站的数据地址： 选择读写的数据类型，00001～0××××为开关量输出；10001～1××××为开关量输入；30001～3××××为模拟量输入；40001～4××××为保持寄存器

续表

子程序	输入/输出端	输入/输出端数据类型	输入/输出端操作数	输入输出功能注释
	Count	INT	VW、IW、QW、MW、SW、SMW、LW、AC、常数、* VD、* AC、* LD	数据个数：通信的数据个数（位或字的个数）。注意：Modbus 主站可读/写的最大数据量为 120 个字（是指每一个 MBUS_MSG 指令）
	DataPtr	DWORD	&VB	数据指针：1. 如果是读指令，读回的数据放到这个数据区中；2. 如果是写指令，要写出的数据放到这个数据区中
	Done	BOOL	I、Q、M、S、SM、T、C、V、L	完成位：读写功能完成位
	Error	BYTE	VB、IB、QB、MB、SB、SMB、LB、AC、* VD、* AC、* LD	错误代码： 只有在 Done 位为 1 时，错误代码才有效。 0 = 无错误； 1 = 响应校验错误； 2 = 未用； 3 = 接收超时（从站无响应）； 4 = 请求参数错误；（slave address，Modbus address，count，RW）； 5 = Modbus/自由口未使能； 6 = Modbus 正在忙于其他请求； 7 = 响应错误（响应不是请求的操作）； 8 = 响应 CRC 校验和错误； 101 = 从站不支持请求的功能； 102 = 从站不支持数据地址； 103 = 从站不支持此种数据类型； 104 = 从站设备故障； 105 = 从站接受了信息，但是响应被延迟； 106 = 从站忙，拒绝了该信息； 107 = 从站拒绝了信息； 108 = 从站存储器奇偶错误

2. 从站指令

从站指令有 MBUS_INIT 指令和 MBUS_SLAVE 指令 2 条。

（1）MBUS_INIT 指令。MBUS_INIT 指令用于启动、初始化或禁止 Modbus 通信。在使用 MBUS_SLAVE 指令之前，必须正确执行 MBUS_INIT 指令。MBUS_INIT 指令说明如图 6-11 所示。

（2）MBUS_SLAVE 指令。MBUS_SLAVE 指令用于 Modbus 主设备发出的请求服务，并且必须在每次扫描时执行，以便允许该指令检查和回答 Modbus 请求。MBUS_

SLAVE 指令说明如图 6-12 所示。

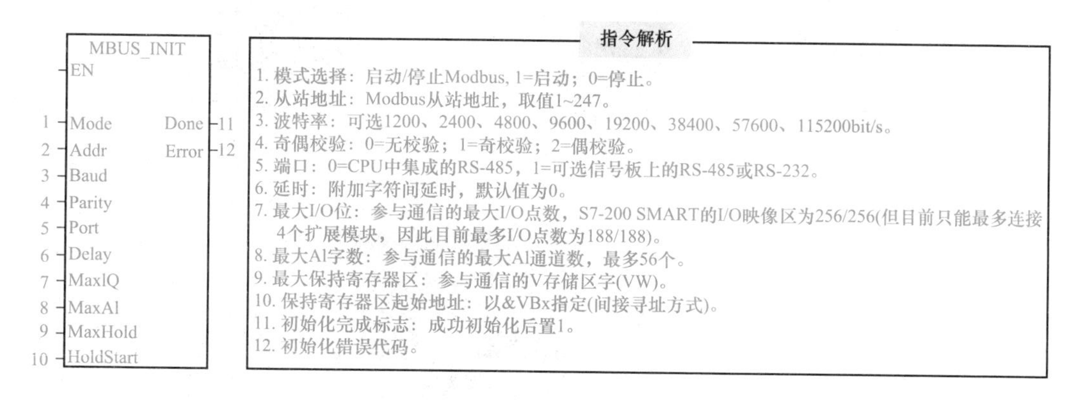

图 6-11　MBUS_INIT 指令说明

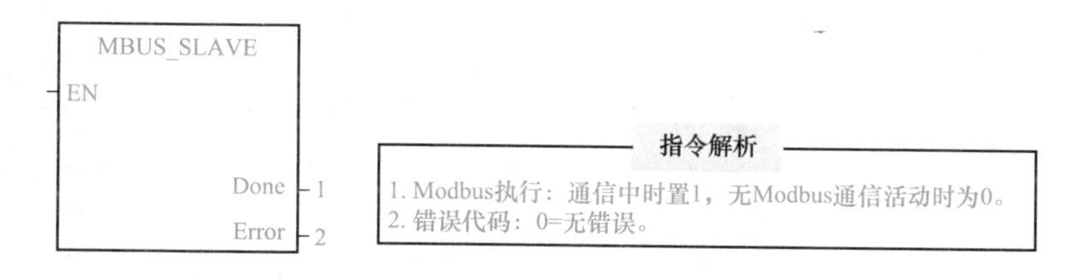

图 6-12　MBUS_SLAVE 指令说明

6.2.3　应用案例

1. 控制要求

用主站的 I0.1 控制从站 Q0.0、Q0.1 启动；用主站的 I0.2 控制从站 Q0.0、Q0.1 停止；试设计电路。

2. 硬件配置

装有 STEP 7-Micro/WIN SMART V2.2 编程软件的计算机 1 台；CPU ST30 1 台；CPU ST20 1 台；以太网线 3 根；交换机 1 台；RS-485 简易通信线 1 根（两边都是 DB9 插件，分别连接 3，8 端）。

3. 硬件连接

两台 S7-200 SMART 的硬件连接如图 6-13 所示。

4. 主站编程

应用案例主站程序如图 6-14 所示。

Modbus 主站指令库查找方法和库存储器分配如图 6-15 所示。

5. 从站编程

应用案例从站程序如图 6-16 所示。

以太网线
以太网线
CPU ST30
交换机
从站：192.168.2.30
CPU ST20
主站：192.168.2.20
以太网线
IP：192.168.2.1

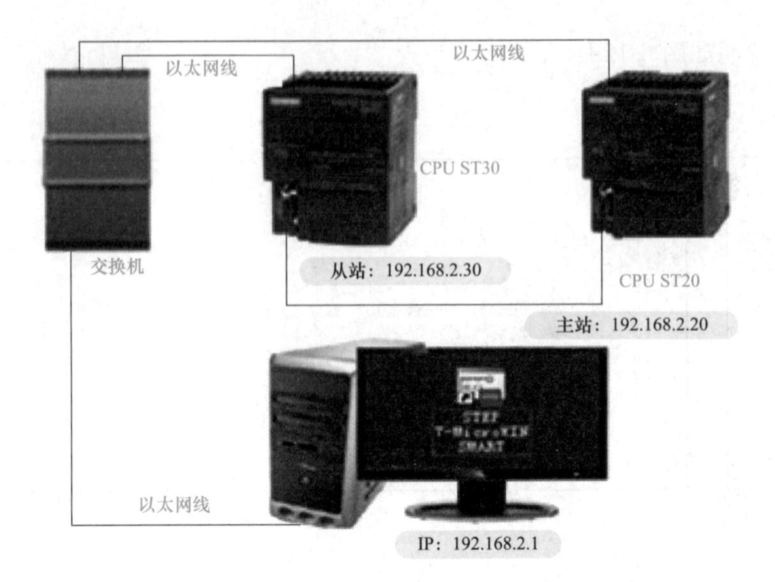

图 6-13　两台 S7-200 SMART 的硬件连接

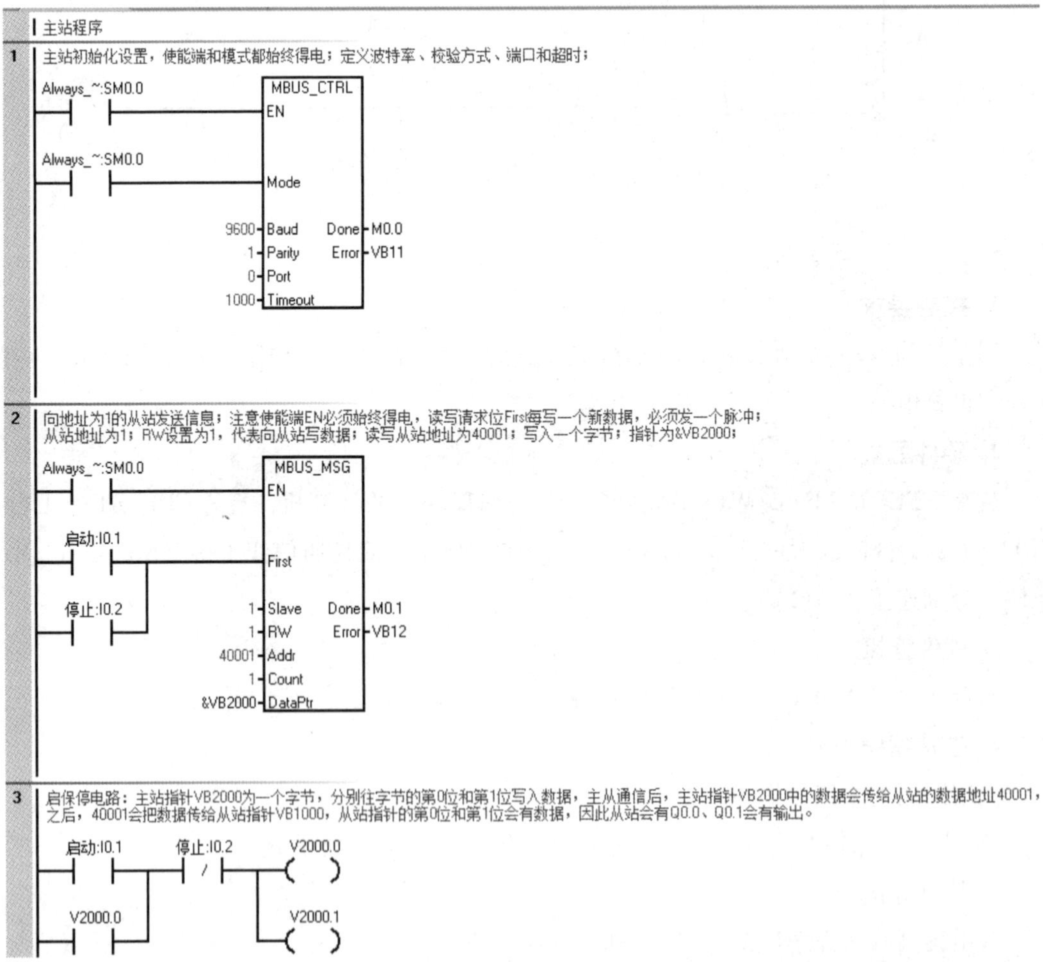

主站程序
1
主站初始化设置，使能端和模式都始终得电；定义波特率、校验方式、端口和超时；
Always_~:SM0.0
MBUS_CTRL
EN
Always_~:SM0.0
Mode
9600 Baud Done M0.0
1 Parity Error VB11
0 Port
1000 Timeout
2
向地址为1的从站发送信息；注意使能端EN必须始终得电，读写请求位First每写一个新数据，必须发一个脉冲；
从站地址为1；RW设置为1，代表向从站写数据；读写从站地址为40001；写入一个字节；指针为&VB2000；
Always_~:SM0.0
MBUS_MSG
EN
启动:I0.1
First
停止:I0.2
1 Slave Done M0.1
1 RW Error VB12
40001 Addr
1 Count
&VB2000 DataPtr
3
启保停电路：主站指针VB2000为一个字节，分别往字节的第0位和第1位写入数据，主从通信后，主站指针VB2000中的数据会传给从站的数据地址40001，
之后，40001会把数据传给从站指针VB1000，从站指针的第0位和第1位会有数据，因此从站会有Q0.0、Q0.1会有输出。
启动:I0.1
停止:I0.2
V2000.0
V2000.0
V2000.1

图 6-14　应用案例主站程序

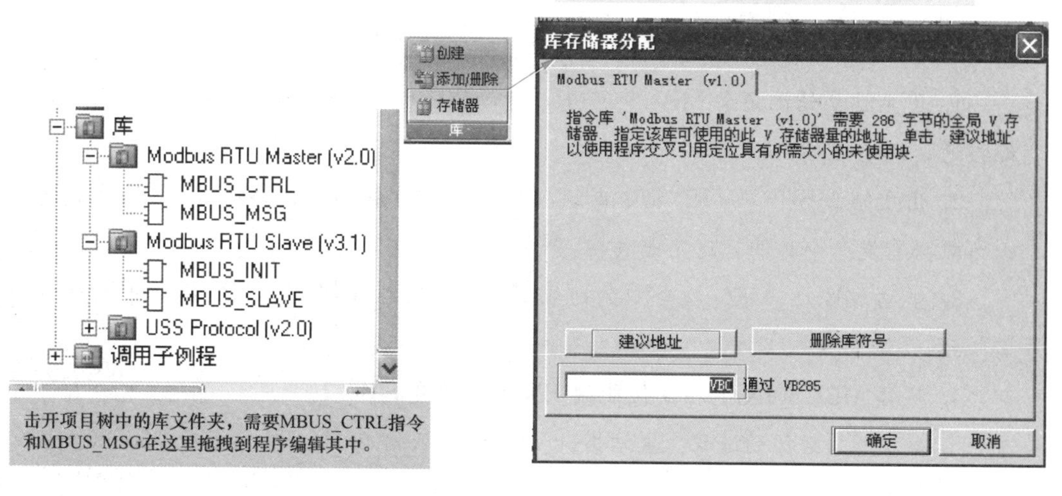

图 6-15　主站指令库查找方法和库存储器分配

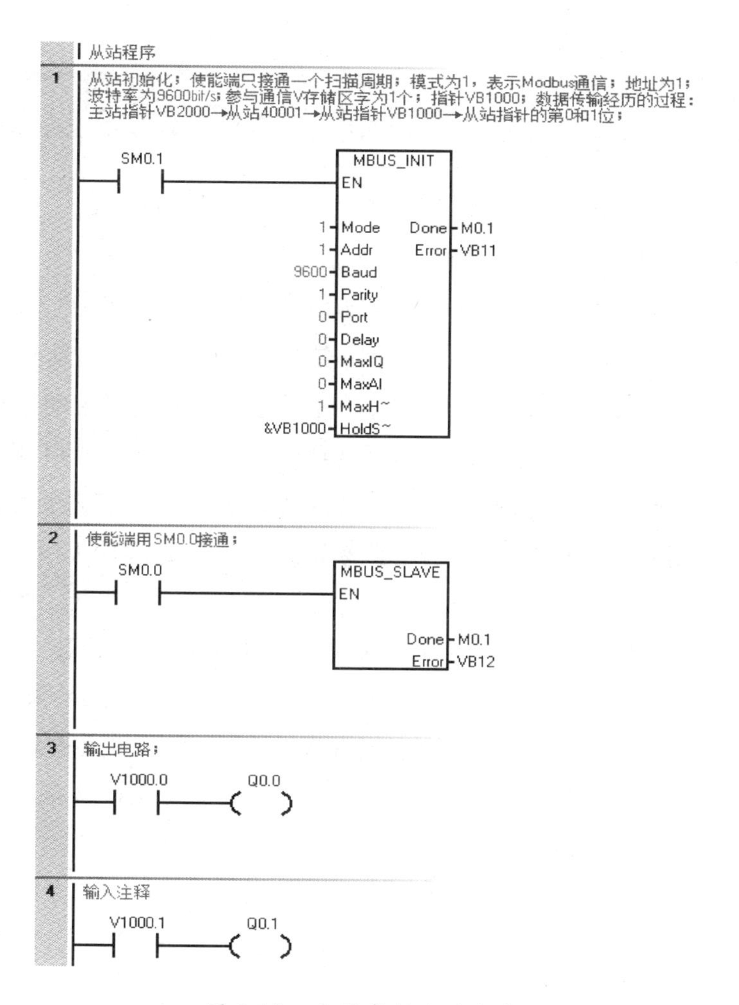

图 6-16　应用案例从站程序

编者有料

S7-200 SMART PLC Modbus 通信的几个注意点：

1. 用主站初始化指令 MBUS_CTRL 时，使能端 EN 和模式选择 Mode 均需始终接通，故连接 SM0.0。

2. 用主站 MBUS_CTRL 指令时，使能端需始终接通；读写请求位 First 每写一个数据需发一个脉冲，这个是关键。

3. 主站 MBUS_MSG 指令中的地址 Slave 和从站 MBUS_INIT 指令中的地址需一致。

4. 从站 MBUS_INIT 指令使能端 EN 连接的是 SM0.1。

5. 数据传输经历的过程：主站指针 VB2000→从站 40001→从站指针 VB1000→从站指针的第 0 和 1 位。

6.3 S7-200 SMART PLC 基于以太网的 S7 通信及案例

6.3.1 S7-200 SMART PLC 基于以太网的 S7 通信简介

以太网通信在工业控制中应用广泛，固件版本 V2.0 及以上 S7-200 SMART PLC 提供了 GET/PUT 指令和向导，用于 S7-200 SMART PLC 之间的以太网 S7 通信。

S7-200 SMART PLC 以太网端口同时具有 8 个 GET/PUT 主动连接资源和 8 个 GET/PUT 被动连接资源。所谓的 GET/PUT 主动连接资源用于主动建立与远程 CPU 的通信连接，并对远程 CPU 进行数据读/写操作；所谓的 GET/PUT 被动连接资源用于被动地接受远程 CPU 的通信连接请求，并接受远程 CPU 对其进行数据读/写操作。调用 GET/PUT 指令的 CPU 占用主动连接资源；相应的远程 CPU 占用被动连接资源。

8 个 GET/PUT 主动连接资源，同一时刻最多能对 8 个不同 IP 地址的远程 CPU 进行 GET/PUT 指令的调用；同一时刻对同一个远程 CPU 的多个 GET/PUT 指令的调用，只会占用本地 CPU 的一个主动连接资源，本地 CPU 与远程 CPU 之间只会建立一条连接通道，同一时刻触发的多个 GET/PUT 指令将会在这条连接通道上顺序执行。

8 个 GET/PUT 被动连接资源，S7-200 SMART CPU 调用 GET/PUT 指令，执行主动连接的同时，也可以被动地被其他远程 CPU 进行通信读/写。

6.3.2　GET/PUT 指令

GET/PUT 指令用于 S7-200 SMART PLC 间的以太网通信，其指令说明见表 6-6。GET/PUT 指令参数 TABLE 的定义见表 6-7，用于定义远程 CPU 的 IP 地址、本地 CPU 和远程 CPU 的通信数据区域及长度。

特别需要说明的是，GET/PUT 指令只需要在主动建立连接的 CPU 中调用执行，被动建立连接的 CPU 不需进行通信编程。

表 6-6　　GET/PUT 指令说明

指令名称	梯形图	语句表	指令功能
PUT 指令	PUT EN　ENO TABLE	PUT TABLE	PUT 指令启动以太网端口上的通信操作，将数据写入远程设备。PUT 指令可向远程设备写入最多 212 个字节的数据
GET 指令	GET EN　ENO TABLE	GET TABLE	GET 指令启动以太网端口上的通信操作，从远程设备获取数据。GET 指令可从远程设备读取最多 222 个字节的数据

表 6-7　　GET/PUT 指令参数 TABLE 的定义

字节偏移量	Bit 7	Bit 6	Bit 5	Bit 4	Bit 3	Bit 2	Bit 1	Bit 0
0	D	A	E	0	错误代码			
1	远程 CPU 的 IP 地址							
2								
3								
4								
5	预留（必须设置为 0）							
6	预留（必须设置为 0）							
7	指向远程 CPU 通信数据区域的地址指针（允许数据区域包括：I、Q、M、V）							
8								
9								
10								
11	通信数据长度							
12	指向本地 CPU 通信数据区域的地址指针（允许数据区域包括：I、Q、M、V）							
13								

续表

字节偏移量	Bit 7	Bit 6	Bit 5	Bit 4	Bit 3	Bit 2	Bit 1	Bit 0
14	指向本地 CPU 通信数据区域的地址指针（允许数据区域包括：I、Q、M、V）							
15								
备注 D：通信完成标志位，通信已经成功完成或者通信发生错误。 A：通信已经激活标志位。 E：通信发生错误。 通信数据长度：需要访问远程 CPU 通信数据的字节个数，PUT 指令可向远程设备写入最多 212 个字节的数据，GET 指令可从远程设备读取最多 222 个字节的数据。								

6.3.3 GET/PUT 指令应用案例

1. 控制要求

通过以太网通信，把本地 CPU1（ST20）中的数据 3 写入远程 CPU2（ST30）中；把远程 CPU2（ST30）中的数据 2 读到 CPU1（ST20）中；试设计程序。

2. 硬件配置

装有 STEP 7-Micro/WIN SMART V2.2 编程软件的计算机 1 台；CPU ST30 1 台；CPU ST20 1 台；以太网线 3 根；交换机 1 台。

3. 硬件连接

两台 S7-200 SMART PLC 以太网通信的硬件连接如图 6-17 所示。

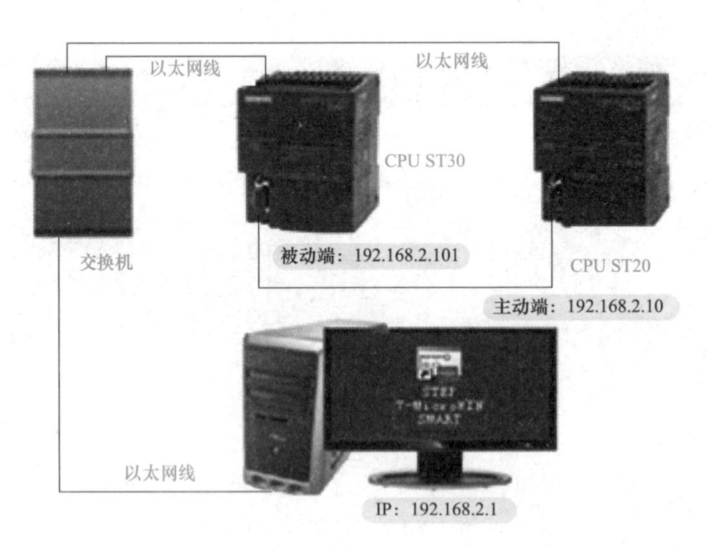

图 6-17　两台 S7-200 SMART PLC 以太网通信的硬件连接

4. 主站编程

GET/PUT 指令应用案例主动端程序如图 6-18 所示。

5. 从站编程

GET/PUT 指令应用案例被动端程序如图 6-19 所示。

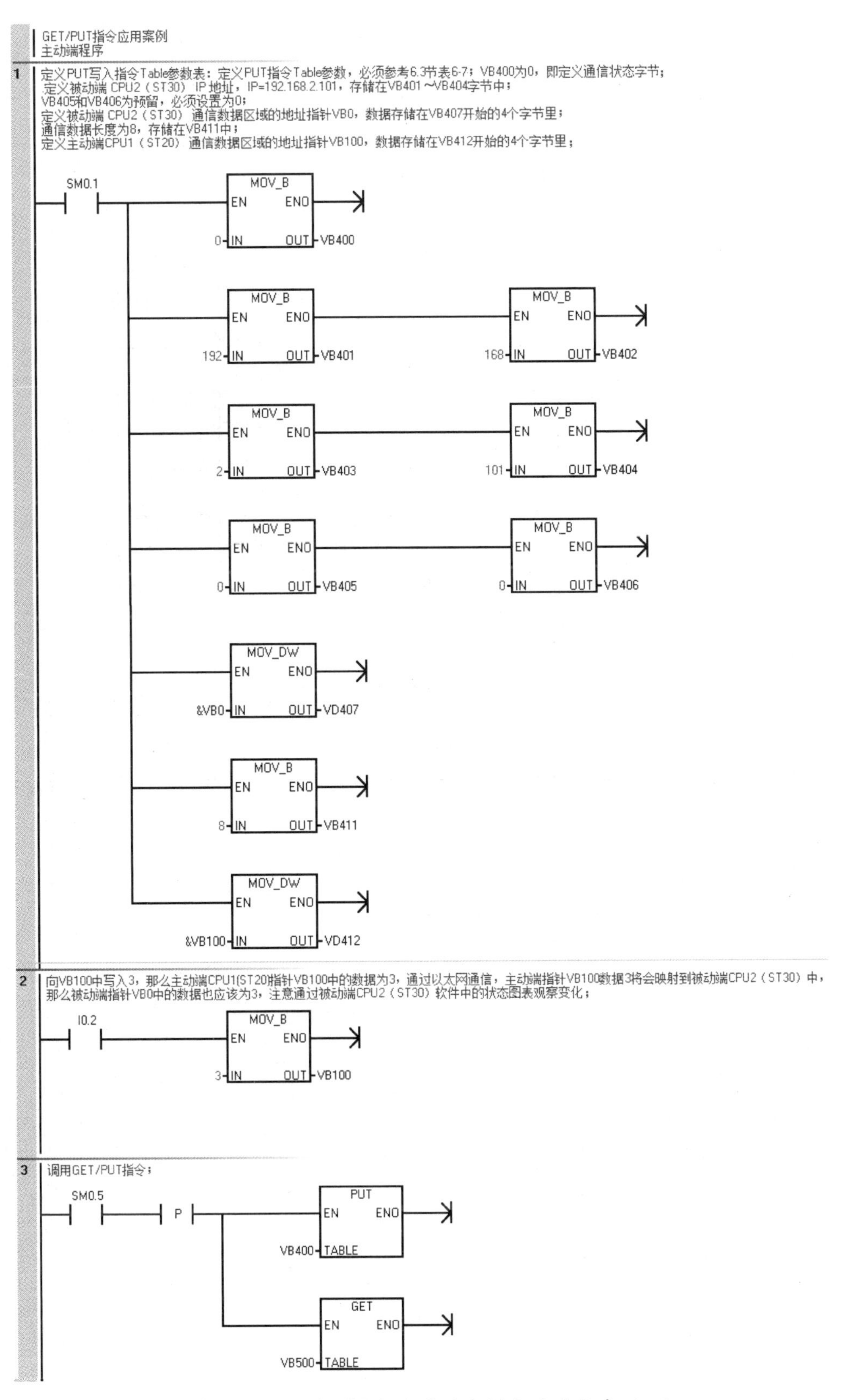

图 6-18　GET/PUT 指令应用案例主动端程序（一）

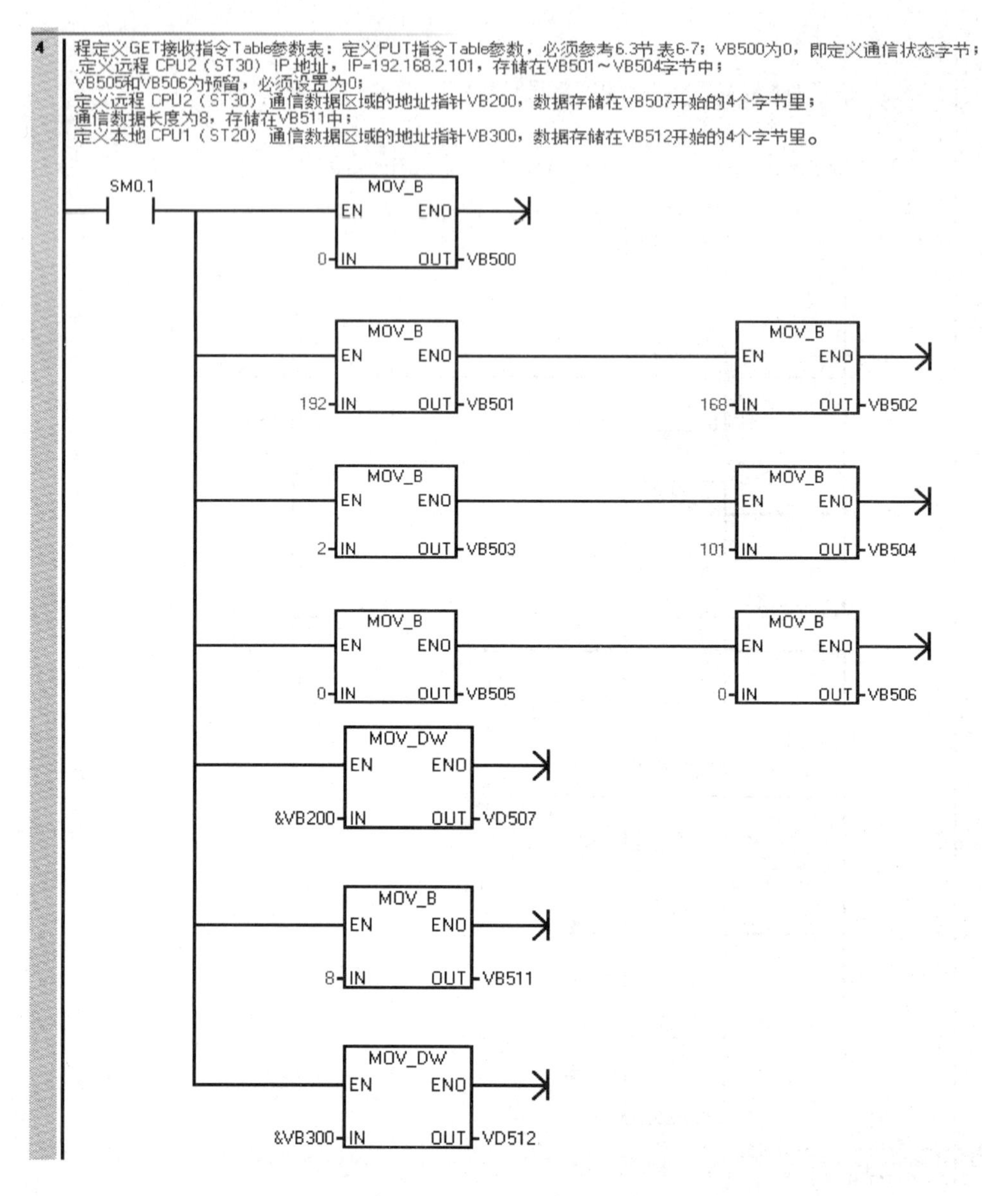

图 6-18 GET/PUT 指令应用案例主动端程序（二）

被动端程序

1

向VB200中写入2，那么被动端CPU2(ST30)指针VB200中的数据为2，通过以太网通信，
被动端指针VB200数据2将会映射到被动端CPU1（ST20）中，
那么主动端指针VB300中的数据也应该为2，
注意通过主动端CPU1（ST20）软件中的状态图表观察变化；

CPU_输入3:I0.3

MOV_B

EN ENO

2 IN OUT VB200

图 6-19 GET/PUT 指令应用案例被动端程序

6. 主动端和被动端的状态图表

主动端和被动端的状态图表如图 6-20 所示。

向VB200中写入2，那么被动端CPU2(ST30)指针VB200中的数据为2，通过以太网通信，被动端指针VB200数据2将会映射到被动端CPU1(ST20)中，那么主动端指针VB300中的数据也应该为2，注意通过主动端CPU1(ST20)软件中的状态图表观察变化

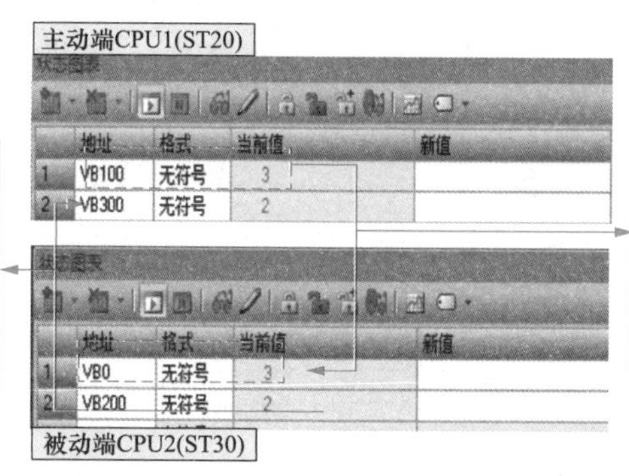

向VB100中写入3，那么主动端CPU1(ST20)指针VB100中的数据为3，通过以太网通信，主动端指针VB100数据3将会映射到被动端CPU2(ST30)中，那么被动端指针VB0中的数据也应该为3，注意通过被动端CPU2(ST30)软件中的状态图表观察变化

图 6-20 GET/PUT 指令应用案例状态图表

◆ 编者有料 ◆

S7-200 SMART PLC 用 GET/PUT 指令实现以太网通信的几点心得：

1. 无论是编写 PUT 写入程序，还是编写 GET 读取程序，都需严格按照 6.3 节表 6-7 进行的设置。

2. 主动端调用 GET/PUT 指令，被动端无需调用。

3. GET/PUT 指令的使能端 EN 必须连接脉冲，保证实时发送数据。

4. 要会巧妙运用状态图表观察相应的数据变化。

6.3.4 使用 GET/PUT 向导编程示例

将 6.3.3 的案例，试着用 GET/PUT 向导来编程。

1. GET/PUT 向导步骤及主动端程序

与使用 GET/PUT 指令编程相比，使用 GET/PUT 向导编程，可以简化编程步骤。GET/PUT 向导最多允许组态 16 项独立 GET/PUT 操作，并生成代码块来协调这些操作。

（1）打开 STEP 7 Micro/WIN SMART V2.2，在“工具”菜单的“向导”区域单击“GET/PUT”按钮，启动 GET/PUT 向导，如图 6-21 所示。单击“项目树”中的“向导”加号，之后双击“GET/PUT”按钮 GET/PUT，也可以启动 GET/PUT 向导。

（2）在弹出的“GET/PUT 向导”界面中添加操作步骤名称并添加注释，如图 6-22 所示。

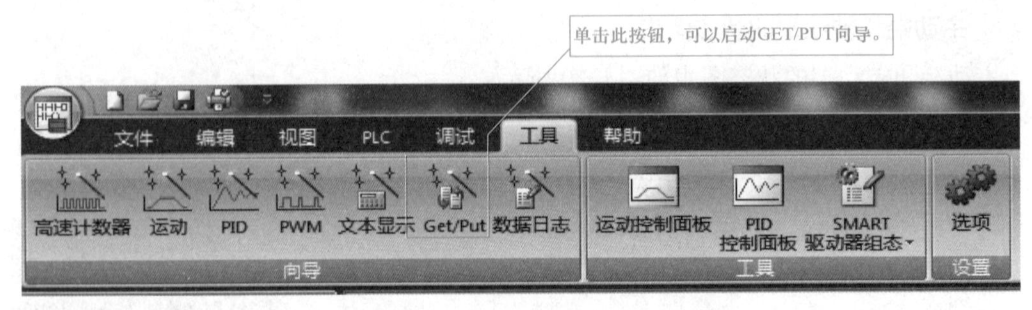

图 6-21　启动 GET/PUT 向导的方法

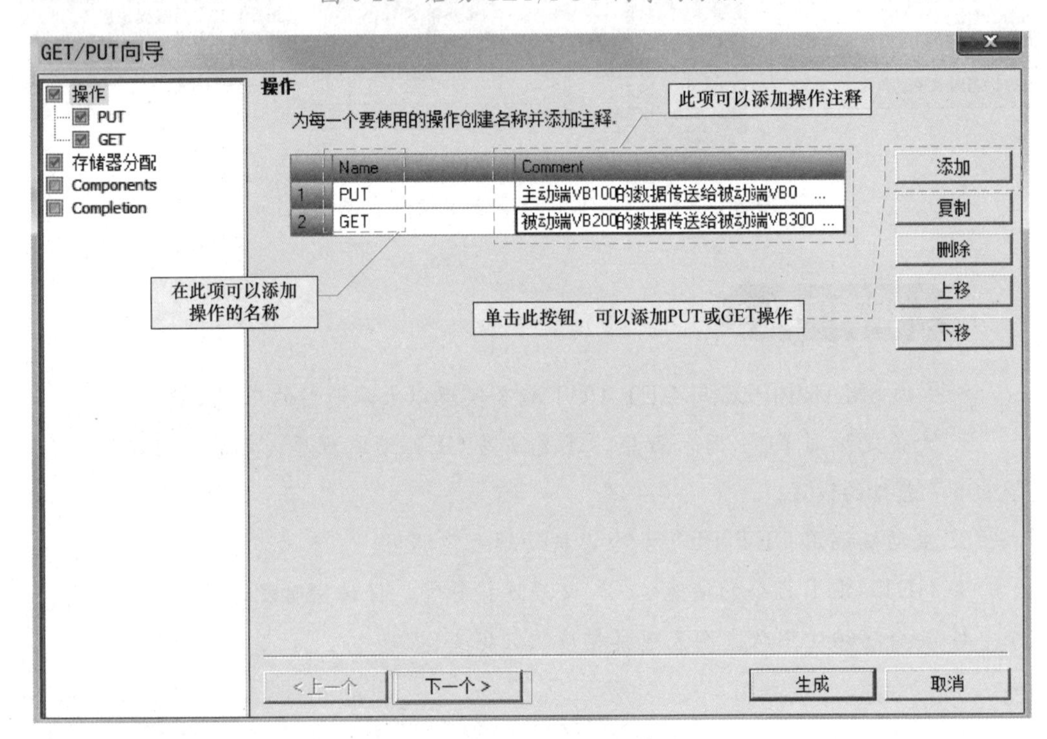

图 6-22　添加操作名称和注释

（3）定义 PUT 操作，如图 6-23 所示。

（4）定义 GET 操作，如图 6-24 所示。

（5）定义 GET/PUT 向导存储器地址分配，如图 6-25 所示。

（6）定义 GET/PUT 向导存储器地址分配后，单击“下一个”，会进入组件界面，如图 6-26 所示。

（7）在“组件”界面，单击“下一个”，会进入向导完成界面，单击“生成”按钮，在项目树的“调用子例程”中，将自动生成网络读写指令，使用时，将其拖拽到主程序中，调用该指令即可。主动端 CPU1（ST20）的程序如图 6-27 所示。

2. 被动端程序

被动端 CPU2（ST30）的程序如图 6-28 所示。和 GET/PUT 指令案例一样，主动端能调用 GET/PUT 向导，被动端无需调用 GET/PUT 向导。

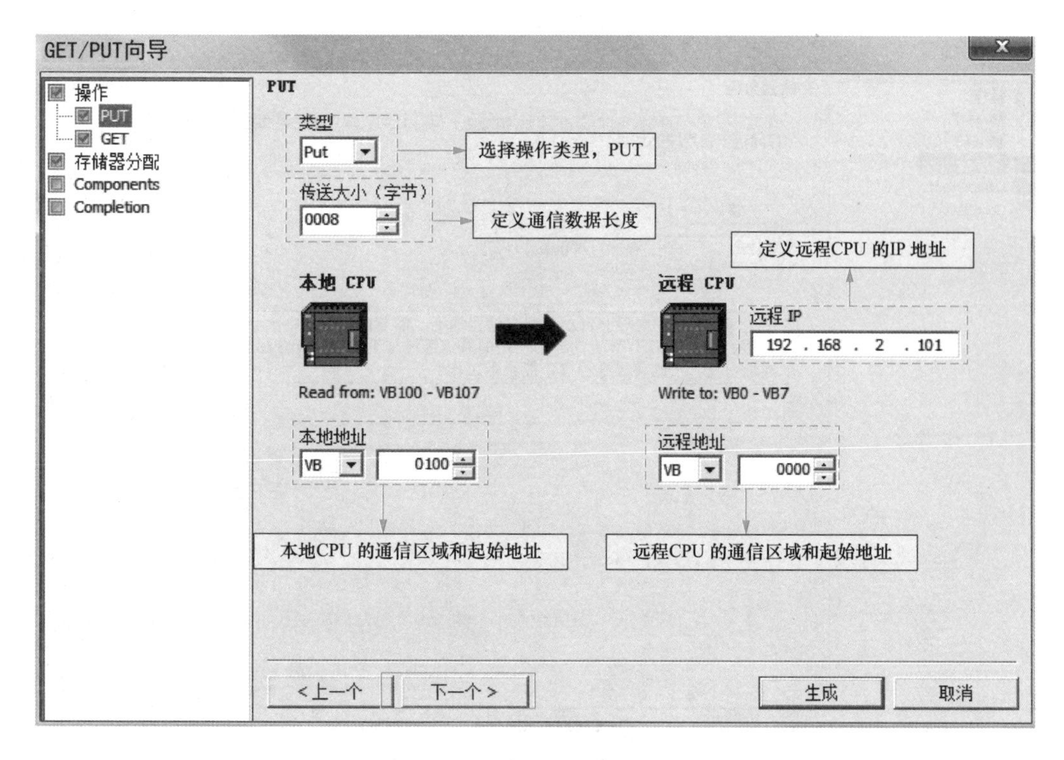

图 6-23　定义 PUT 操作

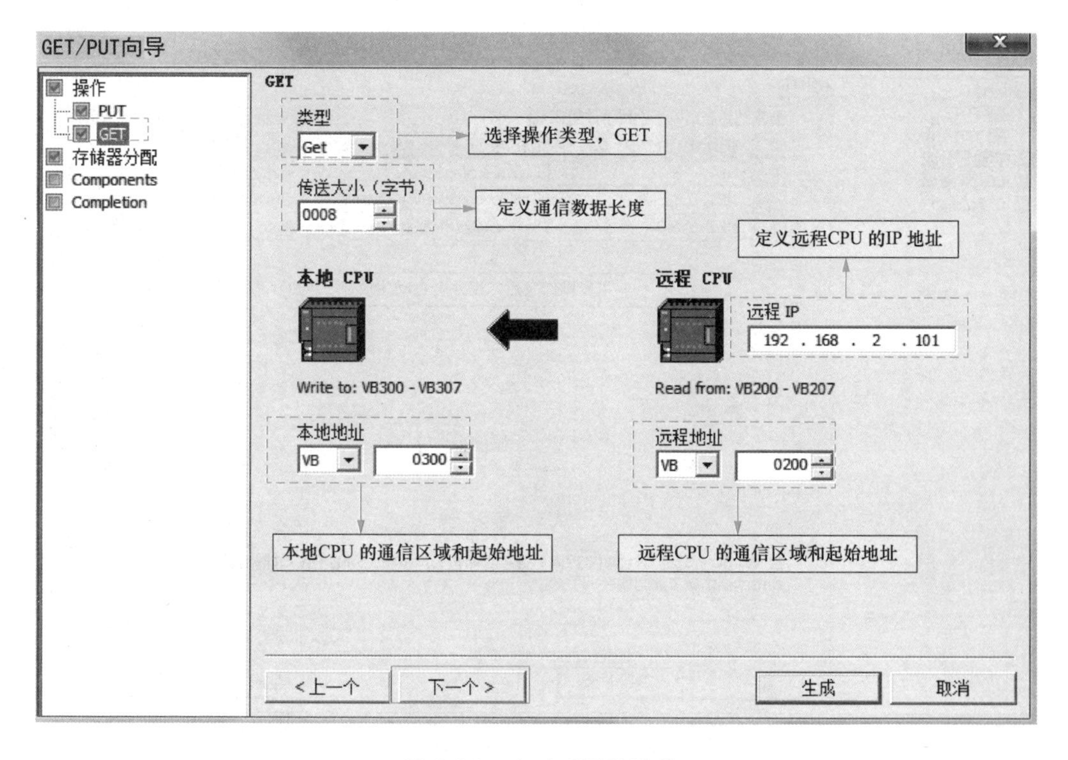

图 6-24　定义 GET 操作

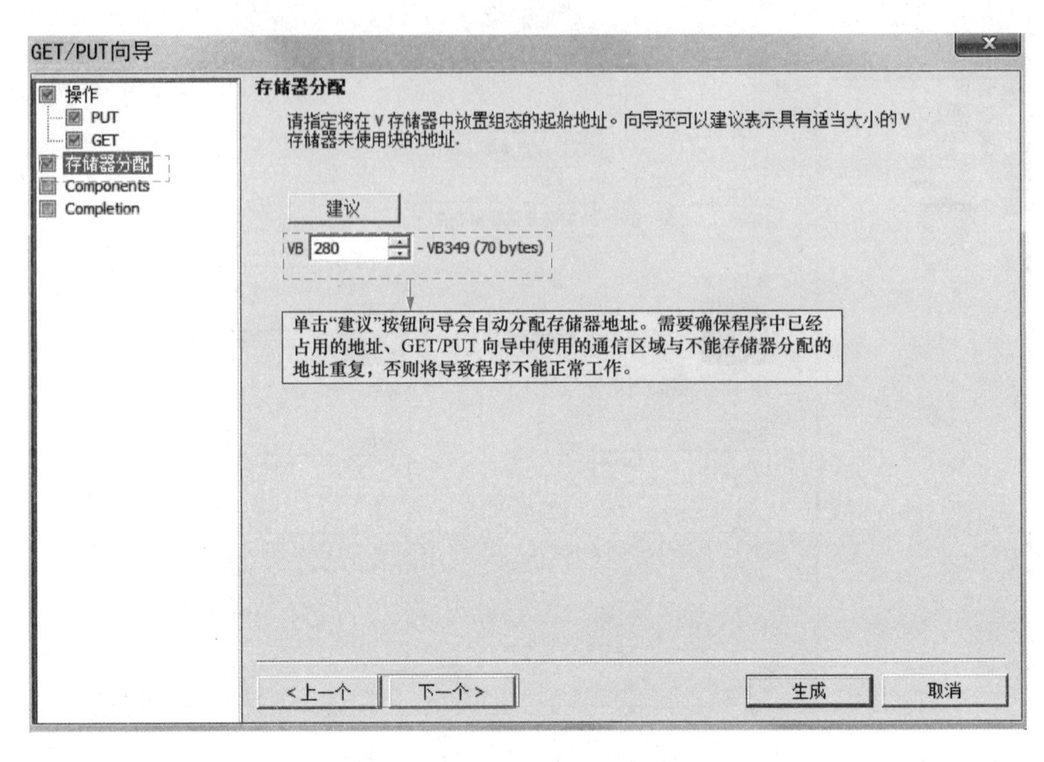

图 6-25　定义 GET/PUT 向导存储器地址分配

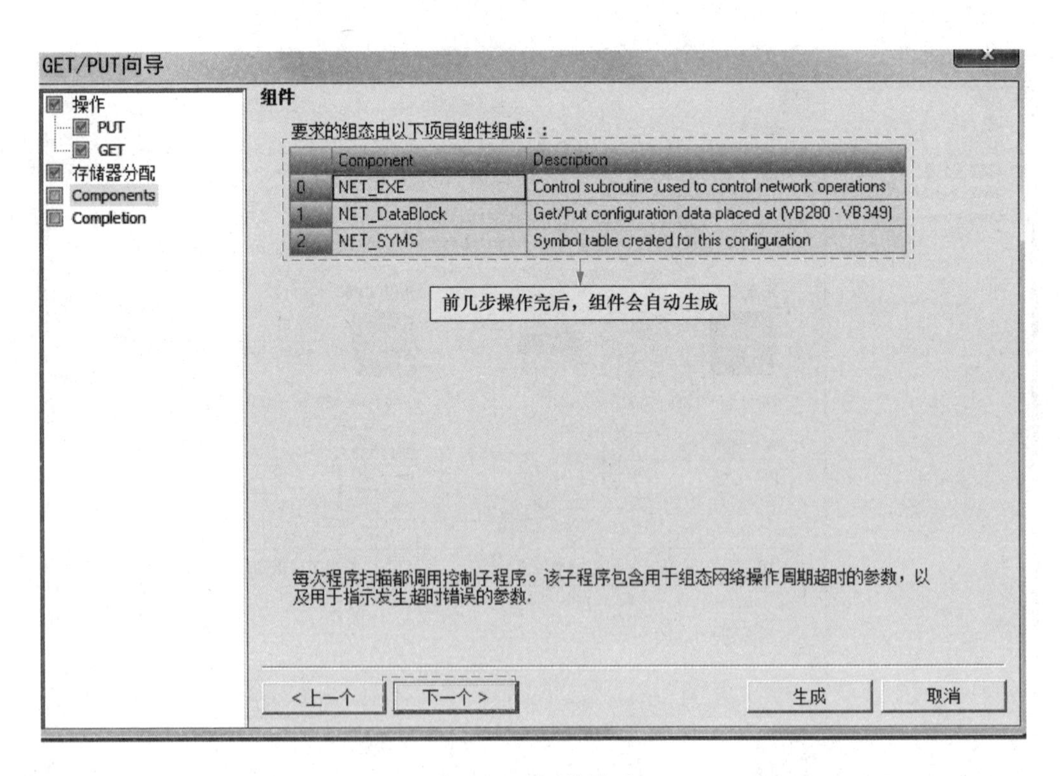

图 6-26　组件界面

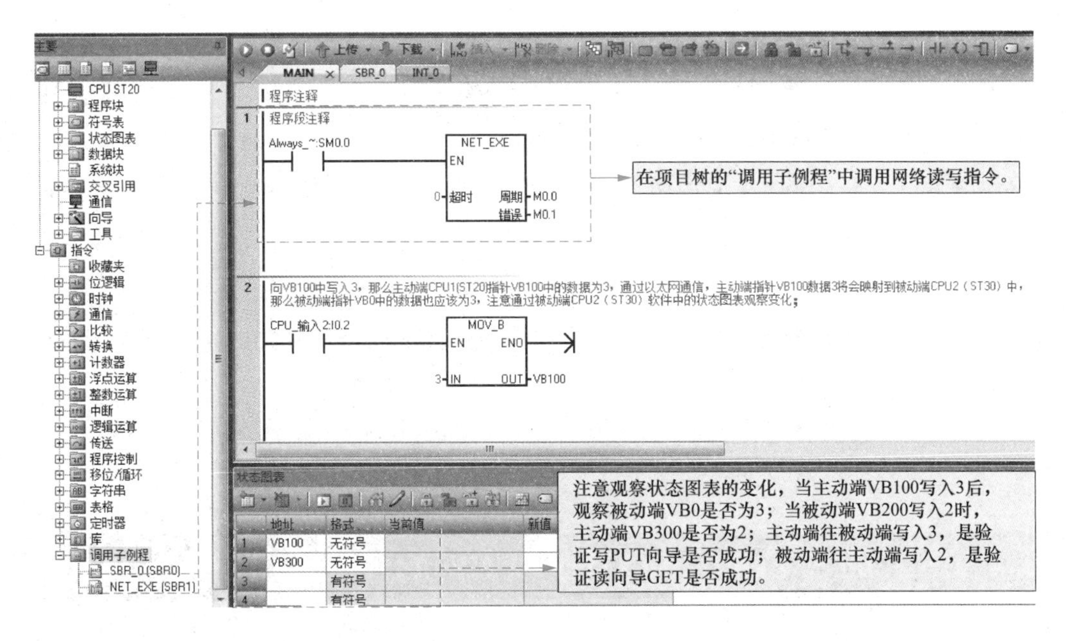

图 6-27　主动端 CPU1（ST20）的程序

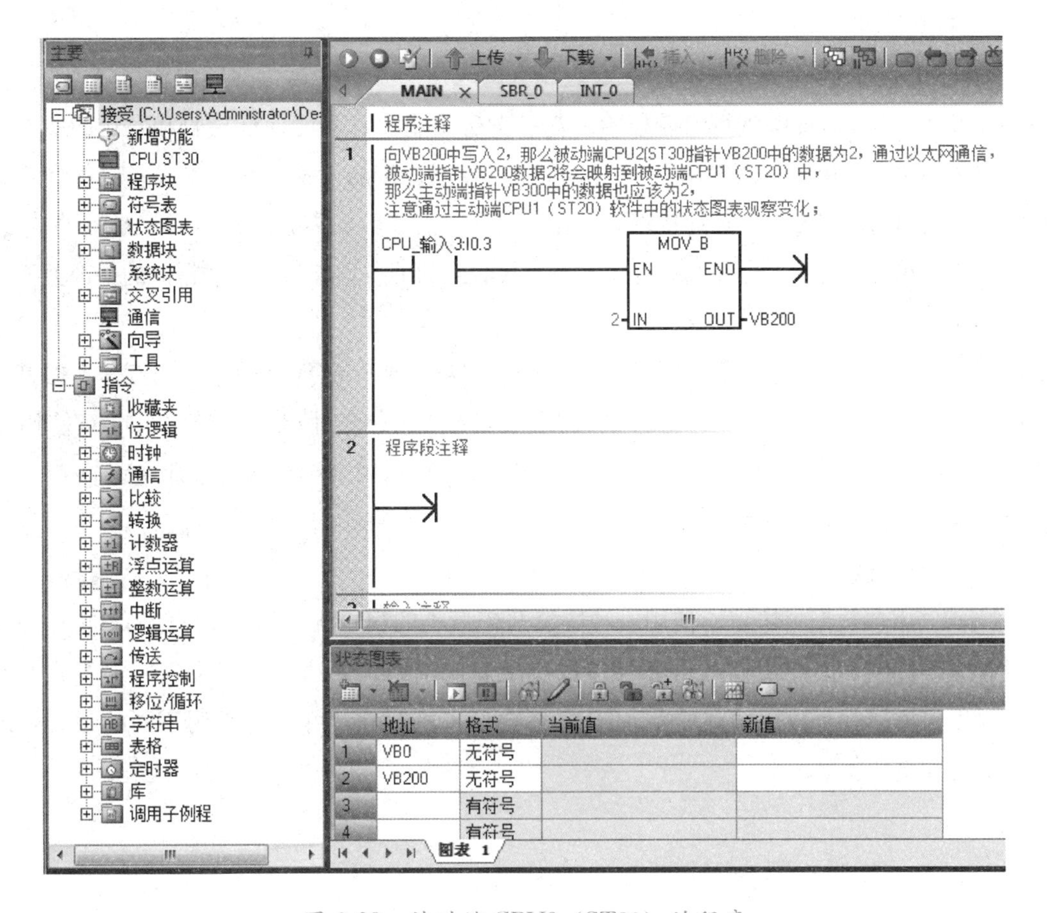

图 6-28　被动端 CPU2（ST30）的程序

编者有料

1. S7-200 SMART PLC 以太网通信使用 GET/PUT 指令和 GET/PUT 向导，有异曲同工之妙，但是 GET/PUT 指令程序较复杂，向导较简单，编程时建议使用 GET/PUT 向导。

2. 使用 GET/PUT 向导，必须进行储存器地址分配，否则会出错。

3. 主动端可以调用 GET/PUT 指令或向导，被动端无需调用 GET/PUT 指令或向导。

6.4 S7-200 SMART PLC 基于以太网的开放式用户通信及案例

6.4.1 开放式用户通信的相关协议简介

1. TCP 协议

TCP 是一个因特网核心协议。在通过以太网通信的主机上运行的应用程序之间，TCP 提供了可靠、有序并能够进行错误校验的消息发送功能。TCP 能保证接收和发送的所有字节内容和顺序完全相同。TCP 协议在主动设备（发起连接的设备）和被动设备（接受连接的设备）之间创建连接。一旦连接建立，任一方均可发起数据传送。TCP 协议是一种“流”协议。这意味着消息中不存在结束标志。所有接收到的消息均被认为是数据流的一部分。

2. ISO-on-TCP 协议

ISO-on-TCP 是一种使用 RFC 1006 的协议扩展。ISO-on-TCP 的主要优点是数据有一个明确的结束标志，可以知道何时接收到了整条消息。S7 协议（GET/PUT）使用了 ISO-on-TCP 协议。ISO-on-TCP 仅使用 102 端口，并利用 TSAP（传输服务访问点）将消息路由至适当接收方（而非 TCP 中的某个端口）。

3. UDP 协议

UDP（用户数据报协议）使用一种协议开销最小的简单无连接传输模型。UDP 协议中没有握手机制，因此协议的可靠性仅取决于底层网络。无法确保对发送、定序或重复消息提供保护。对于数据的完整性，UDP 还提供了校验和，并且通常用不同的端口号来寻址不同连接伙伴。

6.4.2 开放式用户通信（OUC）指令

S7-200 SMART PLC 之间的开放式用户通信可以通过调用开放式用户通信（OUC）指令库中的相关指令来实现。开放式用户通信（OUC）指令库在 STEP 7-Micro/WIN SMART

编程软件“项目树”的库中，包含的指令有 TCP_CONNECT、ISO_CONNECT、UDP_CONNECT、TCP_SEND、TCP_RECV、UDP_SEND、UDP_RECV 和 DISCONNECT，如图 6-29 所示。

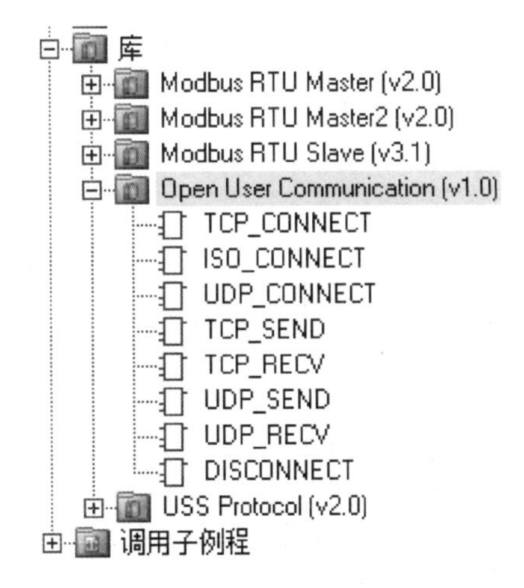

图 6-29 开放式用户通信（OUC）指令库

1. TCP_CONNECT 指令

TCP_CONNECT 指令用于创建从 CPU 到通信伙伴的 TCP 通信连接，TCP_CONNECT 指令如图 6-30 所示，其参数解析如下。

2. ISO_CONNECT 指令

ISO_CONNECT 指令用于创建从 CPU 到通信伙伴的 ISO-on-TCP 连接，ISO_CONNECT 指令如图 6-31 所示，其参数解析如下。

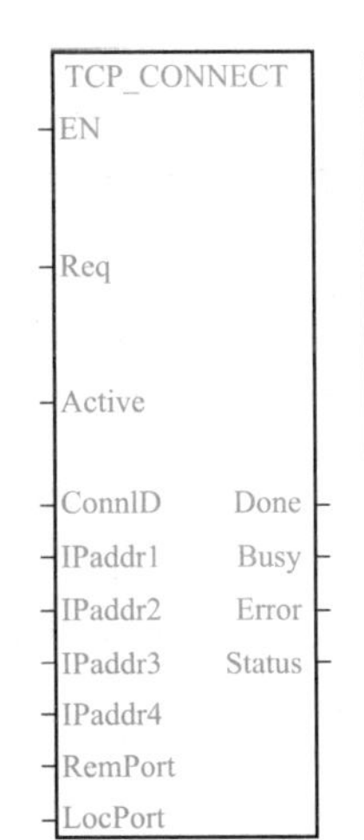

TCP_CONNECT指令参数解析

(1) 输入参数。
1) EN：使能输入，数据类型为BOOL。
2) Req：脉冲触发，数据类型为BOOL。
3) Active：TURE =主动连接（客户端）；FALSE=被动连接（服务器）。数据类型为BOOL。
4) ConnID：连接ID为连接标识符，可能范围为0~65534。数据类型为WORD。
5) IPaddr1~IPaddr4：IP地址的4个8位字节。IPaddr1是IP地址的最高有效字节。
6) IPaddr4是IP地址的最低有效字节。数据类型为BYTE。
7) RemPort：远程设备上的端口号。远程端口号范围为1~49151，对于被动连接，可使用零。数据类型为WORD。
8) LocPort：本地设备端口号。对于被动连接，本地端口号必须唯一（不重复）。数据类型为WORD。本地端口号的规则如下：①有效端口号范围为1~49151；②不能使用端口号20、21、25、80、102、135、161、162、443以及34962~34964，这些端口具有特定用途；③建议采用的端口号范围为2000~5000。
(2) 输出参数。
1) Done：当连接操作完成且没有错误时，指令置位Done输出。数据类型为BOOL。
2) Busy：当连接操作正在进行时，指令置位Busy输出。数据类型为BOOL。
3) Error：当连接操作完成但发生错误时，指令置位Error输出。数据类型为BOOL。
4) Status：如果指令置位Error输出，Status输出会显示错误代码；如果指令置位Busy或Done输出，Status为零（无错误）。数据类型为BYTE。

图 6-30 TCP_CONNECT 指令

ISO_CONNECT
EN
Req
Active
ConnID
IPaddr1
IPaddr2
IPaddr3
IPaddr4
RemTsap
LocTsao
Done
Busy
Error
Status

ISO_CONNECT指令参数解析

(1) 输入参数。
1) EN：使能输入。数据类型为BOOL。
2) Req：沿触发。数据类型为BOOL。
3) Active：TURE=主动连接（客户端）；FALSE=被动连接（服务器）。数据类型为BOOL。
4) ConnID：连接ID为连接标识符，可能范围为0~65534。数据类型为WORD。
5) IPaddr1~IPaddr4：IP地址的4个8位字节。IPaddr1是IP地址的最高有效字节。
6) IPaddr4是IP地址的最低有效字节。数据类型为BYTE。
7) RemTsap：RemPort是远程TSAP字符串。数据类型为DWORD。
8) LocTsap：LocPort是本地TSAP字符串。数据类型为DWORD。
(2) 输出参数。
1) Done：当连接操作完成且没有错误时，指令置位Done输出。数据类型为BOOL。
2) Busy：当连接操作正在进行时，指令置位Busy输出。数据类型为BOOL。
3) Error：当连接操作完成但发生错误时，指令置位Error输出。数据类型为BOOL。
4) Status：如果指令置位Error输出，Status输出会显示错误代码。如果指令置位Busy或Done输出，Status为零（无错误）。数据类型为BYTE。

图 6-31 ISO_CONNECT 指令

3. UDP_CONNECT 指令

UDP_CONNECT 指令用于创建从 CPU 到通信伙伴的 UDP 连接，UDP_CONNECT 指令格式，如图 6-32 所示，其参数解析如下。

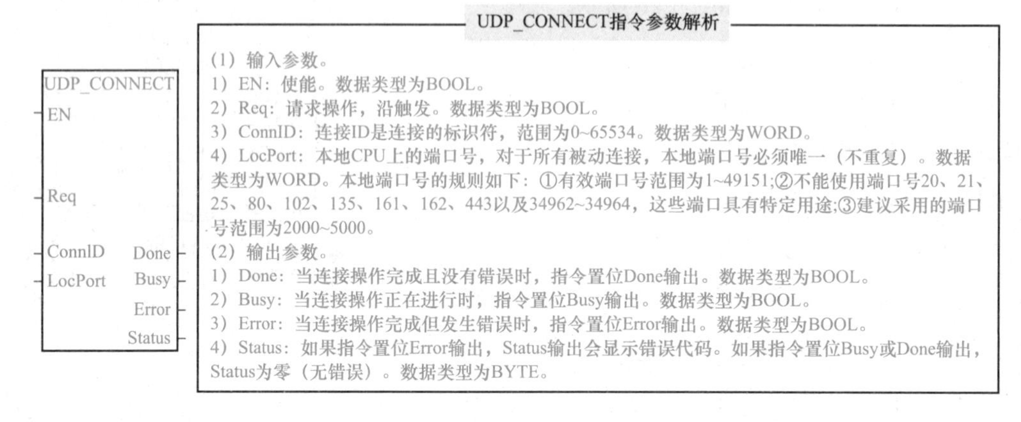

图 6-32 UDP_CONNECT 指令

4. TCP_SEND 指令

TCP_SEND 指令发送用于 TCP 和 ISO-on-TCP 连接的数据，TCP_SEND 指令如图 6-33 所示，其参数解析如下。

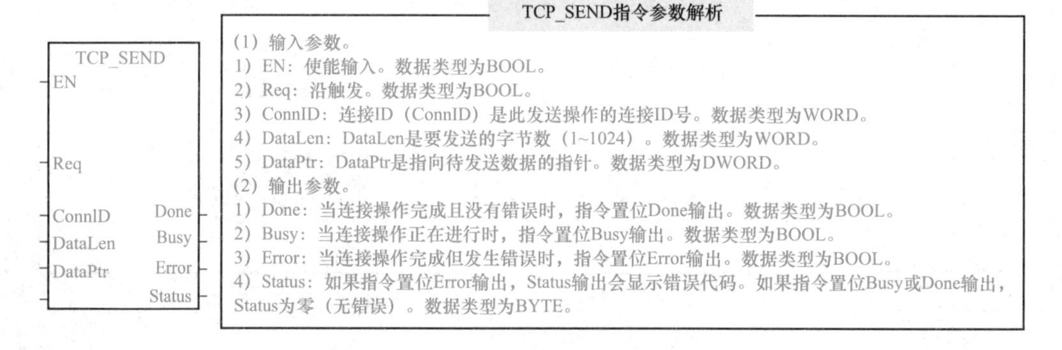

图 6-33 TCP_SEND 指令

5. TCP_RECV 指令

TCP_RECV 指令接受用于 TCP 和 ISO-on-TCP 连接的数据，TCP_RECV 指令如图 6-34 所示，其参数解析如下。

6. UDP_SEND 指令

UDP_SEND 指令发送用于 UDP 连接的数据，UDP_SEND 指令如图 6-35 所示，其参数解析如下。

7. UDP_RECV 指令

UDP_RECV 指令接收用于 UDP 连接的数据，UDP_RECV 指令如图 6-36 所示，其参数解析如下。

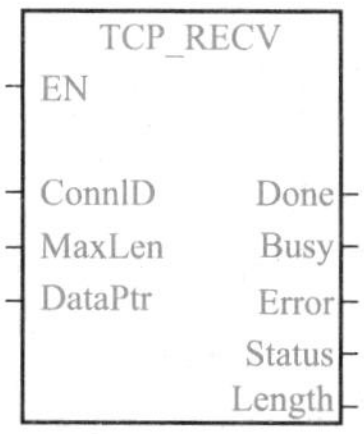

TCP_RECV
EN
ConnID　Done
MaxLen　Busy
DataPtr　Error
Status
Length

TCP_RECV指令参数解析

(1) 输入参数。
1) EN：使能输入。数据类型为BOOL。
2) ConnID：连接ID（ConnID）是此发送操作的连接ID号。数据类型为WORD。
3) MaxLen：接收的最大字节数（1~1024）。数据类型为WORD。
4) DataPtr：指向接收数据存储位置的指针。数据类型为WORD。
(2) 输出参数。
1) Length：实际接收的字节数。仅当指令置位Done或Error输出时，Length才有效。如果指令置位Done输出，则指令接收整条消息。如果指令置位Error输出，则消息超出缓冲区大小（MaxLen）并被截短。数据类型为WORD。
2) Done：当接受操作完成且没有错误时，指令置位Done输出。数据类型为BOOL。
3) Busy：当接受操作正在进行时，指令置位Busy输出。数据类型为BOOL。
4) Error：当接受操作完成但发生错误时，指令置位Error输出。数据类型为BOOL。
5) Status：如果指令置位Error输出，Status输出会显示错误代码。如果指令置位Busy或Done输出，Status为零（无错误）。数据类型为BYTE。

图 6-34　TCP_RECV 指令

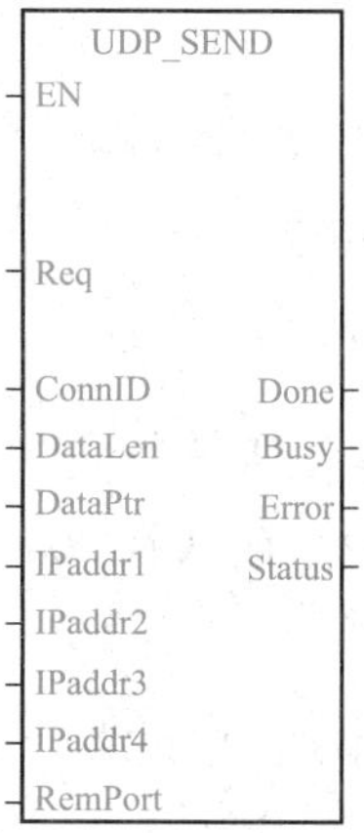

UDP_SEND
EN
Req
ConnID　Done
DataLen　Busy
DataPtr　Error
IPaddr1　Status
IPaddr2
IPaddr3
IPaddr4
RemPort

UDP_SEND指令参数解析

(1) 输入参数。
1) EN：使能。数据类型为BOOL。
2) Req：发送请求，沿触发。数据类型为BOOL。
3) ConnID：连接ID是连接的标识符。范围为0~65534。数据类型为WORD。
4) DataLen：要发送的字节数（1~1024）。数据类型为WORD。
5) DataPtr：指向待发送数据的指针。数据类型为DWORD。
6) IPaddr1~IPaddr4：这些是IP地址的4个8位字节。IPaddr1是IP地址的最高有效字节，IPaddr4是IP地址的最低有效字节。数据类型为BYTE。
7) RemPort：远程设备上的端口号。远程端口号范围为1~49151。数据类型为WORD。
(2) 输出参数。
1) Done：当连接操作完成且没有错误时，指令置位Done输出。数据类型为BOOL。
2) Busy：当连接操作正在进行时，指令置位Busy输出。数据类为BOOL。
3) Error：当连接操作完成但发生错误时，指令置位Error输出。数据类型为BOOL。
4) Status：如果指令置位Error输出，Status输出会显示错误代码。如果指令置位Busy或Done输出，Status为零（无错误）。数据类型为BYTE。

图 6-35　UDP_SEND 指令

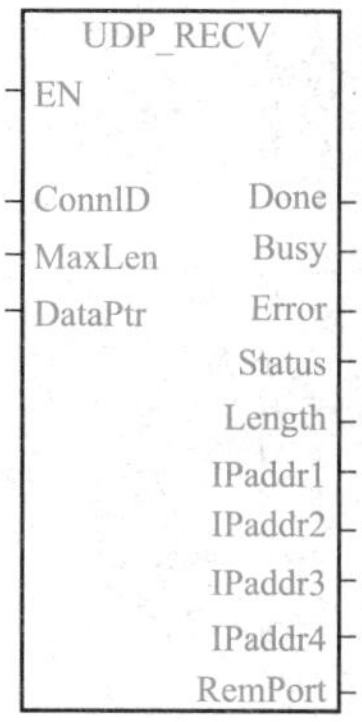

UDP_RECV
EN
ConnID　Done
MaxLen　Busy
DataPtr　Error
Status
Length
IPaddr1
IPaddr2
IPaddr3
IPaddr4
RemPort

UDP_RECV指令参数解析

(1) 输入参数。
1) EN：使能输入。数据类型为BOQL。
2) ConnID：连接ID（ConnID）是此发送操作的连接ID号。数据类型为WORD。
3) MaxLen：接收的最大字节数（1~1024）。数据类型为WORD。
4) DataPtr：指向接收数据存储位置的指针。数据类型为DWORD。
(2) 输出参数。
1) Length：实际接收的字节数。仅当指令置位Done或Error输出时，Length才有效。如果指令置位Done输出，则指令接收整条消息。如果指令置位Error输出，则消息超出缓冲区大小（MaxLen）并被截短。数据类型为WORD。
2) Done：当接收操作完成且没有错误时，指令置位Done输出。当指令置位Done输出时，Length输出有效。数据类型为BOOL。
3) Busy：当接收操作正在进行时，指令置位Busy输出。数据类型为BOOL。
4) Error：当接收操作完成但发生错误时，指令置位Error输出。数据类型为BOOL。
5) Status：如果指令置位Error输出，Status输出会显示错误代码。如果指令置位Busy或Done输出，Status为零（无错误）。数据类型为BYTE。
6) IPaddr1~IPaddr4：IP地址的4个8位字节。IPaddr1是IP地址的最高有效字节，IPaddr4是IP地址的最低有效字节。数据类型为BYTE。
7) RemPort：发送消息的远程设备的端口号。数据类型为WORD。

图 6-36　UDP_RECV 指令

8. DISCONNECT 指令

DISCONNECT 指令终止所有协议的连接，DISCONNECT 指令如图 6-37 所示，其参数解析如下。

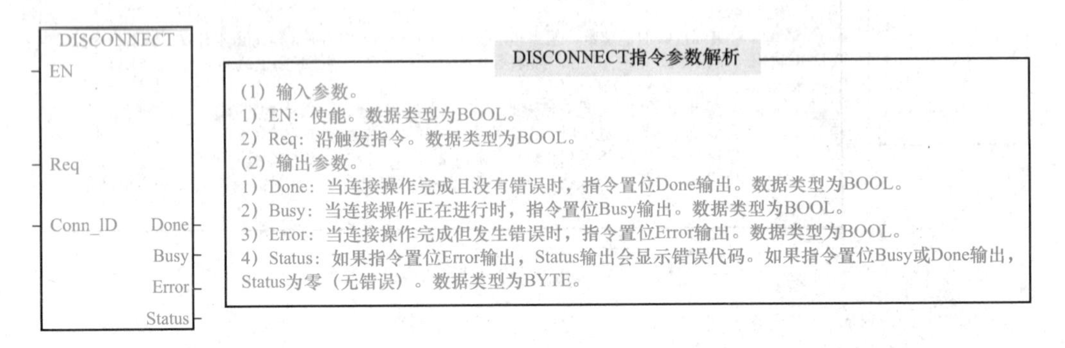

图 6-37 DISCONNECT 指令

6.4.3 开放式用户通信（OUC）指令应用案例

1. TCP 通信应用案例

（1）控制要求。将作为客户端的 PLC（IP 地址为 192.168.0.101）中 VB8000～VB8003 的数据传送到作为服务器端的 PLC（IP 地址为 192.168.0.102）的 VB2000～VB2003 中。试设计程序。

（2）ST20 客户端程序设计：在设计客户端程序之前，首先进行本地 IP 设置，如图 6-38 所示。ST20 客户端程序如图 6-39 所示。在设计客户端程序时，一定要注意“库存储器”存储区的分配，否则程序会出错。“库存储器”存储区的分配方法是在“项目树”中，右击程序块，在弹出的快捷菜单中选择“库存储器”，在弹出的“库存储器分

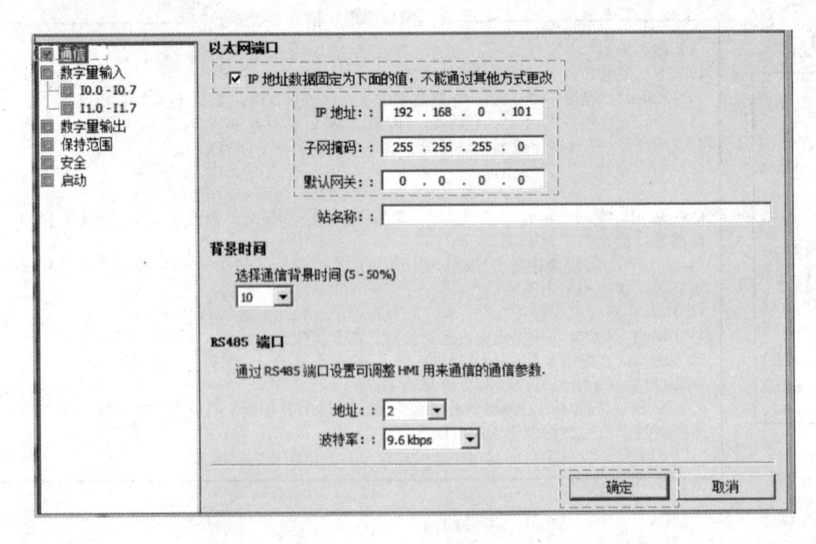

图 6-38 本地 IP 设置

配”对话框中单击“建议地址”按钮，如图 6-40 所示。

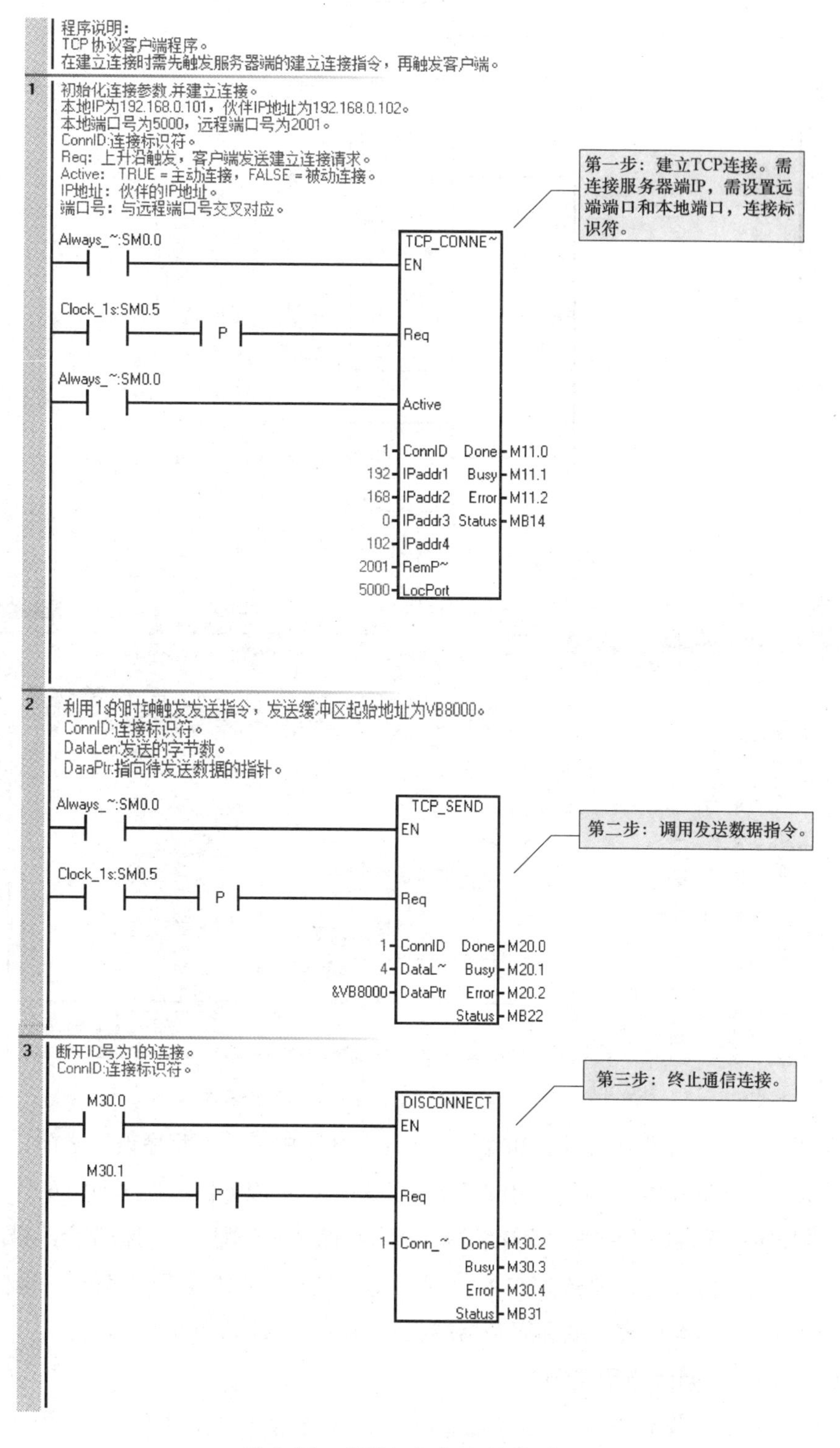

图 6-39　ST20 客户端程序（一）

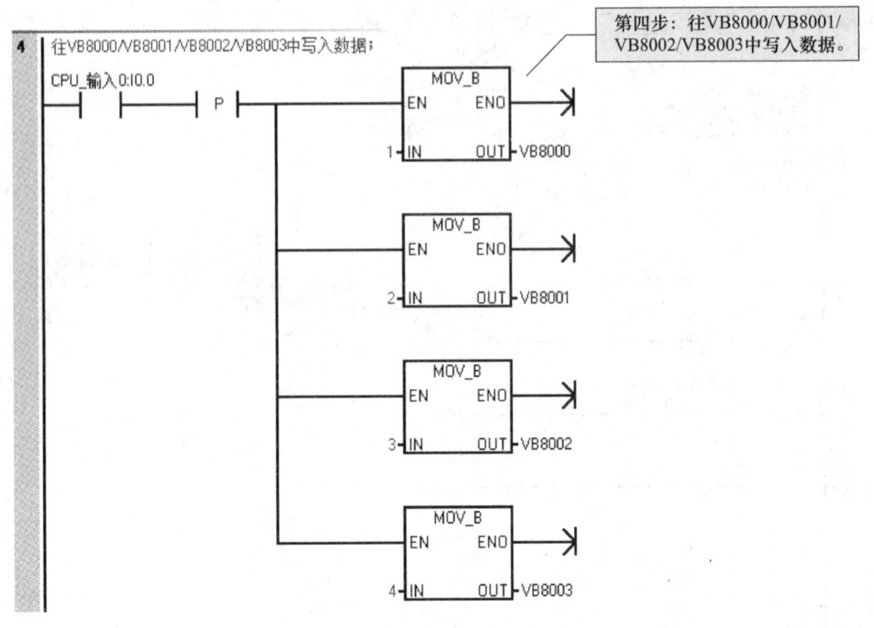

图 6-39 ST20 客户端程序（二）

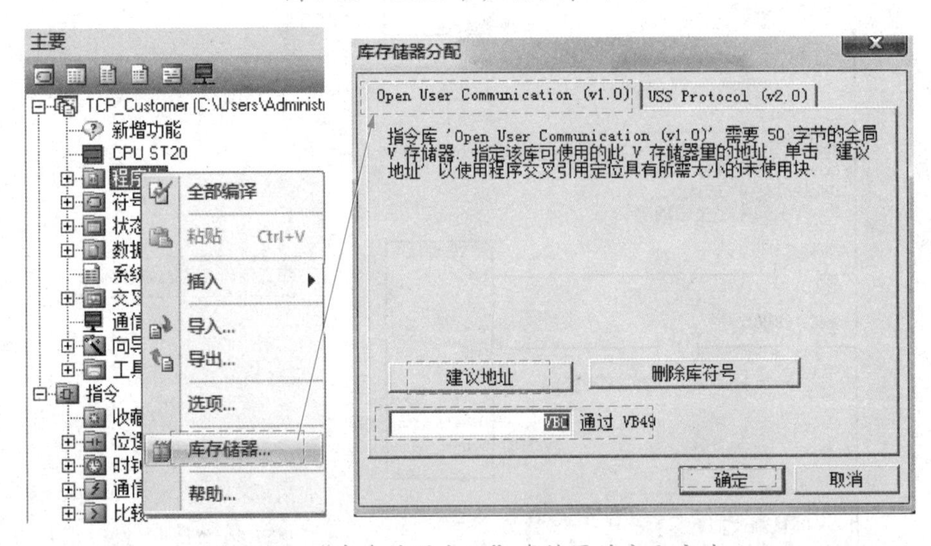

图 6-40 “库存储器分配”存储区的分配方法

（3）ST30 服务器端程序设计。和客户端程序一样，服务器端程序设计之前，也要进行本地 IP 设置，服务器端的 IP 地址为 192.168.0.102。ST30 服务器端程序如图 6-41 所示。和设计客户端程序一样，也要注意“库存储器分配”存储区的分配，否则程序会出错。

（4）状态图表监控。开放式用户通信程序调试时，一定要会用状态表，这样才能判断程序正确与否。本案例客户端和服务器端状态图表的监控如图 6-42 所示。

2. ISO-on-TCP 通信应用案例

（1）控制要求。将作为服务器端的 PLC（IP 地址为 192.168.0.102）中 VB2000～VB2003 的数据传送到作为客户器端的 PLC（IP 地址为 192.168.0.101）的 VB1000～VB1003 中。试设计程序。

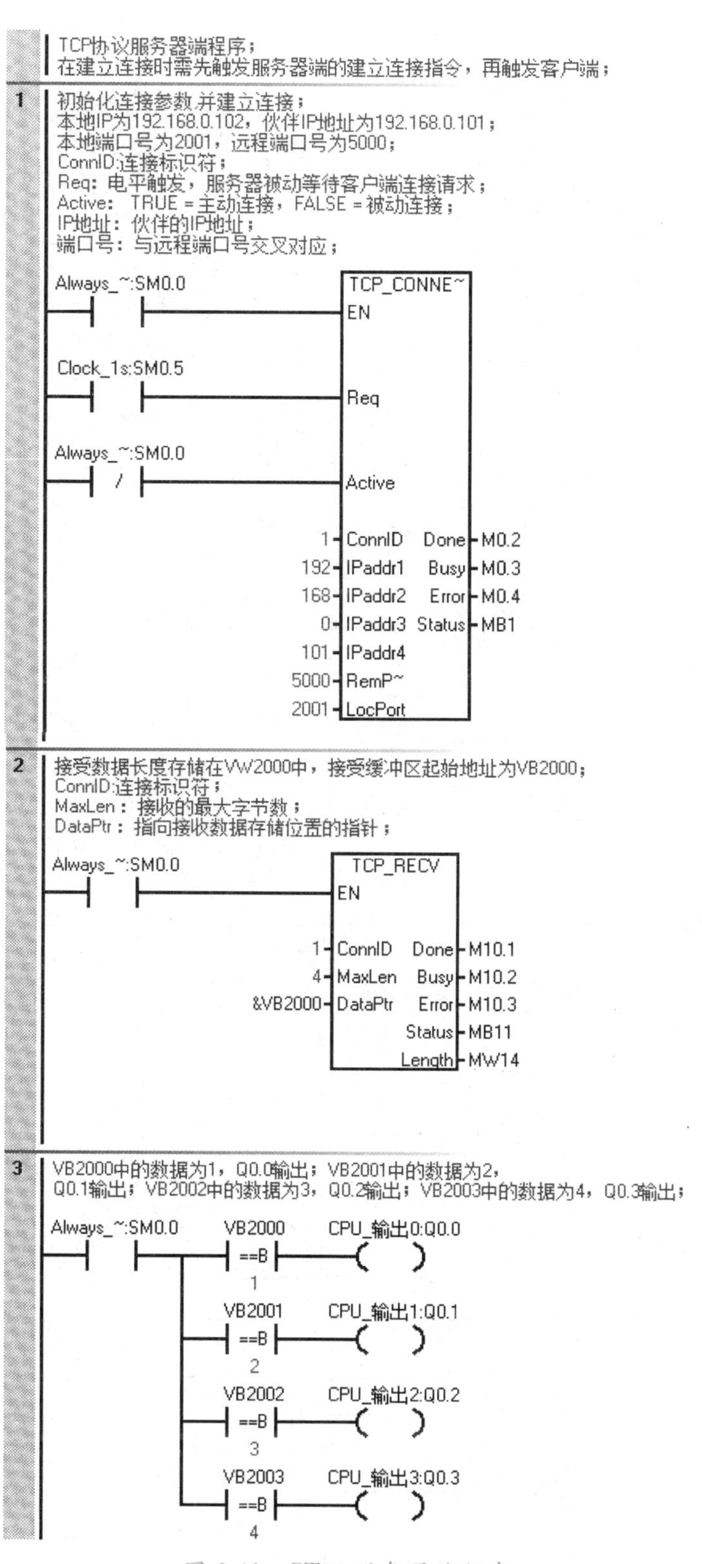

图 6-41　ST30 服务器端程序

（2）ST20 客户端程序设计。在设计客户端程序之前，首先进行本地 IP 设置，具体设置见图 6-38。ISO-on-TCP 通信 ST20 客户端程序如图 6-43 所示。在设计客户端程序时，一定要注意“库存储器”存储区的分配，否则程序会出错。

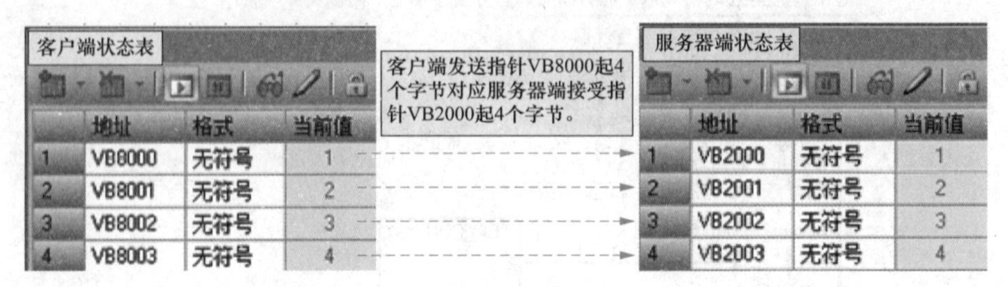

图 6-42　客户端和服务器端状态图表的监控

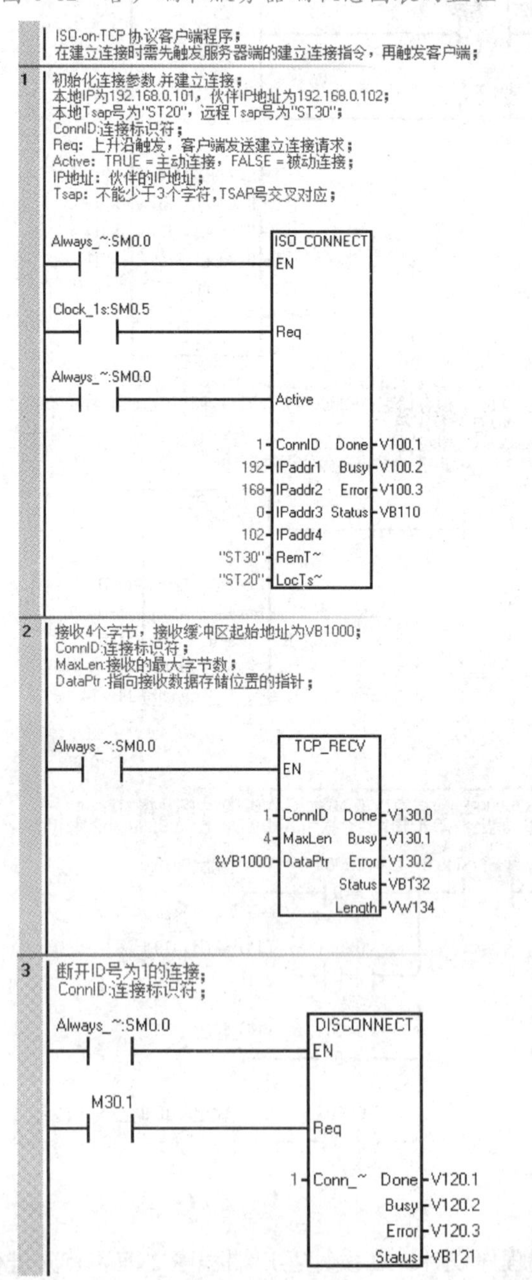

图 6-43　ISO-on-TCP 通信 ST20 客户端程序（一）

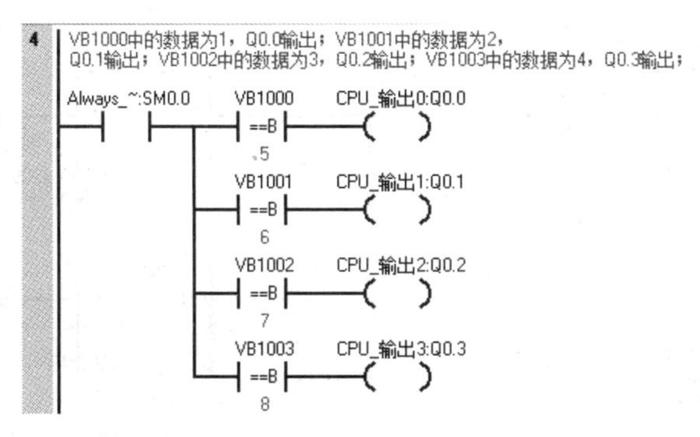

图 6-43　ISO-on-TCP 通信 ST20 客户端程序（二）

（3）ST30 服务器端程序设计。和客户端程序一样，服务器端程序设计之前，也要进行进行本地 IP 设置，服务器端的 IP 地址为 192. 168. 0. 102。ISO-on-TCP 通信 ST30 服务器端程序如图 6-44 所示。和设计客户端程序一样，也要注意“库存储器”存储区的分配，否则程序会出错。

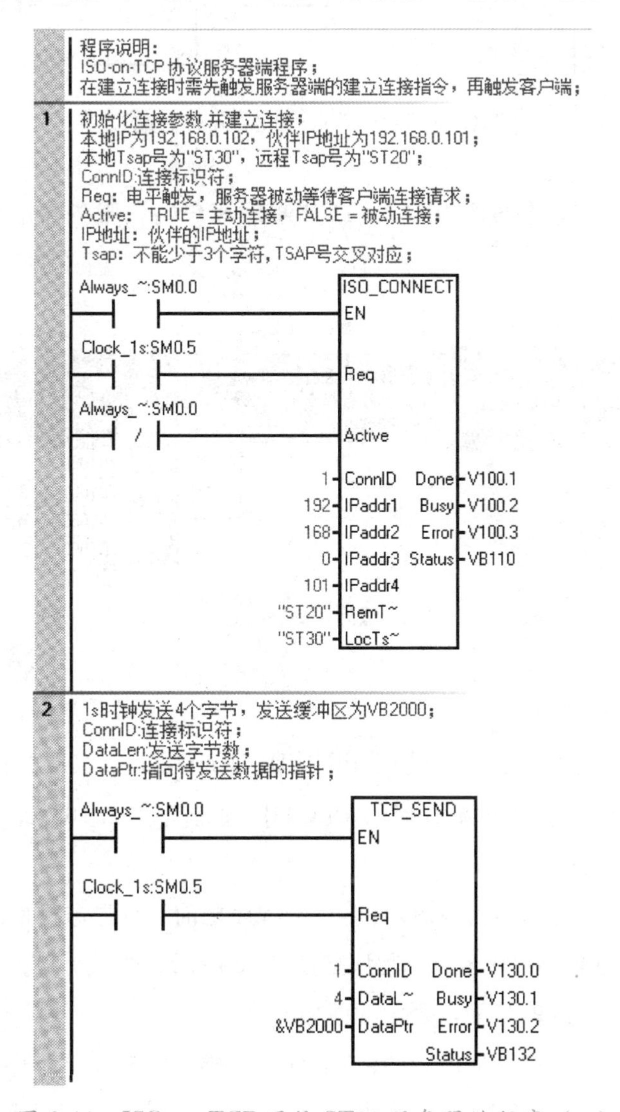

图 6-44　ISO-on-TCP 通信 ST30 服务器端程序（一）

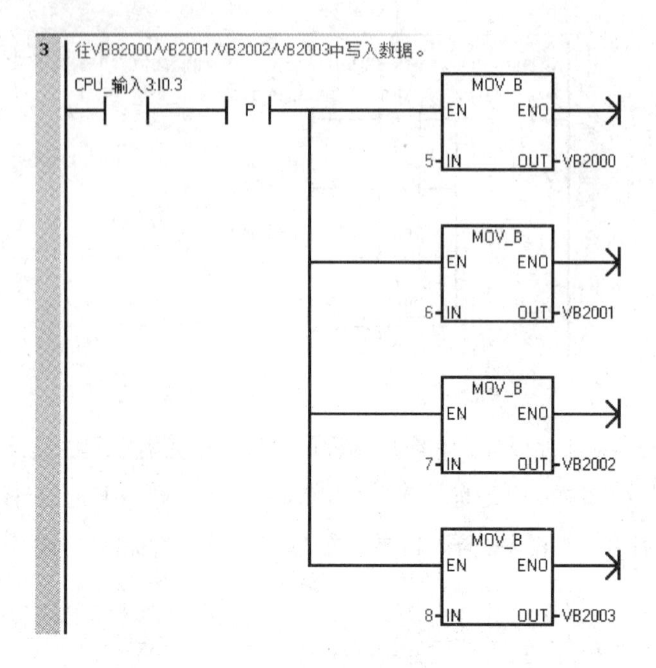

图 6-44　ISO-on-TCP 通信 ST30 服务器端程序（二）

（4）状态图表监控。本案例 ISO-on-TCP 通信客户端和服务器端状态图表的监控如图 6-45 所示。

状态图表　服务器端状态表

	地址	格式	当前值
1	VB2000	无符号	5
2	VB2001	无符号	6
3	VB2002	无符号	7
4	VB2003	无符号	8

服务器端发送指针VB2000起4个字节对应服务器端接受指针VB1000起4个字节。

状态图表　客户端状态表

	地址	格式	当前值
1	VB1000	无符号	5
2	VB1001	无符号	6
3	VB1002	无符号	7
4	VB1003	无符号	8

图 6-45　ISO-on-TCP 通信客户端和服务器端状态图表的监控

3. UDP 通信应用案例

（1）控制要求。将作为客户端的 PLC（IP 地址为 192.168.0.101）中 VB3000～VB3003 的数据传送到作为服务器端的 PLC（IP 地址为 192.168.0.102）的 VB5000～VB5003 中。试设计程序。

（2）ST20 客户端程序设计。在设计客户端程序之前，首先进行本地 IP 设置，具体设置见图 6-38。UDP 通信 ST20 客户端程序如图 6-46 所示。在设计客户端程序时，一定要注意“库存储器”存储区的分配，否则程序会出错。

（3）ST30 服务器端程序设计。和客户端程序一样，服务器端程序设计之前，也要进行本地 IP 设置，服务器端的 IP 地址为 192.168.0.102。UDP 通信 ST30 服务器端程序如

图 6-47 所示。和设计客户端程序一样，也要注意“库存储器”存储区的分配，否则程序会出错。

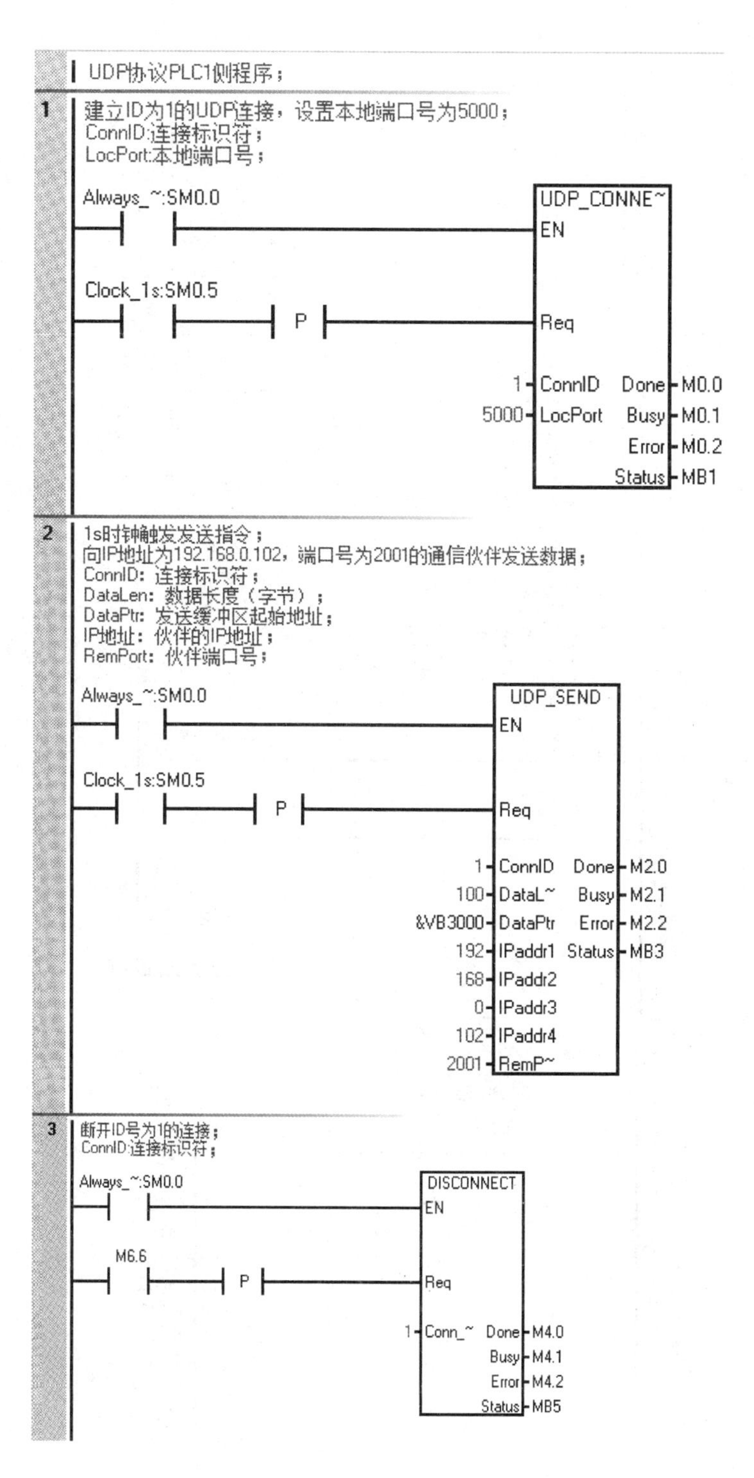

图 6-46　UDP 通信 ST20 客户端程序（一）

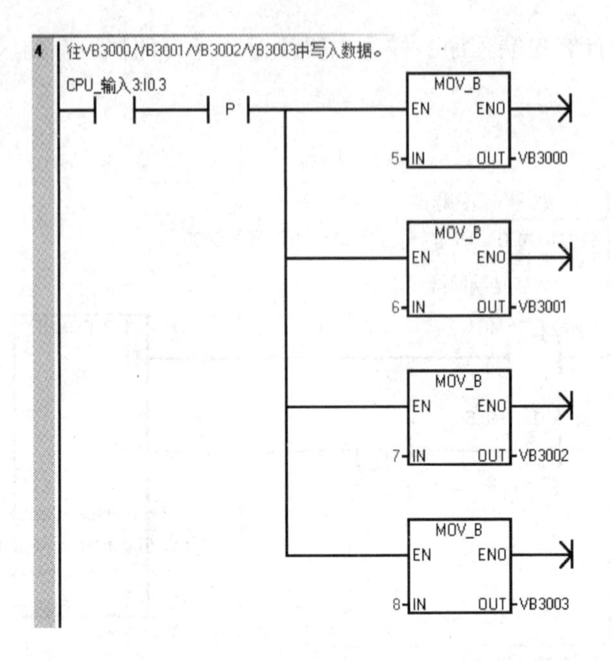

图 6-46 UDP 通信 ST20 客户端程序（二）

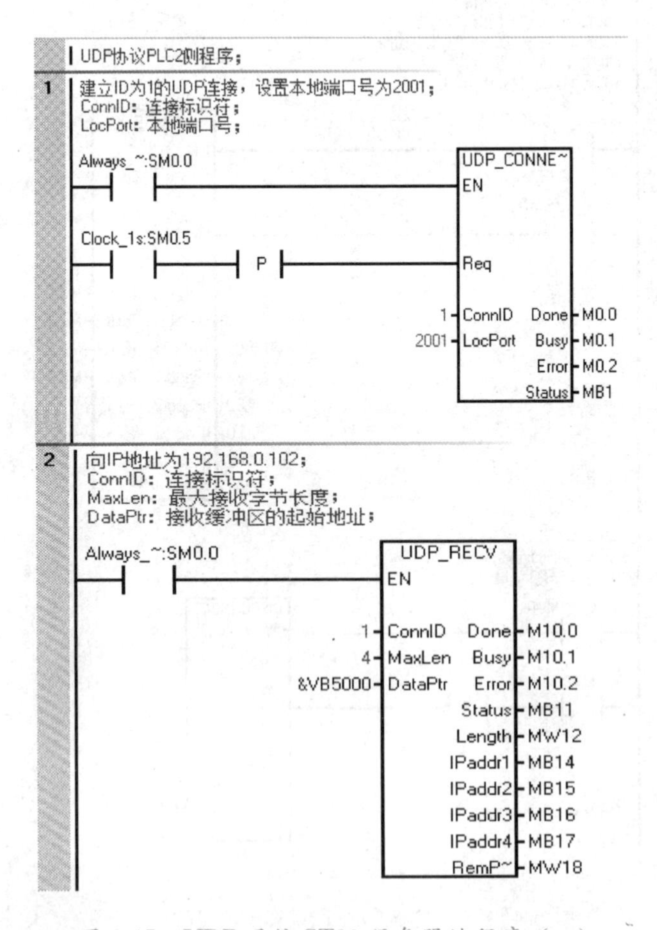

图 6-47 UDP 通信 ST30 服务器端程序（一）

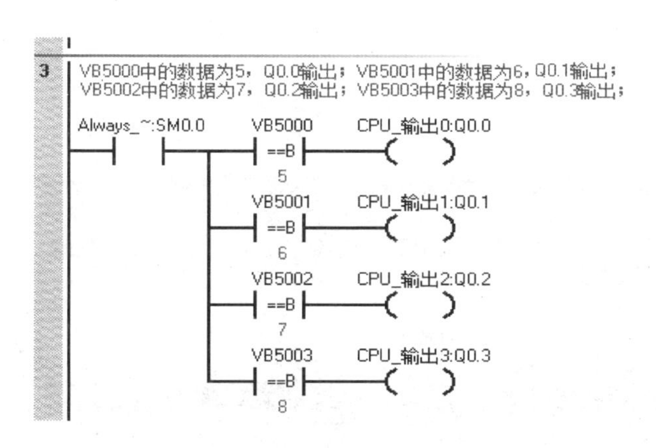

图 6-47　UDP 通信 ST30 服务器端程序（二）

（4）状态图表监控。本案例 UDP 通信客户端和服务器端状态图表的监控如图 6-48 所示。

状态图表　服务器端状态表

	地址	格式	当前值
1	VB5000	无符号	5
2	VB5001	无符号	6
3	VB5002	无符号	7
4	VB5003	无符号	8

状态图表　客户端状态表

	地址	格式	当前值
1	VB3000	无符号	5
2	VB3001	无符号	6
3	VB3002	无符号	7
4	VB3003	无符号	8

图 6-48　UDP 通信客户端和服务器端状态图表的监控

6.5　S7-200 SMART PLC 的 OPC 软件操作简介

6.5.1　S7-200 PC Access SMART 简介

S7-200 PC Access SMART 是西门子公司针对 S7-200 SMART PLC 与上位机通信推出的 OPC（OLE for Process Control）服务器软件。其作用是跟其他标准的 OPC 客户端（Client）通信并提供数据信息。S7-200 PC Access SMART 与 S7-200 PLC 的 OPC 服务器软件 PC Access 类似，也具有 OPC 客户端测试功能，使用者可以测试配置情况和通信质量。

S7-200 PC Access SMART 在本书中都简称为 PC Access SMART。PC Access SMART 可以支持西门子上位机软件比如 WinCC，或是第三方上位机软件与 S7-200 SMART PLC 建立 OPC 通信。

6.5.2　S7-200 PC Access SMART 软件界面组成及相关操作

1. 软件界面组成

S7-200 PC Access SMART 软件界面组成如图 6-49 所示。

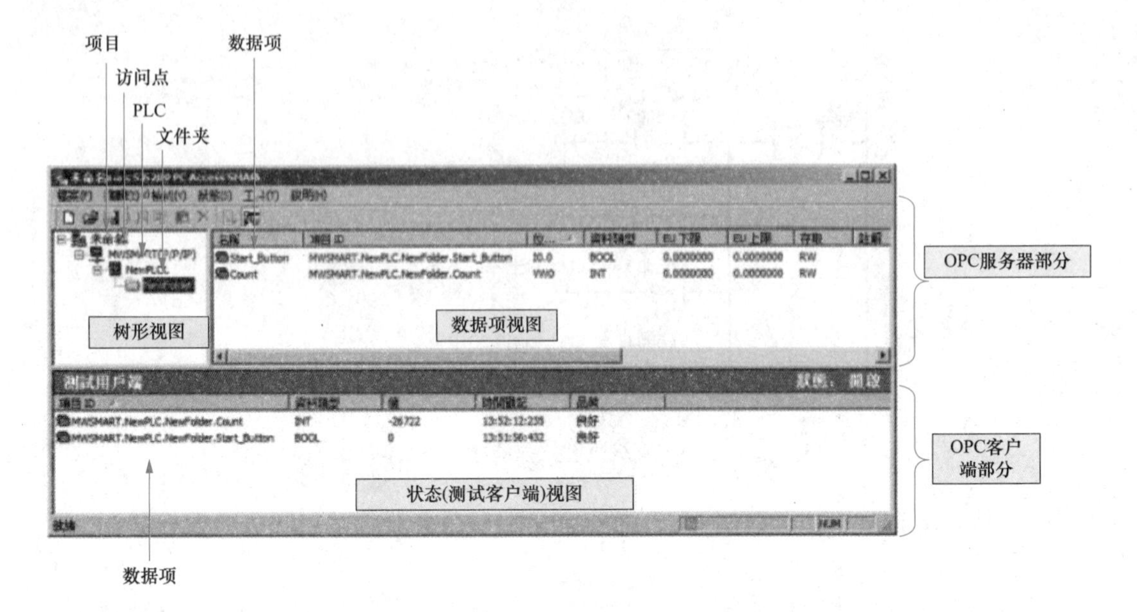

图 6-49 S7-200 PC Access SMART 软件界面组成

2. S7-200 PC Access SMART 软件相关操作

(1) 新建 OPC 项目。打开 S7-200 PC Access SMART 软件，新建 OPC 项目并保存，如图 6-50 所示。

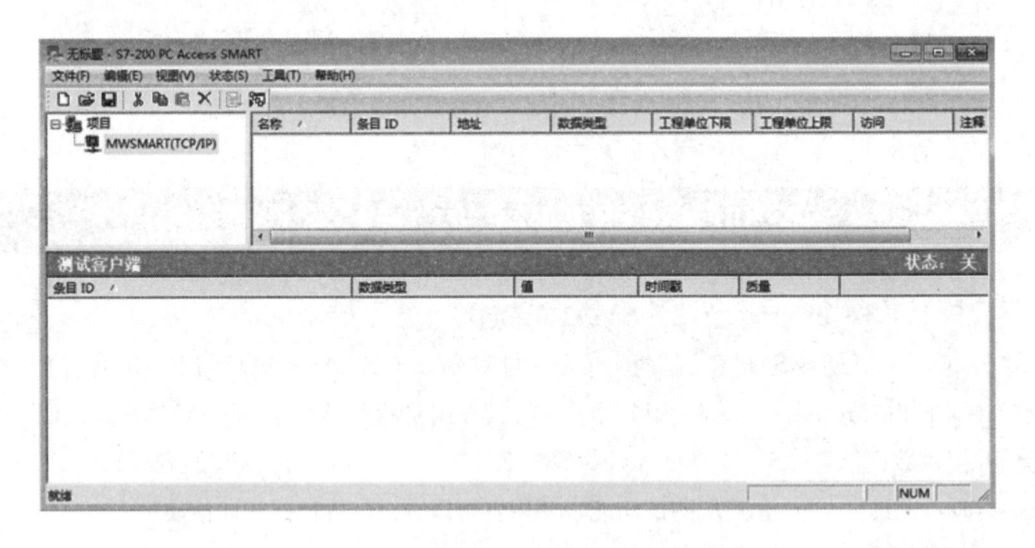

图 6-50 新建 OPC 项目并保存

(2) 新建 PLC 及通信设置。在左侧的浏览窗口中，选中 MWSMART(TCP/IP)，右击打开快捷菜单，如图 6-51 所示。单击 新建 PLC(N)...，会弹出“通信”对话框，如图 6-52 所示。在图 6-52 中，单击左下角的“查找 CPU”按钮，软件会自动搜索 S7-200 SMART PLC 的 IP 地址，本例中 PLC 的 IP 地址为“192. 168. 0. 101”，选中该 IP 地址，会出现相关的通信信息，如图 6-53 所示，在该界面中，单击“闪烁指示灯”按钮，PLC 的 STOP、RUN

和 ERROR 指示灯会轮流点亮，再按一下，点亮停止，这样做的目的是便于找到你所选择的那个 PLC；单击“编辑”按钮，可以改变 IP 地址；所有都设置完后，单击“确定”按钮，这时会出现一个名为 NewPLC 的 PLC，右击该名称可以重命名，本例没重命名。

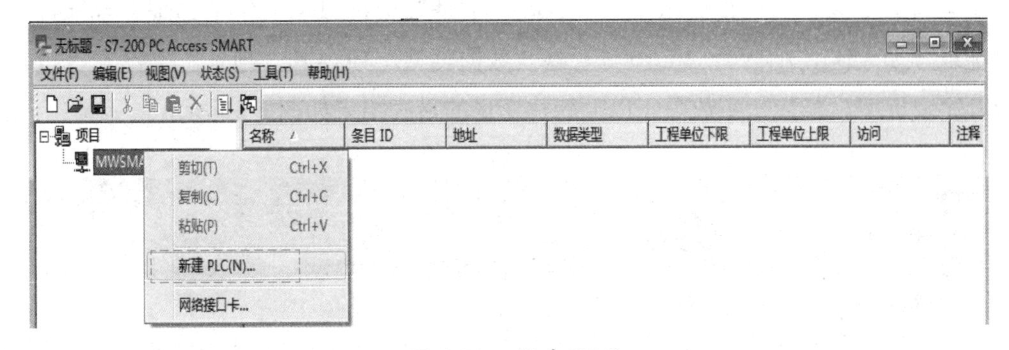

图 6-51 新建 PLC

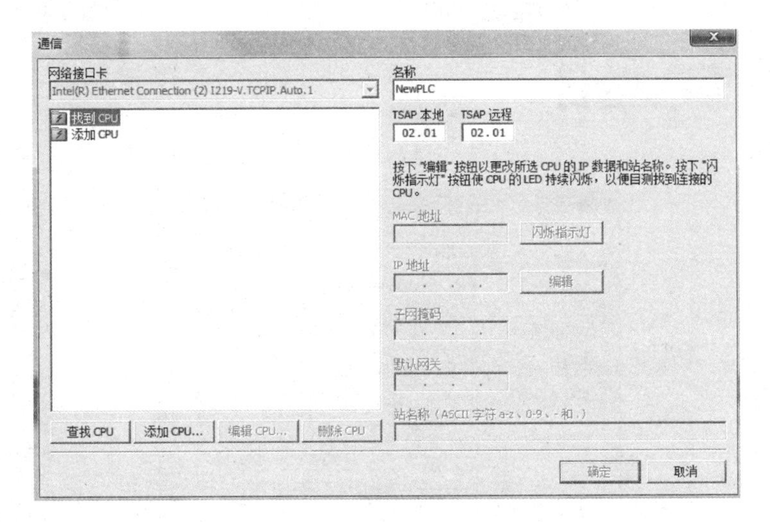

图 6-52 “通信”对话框

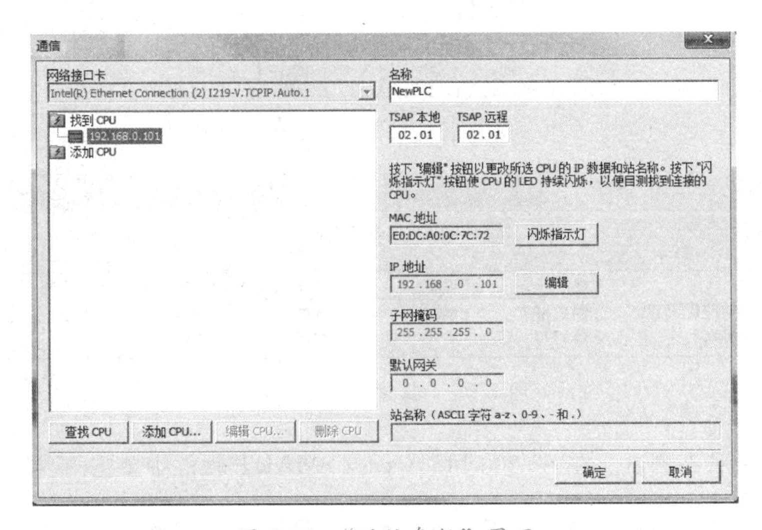

图 6-53 “通信参数”界面

（3）新建变量。在左侧浏览窗口中，选中 NewPLC ，右击打开快捷菜单，选择“新建”→“条目”，如图 6-54 所示，之后弹出“条目属性”对话框，在“名称”项输入“START”，在“地址”项输入“M0.0”，其余默认，如图 6-55 所示。图 6-55 这个例子是开关量条目的生成，如果是模拟量条目，在“地址”项可以输入字节地址、字地址或者双字地址，如 VB0、AIW0、VD10 等，在“数据类型”项视其“地址”类型，可以选择字节、字、双字、整数和实数等。以上新建变量的最终结果如图 6-56 所示。

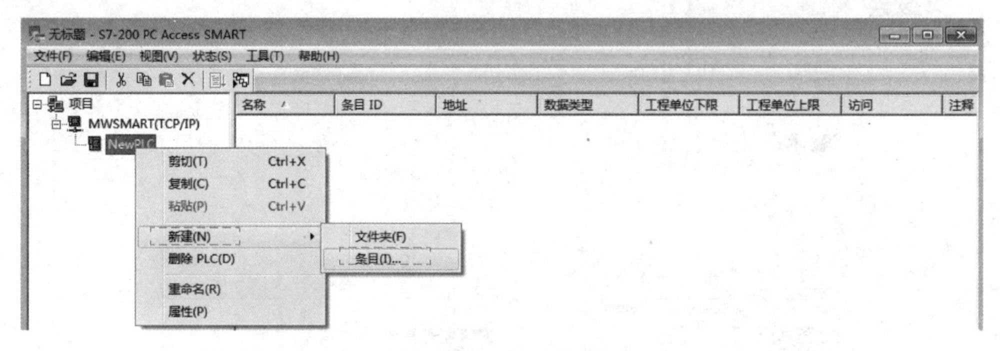

图 6-54 新建变量

图 6-55 修改条目属性

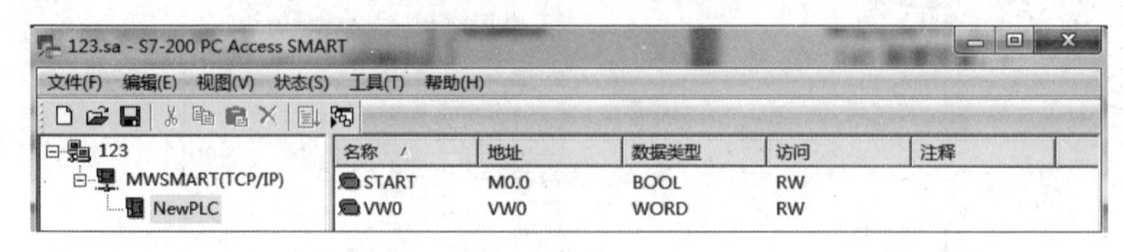

图 6-56 新建变量的结果

（4）客户端状态测试。在 S7-200 PC Access SMART 软件中单击按钮，可以将新建完成的条目下载到测试客户端。再单击监控按钮，可以从测试客户端监视到变量实时值、每次数据更新的时间戳，以及通信质量。测试质量为“良好”，表示通信成功，相反，如果为“差”，表示数据通信失败。本例客户端状态测试结果如图 6-57 所示。

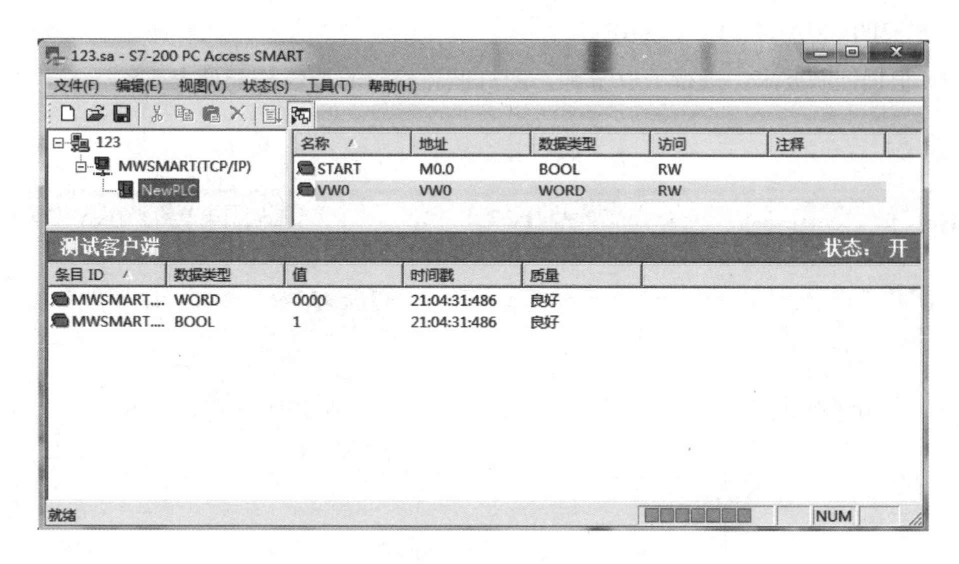

图 6-57　客户端状态测试结果

值得注意的是，客户端状态测试时，需要先将编完的程序下载到 PLC，在 PLC 运行的状态下，单击下载和监控按钮，进行客户端状态测试。如果 PLC 没有运行就直接单击下载和监控按钮，测试质量结果可能显示“差”。如果反复测试显示的结果还是“差”，还有可能是在新建 PLC 时，没有进行通信测试，“新建 PLC”时一般都需单击闪烁指示灯按钮（见图 6-53）测试 OPC 软件与 S7-200 SMART PLC 连接是否正常。

6.6　WinCC 组态软件与 S7-200 SMART PLC 的 OPC 通信及案例

6.6.1　任务导入

有红、绿 2 盏彩灯，采用组态软件 WinCC＋S7-200 SMART PLC 联合控制模式。组态软件 WinCC 上设有启停按钮，当按下启动按钮，2 盏小灯每隔 *N*s 轮流点亮（间隔时间 *N* 通过组态软件 WinCC 设置），间隔时间 *N* 不超过 10s，2 盏彩灯循环点亮；当按下停止按钮时，2 盏小灯都熄灭。试设计程序。

6.6.2　任务分析

根据任务，组态软件 WinCC 画面需设有启、停按钮各 1 个，彩灯 2 盏，时间设置框 1 个，此外 2 盏彩灯标签各 1 个。

2 盏彩灯启停和循环点亮由 S7-200 SMART PLC 来控制。

6.6.3 任务实施

1. S7-200 SMART PLC 程序设计

（1）根据控制要求，进行 I/O 分配。彩灯循环控制的 I/O 分配见表 6-8。

表 6-8 彩灯循环控制的 I/O 分配

输入量		输出量	
启动	M0.0	红灯	Q0.0
停止	M0.1	绿灯	Q0.1
确定	M0.2		

（2）根据控制要求，编写控制程序。2 盏彩灯循环控制程序如图 6-58 示。

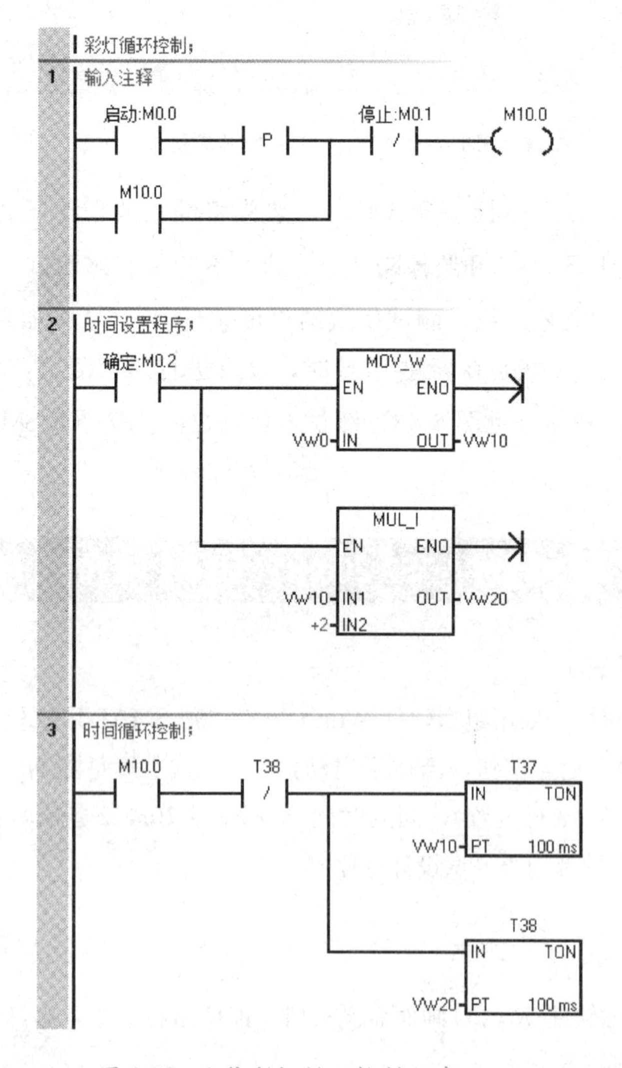

图 6-58 2 盏彩灯循环控制程序（一）

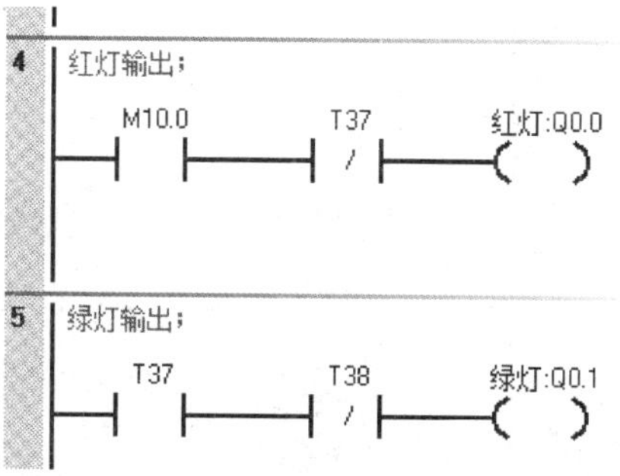

4 红灯输出：
M10.0 T37 红灯:Q0.0

5 绿灯输出：
T37 T38 绿灯:Q0.1

图6-58 2盏彩灯循环控制程序（二）

事先在组态软件WinCC的输入框中，输入定时器的设置值，按确定按键，这样就可为定时做准备。按下组态软件WinCC中的启动，M0.0的常开触点闭合，辅助继电器M10.0线圈得电并自锁，其常开触点M10.0闭合，输出继电器线圈Q0.0得电，红灯亮；与此同时，定时器T37、T38开始定时，当T37定时时间到，其常闭触点断开、常开触点闭合，Q0.0断电、Q0.1得电，对应的红灯灭、绿灯亮；当T38定时时间到，Q0.1断电、Q0.0得电，对应的绿灯灭、红灯亮；当T38定时时间到，其常闭触点断开，Q0.1失电且T37、T38复位，接着定时器T37、T38又开始新的一轮计时，红绿循环点亮往复循环；当按下组态软件WinCC停止，M10.0失电，其常开触点断开，定时器T37、T38断电，2盏灯全熄灭。

2. S7-200 PC Access SMART程序设计

S7-200 PC Access SMART新建变量的结果如图6-59所示。OPC的具体相关操作，可以参考6.5节，这里不再赘述。

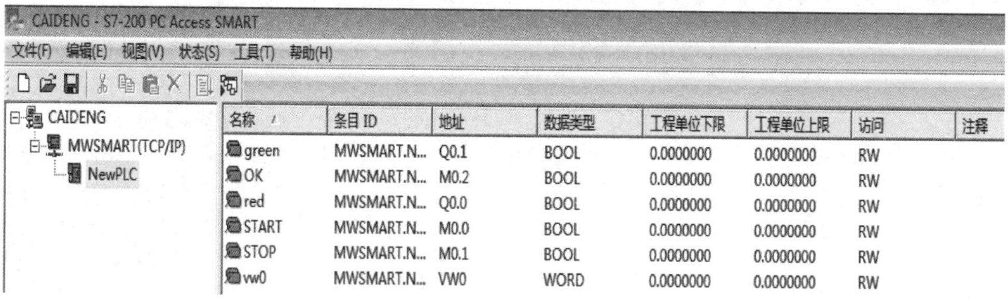

CAIDENG - S7-200 PC Access SMART

文件(F) 编辑(E) 视图(V) 状态(S) 工具(T) 帮助(H)

CAIDENG
MWSMART(TCP/IP)
NewPLC

名称	条目ID	地址	数据类型	工程单位下限	工程单位上限	访问	注释
green	MWSMART.N...	Q0.1	BOOL	0.0000000	0.0000000	RW	
OK	MWSMART.N...	M0.2	BOOL	0.0000000	0.0000000	RW	
red	MWSMART.N...	Q0.0	BOOL	0.0000000	0.0000000	RW	
START	MWSMART.N...	M0.0	BOOL	0.0000000	0.0000000	RW	
STOP	MWSMART.N...	M0.1	BOOL	0.0000000	0.0000000	RW	
vw0	MWSMART.N...	VW0	WORD	0.0000000	0.0000000	RW	

图6-59 新建变量的结果

3. WinCC组态

（1）项目的创建。单击WinCC软件菜单栏中的“新建”按钮，将会弹出“WinCC项目管理器”界面，如图6-60所示。在此画面中，选择“新建项目”中的“单用户项目”，接下来，单击“确定”；单击“确定”后，会弹出“创建新项目”对话框，如图6-61所示。在此界面中，可以输入项目的名称和指定项目的存放路径，存放时，最好不要放在默认路径，最好单建一个项目文件夹，最后单击“创建”按钮，项目创建完成。

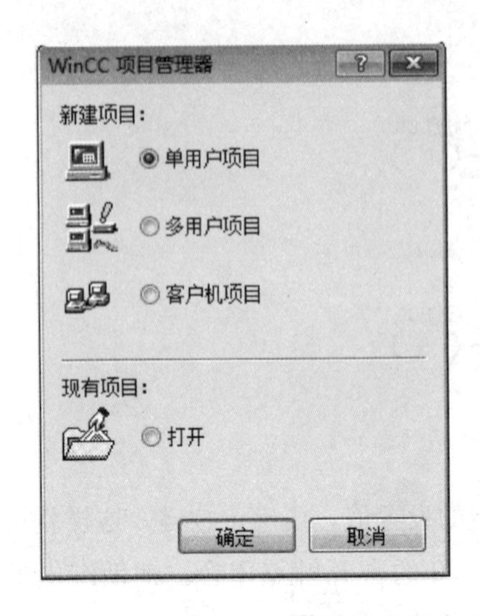

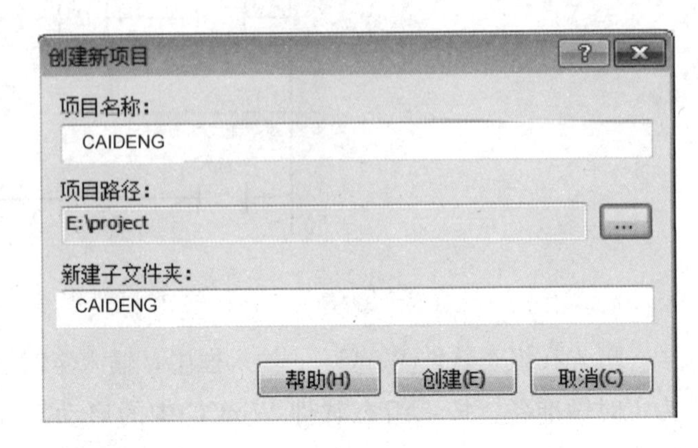

图 6-60 “WinCC 项目管理器”界面　　　　图 6-61 “创建新项目”界面

（2）添加驱动程序。双击浏览窗口中的“变量管理”，将打开如图 6-62 所示的变量管理子界面。选中“变量管理”，右击选择“添加新的驱动程序”→“OPC”，如图 6-63 所示。注：S7-200 SMART PLC 与 WinCC 的通信只能通过 OPC 实现。执行完以上步骤后，界面如图 6-64 所示。

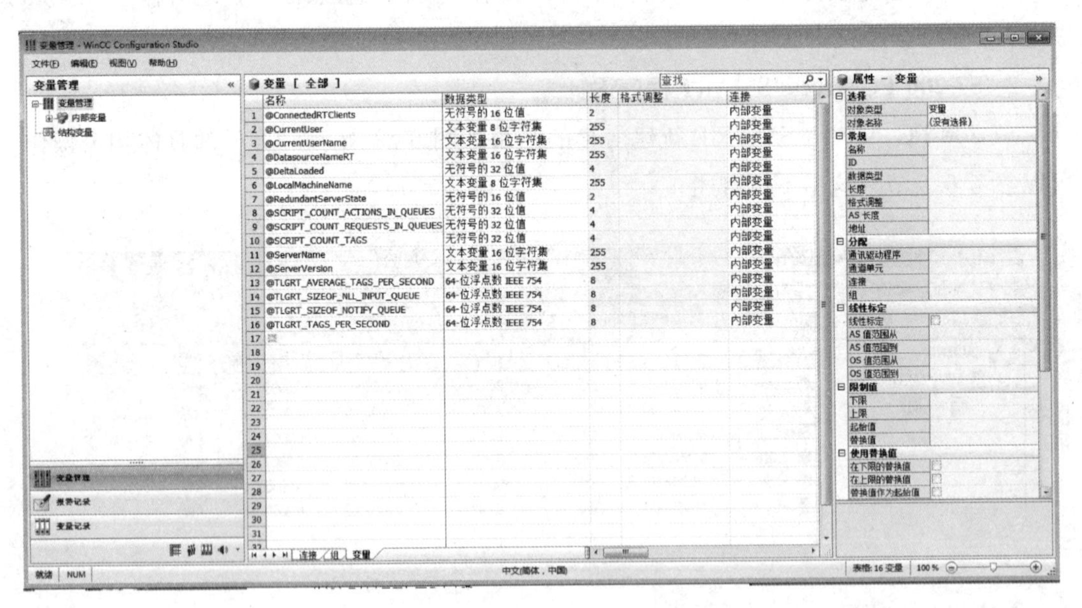

图 6-62 “变量管理”子界面

（3）打开系统参数。右击浏览窗口中的“OPC Groups（OPCHN Unit ＃1）”，会弹出快捷菜单，如图 6-65 所示。单击“系统参数”，会弹出“OPC 条目管理器”界面，展开\\〈LOCAL〉，选中 S7200SMART. OPCServer，单击“浏览服务器”按钮，如图 6-66 所示。之后弹出“过滤标准”对话框，如图 6-67 所示，单击“下一步”，出现“添加条目”界面，如图 6-68 所示。实际上图 6-68 是将左侧浏览窗口中的 S7200SMART. OPCServer 文件夹逐步展开的结果，该界面的右侧全都为变量。

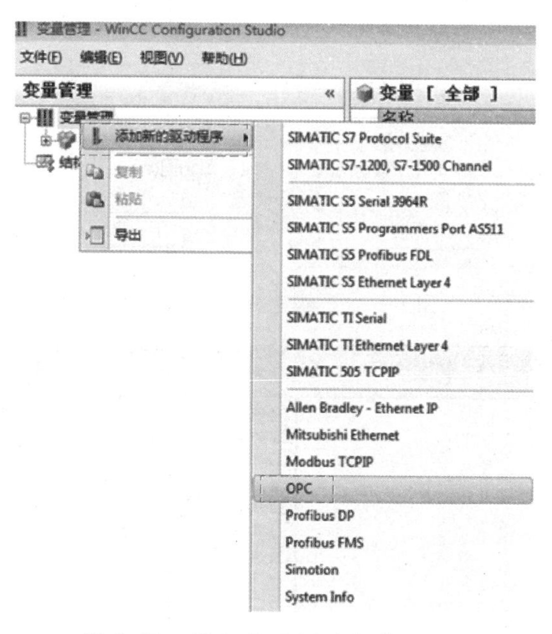

图 6-63　添加新的驱动程序（一）

图 6-64　添加新的驱动程序（二）

图 6-65　打开系统参数

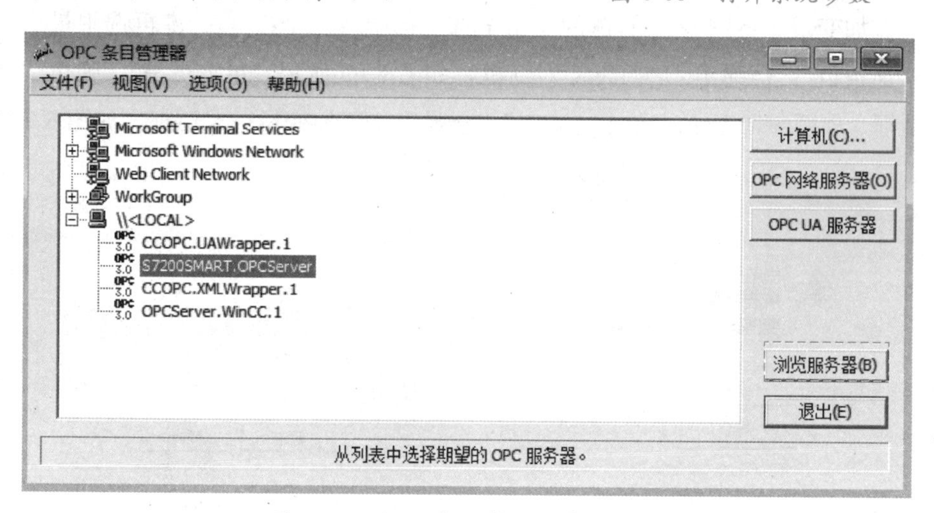

图 6-66　OPC 条目管理器相关操作

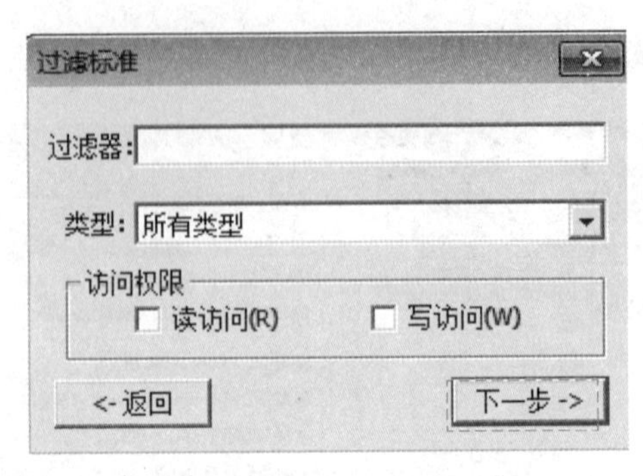

图 6-67 “过滤标准”对话框

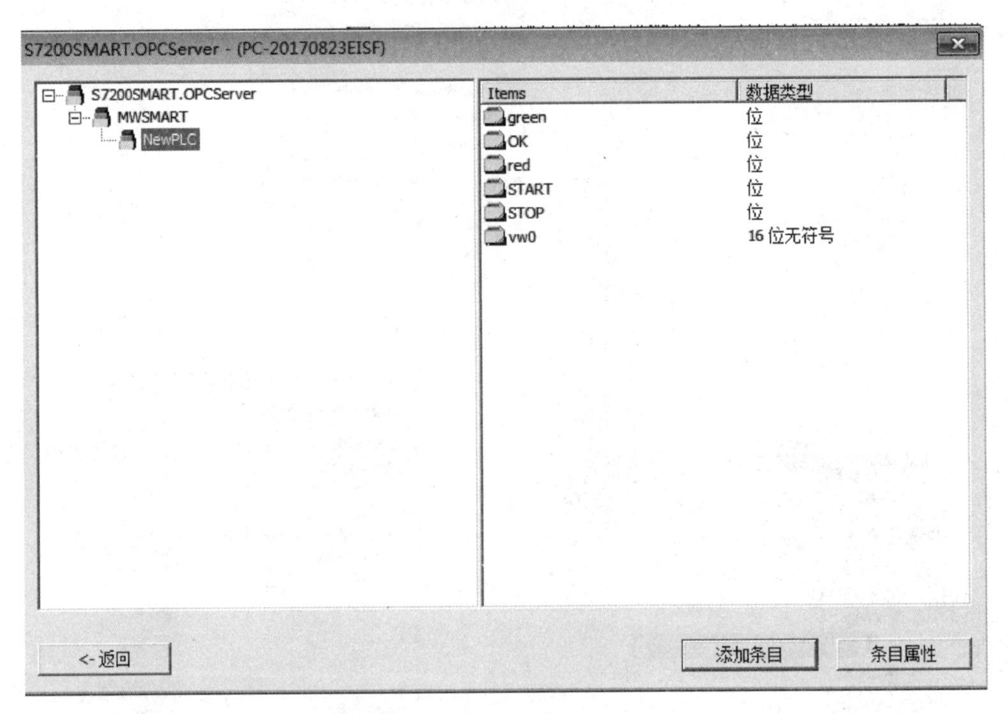

图 6-68 添加条目界面

（4）添加变量。将图 6-68 右侧的变量全选（选中第一个按 shift 键再选中最后一个），单击“添加条目”，会弹出 OPCTages 对话框，如图 6-69 所示。单击“是”，弹出“新建连接”对话框，如图 6-70 所示。单击“确定”，会弹出“添加变量”对话框，如图 6-71 所示。

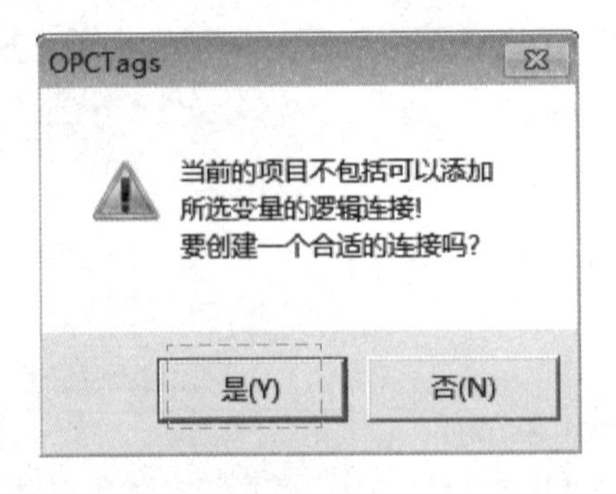

图 6-69 OPCTages 对话框

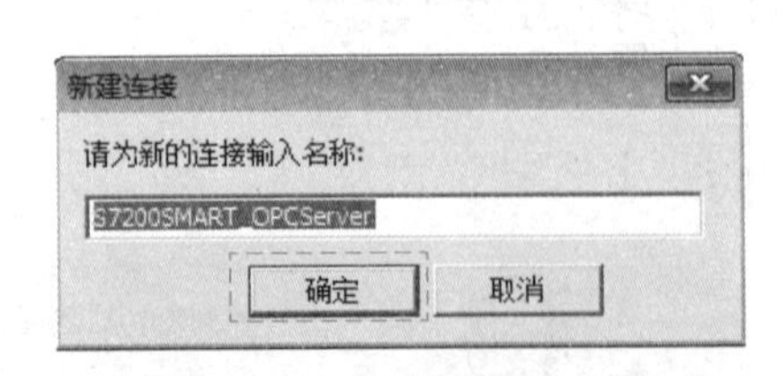

图 6-70 “新建连接”对话框

选中 S7200SMART_OPCServer，单击“完成”。经过以上步骤，变量添加完成。展开如图 6-64 中的 OPC Groups（OPCHN Unit #1）文件夹，S7-200 PC Access SMART 中的所有变量都添加到了 WinCC 变量管理器中，如图 6-72 所示。

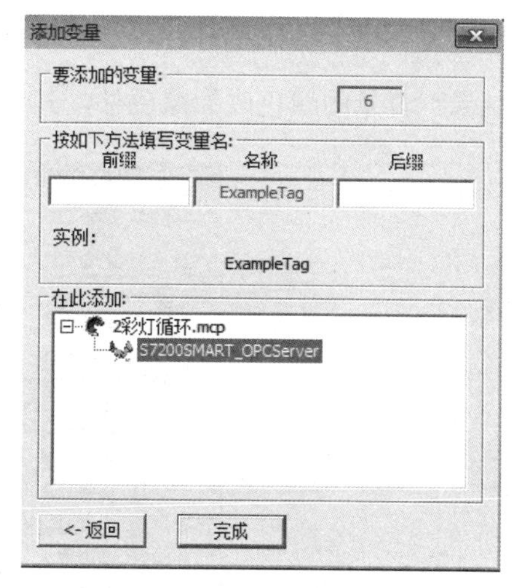

图 6-71　“添加变量”对话框

（5）画面创建与动画连接。

1）新建画面。选中浏览窗口中的图形编辑器，右击选择“新建画面”，如图 6-73 所示。执行完此项操作后，在浏览窗口右侧的数据窗口会出现 NewPdl0.Pdl 过程画面。

2）添加文本框。双击 NewPdl0.Pdl，打开图形编辑器。在图形编辑器右侧的标准对象中，双击“静态文本”，在图形编辑器中会出现文本框。选中文本框，在下边的对象属性的“字体”中，将 X 对齐和 Y 对齐都设置成“居中”。再复制粘贴两个文本框，分别将这 3 个文本框拖拽合适的大小，在其中分别输入“2 盏彩灯循环控制”“红灯”和“绿灯”。

变量管理 - WinCC Configuration Studio

文件(F)　编辑(E)　视图(V)　帮助(H)

变量管理：变量管理 / 内部变量 / OPC / OPC Groups (OPCHN Unit #1) / S7200SMART_OPCServer / 结构变量

变量 [S7200SMART_OPCServer]

	名称	数据类型	长度	格式调整	连接	组	地址
1	green	二进制变量	1		S7200SMART_OPCS		"MWSMART.NewPLC.green", "", 11
2	OK	二进制变量	1		S7200SMART_OPCS		"MWSMART.NewPLC.OK", "", 11
3	red	二进制变量	1		S7200SMART_OPCS		"MWSMART.NewPLC.red", "", 11
4	START	二进制变量	1		S7200SMART_OPCS		"MWSMART.NewPLC.START", "", 11
5	STOP	二进制变量	1		S7200SMART_OPCS		"MWSMART.NewPLC.STOP", "", 11
6	vw0	无符号的 16 位值	2	WordToUnsignedWord	S7200SMART_OPCS		"MWSMART.NewPLC.vw0", "", 18

图 6-72　变量添加完成

3）添加彩灯。在图形编辑器右侧标准对象中，双击 圆，在图形编辑器中会出现圆。选中圆，在下边的对象属性的“效果”中，将“全局颜色方案”由“是”改为“否”；在对象属性的“颜色”中，选中“背景颜色”，在 处右击选择“动态对话框”，如图 6-74 所示。执行完以上操作后，会弹出“值域”对话框，如图 6-75 所示。单击“表达式”后边的 ...，会弹出对话框，再单击“变量”，会出现“外部变量”对话框，选择 red，变量连接完成；再单击“事件名称”后边的 ，会弹出“改变触发器”对话框，在“标准周期”2s 上双击，会弹出一个界面，单击倒三角，选择“有变化时”，如图 6-76 所示。在“数据类型”中，选择“布尔型”，双击表达式的“背景”，会弹出调色板，在调色板中，选择红色。通过“变量连接”“标准周期”和“数据类型”的设置，“值域”设置的最终界面如图 6-77 所示。最后在“值域”界面上，单击“确定”，所有的设置完成。以上操作是对“红灯”设置，“绿灯”的设置除变量连接为 green 和“表达式结果”背景的颜色改为绿色外，其余与“红灯”设置相同，故不赘述。

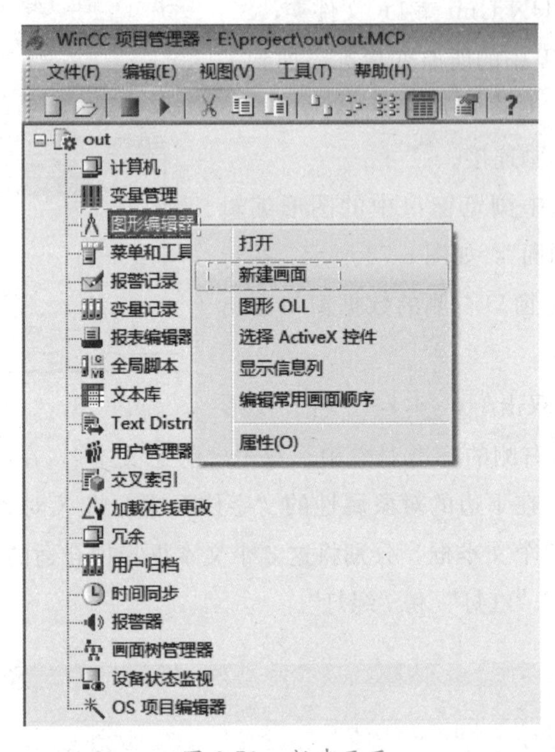

图 6-73 新建画面

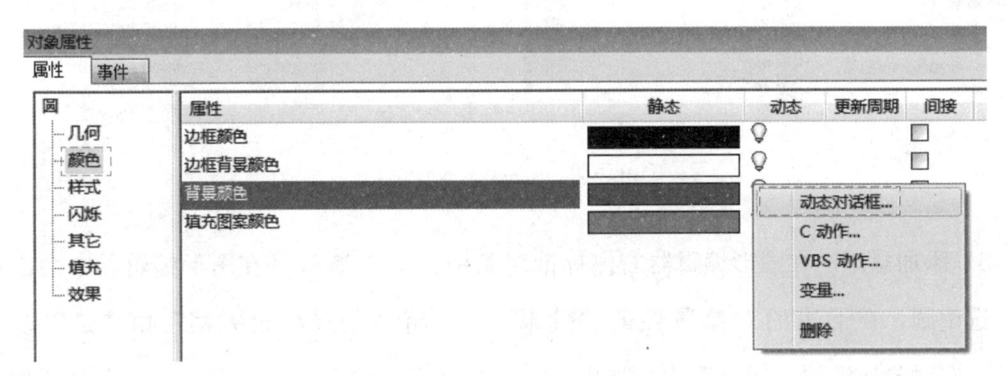

图 6-74 背景颜色的动态设置

4）添加按钮。在窗口对象中双击“按钮”，在图形编辑器中会出现按钮，同时会出现“按钮组态”对话框，这里点击 。选中按钮，在对象属性的“字体”中，“文本”输入“启动”；在对象属性的界面中，由“属性”切换到“事件”，选中“鼠标”，在“按左键”后边的 处右击，会弹出如图 6-78 所示菜单。选择“直接连接”，弹出“直接连接”对话框，如图 6-79 所示。在“来源”项选择“常数”，在“常数”的后边输入值 1；在“目标”项选择“变量”，单击“变量”后边的 ，会弹出“外部变量”对话框，这里变量选中 START 。设置完毕后如图 6-80 所示，在此界面最后单击“确定”。选择“鼠标”，在“释放左键”后边的⚡处，也需做类似操作，只不过在“来源”的“常数”处，输入 0 即可，其余设置不变。选中“启动”按钮，再复制粘贴 2 个按钮，将“文本”分别改为“停止”和“确定”，再将它们“按左键”和“释放左键”的连接变量分别改为 STOP 和 OK，其余不变，以上两个按钮的设置完全可参照“启动”按钮的设置，故不赘述。

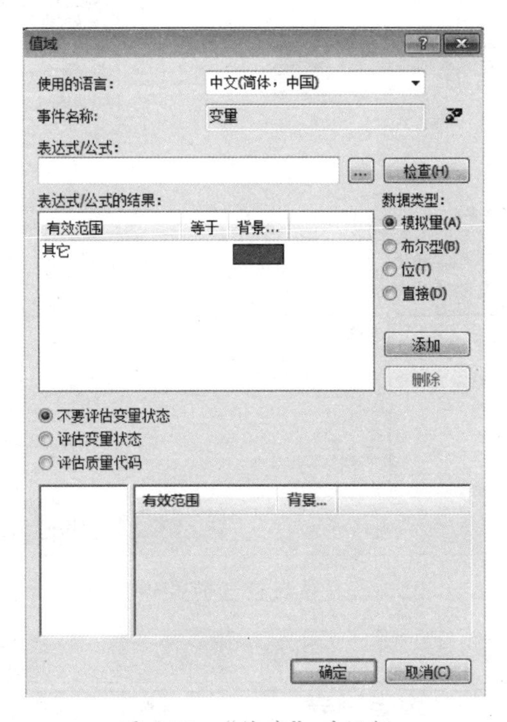

图 6-75　“值域”对话框

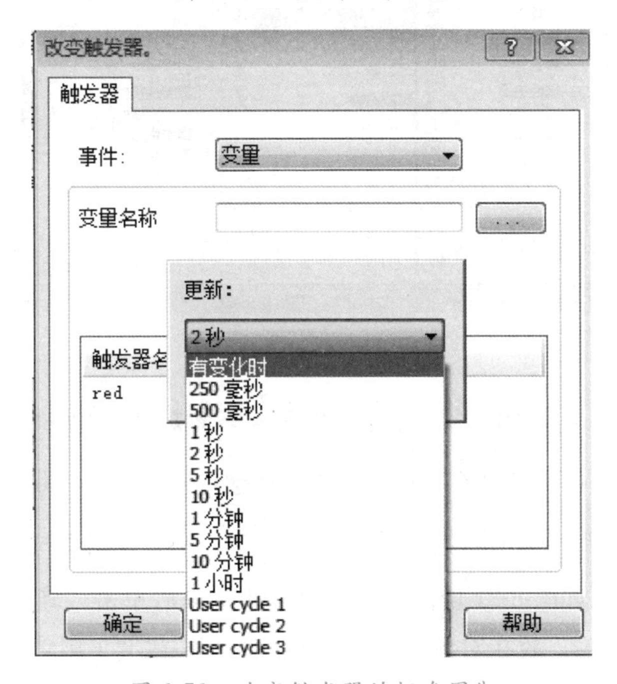

图 6-76　改变触发器的标准周期

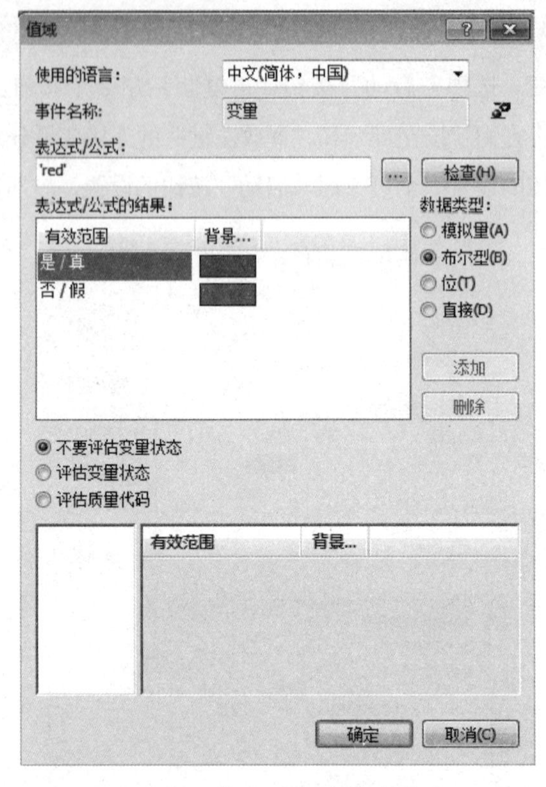

图 6-77　值域设置的最终界面

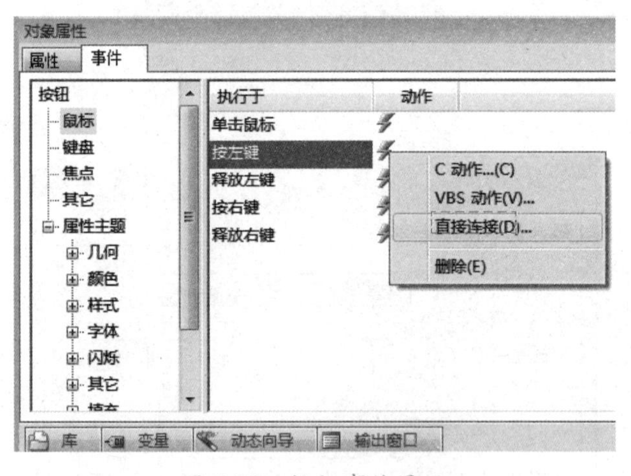

图 6-78　按钮事件界面

5）添加输入框。在智能对象中双击 0.12 **输入/输出域**，在图形编辑器中会弹出一个“I/O 域组态”对话框，在“变量”项的后边单击[...]，会弹出“外部变量”界面，选择变量 vw0，单击“确定”；再单击“更新”项后边的倒三角，弹出下拉菜单，选择“有变化时”，其余设置不变，如图 6-81 所示。在此界面中，最后单击“确定”。根据控制要求，间隔时间 N 不超过 10s，故在对象属性的“限制”中，将“下限值”改为 0，将“上限值”改为 100，这样就限定了输入框输入值的范围。

图 6-79　“直接连接”对话框

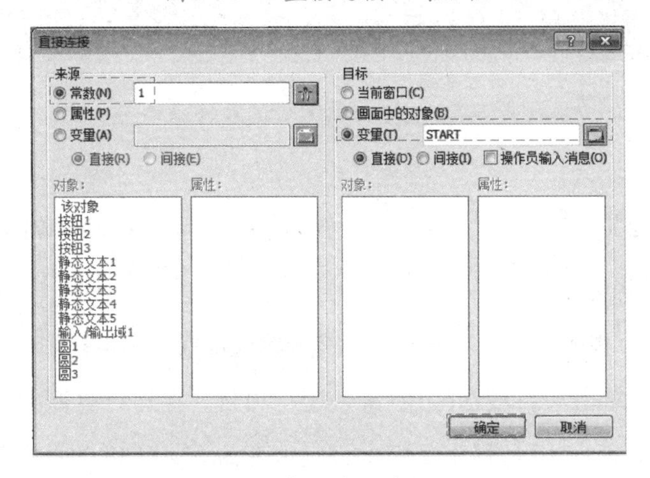

图 6-80　直接连接参数设置

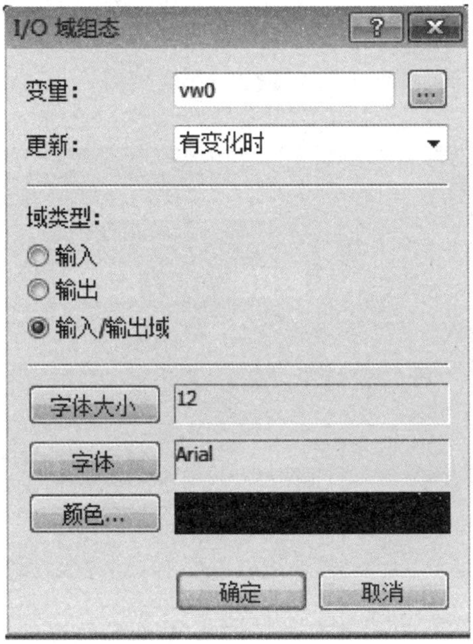

I/O 域组态
变量：vw0
更新：有变化时
域类型：
输入
输出
输入/输出域
字体大小　12
字体　Arial
颜色...
确定　取消

图 6-81　I/O 域组态参数设置

通过以上 5 步的设置，该项目 WinCC 的最终画面，如图 6-82 所示。

图 6-82　项目 WinCC 的最终画面

4. 项目调试

首先打开 S7-200 SMART PLC 编程软件 STEP 7- Micro/WIN SMART，单击 通信 进行通信参数配置，本机地址设置为“192.168.2.100”，通信参数配置完成后，点击 下载 进行程序下载，之后单击 程序状态 进行程序调试；PLC 程序下载完成后，打开 WinCC 软件，单击项目激活按钮 ▶，运行项目。在运行界面的输入框中输入 50，单击“确定”按钮，对应 PLC 程序 T37 的设定值变为 50，T38 的设定值变为 100，则两个彩灯每隔 5s 循环点亮；若输入框输入值大于 100，WinCC 会弹出对话框提示超出设定范围。单击启动按钮，红、绿彩灯会每隔 5s 点亮；单击停止按钮，程序停止。2 盏彩灯循环控制 WinCC 的运行界面如图 6-83 所示。

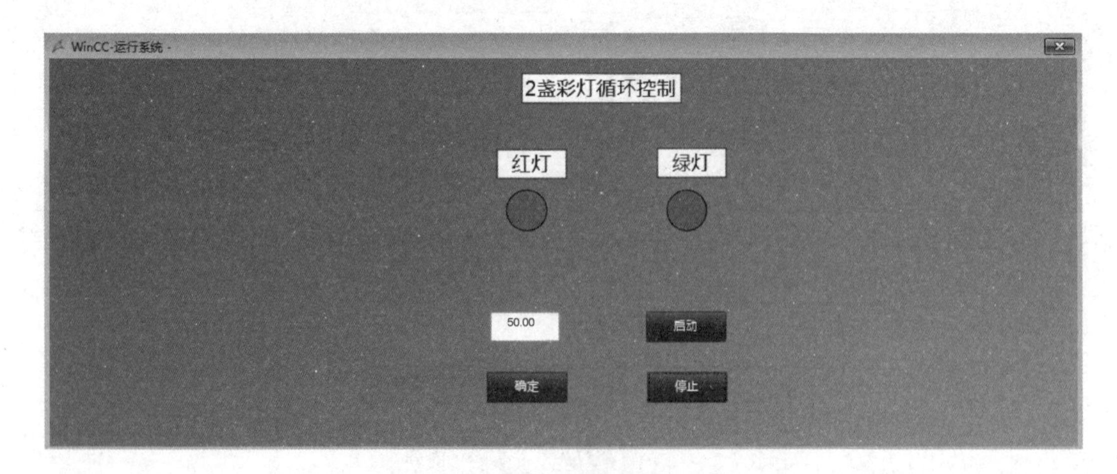

图 6-83　2 盏彩灯循环控制 WinCC 的运行界面

第7章 S7-200 SMART PLC 工程应用案例

本章要点

- S7-200 SMART PLC 在锯床改造控制系统中的应用
- S7-200 SMART PLC 和组态王在交通灯控制系统中的应用
- S7-200 SMART PLC 和组态软件WinCC在化工控制系统中的应用
- S7-200 SMART PLC、变频器和人机界面在空压机控制系统中的应用

对于一个完整的控制系统，视其复杂程度或客户需求，会涉及 PLC 与触摸屏、变频器和工业组态软件 3 者间两种或多种综合应用。对于初学或刚刚步入工控领域不久的电气工程技术人员来说，对以上 4 者综合应用设计感到陌生或吃力。基于此，本章将讲解 PLC 与触摸屏、变频器和工业组态软件 4 者间的综合应用案例。

7.1 S7-200 SMART PLC 和人机界面在锯床改造中的应用

7.1.1 任务引入

锯床基本运动过程：下降→切割→上升，如此往复。锯床工作电路如图 7-1 所示。合上空气断路器 QF、QF1 和 QF2，按下下降启动按钮 SB4 时，中间继电器 KA1 得电并自锁，其常开触点闭合，接触器 KM2 闭合，液压电动机启动，电磁阀 S2 和 S3 得电，锯床切割机构下降；接着按下切割启动按钮 SB2，KM1 线圈吸合，锯轮电动机 M1，冷却泵电动机 M2 启动，机床进行切割工件；当工件切割完毕，SQ1 被压合，其常闭触点断开，KM1、KA1、S2、S3 均失电，SQ1 常开触点闭合，KA2 得电并自锁，电磁阀 YV1 得电，切割机构上升，当碰到上限位 SQ4 时，KA2、S1 和 KM2 均失电，上升停止。当按下相应停止按钮，其相应动作停止。根据上边的控制要求，试将锯床控制由原来的继电器控制系统改造成 PLC＋人机界面控制系统。

7.1.2 PLC 编程方法连接

涉及将传统的继电器控制改为 PLC 控制的问题，多采用移植设计法。

1. 移植设计法简介

PLC使用与继电器电路极为相似的语言，如果将继电器控制改为PLC控制，在继电

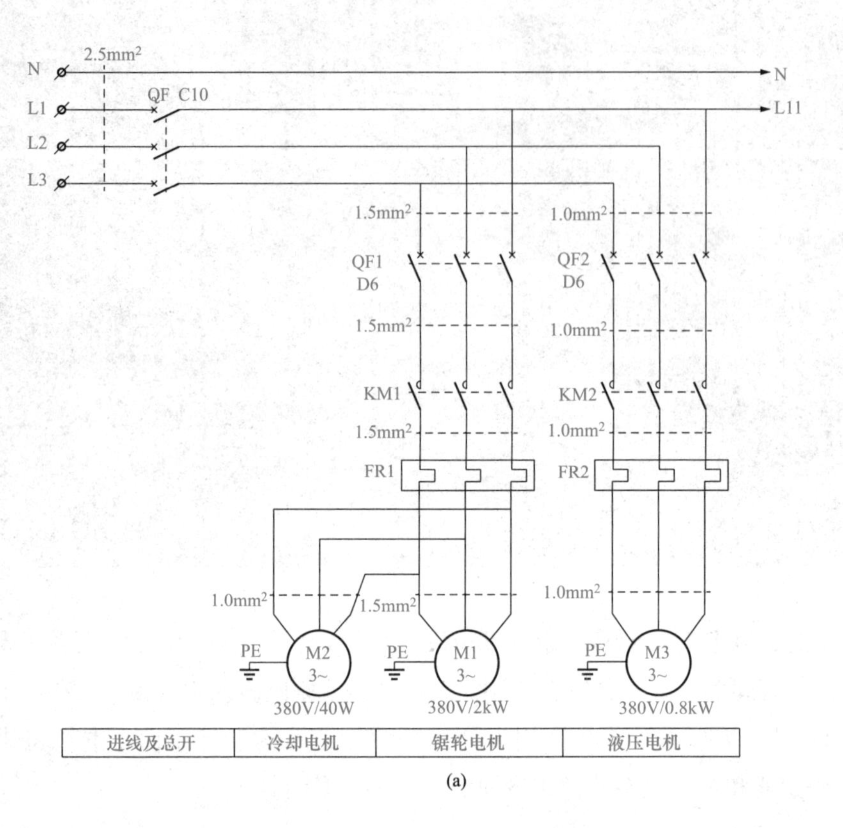

(a)

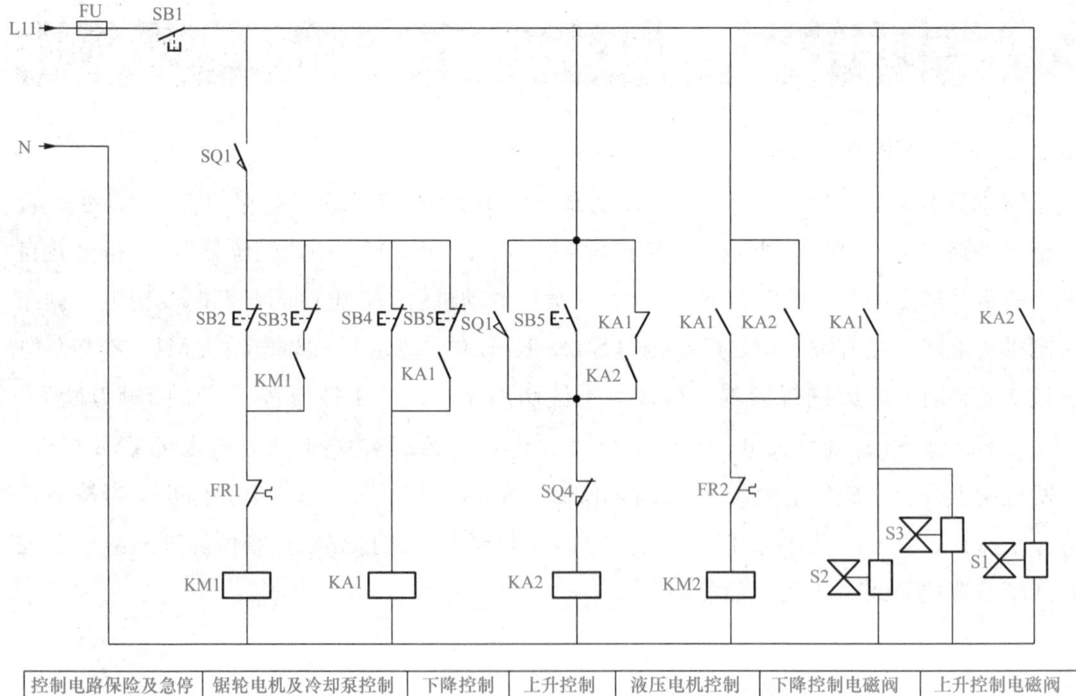

(b)

图 7-1 锯床工作电路

(a) 主电路；(b) 控制电路

器电路图基础上，设计梯形图是一条捷径。将经过验证的继电器电路直接转换为梯形图的编程方法，称为移植设计法。继电器电路符号与梯形图电路符号对应表见表 7-1。

表 7-1　　继电器电路符号与梯形图电路符号对应表

梯形图电路			继电器电路	
元件	符号	常用地址	元件	符号
常开触点	—| |—	I、Q、M、T、C	按钮、接触器、时间继电器、中间继电器的常开触点	
常闭触点	—|/|—	I、Q、M、T、C	按钮、接触器、时间继电器、中间继电器的常闭触点	
线圈	—(　)—	Q、M	接触器、中间继电器线圈	
功能框：定时器	Tn IN TON PT 10ms	T	时间继电器	
功能框：计数器	Cn CU CTU R PV	C	无	无

编者有料

表 7-1 是移植设计法的关键，请读者熟记此对应关系。

2. 设计步骤

（1）了解原系统的工艺要求，熟悉继电器电路图。

（2）确定 PLC 的输入信号和输出负载，以及与它们对应的梯形图中的输入位和输出位的地址，画出 PLC 外部接线图。

（3）将继电器电路图中的时间继电器、中间继电器用 PLC 的辅助继电器、定时器代替，并赋予它们相应的地址；这样就建立了继电器电路元件与梯形图编程元件的对应关系。

（4）根据上述关系，画出全部梯形图，并予以简化和修改。

3. 使用翻译法的几点注意

（1）应遵守梯形图的语法规则。在继电器电路中触点可以在线圈的左边，也可以在线圈的右边，但在梯形图中，线圈必须在最右边；如图 7-2 所示。

（2）设置中间单元。在梯形图中，若多个线圈受某一触点串、并联电路控制，为了简化电路，可设置辅助继电器作为中间编程元件，如图 7-3 所示。

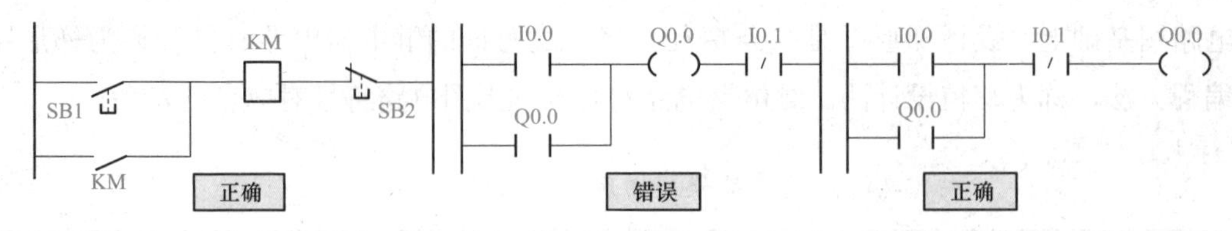

图 7-2 继电器电路与梯形图书写语法对照

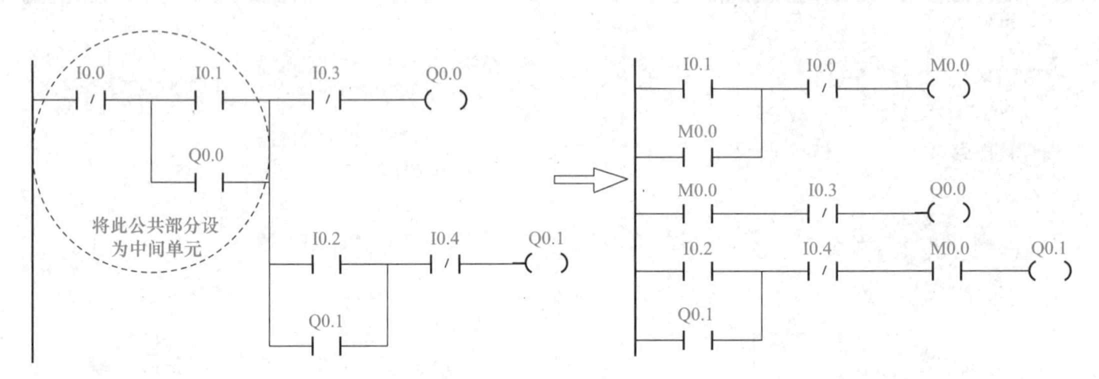

图 7-3 设置中间单元

(3) 尽量减少 I/O 点数。PLC 的价格与 I/O 点数有关，减少 I/O 点数可以降低成本，减少 I/O 点数具体措施如下。

1) 几个常开并联或常闭串联的触点可合并后与 PLC 相连，只占一个输入点。输入元件合并如图 7-4 所示。

2) 利用单按钮启停电路，使启停控制只通过一个按钮来实现，既可节省 PLC 的 I/O 点数，又可减少按钮和接线。

3) 系统某些输入信号功能简单、涉及面窄，没有必要作为 PLC 的输入，可将其设置在 PLC 外部硬件电路中，如热继电器的常闭触点 FR 等。输入元件处理及并行输出如图 7-5 所示。

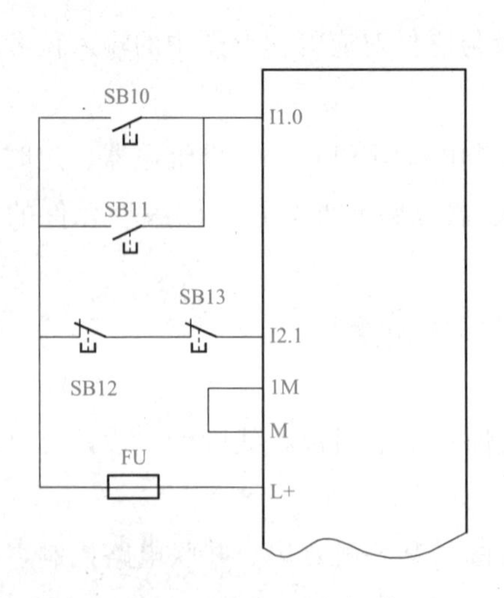

图 7-4 输入元件合并

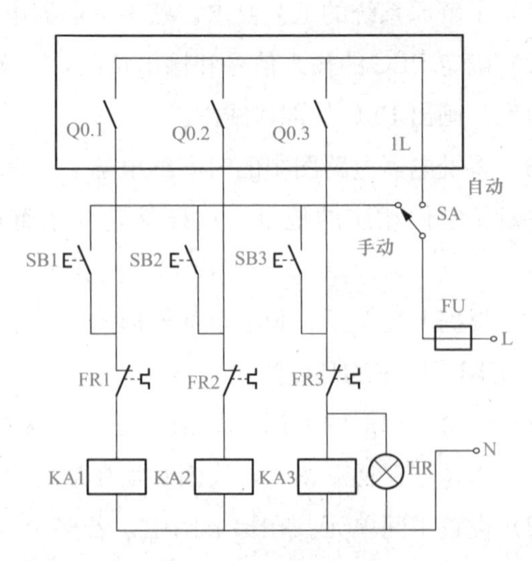

图 7-5 输入元件处理及并行输出

4）通断状态完全相同的两个负载，可将其并联后共用一个输出点，如图 7-5 中的 KA3 和 HR。

编者有料

图 7-5 给出了自动手动的一种处理方案，值得读者学习，在工程中经常可见到这种方案。值得说明的是，此方案只适用继电器输出型的 PLC，晶体管输出型的 PLC 采取这种手动自动方案可能会导致晶体管的击穿，进而损坏 PLC。

（4）设立连锁电路。为了防止接触器相间短路，可以在软件和硬件上设置互锁电路，如正反转控制。硬件与软件互锁如图 7-6 所示。

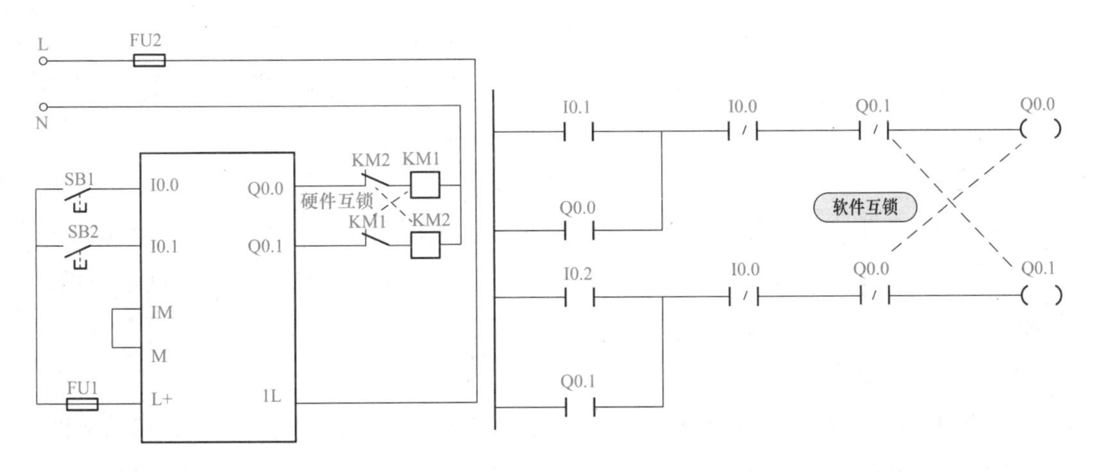

图 7-6　硬件与软件互锁

（5）外部负载额定电压。PLC 的输出模块（如继电器输出模块）只能驱动额定电压最高为 AC220V 的负载，若原系统中的接触器线圈为 AC380V，应将其改成线圈为 AC220V 的接触器或者设置中间继电器。

7.1.3　MCGS 嵌入式组态软件使用连接

双击桌面 MCGS 组态软件图标，进入如组态环境。单击菜单栏中的“文件”→“新建”，打开“新建工程设置”对话框，如图 7-7 所示。在“类型”中选择所需要触摸屏的系列，这里选择“TPC7062KX”系列；在“背景色”中，可已选择所需要的背景颜色；这里有一点需要注意，就是若分辨率为 800×480，那么当背景以图片形式出现的时候，所用图片的分辨率也必须为 800×480，否则触摸屏显示出来会失真。设置完成后，单击“确定”，将出现工作台画面，如图 7-8 所示。

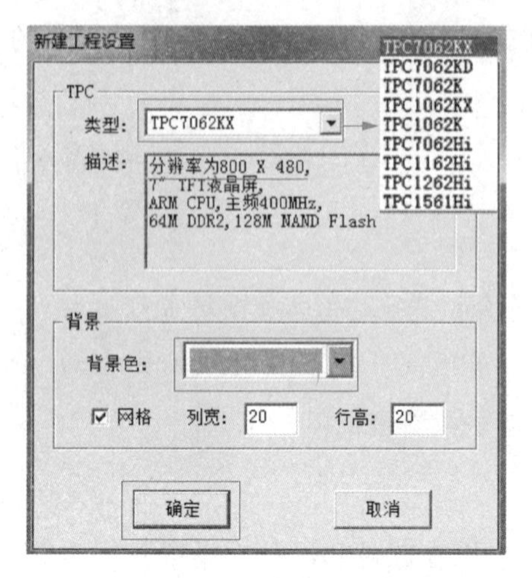

图 7-7 新建工程设置

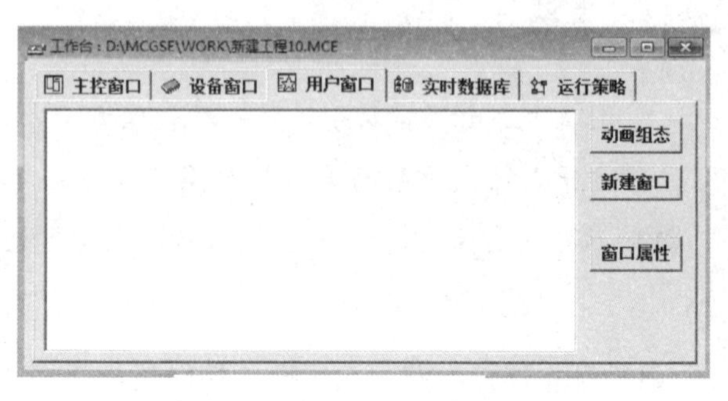

图 7-8 MCGS 组态软件工作台

7.1.4 MCGS 嵌入版组态软件工作平台结构组成

在图 7-8 中不难看出，MCGS 嵌入版组态软件工作平台的结构组成分为 5 部分，分别主控窗口、用户窗口、实时数据库、设备窗口和运行策略。

1. 主控窗口

MCGS 嵌入版组态软件的主控窗口是组态工程的主框架，是所有用户窗口和设备窗口的父窗口。一个组态工程文件只允许有一个主控窗口，但主控窗口可以放置多个用户窗口和一个设备窗口。主控窗口的作用是负责所有窗口的调控和管理，调用用户策略的运行，反映出工程总体概貌。

以上作用决定了主控窗口的属性设置。主控窗口属性设置包括基本属性、启动属性、内存属性、系统参数和存盘参数 5 个子项，打到主控窗口图标，执行“右键”→“属性”会弹出“主控窗口属性设置”对话框，如图 7-9 所示。

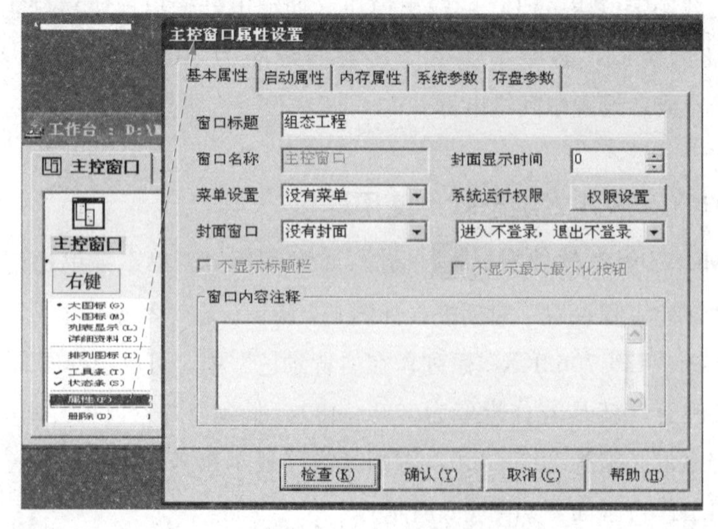

图 7-9 “主控窗口属性设置”对话框

2. 用户窗口

MCGS 嵌入版组态软件系统组态的一项重要工作就是用生动图形画面和逼真的动画来描述实际工程。在用户窗口中，通过对多个图形对象的组态设置，并建立相应的动画连接，可实现反映工业控制过程的画面。

用户窗口是由用户来定义和构成 MCGS 嵌入组态软件图形界面的窗口。它好比一个“大容器”，用来放置图元、图符和动画构件等图形对象。通过对图形对象的组态设置，建立与实时数据库的连接，由此完成图形界面的设计工作。

◆ 编者有料 ◆

用户窗口第二段文字不容小视，其实道出了用户画面构建的一般步骤。

(1) 创建用户窗口。在 MCGS 组态环境工作平台中，选中“用户窗口”页，单击“新建窗口”按钮，可以新建一个用户窗口，如图 7-10 所示。用户窗口可以有多个。

图 7-10　新建用户窗口

(2) 设置窗口的属性。选中图 7-10 中的“窗口 0”，单击“窗口属性”按钮，会出现“用户窗口属性设置”对话框，如图 7-11 所示。该画面主要包括 5 种属性的设置，分别为基本属性、扩展属性、启动属性、循环属性和退出属性。其中“基本属性”最为常用，因此，将重点讲解“基本属性”，其余属性可以参考相关的触摸屏书籍。

图 7-11，选中“基本属性”，这时可以改变“基本属性”的相关信息。在窗口名称项可以输入想要的名称，本例窗口名称为“首页”。在“窗口背景”中，可已选择你所需要的背景颜色；设置完成后，单击“确定”，窗口名称由“窗口 0”变成了“首页”。

(3) 图形对象的创建和编辑。新建完用户窗口，设置完窗口属性后，用户就可以利用工具箱在用户窗口中创建和编辑图形对象，制作图形界面了。

1) 工具箱。工具箱是用户创建和编辑图形对象的工具的所在地。双击首页图标或选中首页图标后，单击“动画组态”按钮，将会打开一个空白用户窗口。在工具栏中，单击按钮，将会打开工具箱，工具箱常用按钮的名称如图 7-12 所示。

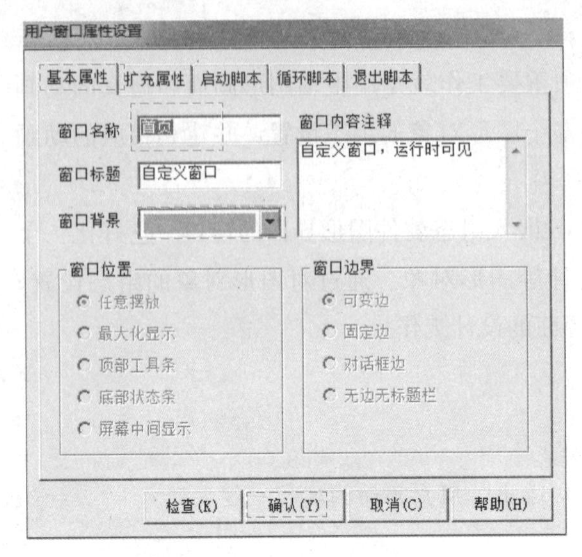

图 7-11 “用户窗口属性设置”对话框

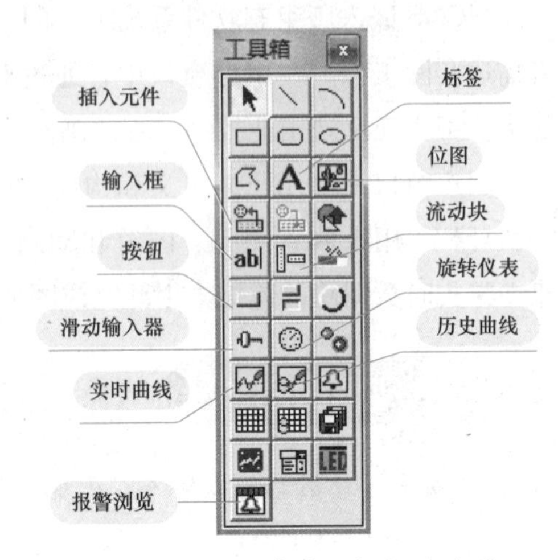

图 7-12 工具箱常用按钮的名称

2）图形的创建和编辑。要创建哪个图元，就在开空白用户窗口的情况下，单击工具箱中的相应按钮，之后进行相应的设置即可。

3. 创建位图、标签、输入框、按钮案例

假设有一个空白用户窗口，名称为“首页”（新窗口的创建和属性设置，请参考图 7-10 和图 7-11）。在空白用户窗口中，单击按钮，打开工具箱。

（1）插入位图。单击工具箱中的按钮，在工作区域进行拖拽，之后右击选择“装载位图”，如图 7-13 所示。找到要插入图片的路径，这样就把想要插入的图片插到“首页”里了，本例中插入的是“S7-200 SMART PLC 图片”，最终结果如图 7-14 所示。

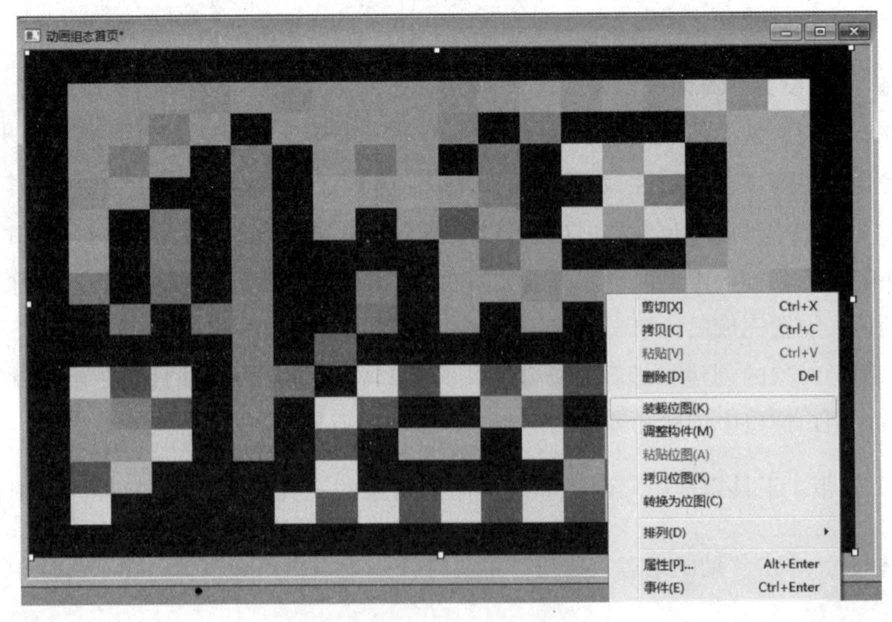

图 7-13 插入位图

图 7-14　插入位图最终结果

(2) 插入标签。单击工具箱中 A 按钮，在画面中拖拽，双击该标签，打开“标签动画组态属性设置”对话框，如图 7-15 所示。之后，分别在“属性设置”和“扩展属性”选项卡中进行设置，在“扩展属性”中的“文本内容输入”项输入“S7-200 SMART PLC 信号发生项目”字样；水平和垂直对齐分别设置为“居中”，文字内容排布设置为“横向”。在“属性设置”中的“填充色”“边框颜色”项选择“没有填充”和“没有边线”；“字符颜色”项“颜色”设置为黑色；单击 Aa 按钮，会出现“字体”对话框，如图 7-16 所示。

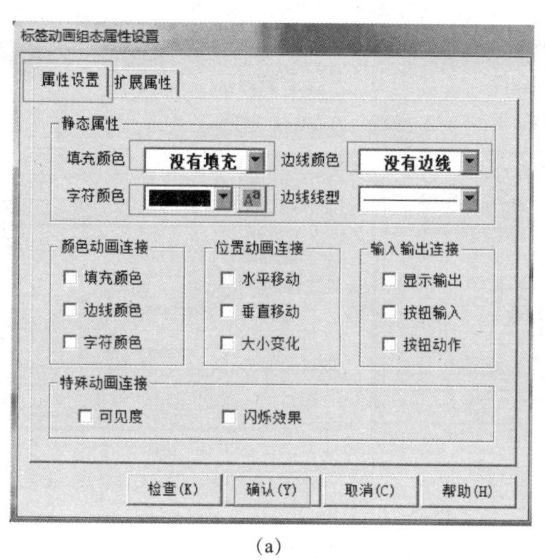

(a)

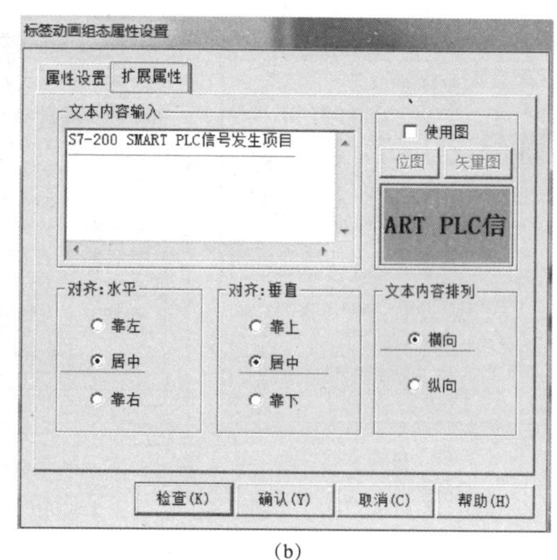

(b)

图 7-15　插入标签

(a) 属性设置；(b) 扩展属性

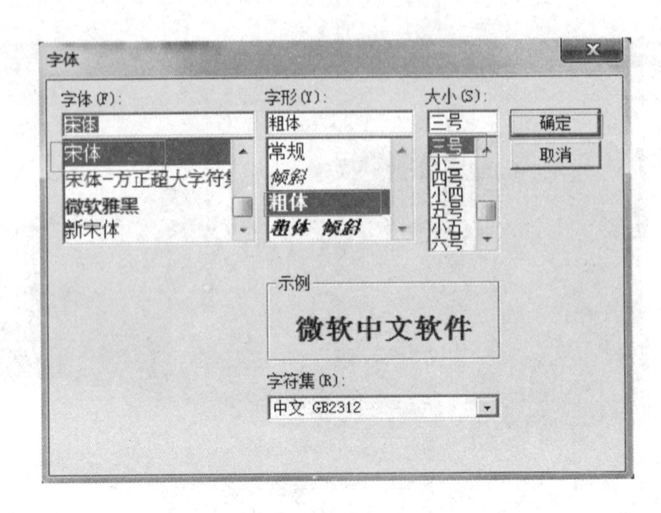

图 7-16 “字体”对话框

（3）插入按钮。单击工具箱中的▭按钮，在画面中拖拽合适大小，双击该按钮，打开“标准按钮构建属性设置”对话框，如图 7-17 所示。之后，分别进行“基本属性”和“操作属性”设置。在“基本属性”中的“文本”项输入“启动”字样；水平和垂直对齐分别设置为“居中”；“文本颜色”项设置为黑色；单击A按钮，会出现“字体”对话框，这里与插入标签的设置方法相似，不再赘述，“背景色”设为蓝色，“边颜色”为蓝色。在“操作属性”中，按下“抬起功能”按钮，在“数据对象值操作”项打钩，单击倒三角，选择“清 0”；单击 ? ，选择变量“启动”（备注：此变量应提前在 实时数据库 中定义，将会在之后“实时数据库”中讲解）。在“操作属性”中，按下“按下功能”按钮，在“数据对象值操作”项打钩，单击▾，选择“置 1”；单击 ? ，选择变量“启动”。

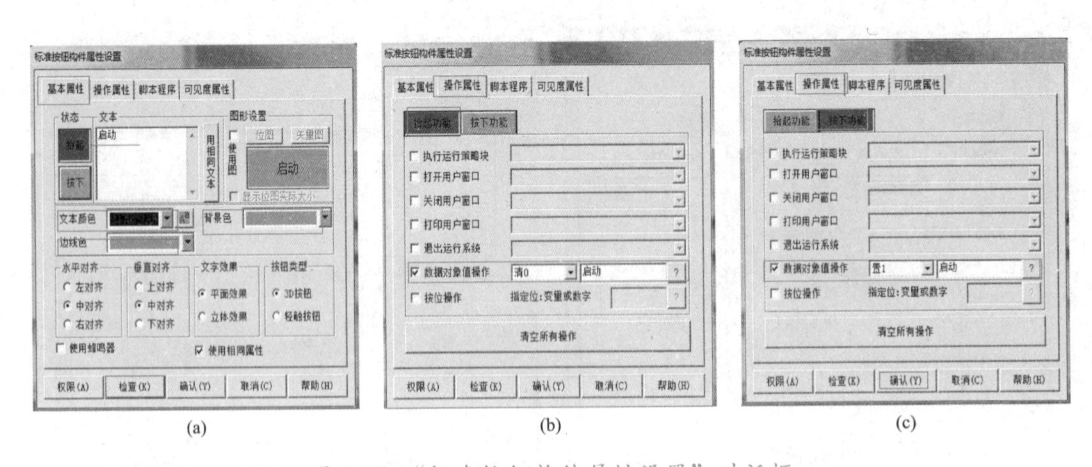

图 7-17 “标准按钮构件属性设置”对话框

（a）基本属性；（b）操作属性互抬起功能；（c）操作属性互按下功能

（4）插入输入框。单击工具箱中的 ab| 按钮，在画面中拖拽合适大小，双击该按钮，打开“输入框构件属性设置”对话框，如图 7-18 所示。之后，分别进行“基本属性”和

“操作属性”设置。在“基本属性”中的“水平对齐”和“垂直对齐”项分别设置为“居中”；“背景色”设为蓝色，“字符颜色”项设置为黑色；单击 按钮，会出现“字体”对话框，本例选择的是宋体、常规、小四号字；在“操作属性”中的“对应数据对象的名称”项，单击 ? ，选择变量“VD0”（备注：此变量应提前在 实时数据库 中定义，将会在之后“实时数据库”中讲解）。在“最小值”中输入 4，在“最大值”中输入 20，也就意味着该输入框只接受 4～20mA 数据。

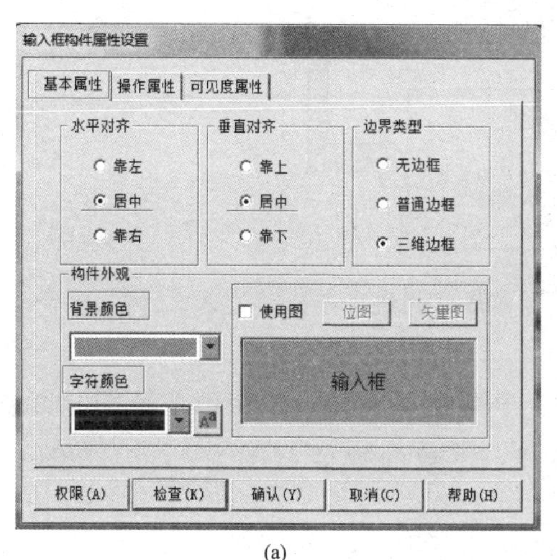

(a)

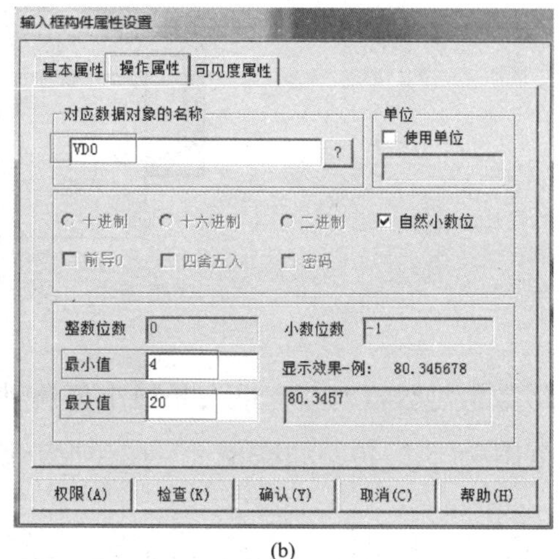

(b)

图 7-18 “输入框构件属性设置”对话框

（a）基本属性；（b）操作属性

这里仅介绍常用的几个构件，其余的读者可参照上边的几个，自行试验，这里不逐一介绍了。

4. 实时数据库

实时数据库是指用数据库技术管理的所有数据对象的集合。实时数据库是 MCGS 嵌入版组态软件的核心，是应用系统的数据处理中心。应用系统的各个部分均以实时数据库为公用区交换数据，实现各个部分协调动作。图 7-19 所示为实时数据库与工作平台其他结构组成部分的关系。

（1）数据对象的类型。MCGS 嵌入版组态软件的数据对象有 5 种类型，分别为开关型、数值型、字符型、事件型和数据组对象。

1）开关型数据对象。记录开关信号（0 或非 0）的数据对象称为开关型数据对象，通常与外部设备的开关量输入、输出通道相连，用来表示某一设备当前的状态；也可表示某一对象的状态。

2）数据型数据对象。MCGS 嵌入版组态软件中，数值型数据对象除了存放数值及参与的数值运算外，还提供报警信息，并能够与外部设备的模拟量输入、输出通道相连。

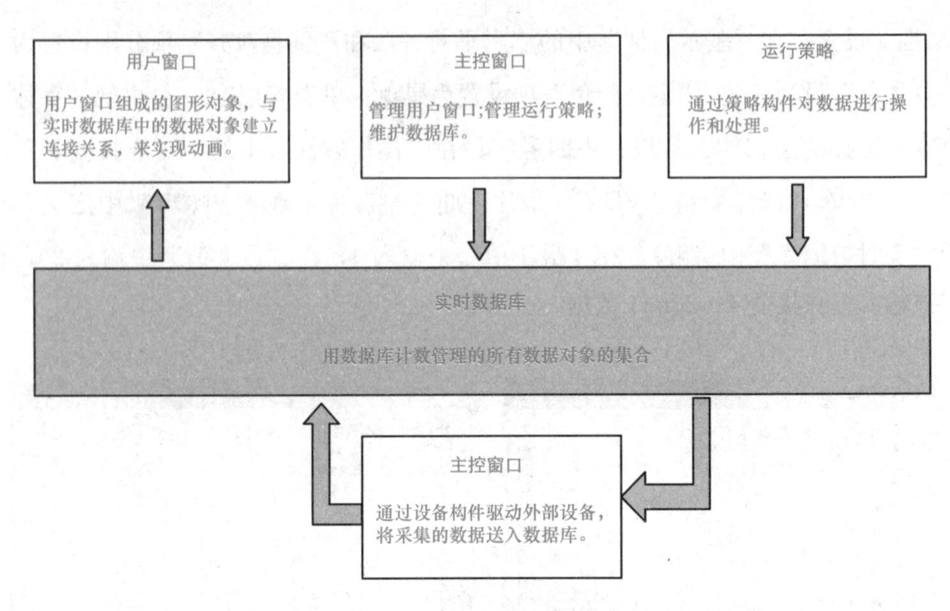

图 7-19 实时数据库与工作平台其他结构组成部分的关系

a. 数值型数据对象有最大和最小值属性，其数值不会超过设定数值范围。负数的数值范围为－3.402823E38～－1.401298E-45；正数的数值范围为 1.401298E-45～3.402823E38。

b. 数值型数据有限值报警属性，可同时设置下下限、下限、上上限、上限、上偏差和下偏差等报警限值，当对象的值超出了设定的限值时，产生报警；回到限值内，报警停止。

3）字符型数据对象。字符型数据处对象是存放文字信息的单元，用来描述外部对象的状态特征。其值为字符串，其长度最长可达 64KB。字符型数据处对象没有最值、单位和报警属性。

4）事件型数据对象。事件型数据对象用来记录和标识某种事件产生或状态改变的时间信息。事件型数据对象的值是由 19 个字符组成的定长字符串，用来保留当前最近一次事件所产生的时刻，用“年，月，日，时，分，秒”表示。其中，年是 4 位数字，其余为 2 位数字，之间用逗号隔开，如“1997，02，03，23，45，56”。事件型数据对象没有工程单位、没有最值属性和限值报警，只有状态报警。事件型数据对象不同于开关型数据对象，事件型数据对象时间产生一次，报警对应产生一次，且报警产生和结束是同时完成的。

5）数据组对象。数据组对象把相关的多个数据对象集合在一起，作为一个整体定义和处理。数据组对象只是在组态时对某一类对象的整体表示方法，其实际的操作是针对每个成员进行的。

(2) 数据对象的属性设置。数据对象定义好后，需根据实际设置数据对象的属性。

在工作台窗口中，单击 实时数据库 ，进入实时数据库界面。单击“新增对象”，会出现 InputETime1，双击此项，会进入“数据对象属性设置”。数据对象属性设置包括基本属性设置、存盘属性设置和报警属性设置 3 方面。本节仅就基本属性加以讨论，其余两个相应的地方遇见后再讲解。

双击 InputETime1，打开“数据对象属性设置”对话框。在“对象名称”项输入“启动”；在“对象初值”项输入“0”；在“对象类型”项，选择“开关”，设置完毕，单击“确定”；再次单击“新增对象”按钮，会出现 启动1 ，双击此项打开“数据对象属性设置”对话框，在“对象名称”项输入“VD0”；在“对象初值”项输入“0”；在“最小值”中输入 4，在“最大值”中输入 20，也就意味着只接受 4～20mA 数据。在“对象类型”项，选择“数值”，设置完毕，单击“确定”；如图 7-20 所示。实时数据库生成的最终结果如图 7-21 所示。

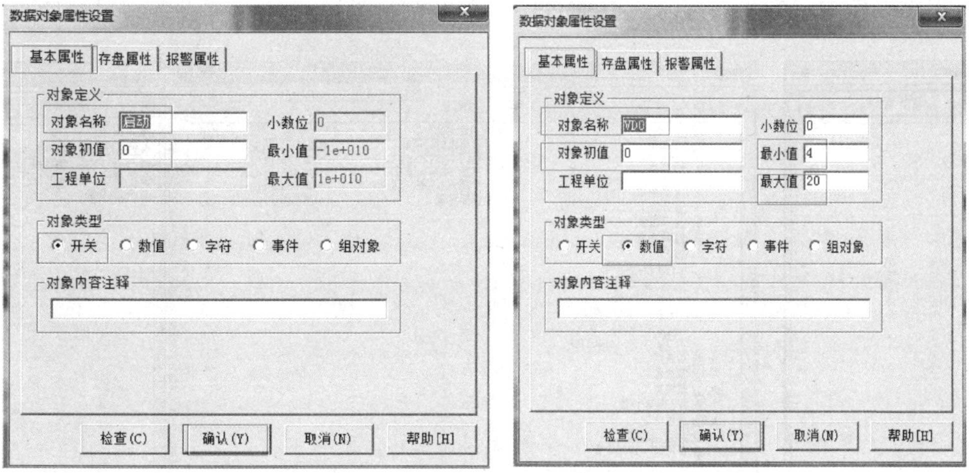

(a)　(b)

图 7-20　数据对象属性设置

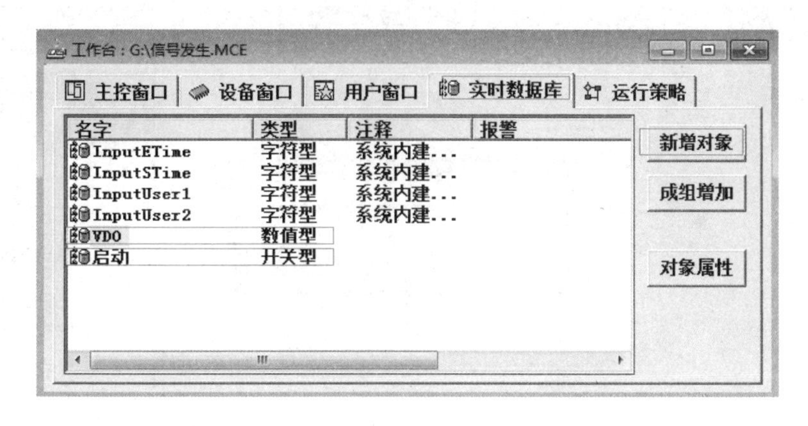

图 7-21　实时数据库生成的最终结果

5. 设备窗口

设备窗口是 MCGS 嵌入版组态软件系统的重要组成部分。在设备窗口中建立系统与外部硬件设备的联系，使系统能够控制外部设备，并能读取外部设备的数据，从而实现对工业过程设备的实时监控和操作。

（1）外部设备的选择。在工作台窗口中，单击 设备窗口，进入设备窗口界面。单击“设备组态”按钮，会出现设备组态窗口画面，单击工具栏中的按钮，会出现“设备工具箱”，如图 7-22（a）所示单击设备工具箱中的“设备管理”按钮，会出现如图 7-22（b）的画面，先选中 通用串口父设备，再选中 西门子_S7200PPI，以上选中的两项就会出现在“设备工具箱”中，如图 7-22（c）所示。在“设备工具箱”中，先双击 通用串口父设备，在“设备组态窗口”中会出现 通用串口父设备0--[通用串口父设备]，之后再“设备工具箱”中再双击 西门子_S7200PPI，会出现如图 7-23 所示对话框，单击“是”即可。在“设备组态”窗口会出现 设备0--[西门子_S7200PPI]，如图 7-24 所示。在“设备组态”窗口，双击 西门子_S7200PPI，会出现如图 7-25 所示“设备编辑窗口”。

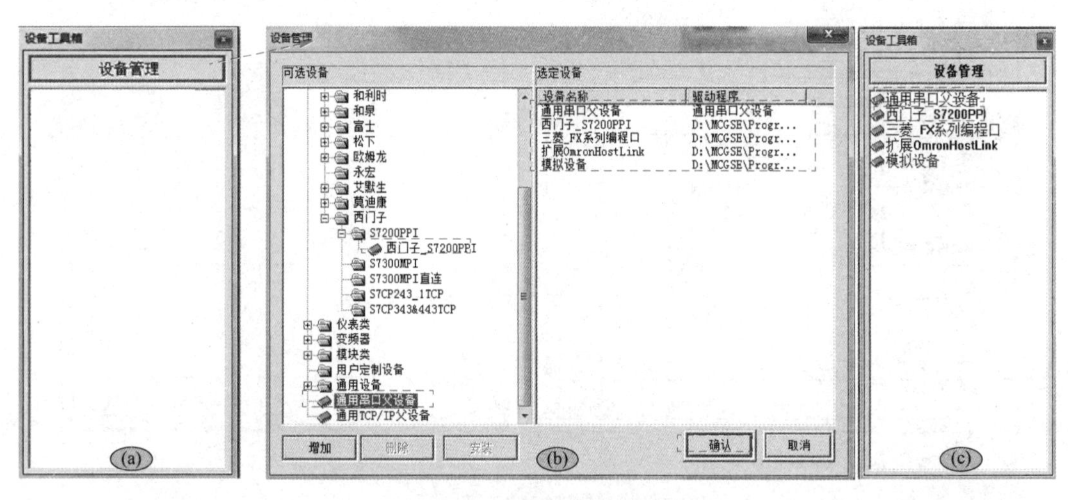

图 7-22 设备管理

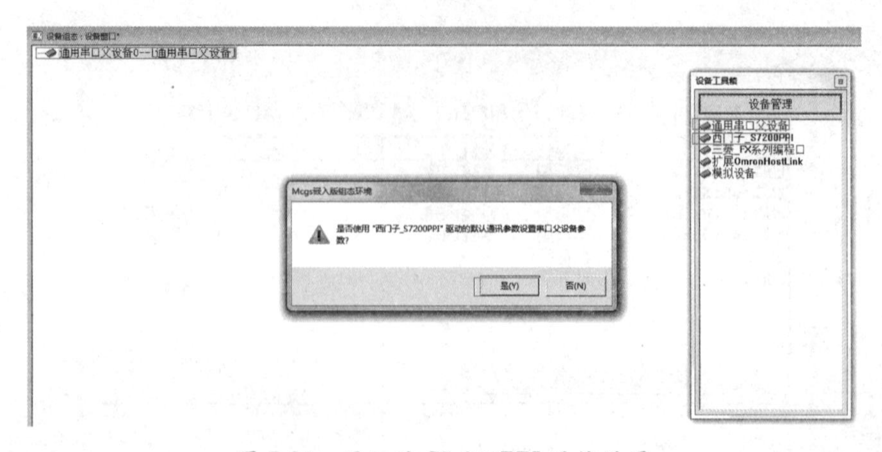

图 7-23 西门子 S7-200PPI 通信设置

图 7-24　串口设置的最终结果

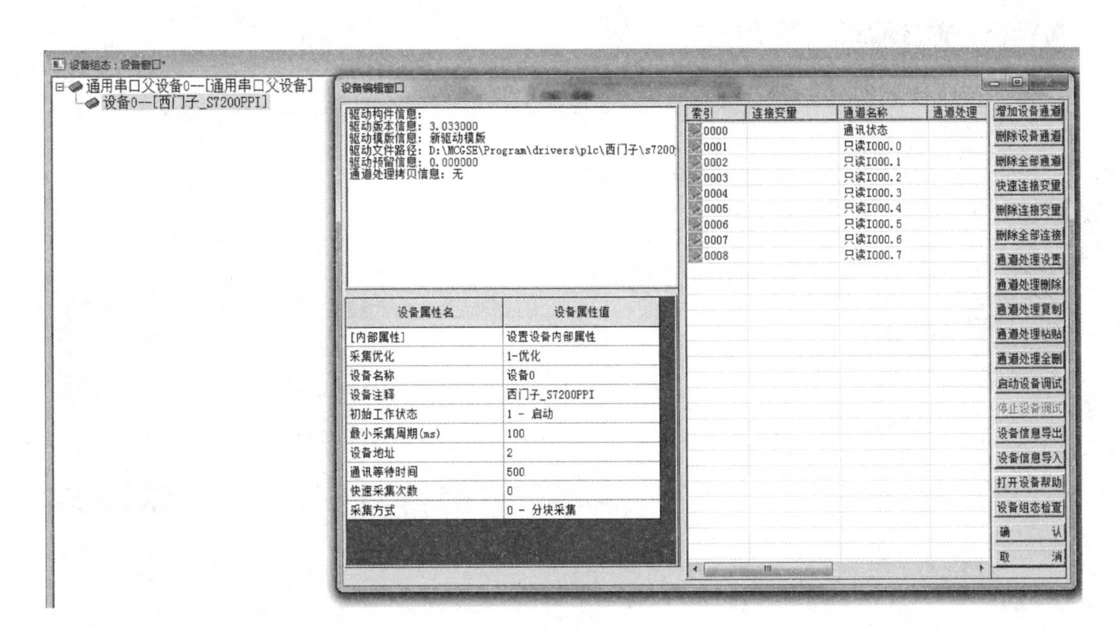

图 7-25　设备编辑窗口

（2）通道连接。在图 7-25“设备编辑窗口”中，单击“增加设备通道”按钮，会出现如图 7-26 所示画面。在“通道类型”中找到“M 寄存器”；在“通道地址”中输入“0”；在“读写方式”中选“读写”；在图 7-25“设备编辑窗口”中，再次单击“增加设备通道”按钮，会出现如图 7-27 所示画面。在“通道类型”中找到“V 寄存器”；在“通道地址”中输入“0”；在“数据类型”中选中“32 位无符号二进制”，在“读写方式”中选“只写”。设备连接的最终结果见图 7-28。

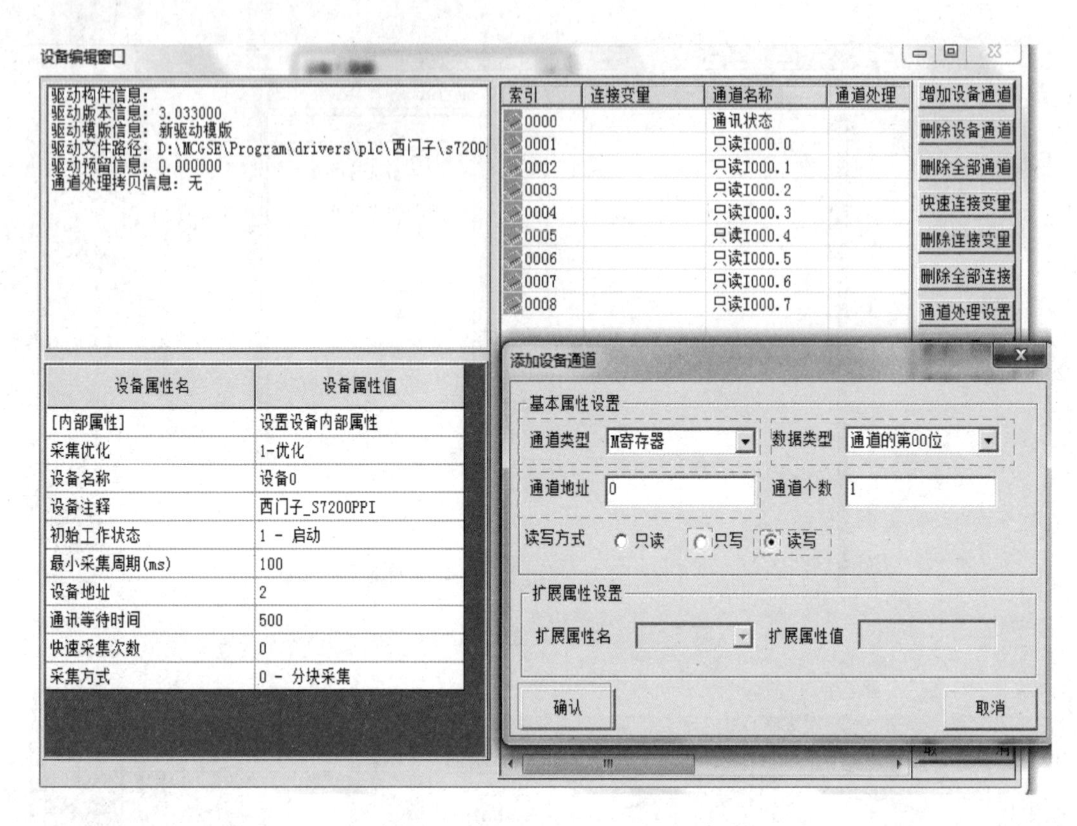

图 7-26　添加设备通道（类型 1）

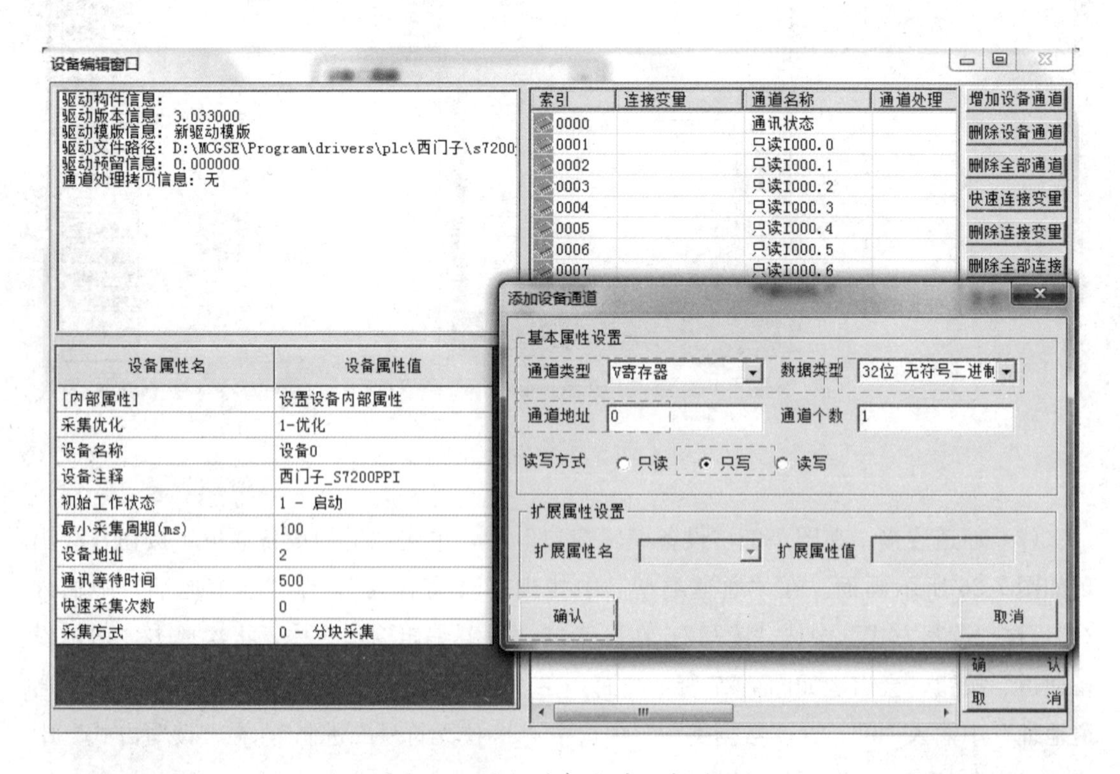

图 7-27　添加设备通道（类型 2）

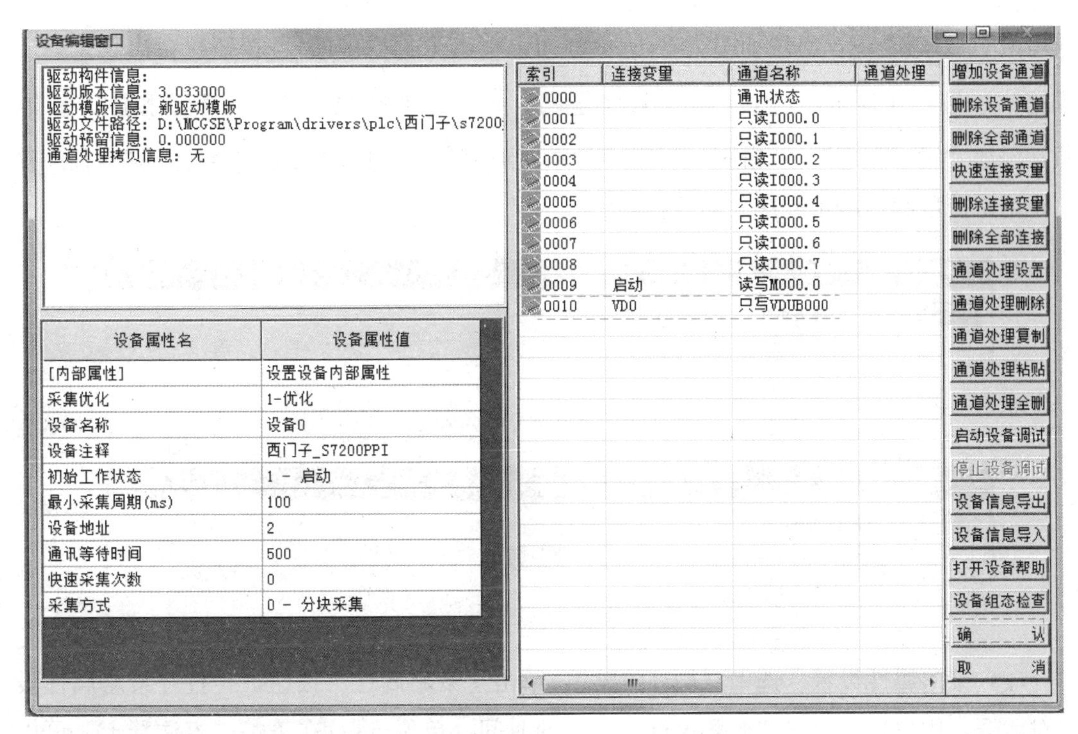

图 7-28　设备连接的最终结果

编者有料

实时数据库是生成触摸屏内部数据的区域，设备窗口相当于“外交部”，是触摸屏数据与 PLC 数据沟通的窗口，实际上，通过此窗口建立了触摸屏与 PLC 联系。如在触摸屏中点击“启动”按钮，通过 M0.0 通道，使得 PLC 程序中的 M0.0 动作，进而程序得到了运作。

6. 运行策略

所谓的“运行策略”，是用户为实现对系统运行流程的自由控制所组态生成的一系列功能块的总称。MCGS 嵌入版组态软件为用户提供了进行策略组态的专用窗口和工具箱。

运行策略的建立，使系统能够按照设定的顺序和条件，操作实时数据库，控制用户窗口的打开、关闭和设备构件的工作状态。

根据运行策略的不同作用和功能，MCGS 嵌入版组态软件的运行策略分为启动运行策略、退出运行策略、循环运行策略、报警运行策略、事件运行策略、用户运行策略、热键策略和中断策略。鉴于循环运行策略最为常用，本节以循环运行策略为例，讲解策略组态和策略属性设置。

(1) 循环策略组态。在工作台窗口中，单击 **运行策略**，会出现运行策略窗口画面。选中“循环策略”，单击“策略组态”按钮，会出现如图 7-29 所示画面。单击工具栏中的新增策略行按钮，出现如图 7-30 所示画面。单击工具栏中的按钮，会出现策略工具箱，如图 7-31 所示。选中策略行中的，可以在策略工具箱中选择要添加的选项，通常添加“脚本程序”。双击脚本程序，会添加到中，再次双击，会打开脚本程序窗口，用户可以编写脚本程序来实现控制。

图 7-29　循环策略的组态

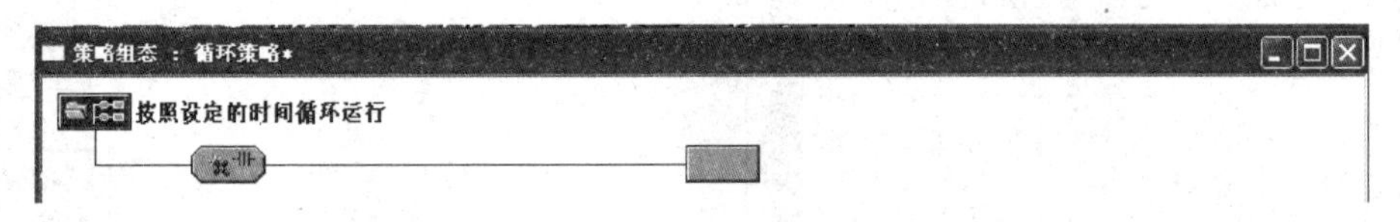

图 7-30　策略行添加

（2）策略属性设置。选中“循环策略”，单击“策略属性”按钮，会打开策略属性设置对话框，用户可以设置“循环执行方式”的时间，单位 ms；在策略内容注释上，可以添加注释。“策略属性设置”对话框如图 7-32 所示。

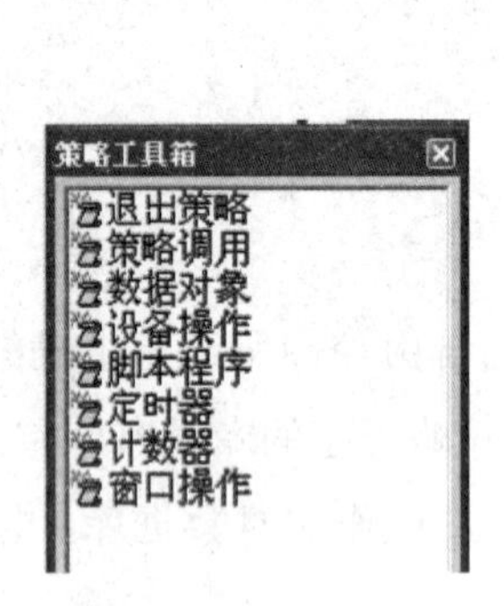

图 7-31　策略工具箱

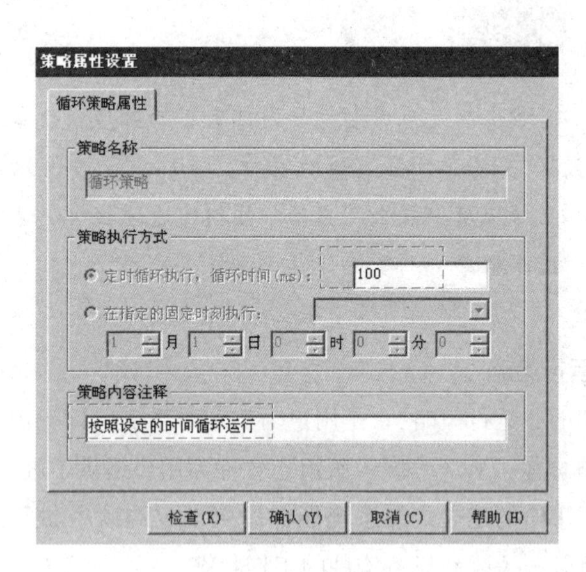

图 7-32　“策略属性设置”对话框

编者有料

用户窗口、实时数据库、设备窗口和运行策略的相关设置都非常重要，读者应参考书中的设置，将此部分知识弄熟，以便后续实例的学习。

7.1.5　任务实施——PLC 程序的设计

1. 了解工艺要求

了解原系统的工艺要求，熟悉继电器电路图，本例中，主电路与图 7-1（a）一致。

2. 确定 I/O 点数， 并画出外部接线图

锯床控制 I/O 分配见表 7-2。外部接线图如图 7-33 所示。

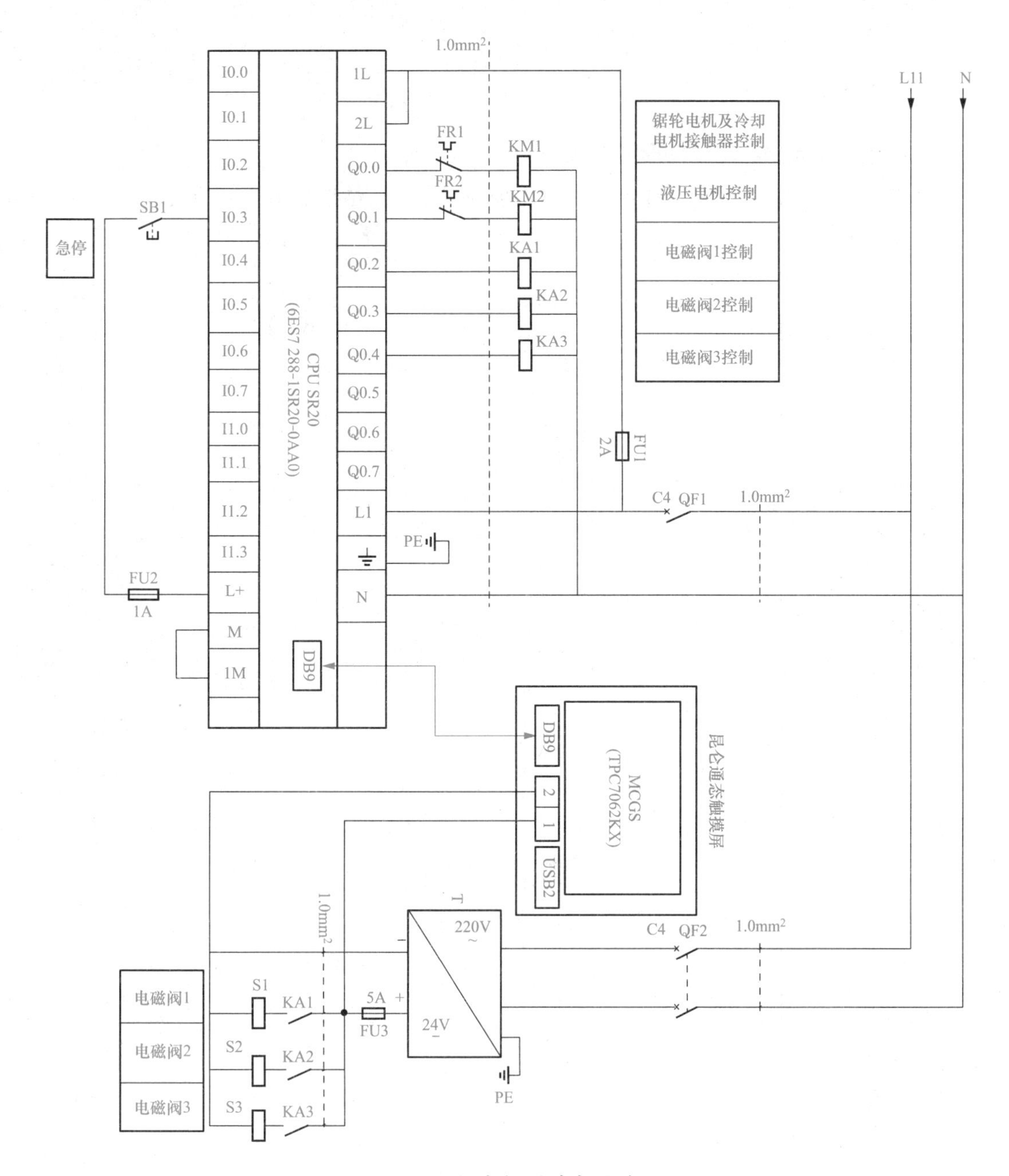

图 7-33　锯床控制外部接线图

表 7-2　　锯床控制 I/O 分配

输入量		输出量	
急停	I0.3	锯轮电机	Q0.0
下限位 SQ1	I0.5	液压电机	Q0.1
上限位 SQ4	I0.6	电磁阀 S1	Q0.2
切割启动	M20.0	电磁阀 S2	Q0.3
切割停止	M20.1	电磁阀 S3	Q0.4
下降启动	M20.2		
上升启动	M20.3		

3. 将继电器电路翻译成梯形图并化简

锯床控制程序草图如图 7-34 所示。锯床控制程序最终结果如图 7-35 所示。

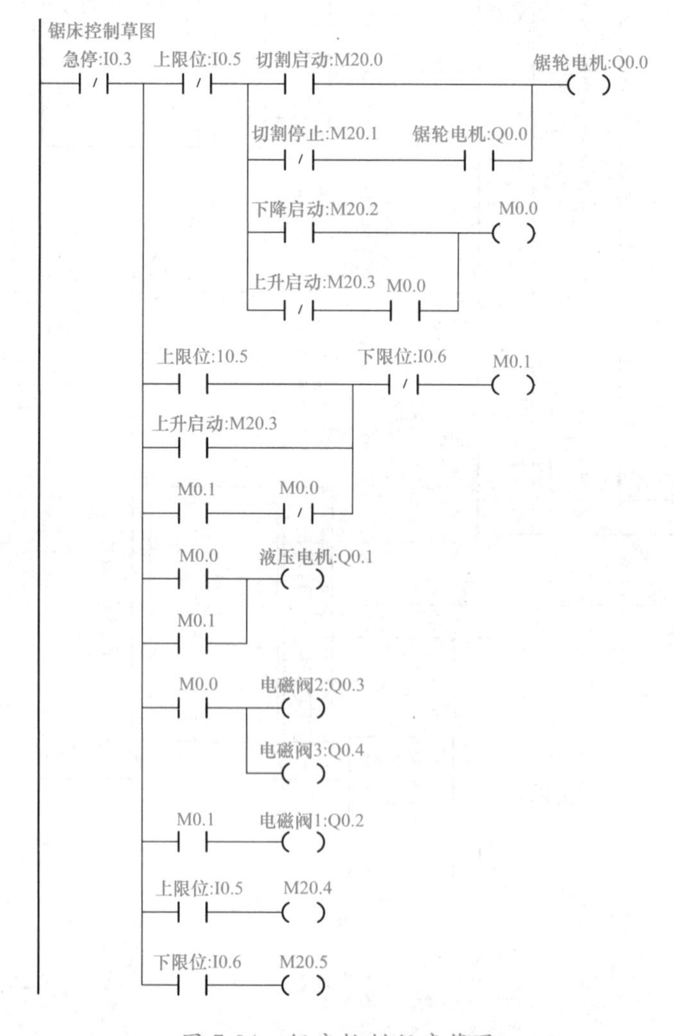

图 7-34　锯床控制程序草图

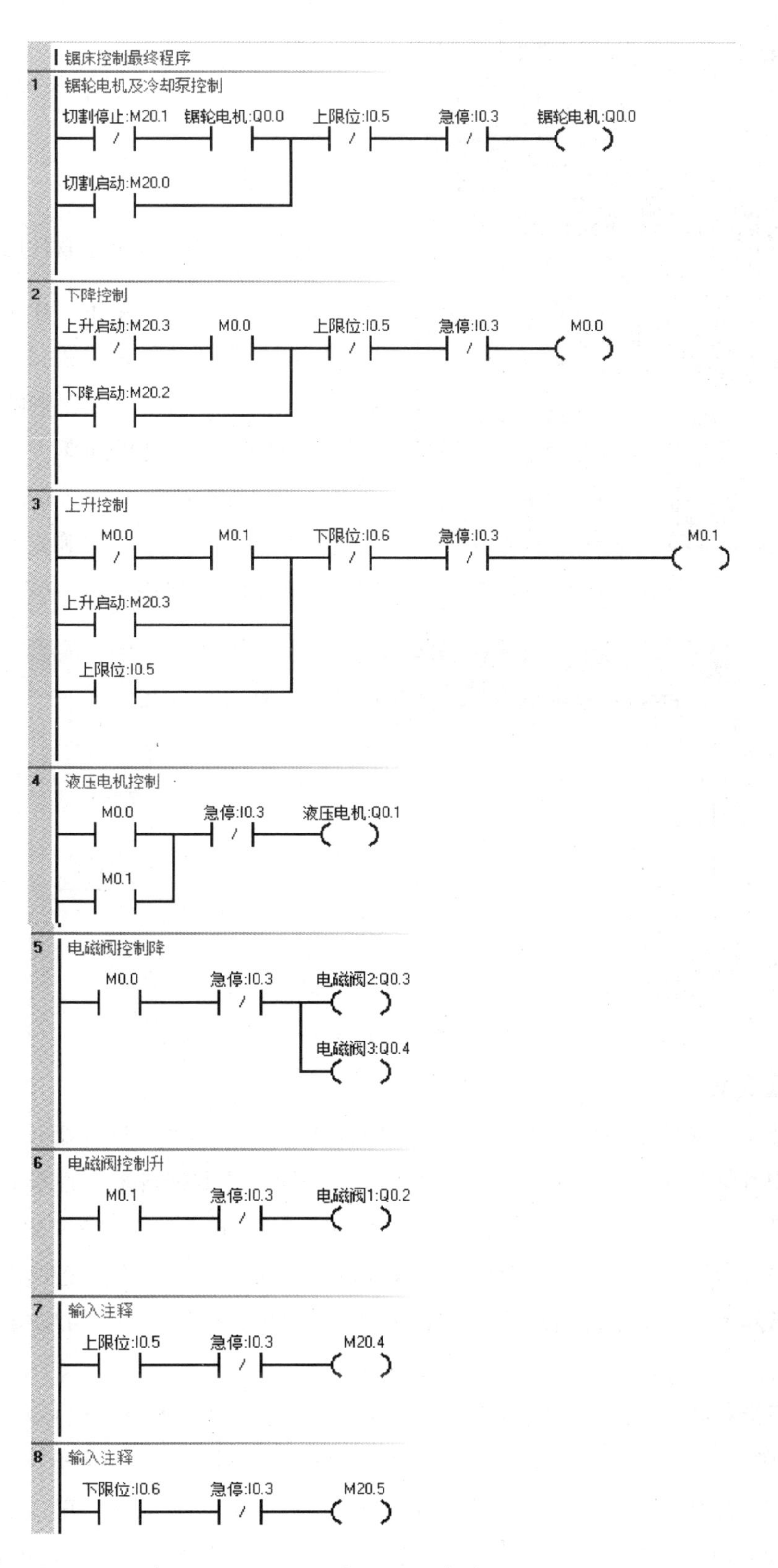

图 7-35　锯床控制程序最终结果

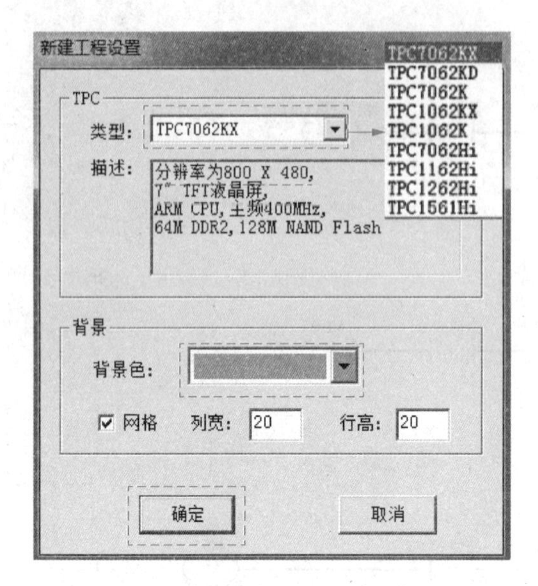

图 7-36 “新建工程设置”对话框

7.1.6 任务实施——触摸屏画面设计及组态

1. 新建

双击桌面 MCGS 组态软件图标，进入如组态环境。单击菜单栏中的“文件”→“新建”，会出现“新建工程设置”对话框，如图 7-36 所示。在“类型”中可以选择所需要触摸屏的系列，这里选择“TPC7062KX”系列；在“背景色”中，单击倒三角，选择灰色；设置完后，单击“确定”，会出现如图 7-37 所示工作界面。

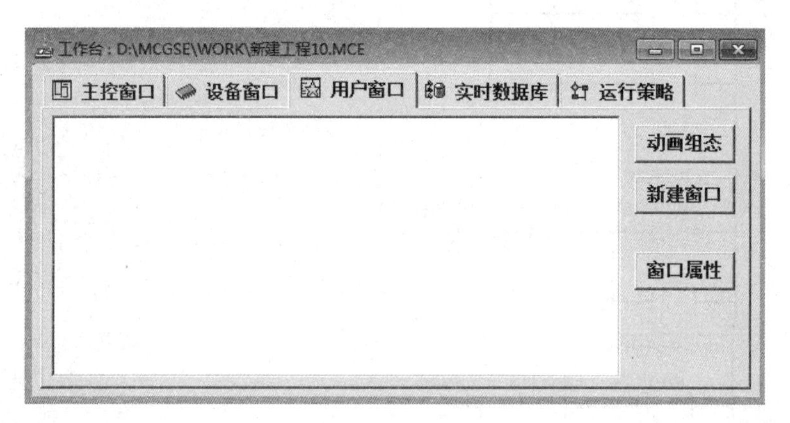

图 7-37 工作界面

2. 变量定义

(1) 开关量变量添加。在图 7-37 所示界面，单击 实时数据库 ，进入实时数据库界面。单击“新增对象”按钮，出现 InputETime1，双击此项进入“数据对象属性设置”对话框，在“对象名称”项输入“锯轮电机”；在“对象初值”项输入“0”；在“对象类型”项，选择“开关”，设置完毕，单击“确定”，如图 7-38 所示。其余开关量变量定义，如液压电机、电磁阀 1、电磁阀 2、电磁阀 3、上限位、下限位、切割启动等可以仿照“锯轮电机”设置，这里不再赘述。

(2) 字符变量定义。再次单击“新增对象”按钮，会出现 锯轮电机1，双击此项打开“数据对象属性设置”对话框，在“对象名称”项输入“锯轮电机字符串”；在“对象初值”项输入“关闭”；在“对象类型”项，选择“字符”，设置完毕，单击“确定”；如图 7-39 所示。其余字符变量定义，如液压电机字符串、电磁阀 1 字符串、电磁阀 2 字符串、电磁阀 3 字符串、上限位字符串、下限位字符串等也相似，这里不再赘述。

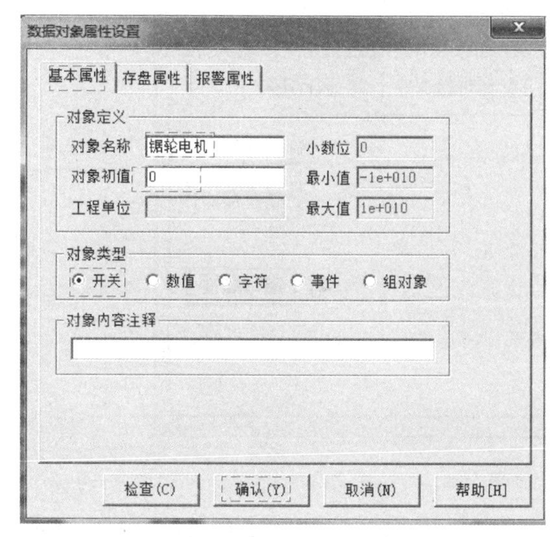

图 7-38 锯轮电机的数据对象属性设置

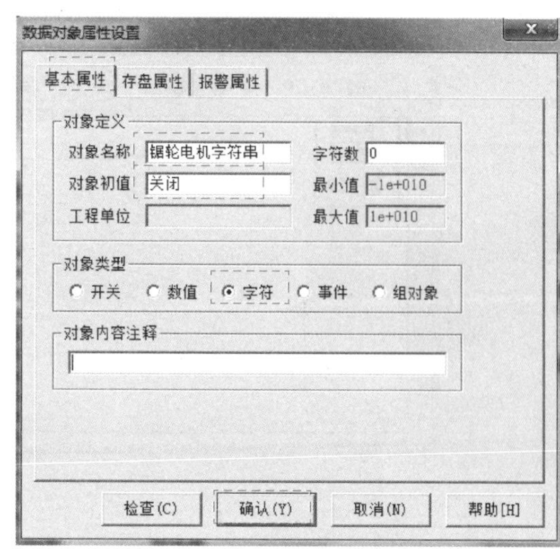

图 7-39 锯轮电机字符串数据对象属性设置

变量定义的最终结果如图 7-40 所示。需要注意的是，日期变量 $Date 和时间变量 $Time 是系统自行定义的，所有无需用户定义。

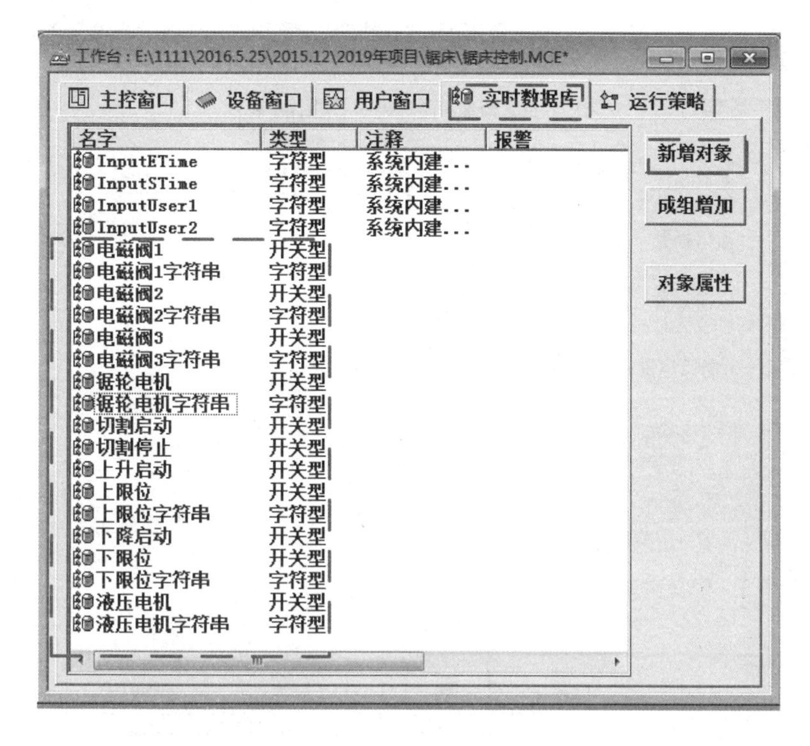

图 7-40 变量定义的最终结果

3. 画面制作及变量连接

（1）新建窗口。在图 7-37 所示界面中，单击 用户窗口，进入用户窗口，这就可以制作画面了。单击“新建窗口”按钮，会出现 窗口0，如图 7-41 所示。

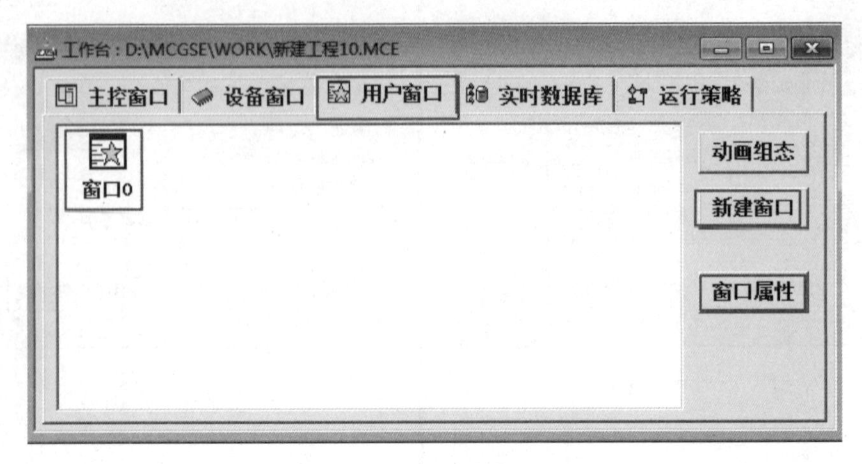

图 7-41 新建窗口

（2）窗口属性设置。选中“窗口 0”，单击“窗口属性”按钮，出现如图 7-42 所示“用户窗口属性设置”对话框。这时可以改变“窗口的属性”。在“窗口名称”中输入“锯床控制”。在“窗口背景”，选择灰色；设置完成后，单击“确定”，如图 7-42 所示。设置完毕后，窗口名称由“窗口 0”变成了“锯床控制”。

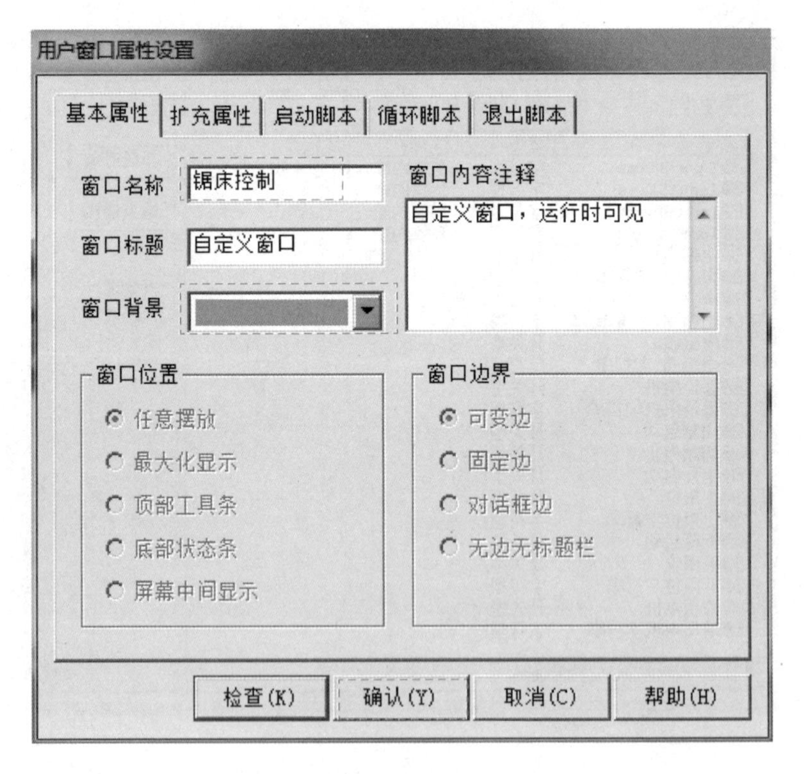

图 7-42 “用户窗口属性设置”对话框

（3）插入位图：双击 锯床控制，进入“动态组态首页”画面。单击工具栏中的 ，会出现“工具箱”，这时利用“工具箱”就可以进行画面制作。单击工具箱中的 按钮，在工作区域进行拖拽，之后右击选择“装载位图”，如图 7-43 所示。之后找到要插入图片的路径，这样就把想要插入的图片插到“锯床控制”画面里了。本例中插入的是“锯床图片”。

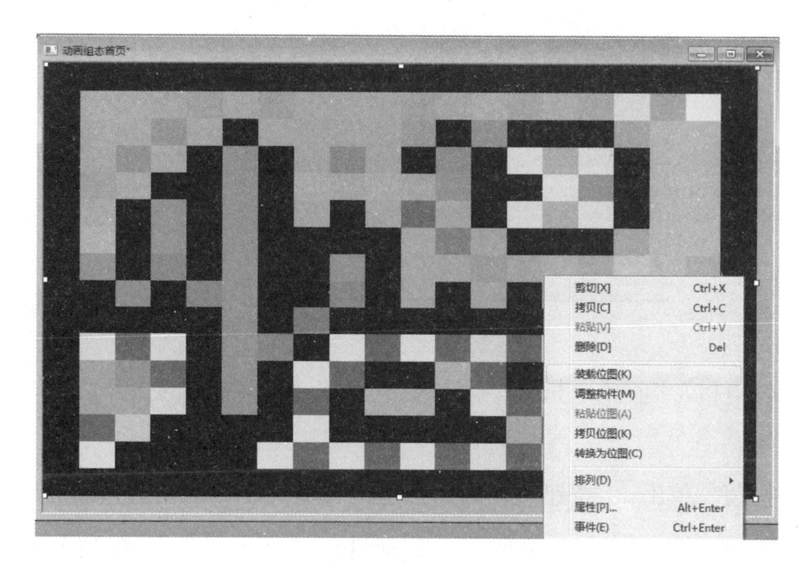

图 7-43 装载位图

（4）插入标签。在打开的“锯床控制”画面中，单击工具栏中的 **A** 按钮，在画面中拖拽，双击该标签打开“标签动画组态属性设置”对话框，如图 7-44 所示。在此界面中可以进行“属性设置”和“扩展设置”，在“扩展设置”中的“文本内容输入”项输入“锯床控制系统”字样；水平和垂直对齐分别设置为“居中”，文字内容排布设置为“横向”。在“属性设置”中“填充色”“边框颜色”项选择“没有填充”和“没有边线”；“字符颜色”项“颜色”设置为黑色；单击 A^a 按钮，会出现“字体”对话框，如图 7-45 所示。

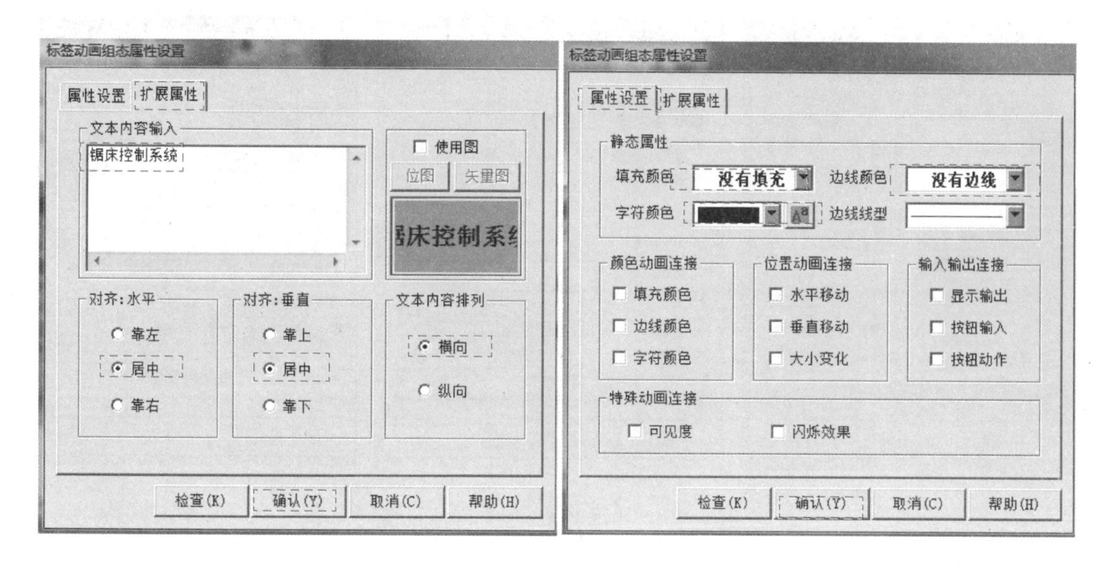

图 7-44 “标签动画组态属性设置”对话框

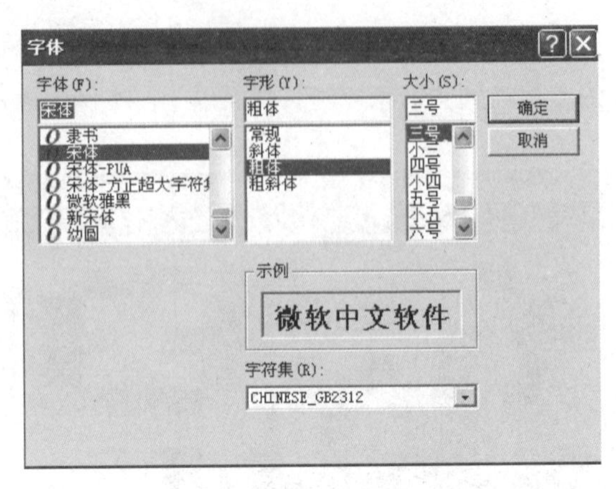

图 7-45 “字体”对话框

其余“锯轮电机”“液压电机”“电磁阀 S1”等 13 个标签的制作方法与上述方法相似，故不再赘述。

（5）插入按钮。单击按钮，在画面中拖拽合适大小，双击该按钮打开“标准按钮构建属性设置”对话框，如图 7-46 所示。分别进行“基本属性”和“操作属性”设置。在“基本属性”中的“文本”项输入“切割启动”字样；水平和垂直对齐分别设置为“居中”；“文本颜色”项设置为黑色；单击按钮，会出现“字体”对话框，与标签中的设置方法相似不再赘述，“背景色”为黄色、其余为默认。在“操作属性”中，按下“抬起功能”按钮，在“数据对象值操作”项打钩，单击倒三角，选择“清 0”；单击 ? ，选择变量“切割启动”（备注：此变量应提前在“实时数据库”中定义）。在“操作属性”中，按下“按下功能”按钮，在“数据对象值操作”项打钩，单击倒三角，选择“置 1”；单击 ? ，选择变量“切割启动”。其余 3 个按钮制作方法与上述方法相似，故不再赘述。

图 7-46 标准按钮构建属性设置

（6）插入输入框。单击工具栏中的 ab| 按钮，在画面中拖拽合适大小，双击该按钮打开

“输入框构件属性设置”对话框，如图 7-47 所示。分别进行“基本属性”和“操作属性”设置。在“基本属性”中，“字符颜色”选择橙色，其余设置为默认；在“操作属性”中的“对应数据对象的名称”项，单击 ? ，选择变量“锯轮电机字符串”（备注：此变量应提前在“实时数据库”中定义）。其余 6 个输入框制作方法与上述方法相似，故不再赘述。

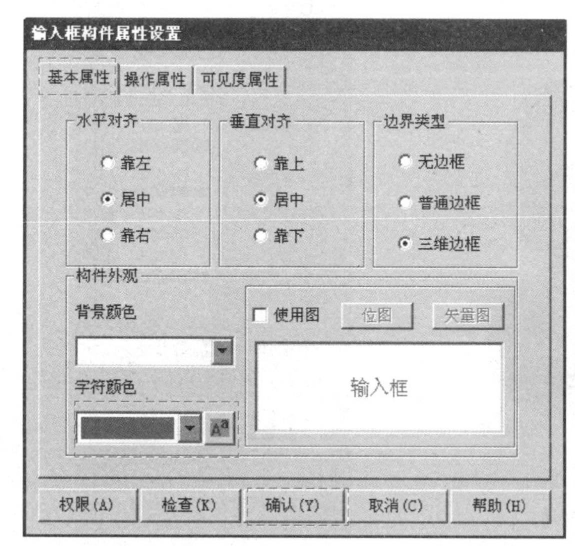

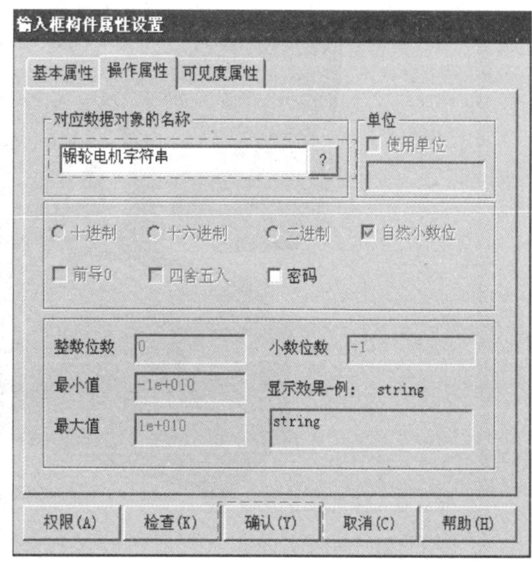

图 7-47　“输入框构件属性设置”对话框

（7）日期和时间后边的标签设置。

1）日期标签设置。双击该标签打开“标签动画组态属性设置”对话框，如图 7-48 所示。在此界面中可以进行“属性设置”和“显示输出设置”，在“属性设置”中，“填充色”选择“白色”，其余默认。在“显示输出”中的“表达式”项，单击 ? ，选择变量“$Date”（备注：$Date 为系统自带变量）。

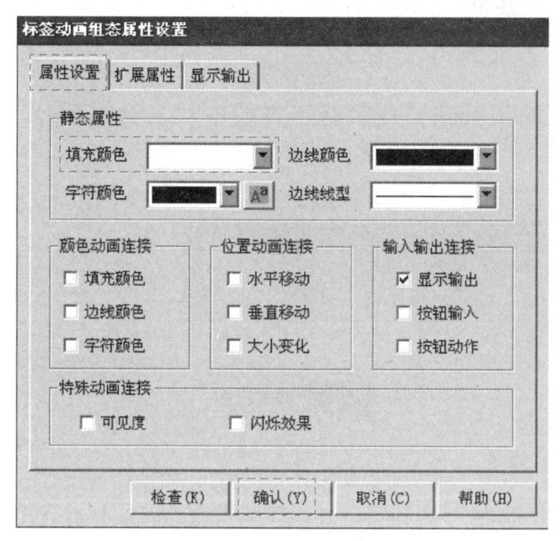

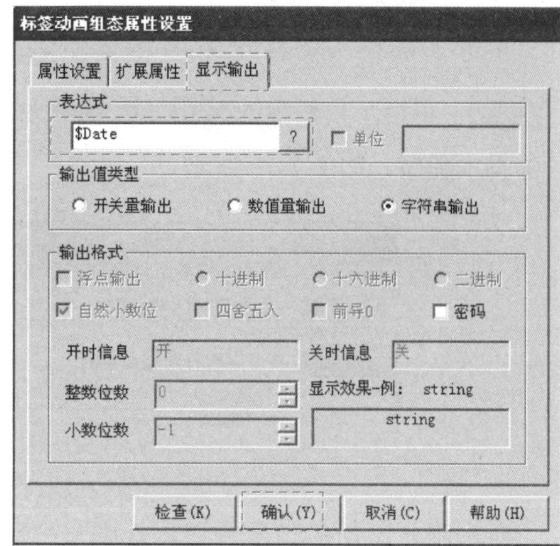

图 7-48　“标签动画组态属性设置”对话框

2）时间标签设置和日期标签设置类似，只不过变量选择“$ Time”而已。

（8）最终画面。锯床控制最终画面如图 7-49 所示。

图 7-49 锯床控制最终画面

4. 运行策略

本案例为了实现锯轮电机等输入框中的“关闭”和“接通”显示切换，需使用运行策略。

（1）循环策略组态。单击工作平台中的运行策略，将界面切换到“运行策略”界面。选中“运行策略”界面中的“循环策略”，单击“策略组态”打开“循环组态”界面。单击工具栏中的新增策略行按钮，在策略中会添加一行。先选中该行中的，单击工具栏中的按钮，会出现策略工具箱，在策略工具箱中双击脚本程序添加脚本程序，如图 7-50 所示。

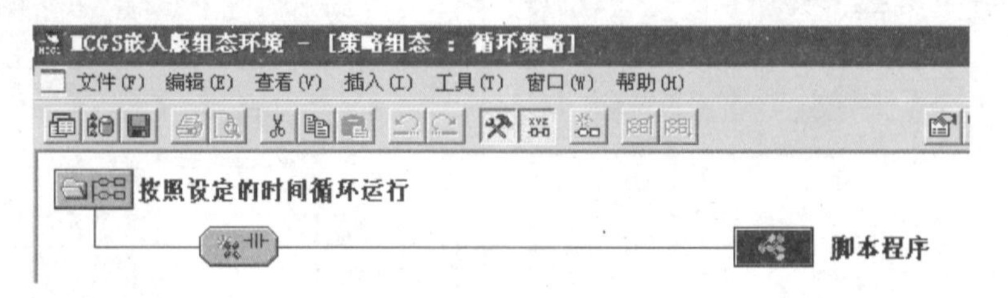

图 7-50 添加脚本程序

双击刚才添加的脚本程序，会弹出“脚本程序”界面。在该界面需输入脚本程序，才能实现锯轮电机等输入框中的“关闭”和“接通”显示切换。脚本程序如图 7-51 所示。

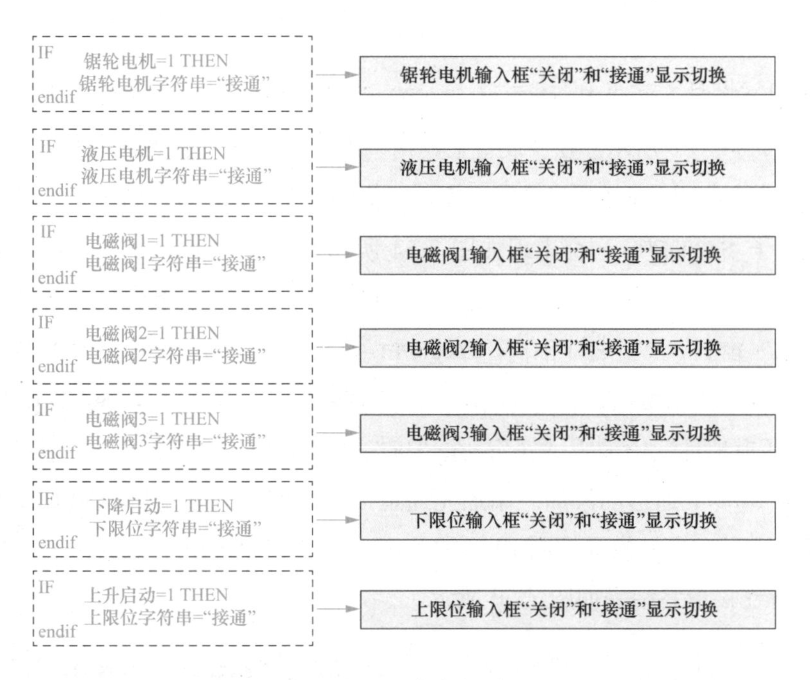

图 7-51　脚本程序

（2）策略属性设置。选中“循环策略”，单击“策略属性”打开“策略属性设置”对话框，如图 7-52 所示。用户可以设置“策略执行方式”的循环时间，单位 ms；在策略内容注释上，可以添加注释。

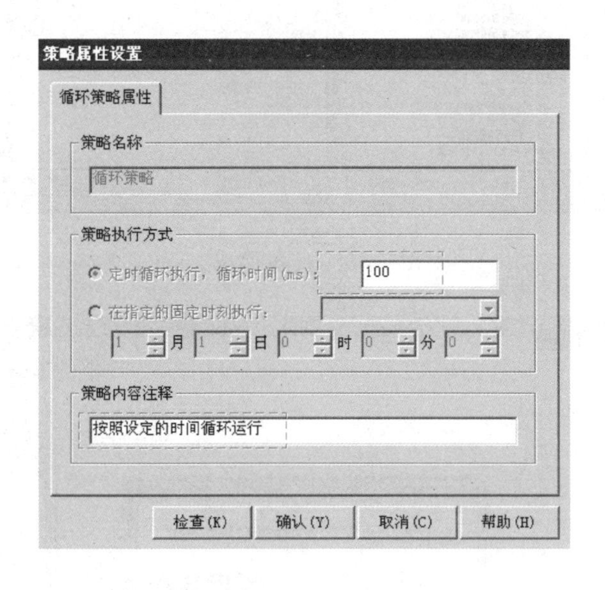

图 7-52　策略属性设置

5. 设备连接

在图 7-37 所示界面中，单击 设备窗口 ，进入设备窗口界面。单击“设备组态”按钮，打开“设备组态窗口”画面，单击工具栏中的 按钮，会出现“设备工具箱”，如图 7-53（a）所示，单击设备工具箱中的“设备管理”按钮，会出现如图 7-53（b）所示画面，先选中 通用串口父设备，再选中 西门子_S7200PPI，以上选中的两项就会出现在“设备工具箱”中，如图 7-53（c）所示。在“设备工具箱”中，先双击 通用串口父设备，在“设备组态窗口”中会出现 通用串口父设备0--[通用串口父设备]，之后在“设备工具箱”中再双击 西门子_S7200PPI，会出现如图 7-54 所示画面，单击“是”即可。之后在“设备组态”窗口会出现 设备0--[西门子_S7200PPI]，串口设置的最终结果如图 7-55 所示。在“设备组态”窗口，双击 西门子_S7200PPI，打开如图 7-56 所示“设备编辑窗口”，单击“增加设备通道”按钮，打开如图 7-57 所示对话框。在“通道类型”中找到“M 寄存器”；在“通道地址”中输入“20”；在“读写方式”中选“读写”；剩余开关量通道的添加可以参考 M20.0 通道的添加。添加完通道后，一定要将相应的通道与实时数据库的变量对应好，这是实现触摸屏控制 PLC 的关键。以“锯轮电机”为例，变量选择如图 7-58 所示。设备连接最终结果如图 7-59 所示。

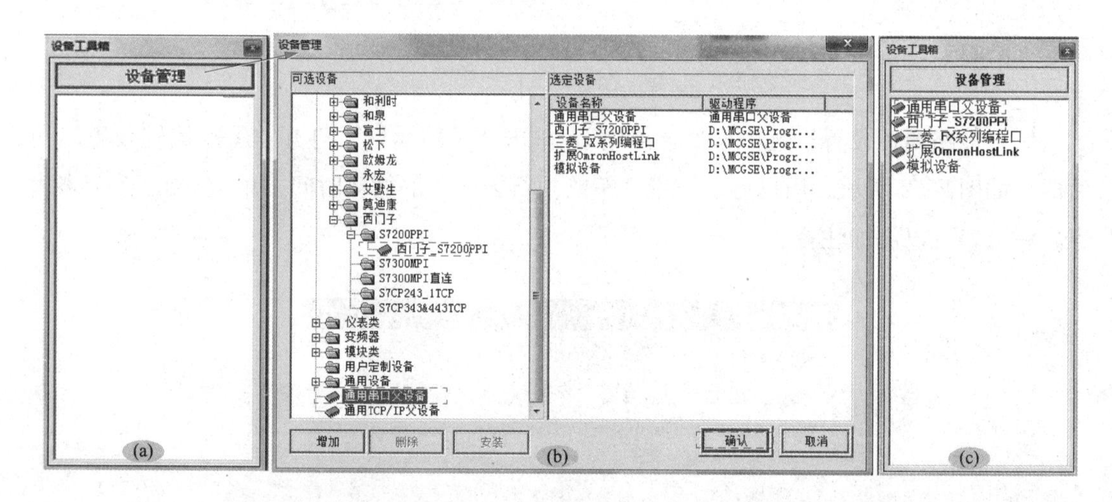

图 7-53 设备管理

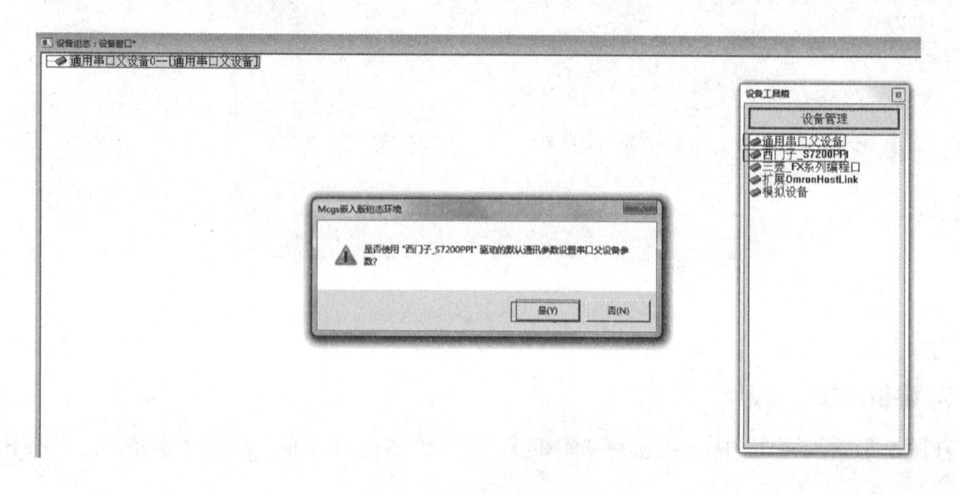

图 7-54 西门子_S7 200 PPI 通信设置

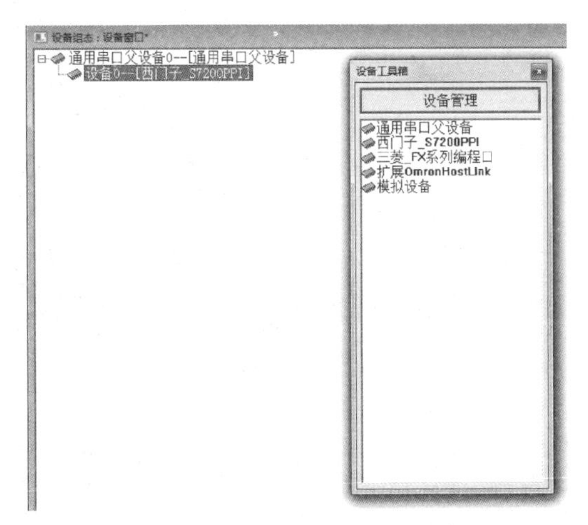

图 7-55　串口设置的最终结果

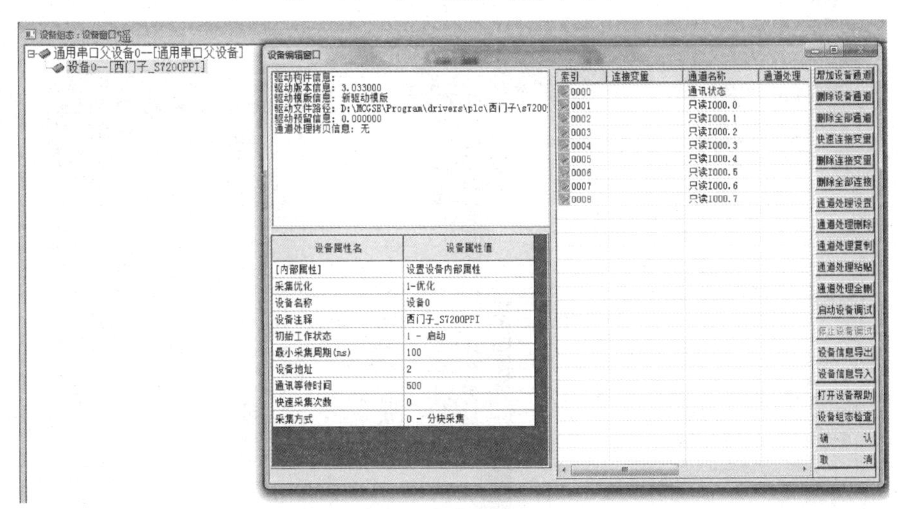

图 7-56　设备编辑窗口

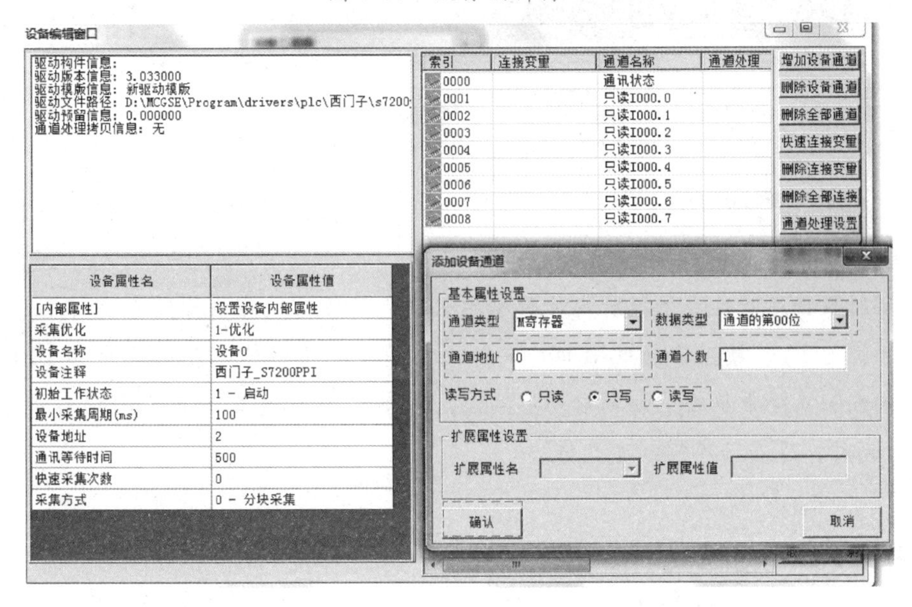

图 7-57　添加设备通道

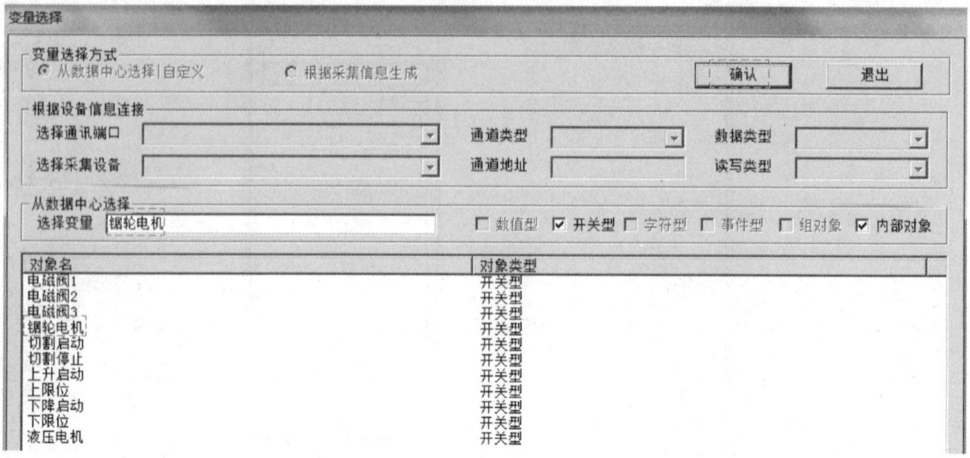

图 7-58 变量选择

图 7-59 设备连接最终结果

编者有料

实时数据库是生成触摸屏内部数据的区域，设备窗口相当于“外交部”，是触摸屏数据与 PLC 数据沟通的窗口，实际上，通过此窗口建立了触摸屏与 PLC 联系。如在触摸屏中单击“切割启动”按钮，通过 M20.0 通道，使得 PLC 程序中的 M0.0 动作，进而程序得到了运行。

6. 程序下载

在工具栏中，单击按钮，会出现“下载配置”对话框，如图 7-60 所示。在“连接方式”项选择“USB 通信”，要有实体触摸屏的话，单击“连机运行”，如果没有可以单击“模拟运行”，之后单击“工程下载”，这时程序会下载到触摸屏或模拟软件中；程序下载完成后，单击“启动运行”。

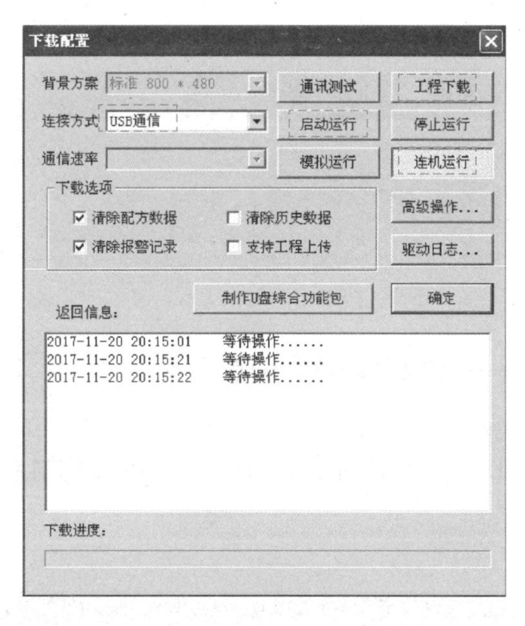

图 7-60　“下载配置”对话框

7.2　S7-200 SMART PLC 和组态王在交通灯控制系统中的应用

7.2.1　任务引入

交通信号灯布置图如图 7-61 所示。按下启动按钮，东西绿灯亮 25s 闪烁 3s 后熄灭，

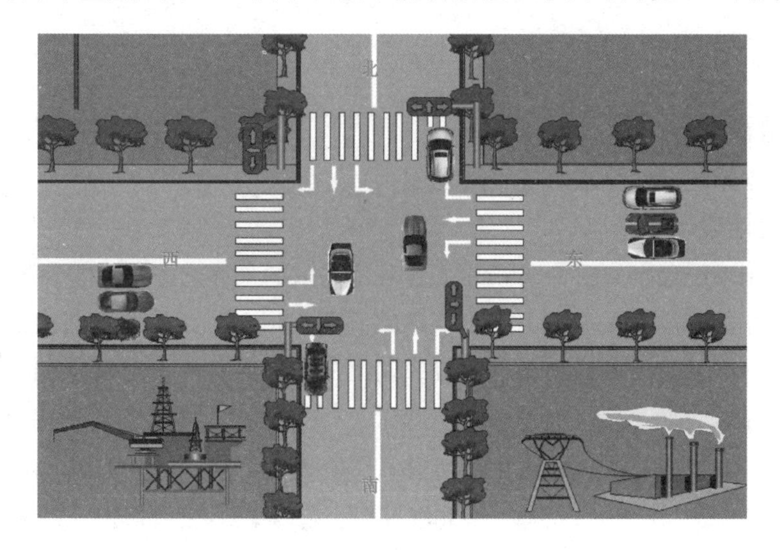

图 7-61　交通信号灯布置图

然后黄灯亮 2s 后熄灭，紧接着红灯亮 30s 后再熄灭，再接着绿灯亮……，如此循环；在东西绿灯亮的同时，南北红灯亮 30s，接着绿灯亮 25s 闪烁 3s 后熄灭，然后黄灯亮 2s 后熄灭，红灯亮……，如此循环，交通灯工作情况见表 7-3。

表 7-3　　交通灯工作情况

<table>
<tr><td rowspan="2">东西</td><td>绿灯</td><td>绿闪</td><td>黄灯</td><td colspan="3">红灯</td></tr>
<tr><td>25s</td><td>3s</td><td>2s</td><td colspan="3">30s</td></tr>
<tr><td rowspan="2">南北</td><td colspan="3">红灯</td><td>绿灯</td><td>绿闪</td><td>黄灯</td></tr>
<tr><td colspan="3">30s</td><td>25s</td><td>3s</td><td>2s</td></tr>
</table>

7.2.2　任务实施——PLC 软硬件设计

1. 硬件设计

交通灯控制系统的 I/O 分配如图 7-62 所示。交通灯控制系统硬件图纸如图 7-63 所示。

符号表

			符号	地址
1			启动	M10.0
2			停止	M10.1
3			东西绿灯	Q0.0
4			东西黄灯	Q0.1
5			南北绿灯	Q0.3
6			南北黄灯	Q0.4
7			南红红灯	Q0.5
8			东西红灯	Q0.2

图 7-62　交通灯控制系统的 I/O 分配

2. 硬件组态

交通灯控制系统硬件组态如图 7-64 所示。

3. PLC 程序设计

交通灯控制系统程序如图 7-65 所示。本程序采取的是移位寄存器指令编程法。

移位寄存器的移位输入端由若干串联电路并联而成，每条串联电路由某一步的辅助继电器的常开触点和对应的转换条件组成。网络 1 和网络 2 的作用是使 M0.1～M0.6 清零，使 M0.0 置 1。M0.0 置 1 使数据输入端 DATA 移入 1。当按下启动按钮 M10.0，移位输入电路第一行接通，使 M0.0 中的 1 移入 M0.1 中，M0.1 被激活，M0.1 的常开触点使输出量 T37、Q0.0、Q0.5 接通，南北红灯亮、东西绿灯亮。同理，各转换条件 T38～T42 接通产生的移位脉冲使 1 状态向下移动，并最终返回 M0.0。在整个过程中，M0.1～

M0.6 接通，它们的相应常闭触点断开，使接在移位寄存器数据输入端 DATA 的 M0.0 总是断开的，直到 T42 接通产生移位脉冲使 1 溢出。T42 接通产生移位脉冲另一个作用是使 M0.1～M0.6 清零，这时网络二 M0.0 所在的电路再次接通，使数据输入端 DATA 移入 1，系统重新开始运行。

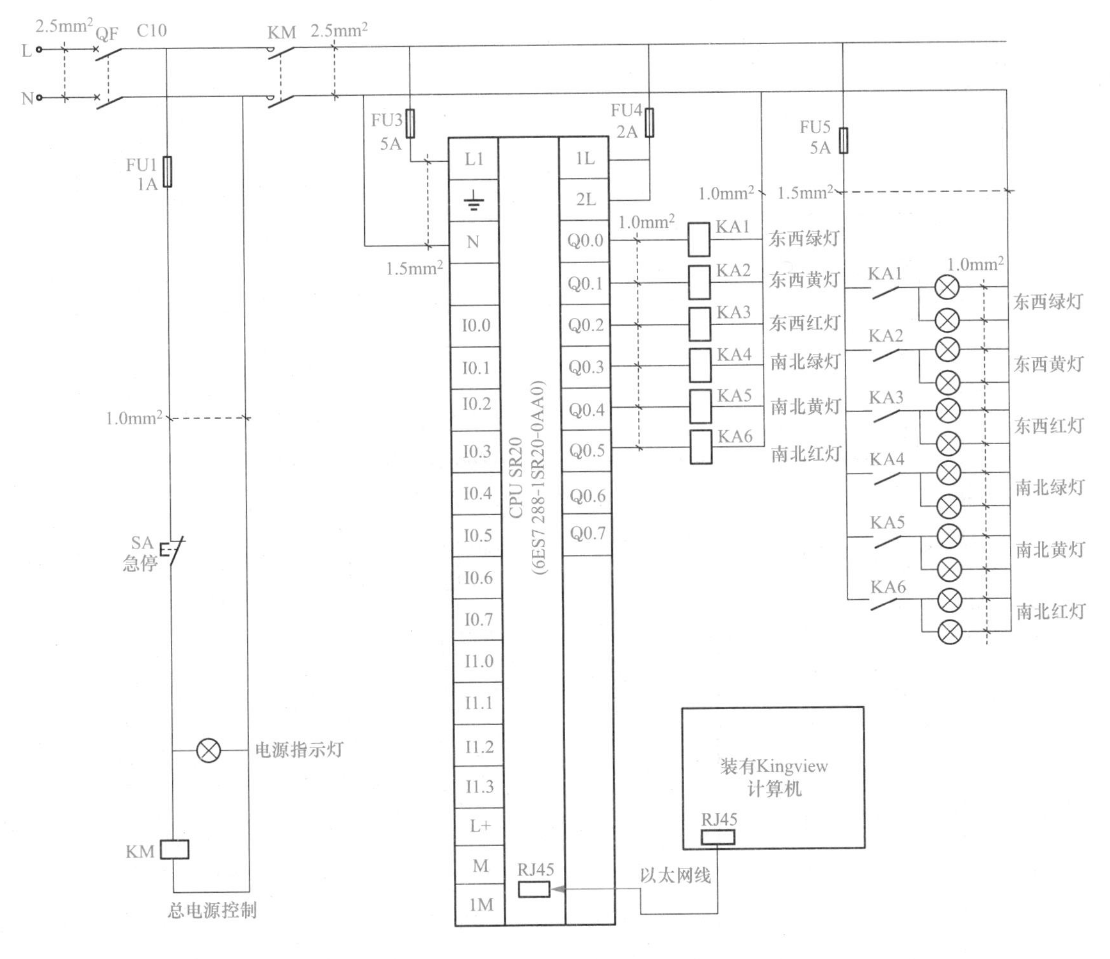

图 7-63　交通灯控制系统硬件图纸

	模块	版本	输入	输出	订货号
CPU	CPU SR20 (AC/DC/Relay)	V02.00.00_00.00...	I0.0	Q0.0	6ES7 288-1SR20-0AA0
SB					
EM 0					
EM 1					

图 7-64　交通灯控制系统硬件组态

7.2.3　任务实施——S7-200 PC Access SMART 地址分配

交通灯控制 S7-200 PC Access SMART 地址分配最终结果如图 7-66 所示，具体操作步骤可以参考 6.5 节，此处不再赘述。

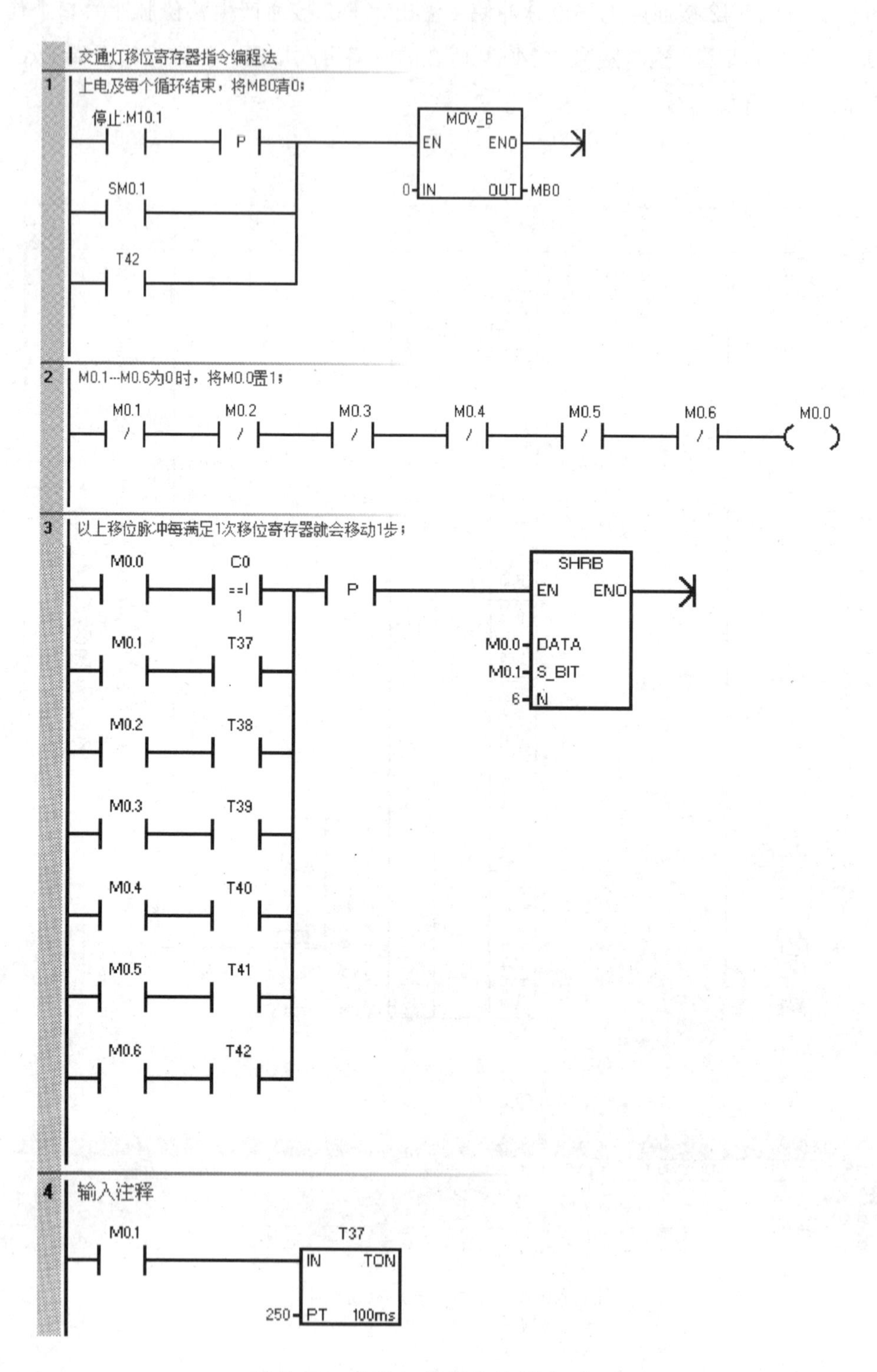

图 7-65　交通灯控制系统程序（一）

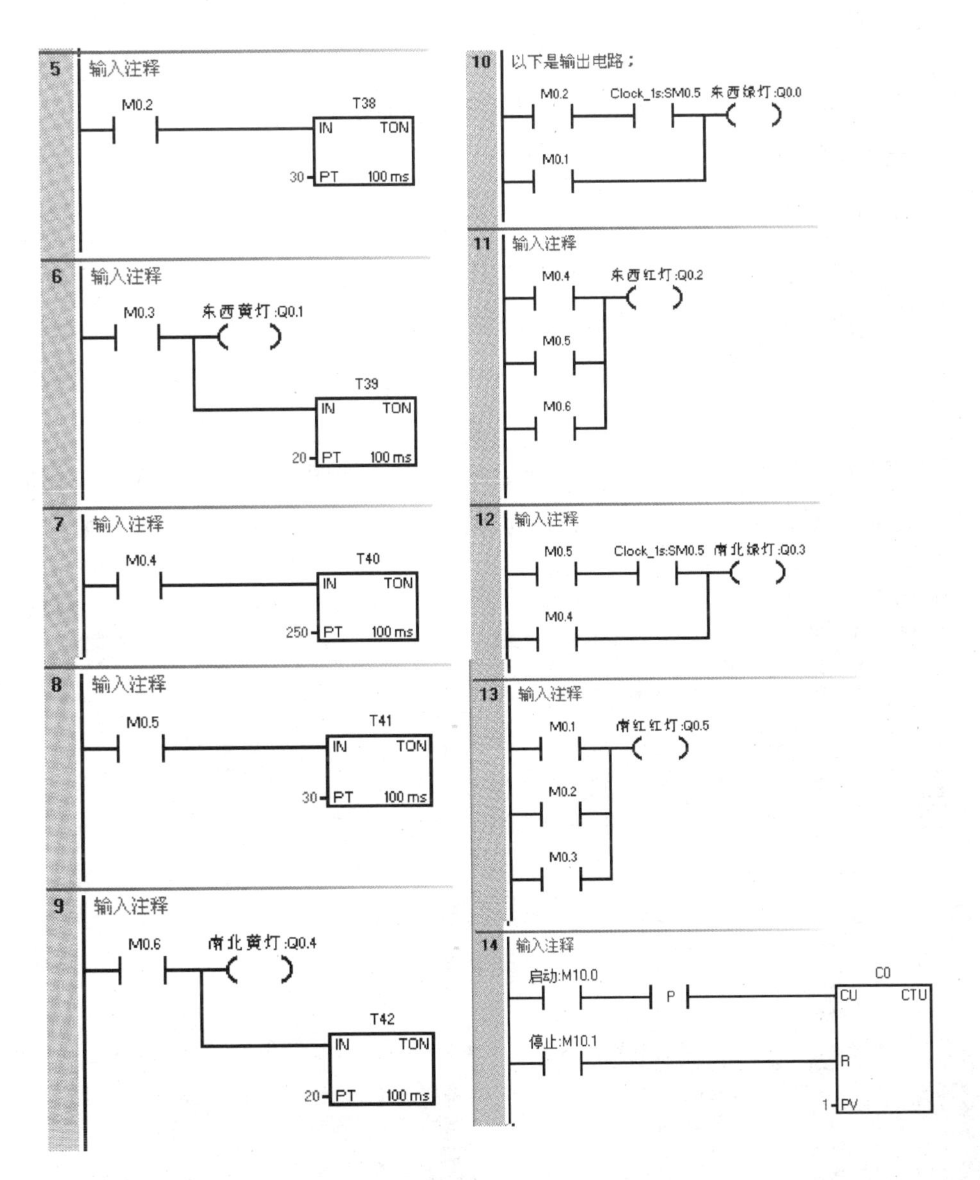

图 7-65　交通灯控制系统程序（二）

交通控制.sa - S7-200 PC Access SMART

文件(F)　编辑(E)　视图(V)　状态(S)　工具(T)　帮助(H)

交通控制
MWSMART(TCP/IP)
NewPLC

名称	地址	数据类型	访问
east_west_g...	Q0.0	BOOL	RW
east_west_r...	Q0.2	BOOL	RW
east_west_s...	M0.2	BOOL	RW
east_west_y...	Q0.1	BOOL	RW
south_north...	Q0.3	BOOL	RW
south_north...	Q0.5	BOOL	RW
south_north...	M0.5	BOOL	RW
south_north...	Q0.4	BOOL	RW
start	M10.0	BOOL	RW
stop	M10.1	BOOL	RW

图 7-66　交通灯控制 S7-200 PC Access SMART 地址分配最终结果

7.2.4 任务实施——组态王画面设计及组态

1. 新建工程

双击桌面组态王图标组态王6.53打开组态王工程管理器，如图 7-67 所示。单击菜单栏中的“文件”→“新建工程”或者单击快捷工具栏中的新建按钮，会出现“新建工程向导之一——欢迎使用本向导”对话框，如图 7-68 所示。单击“下一步”，会出现在“新建工程向导之二——选择工程所在路径”对话框，单击该对话框的“浏览”按钮，指定工程的存储路径，如图 7-69 所示。单击“下一步”出现“新建工程向导之三——工程名称和描述”对话框，在“工程名称”中输入“交通灯控制”，如图 7-70 所示。单击“完成”按钮，会出现对话框，“是否将新建的工程设为当前工程”，单击“是”，新建工程便完成了。

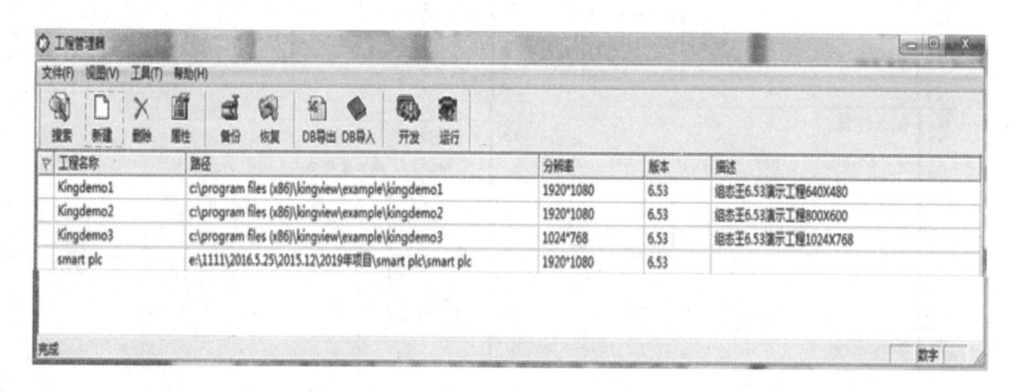

图 7-67 组态王工程管理器

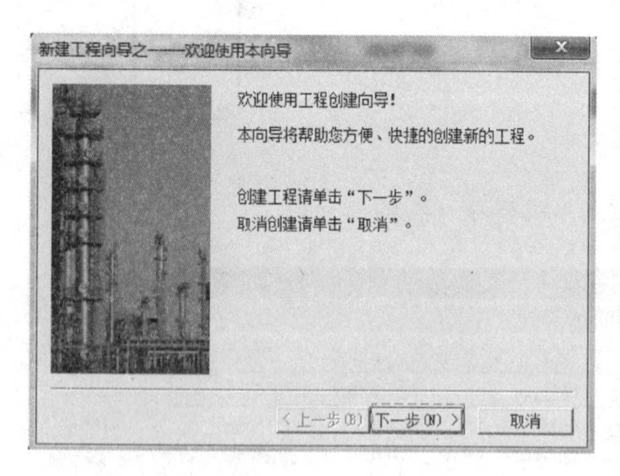

图 7-68 “新建工程向导之一——欢迎使用本向导”对话框

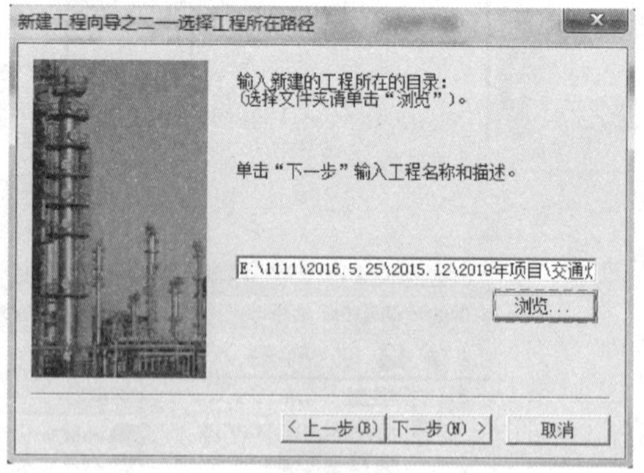

图 7-69 “新建工程向导之二——选择工程所在路径”对话框

2. 打开工程浏览器

选中工程信息显示区中的“交通灯控制”，之后双击，就会打开工程浏览器，如图 7-71 所示。在工程浏览器中，可以进行画面的制作、变量的定义和脚本程序的编写等。

图 7-70　“新建工程向导之三——工程名称和描述”对话框

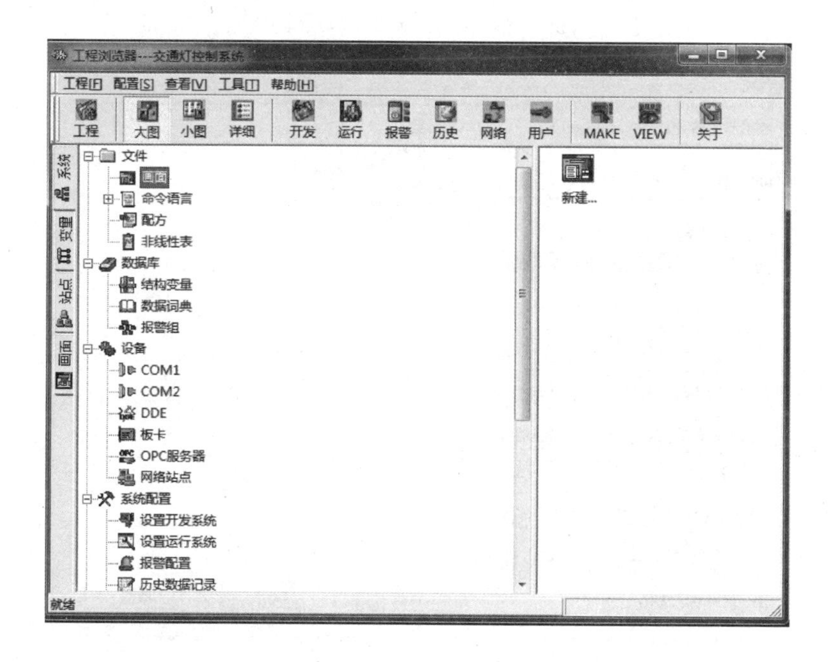

图 7-71　工程浏览器

3. 新建 OPC

在组态王工程浏览器中，选中左侧“设备”中的“OPC 服务器”，在右侧会出现新建 OPC 的图标，如图 7-72 所示。双击新建图标，然后会弹出“查看 OPC 服务器”对话框，在对话框右侧的内容显示区会显示当前的计算机系统中已经安装的所有 OPC 服务器，本例选中 S7200SMART.OPCServer，网络节点名自动生成“本机”，其余默认，所有都设置完后，单击“确定”。“查看 OPC 服务器”对话框，如图 7-73 所示。

经过以上设置后，在工程浏览器的右侧会出现图标，这样 OPC 就新建完成了。

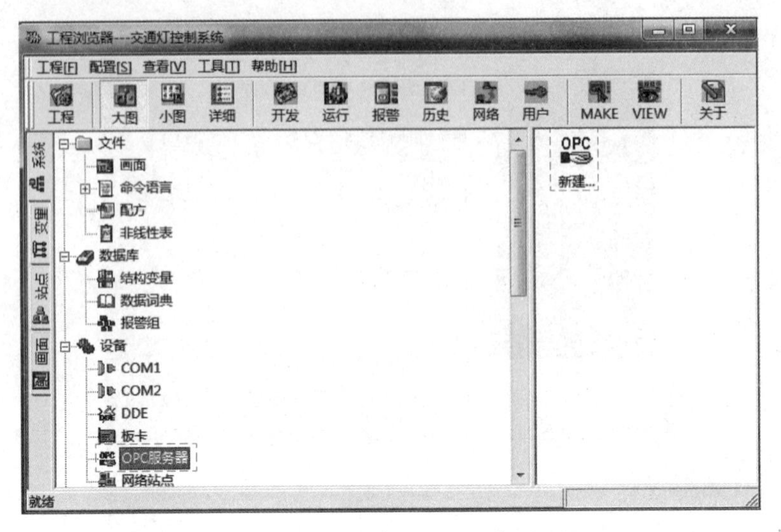

图 7-72　选中 OPC 服务器

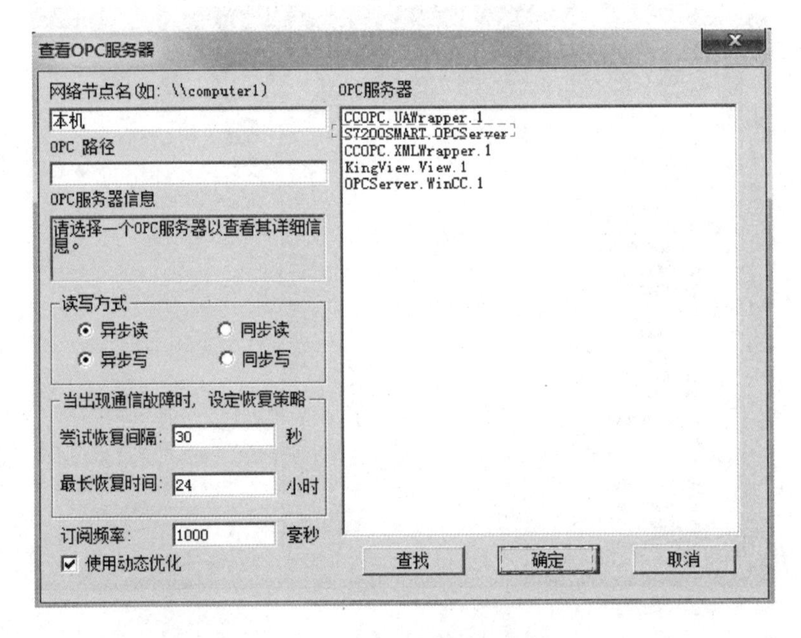

图 7-73　查看 OPC 服务器

4. 定义变量

在组态王工程浏览器中，选中左侧“数据库”中的“数据词典”，在右侧内容显示区会出现当前变量和新建图标，如图 7-74 所示。双击“新建”，会弹出“定义变量”对话框，在“变量名”项输入“启动”；在“变量类型”项单击倒三角▼选择“I/O 离散”；在“连接设备”项点击倒箭头▼选择“本机\S7-200 SMART. OPCSever”；在“寄存器”项单击倒三角▼选择“MWSMART. NewPLC. start”；在“数据类型”项单击倒三角▼选择“Bit”；“读写属性”选择“读写”；以上操作的最终结果，即“启动”的变量定义如图 7-75 所示。

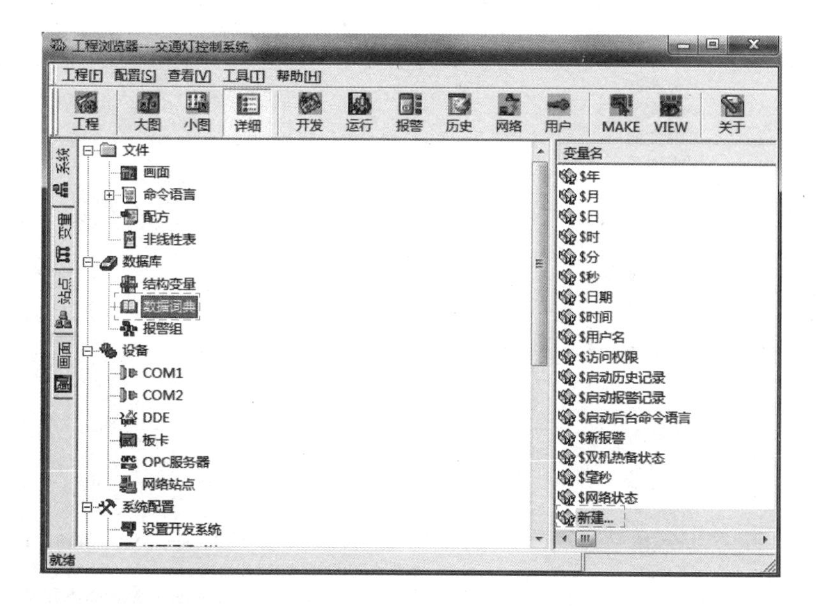

图 7-74　选中数据字典

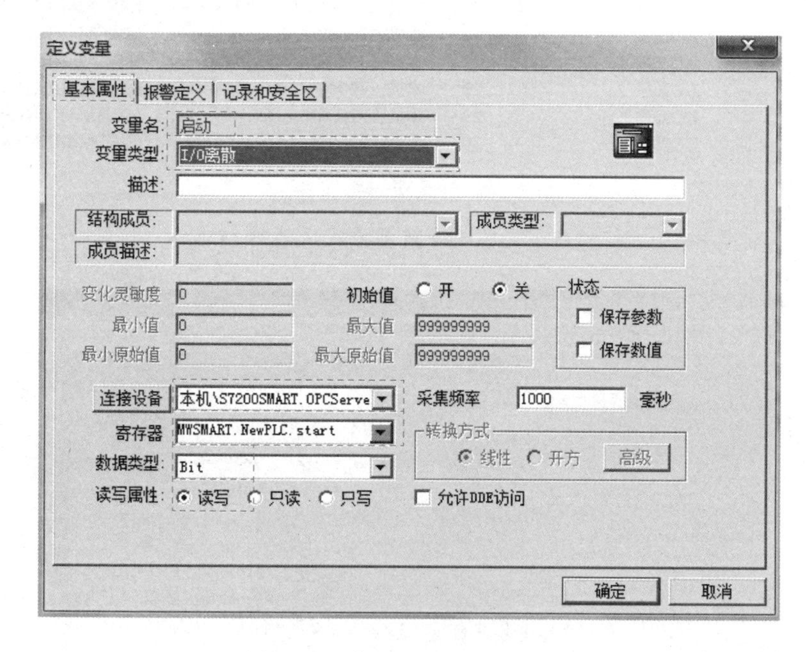

图 7-75　"启动"的变量定义

"启动"变量外的其他变量，均为开关量，具体设置，可以参考"启动"变量的定义。交通灯控制变量定义最终结果如图 7-76 所示。

5. 画面及变量连接

在组态王工程浏览器中，选中左侧"文件"中的"画面"，在右侧内容显示区会出现新建图标，双击"新建"，会弹出"新画面"对话框，在"画面名称"项输入"交通灯控制"，其余默认，设置完毕后，单击"确定"，会进入画面"开发系统"，这时便可以利用工具箱构建交通灯控制画面了。画面开发系统如图 7-77 所示。

变量名	变量类型	ID	连接设备	寄存器
$年	内存实型	1		
$月	内存实型	2		
$日	内存实型	3		
$时	内存实型	4		
$分	内存实型	5		
$秒	内存实型	6		
$日期	内存字符串	7		
$时间	内存字符串	8		
$用户名	内存字符串	9		
$访问权限	内存实型	10		
$启动历史记录	内存离散	11		
$启动报警记录	内存离散	12		
$启动后台命令语言	内存离散	13		
$新报警	内存离散	14		
$双机热备状态	内存整型	15		
$毫秒	内存实型	16		
$网络状态	内存整型	17		
启动	I/O离散	21	本机\S7200SMART.OPCServer	MWSMART.NewPLC....
停止	I/O离散	22	本机\S7200SMART.OPCServer	MWSMART.NewPLC....
东西绿灯	I/O离散	23	本机\S7200SMART.OPCServer	MWSMART.NewPLC....
东西红灯	I/O离散	24	本机\S7200SMART.OPCServer	MWSMART.NewPLC....
东西黄灯	I/O离散	25	本机\S7200SMART.OPCServer	MWSMART.NewPLC....
南北绿灯	I/O离散	26	本机\S7200SMART.OPCServer	MWSMART.NewPLC....
南北红灯	I/O离散	27	本机\S7200SMART.OPCServer	MWSMART.NewPLC....
南北黄灯	I/O离散	28	本机\S7200SMART.OPCServer	MWSMART.NewPLC....
T1	I/O离散	29	本机\S7200SMART.OPCServer	MWSMART.NewPLC....
T2	I/O离散	30	本机\S7200SMART.OPCServer	MWSMART.NewPLC....
新建...				

图 7-76 交通灯控制变量定义最终结果

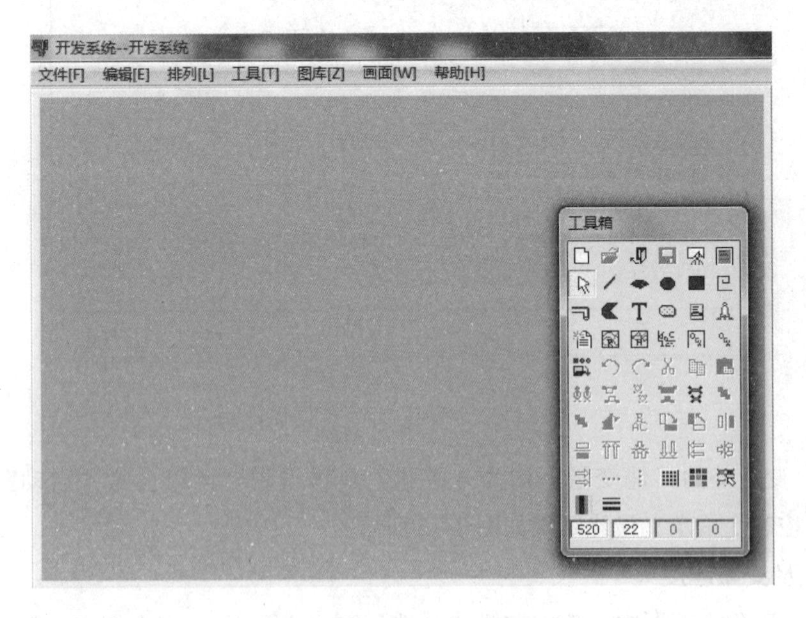

图 7-77 画面开发系统

(1) 插入位图。单击工具栏中的“点位图”按钮，在“开发系统”中拖拽，把事先复制好的图片（通常把想要插入的图片截屏，截出合适的大小），可以右击选择“粘贴点位图”，将图片粘贴到“开发系统”中，如图 7-78 所示。粘贴图片最终结果如图 7-79 所示。

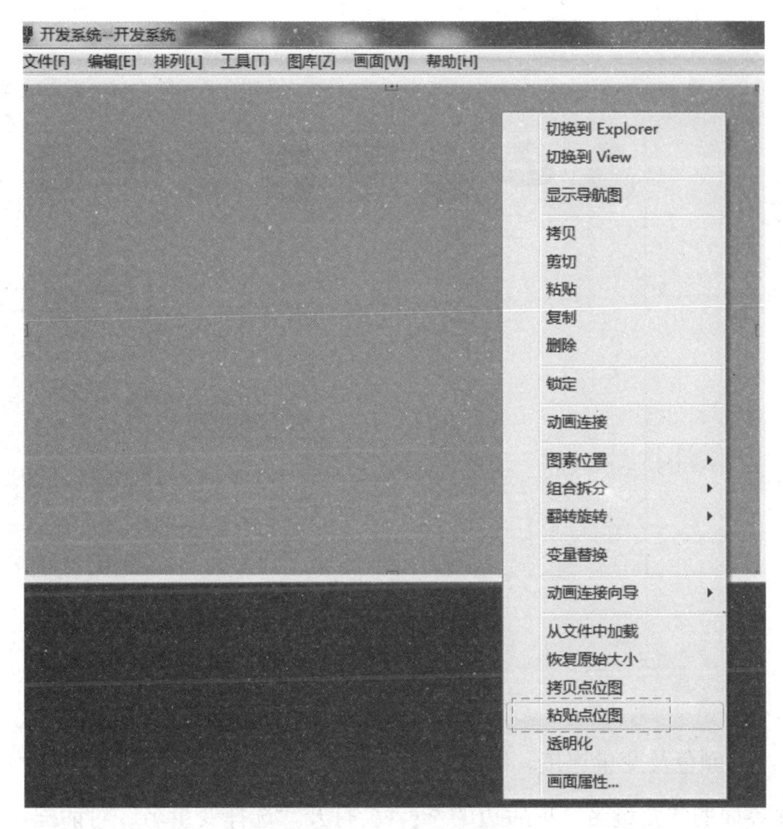

图 7-78　粘贴点位图

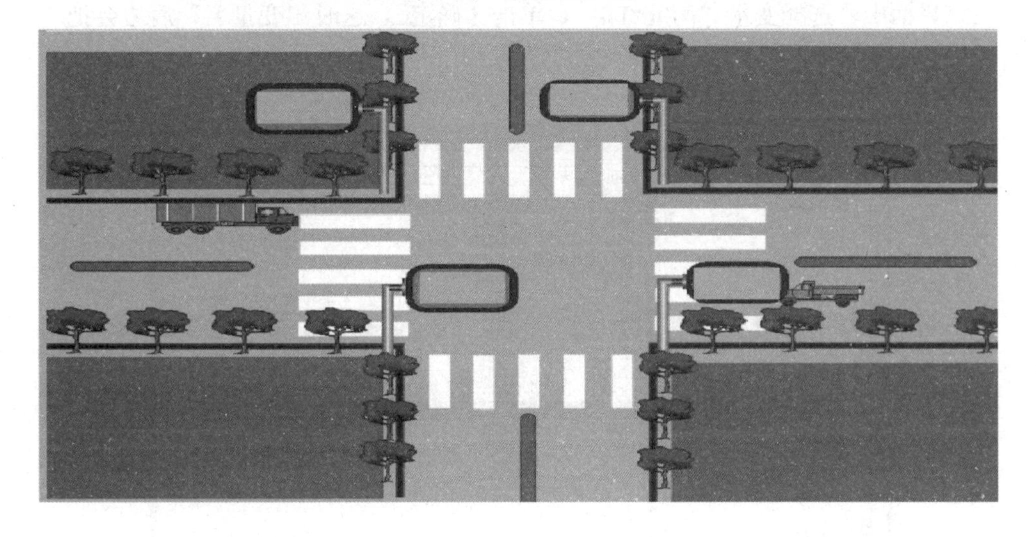

图 7-79　粘贴图片最终结果

(2) 插入指示灯及连接变量。

1) 插入指示灯。单击打开图库按钮，会弹出“图库管理器”界面，选中“图库管理器”左侧的“指示灯”，在右侧会显示所有的指示灯，如图 7-80 所示。选中从左数第 9 个指示灯，双击后，在“开发系统”的合适位置插入，再复制粘贴 11 次，将 12 个指示灯摆放到图 7-79 中的 4 个交通灯灯杆上。

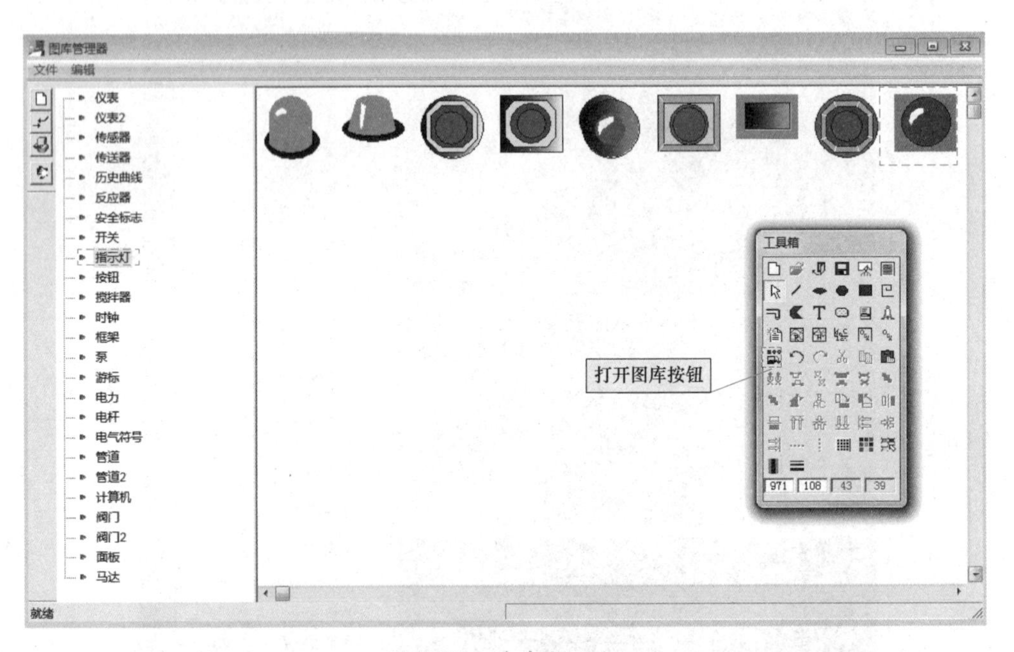

图 7-80 选中指示灯

2）改变灯的颜色及变量连接。以南北红灯举例，双击该灯，会打开“指示灯向导”对话框。单击该界面的“变量名”项后边的 ? ，会打开“选择变量名”对话框，如图 7-81 所示。在该界面中，选择变量“南北红灯”，单击“确定”，这时“变量名”后边会把“南北红灯”变量连接上来。

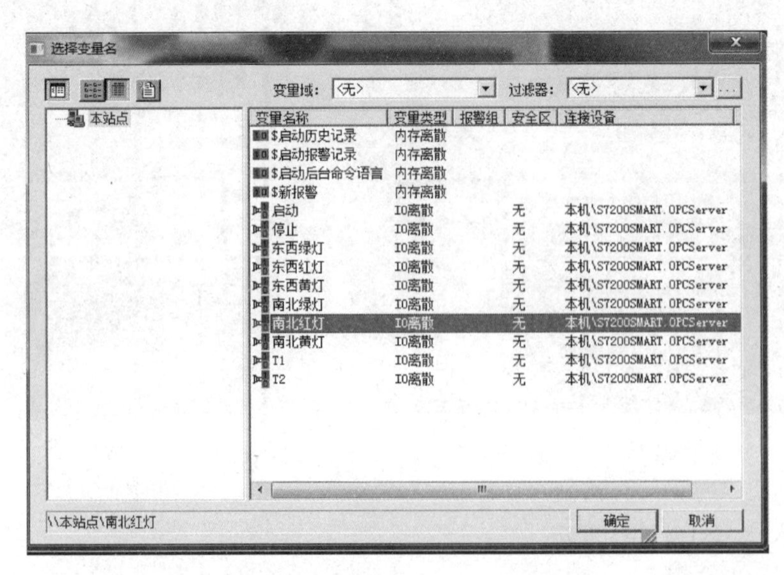

图 7-81 选择变量名界面

单击“正常色”后边的，会打开颜色板，选择红色。变量和颜色都设置完毕后，单击“确定”按钮。以上设置的最终结果如图 7-82 所示。

需要指出，本例中的绿灯设置有些特殊，涉及闪烁问题，在“指示灯向导”界面中，勾选“闪烁”，在“闪烁条件”中输入脚本程序“\\本站点\T1=1;”，至于变量连接可以参考红灯的设置。绿灯设置的最终结果如图 7-83 所示。

图 7-82　红灯设置的最终结果

图 7-83　绿灯设置的最终结果

其余灯设置可以参考南北红灯和绿灯，这里不再赘述。

（3）插入按钮及变量连接。单击工具栏中的按钮，在“开发系统”中拖拽合适的大小，双击该按钮，会进入“动画连接”界面。在“对象名称”中输入“启动”；在“命令语言连接”项的“按下时”前勾选，单击“按下时”打开“命令语言”对话框，在该界面输入脚本程序“\\本站点\启动=1;”；在“命令语言连接”项的“弹起时”前勾选，单击“弹起时”打开“命令语言”对话框，在该界面输入脚本程序“\\本站点\启动=0;”。按钮设置的最终结果如图 7-84 所示。

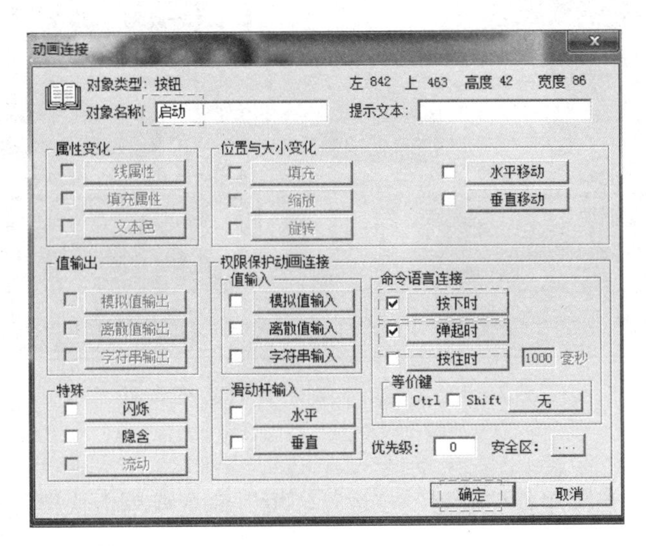

图 7-84　按钮设置的最终结果

停止按钮操作设置可以参考启动按钮，这里不再赘述。

（4）插入标签。单击工具栏中的文本按钮 T，在“开发系统”中的合适位置插入该标签，输入文本“交通灯控制系统”。选中该标签，单击工具栏中的调色板按钮，将标签调成黑色；再单击工具栏中的“字体”按钮打开“字体”对话框，将“字体”选成“宋体”，“字形”选成“粗体”，字体“大小”选成“小三”，如图 7-85 所示。

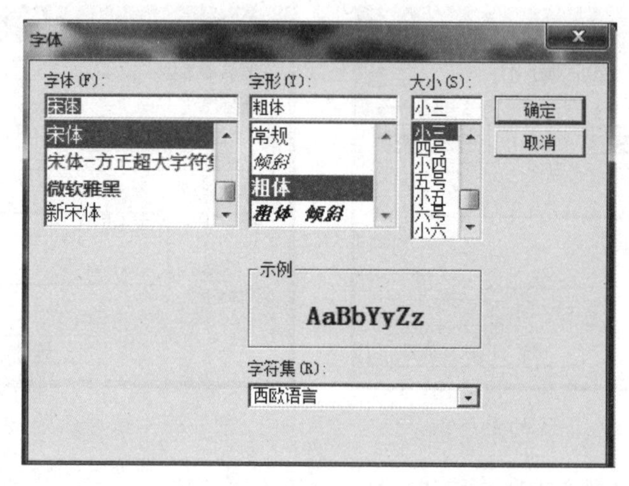

图 7-85 “字体”设置

其余两个标签设置，可以参考“交通灯控制系统”标签，这里不再赘述。

经过以上设置，交通灯控制系统的最终画面如图 7-86 所示。

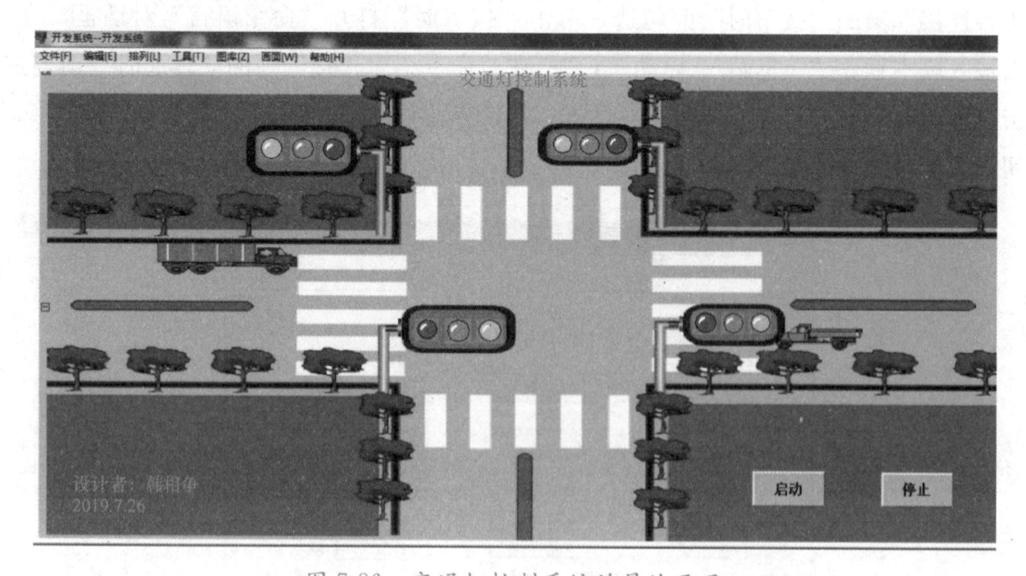

图 7-86 交通灯控制系统的最终画面

6. 运行设置

在开发系统中单击菜单栏“配置”→“运行环境”命令或单击快捷工具栏上的运行按钮，会弹出“运行系统设置”对话框，选中该对话框中的“主画面配置”，显示区会显示“交通灯控制”，如图 7-87 所示。选中“交通灯控制”后单击确定，等到运行组态王时，第一个画面就会进入“交通灯控制”画面。

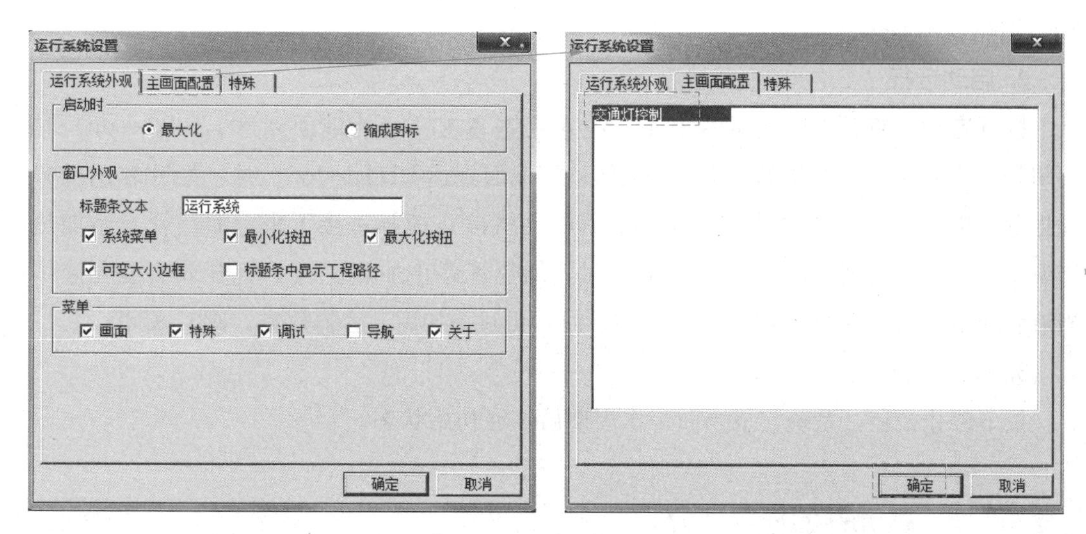

图 7-87　运行系统设置

7. 程序运行

在工程浏览器中，单击快捷工具栏上的“VIEW”按钮，启动运行系统。

7.3　S7-200 SMART PLC 和组态软件 WinCC 在化工控制系统中的应用

7.3.1　任务引入

3 种液体混合控制系统示意图如图 7-88 所示。

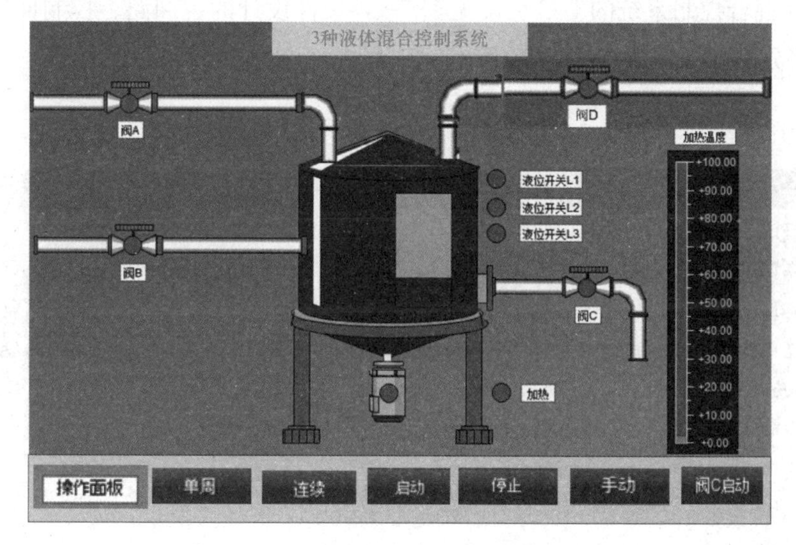

图 7-88　3 种液体混合控制系统示意图

1. 初始状态

容器为空，阀 A～阀 D 均为 off，液位开关 L1、L2、L3 均为 off，搅拌电动机 M 为 off，加热管不加热。

2. 启动运行

按下启动按钮后，打开阀 A 和 D，注入液体 A 和 D；当液面到达 L2(L2＝on) 时，关闭阀 A 和阀 D，打开阀 B，注入 B 液体；当液面到达 L1(L1＝on) 时，关闭阀 B，同时搅拌电动机 M 开始运行搅拌液体，20s 后电动机停止搅拌；接下来，加热管开始加热，当温度传感器检测到液体的温度为 65℃时，加热管停止加热；阀 C 打开放出混合液体；当液面降至 L3 以下（L1＝L2＝L3＝off）时，再过 10s 后，容器放空，阀 C 关闭。

3. 停止运行

按下停止按钮，系统完成当前工作周期后停在初始状态。

7.3.2 各元件的任务划分

3 种液体混合控制系统采用西门子 CPU SR20 模块＋EM AE04 模拟量输入模块＋含 WinCC 组态软件的上位机进行控制。

含 WinCC 组态软件的上位机负责提供启停和模式选择信号，同时也负责显示电磁阀、搅拌电机、传感器的工作状态。

CPU SR20 模块＋EM AE04 模拟量输入模块负责处理手动自动工作控制，还有信号的采集。

7.3.3 PLC 硬件和软件设计

1. PLC I/O 分配及硬件设计

3 种液体混合控制系统的 I/O 分配见表 7-4，硬件设计的主回路、控制回路、PLC 输入/输出回路分别如图 7-89～图 7-91 所示。

表 7-4 3 种液体混合控制系统的 I/O 分配

输入量		输出量	
启动按钮	M20.0	电磁阀 A/D 控制	Q0.0
上限位 L1	I0.1	电磁阀 B 控制	Q0.1
中限位 L2	I0.2	电磁阀 C 控制	Q0.2
下限位 L2	I0.3	搅拌控制	Q0.4
停止按钮	M20.1	加热控制	Q0.5
手动选择	M20.4	报警控制	Q0.6
单周选择	M20.2		
连续选择	M20.3		
阀 C 按钮	M20.5		

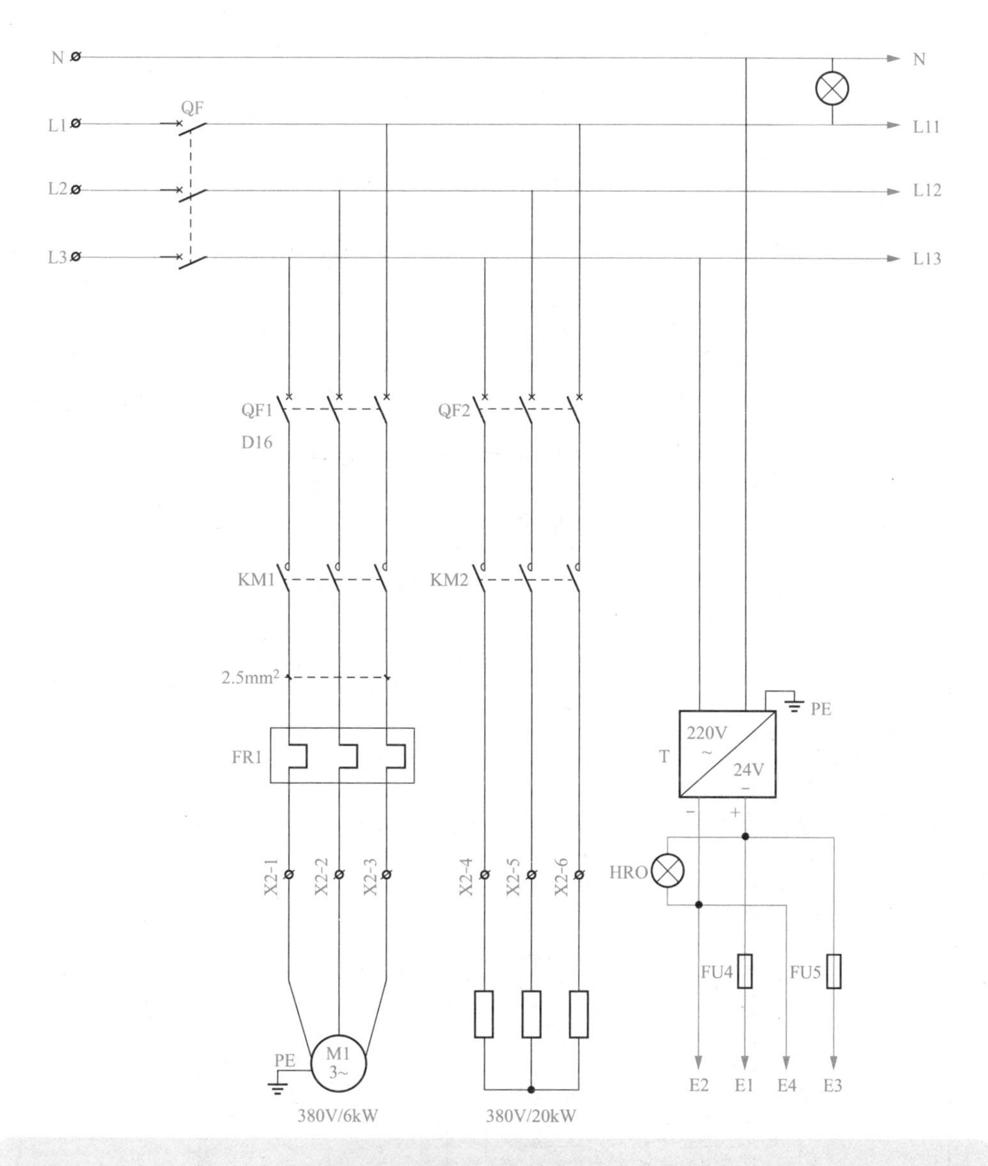

重点提示:

(1)电动机额定电流：6kW×2=12A，加热管额定电流：20kW×2=40A。

(2)电动机主电路空气断路器：由于为电动机控制因此选D型，空气断路器额定电流＞负载电流(12A),此处选16A；
接触器：主触点额定电流＞负载电流(12A)，这里选16A，线圈220V 交流；热继电器：额定电流应为负载电流的1.05倍即1.05×12A=12.6A，故12.6A应落在热继旋钮调节范围之间，这里选10~15A，两边调节都有余地。

(3)加热管主电路。空气断路器：由于为加热类控制因此选C型，空气断路器额定电流>负载电流(40A),此处选50A；
接触器：主触点额定电流＞负载电流(40A)，这里选50A，线圈220V交流。

(4)总开电流＞(40+12)A=52A，这里选60A空气断路器。

(5)主进线选择16mm²电缆，往3个支路分线时，这里为了节省空间，故用分线器；也可考虑用铜排，但占用空间较大。铜排的载流量经验公式=横截面积×3，如15×3的铜排载流量=15×3×3=135A，这只是个经验，算的比较保守，系数乘几，与铜排质量有关；精确值可查相关选型样本。导线载流量，可按1mm²载5A计算，同样想知道更精确值，可查相关样本。

(6)直流电源。直流电源负载端主要给电磁阀供电，电磁阀工作电流1.5×3=4.5,考虑另外还有中间继电器线圈和指示灯，故适当放大，那么负载端电流也不会超出5.5A(中间继电器.线圈工作电流为几十毫安，指示灯为几毫安)，故直流电源容量＞24V×5.5A=132W,经查样本，有180W，且有裕量。那么进线电流=180/220A=0.8A，故进线选C3完全够用。

图 7-89　3 种液体混合控制系统主回路

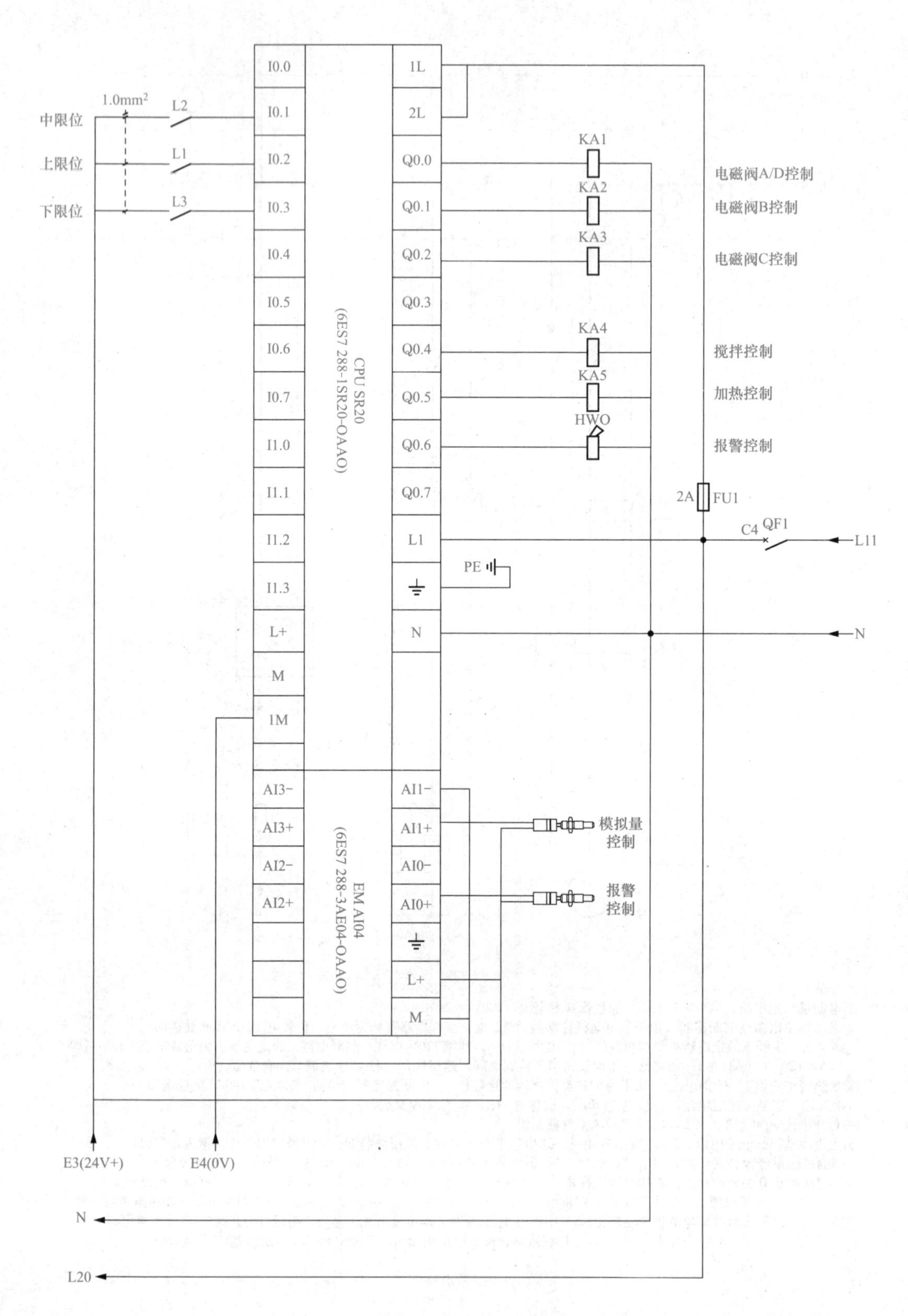

图 7-90　3 种液体混合控制系统控制回路

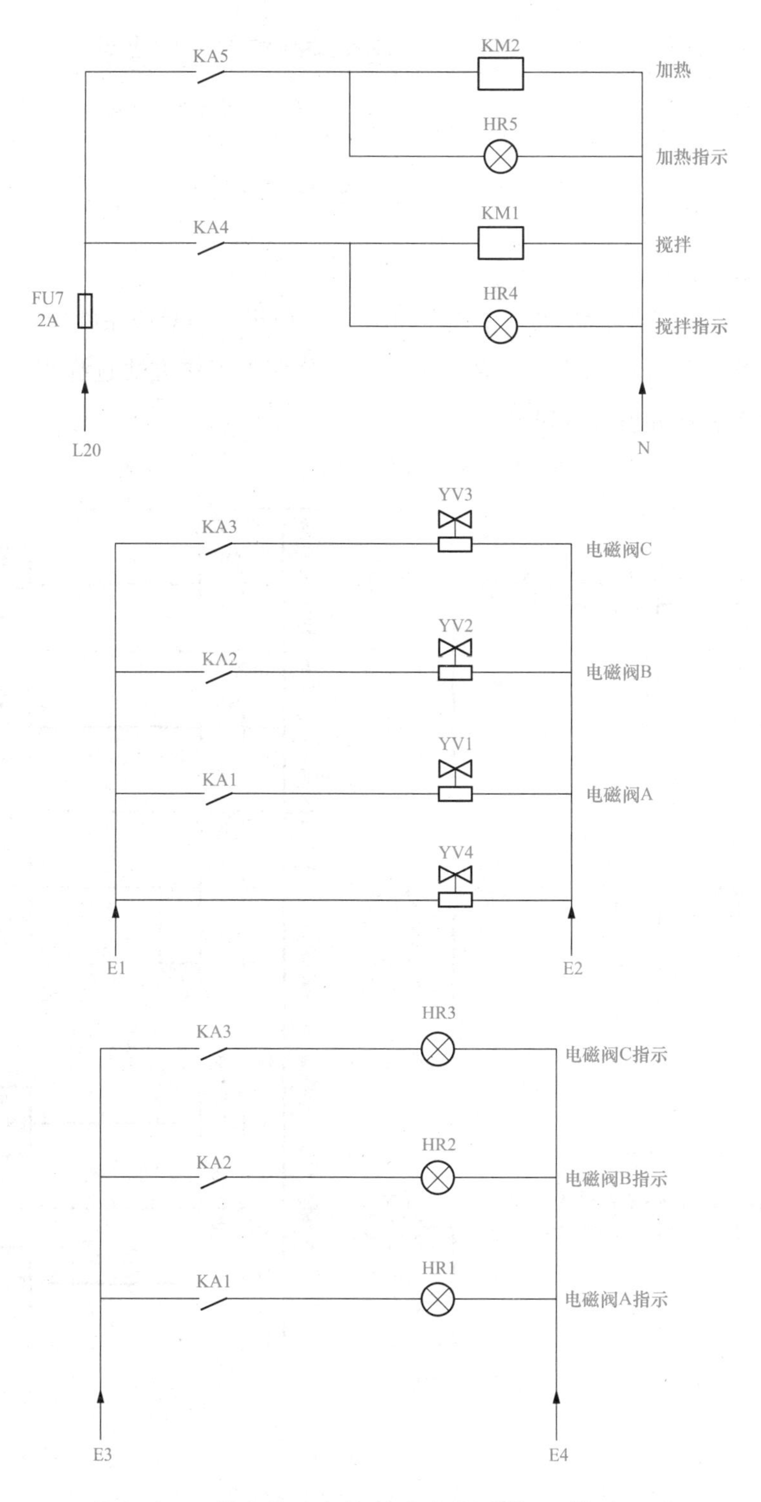

图 7-91　3 种液体混合控制系统 PLC 输入/输出回路

2. PLC 硬件组态

3 种液体混合控制硬件组态，如图 7-92 所示。

	模块	版本	输入	输出	订货号
CPU	CPU SR20 (AC/DC/Relay)	V02.02.00_00.00...	I0.0	Q0.0	6ES7 288-1SR20-0AA0
SB					
EM 0	EM AE04 (4AI)		AIW16		6ES7 288-3AE04-0AA0
EM 1					

图 7-92　3 种液体混合控制硬件组态

3. PLC 程序设计

3 种液体混合控制系统的 PLC 主程序如图 7-93 所示，当对应条件满足时，系统将执行相应的子程序。子程序的主要包括四大部分，分别为工作方式选择程序、公共程序、手动程序、自动程序和模拟量程序。

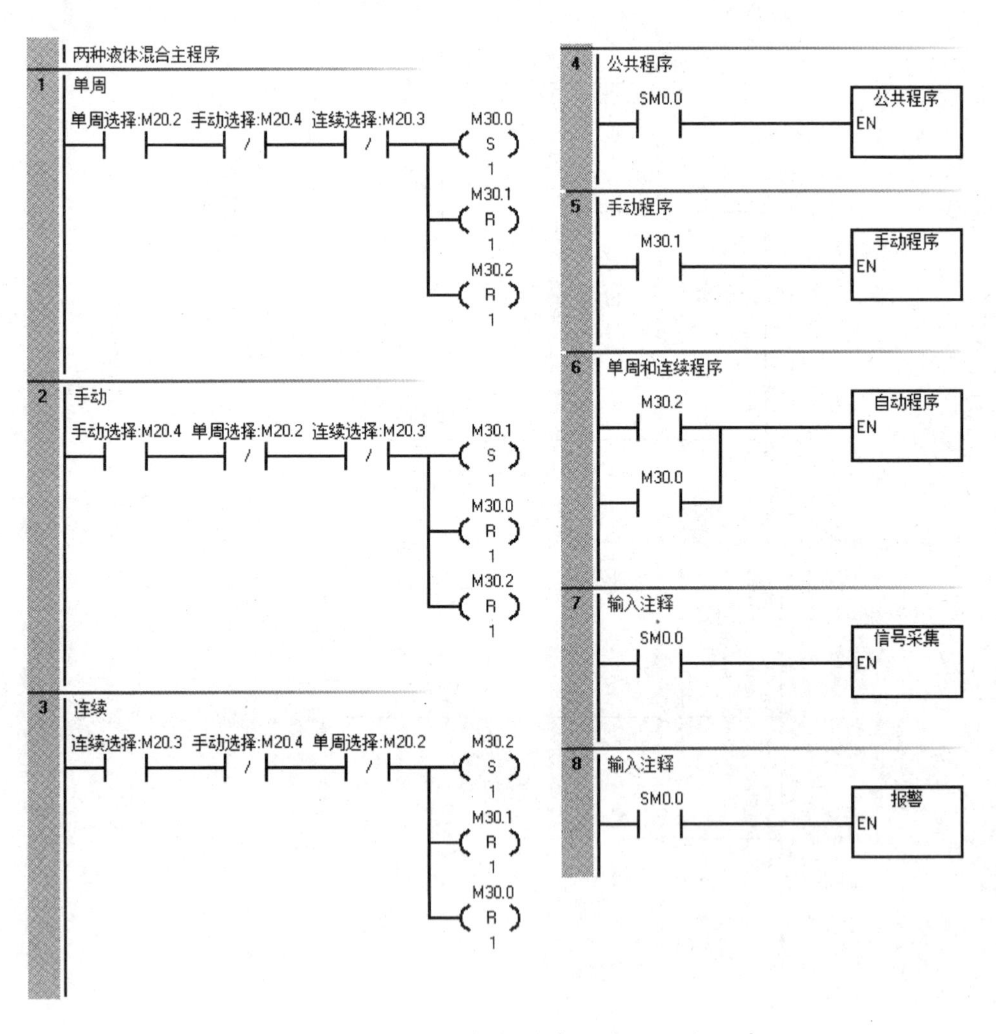

图 7-93　3 种液体混合控制系统的 PLC 主程序

(1) 公共程序。公共程序如图 7-94 所示。系统初始状态容器为空，阀 A～阀 C 均为 off，液位开关 L1、L2、L3 均为 off，搅拌电动机 M 为 off，加热管不加热；故将这些量的常闭触点串联作为 M1.1 为 on 的条件，即原点条件。其中有一个量不满足，那么 M1.1 都不会为 on。

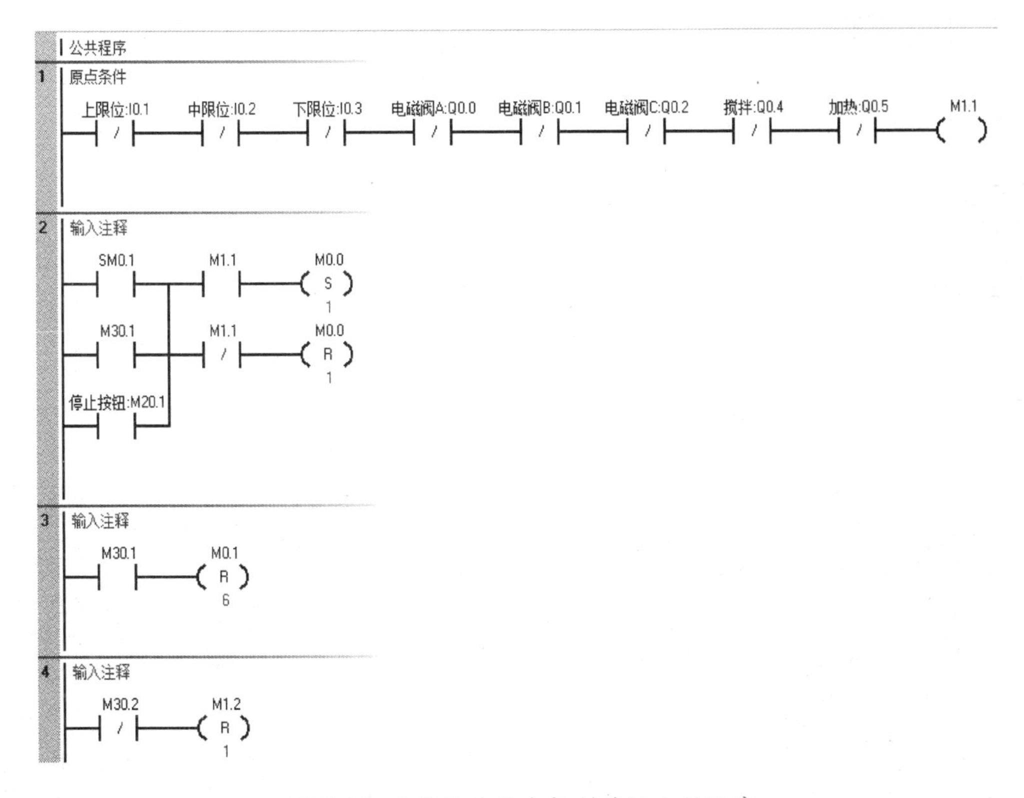

图 7-94　3 种液体混合控制系统公用程序

系统在原点位置，当处于手动、按停止按钮或初始化状态时，初始步 M0.0 都会被置位，此时为执行自动程序做好准备；若此时 M1.1 为 off，则 M0.0 会被复位，初始步变为不活动步，即使此时按下启动按钮，自动程序也不会转换到下一步，因此禁止了自动工作方式的运行。当手动、自动 2 种工作方式相互切换时，自动程序可能会有两步被同时激活，为了防止误动作，因此在手动状态下，辅助继电器 M0.1～M0.6 要被复位；在非连续工作方式下，M30.2 常闭触点闭合，辅助继电器 M1.2 被复位，系统不能执行连续程序。

（2）手动程序。3 种液体混合控制系统手动程序如图 7-95 所示。此处设置阀 C 手动，意在当系统有故障时，可以顺利将混合液放出。

（3）自动程序。3 种液体混合控制系统顺序功能图如图 7-96 所示，根据工作流程的要求，显然 1 个工作周期有“阀 A 开→阀 B 开→搅拌→加热→阀 C 开→等待 10s”这 6 步，再加上初始步，因此共 7 步（M0.0～M0.6）；在 M0.6 后应设置分支，考虑到单周和连续的工作方式，一条分支转换到初始步，另一分支转换到 M0.1 步。

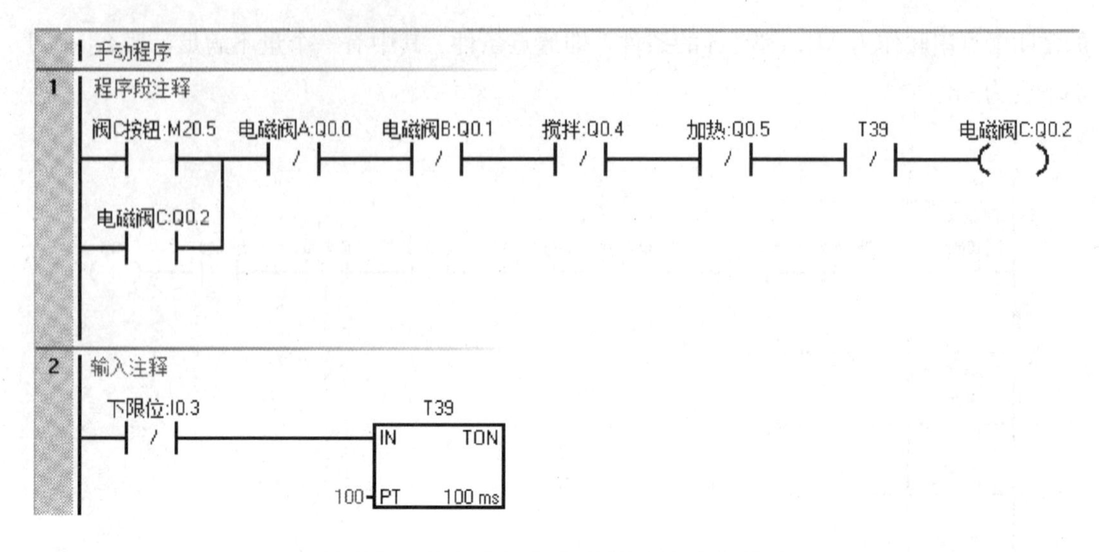

图 7-95　3 种液体混合控制系统手动程序

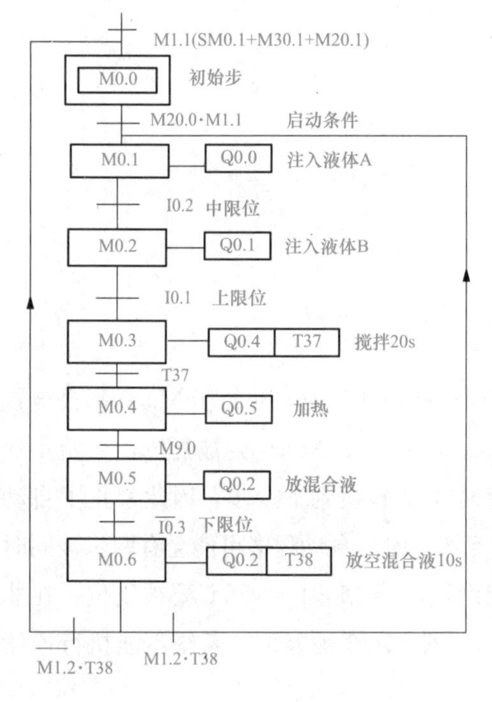

图 7-96　3 种液体混合控制系统的顺序功能图

3 种液体混合控制系统自动程序如图 7-97 所示。设计自动程序时，采用置位复位指令编程法，其中 M0.0～M0.6 为中间编程元件，连续、单周 2 种工作方式用连续标志 M1.2 加以区别。

当常开触点 M30.2 闭合，此时处于连续方式状态；若原点条件满足，在初始步为活动步时，按下启动按钮 M20.0，线圈 M0.1 被置位，同时 M0.0 被复位，程序进入阀 A 控制步，线圈 Q0.0 接通，阀 A 打开注入液体 A；当液体到达中限位时，中限位开关 I0.2 为 on，程序转换到阀 B 控制步 M0.2，同时阀 A 控制步 M0.1 停止，线圈 Q0.1 接通，阀 B 打开，注入液体 B；以后各步转换以此类推，这里不再重复。

单周与连续原理相似，不同之处在于：在单周的工作方式下，连续标志条件不满足（即线圈 M1.2 不得电），当程序执行到 M0.6 步时，满足的转换条件为 $\overline{M1.2}$ · T38，因此系统将返回到初始步 M0.0，系统停止工作。

（4）模拟量程序。3 种液体混合控制系统模拟量信号采集程序分为两个部分，第 1 部分为模拟量信号采集程序，如图 7-98 所示；第 2 部分为报警程序如图 7-99 所示。

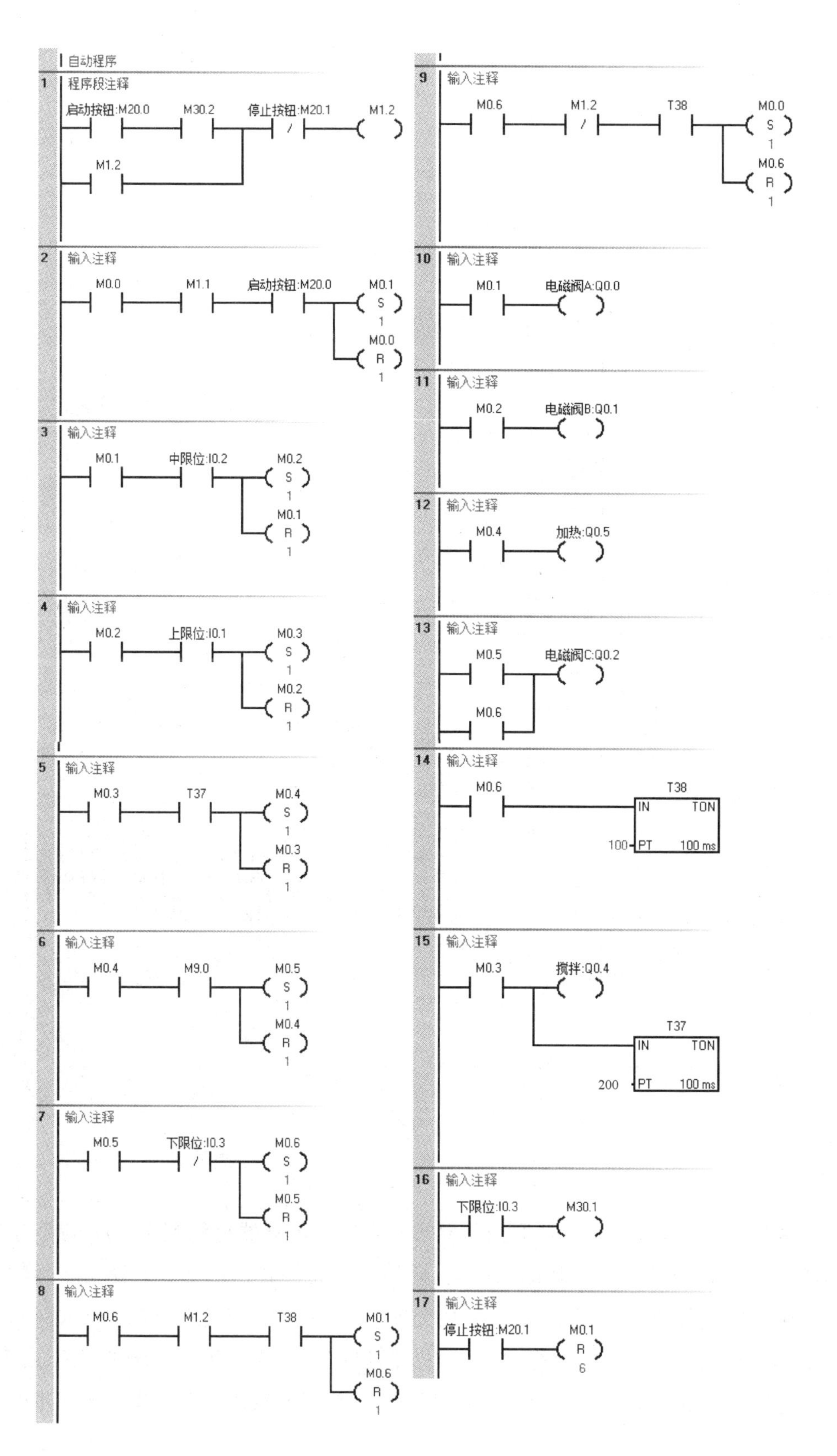

图 7-97　3 种液体混合控制系统的自动程序

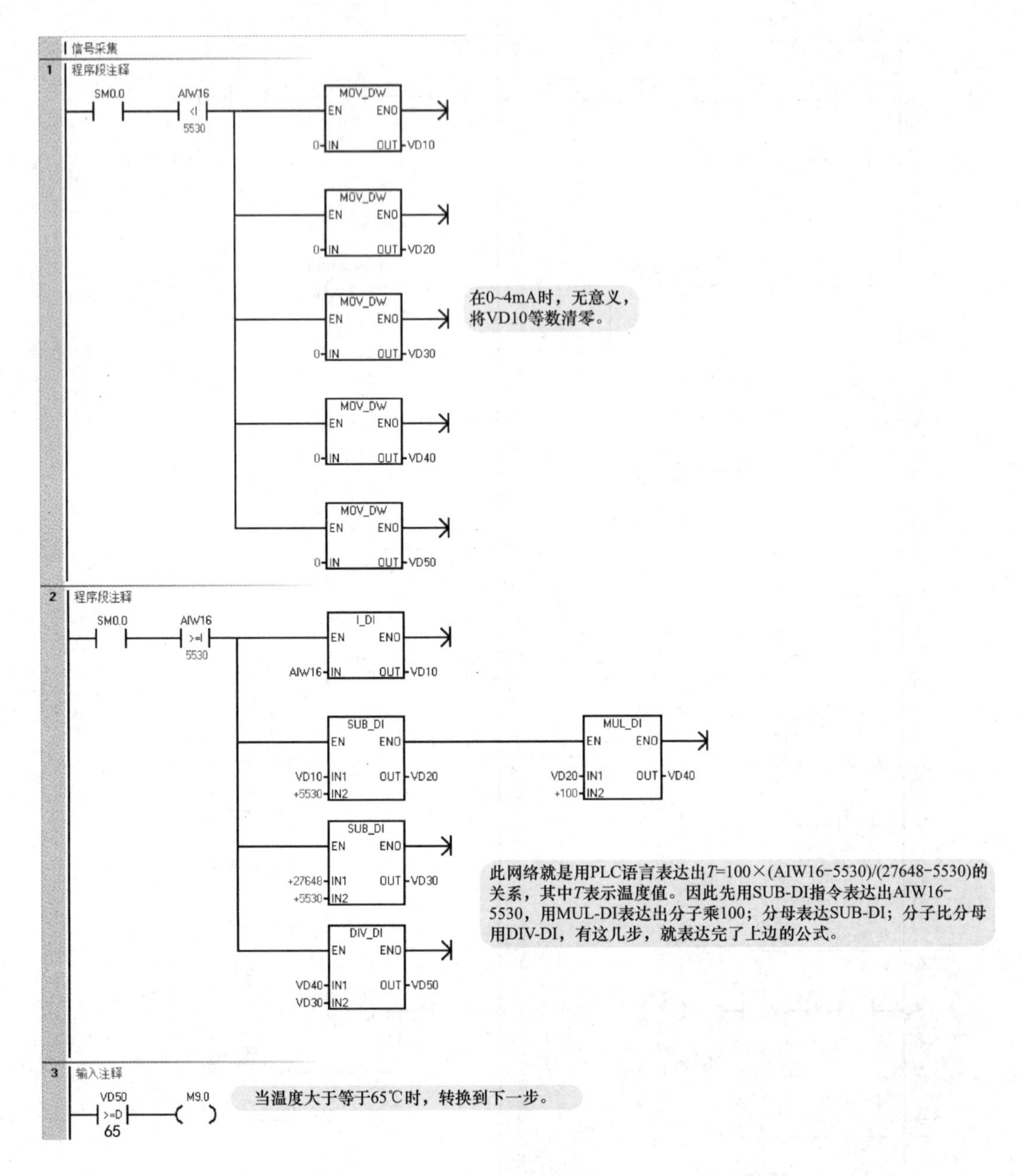

图 7-98　3 种液体混合控制系统模拟量信号采集程序

1）模拟量信号采集程序。根据控制要求，当温度传感器检测到液体的温度为 65℃时，加热管停止；阀 C 打开放出混合液体；此问题关键点用 PLC 语言表达出实际物理量与 PLC 内部数字量之间的对应关系，即 $T=100\times(\text{AIW16}-5530)/(27648-5530)$，其中 T 表示温度；之后由比较指令进行比较，如实际温度大于或等于 65℃（取大于或等于，好实现；仅等于，由于误差，可能捕捉不到此点），则驱动线圈 M9.0 作为下一步的转换条件。

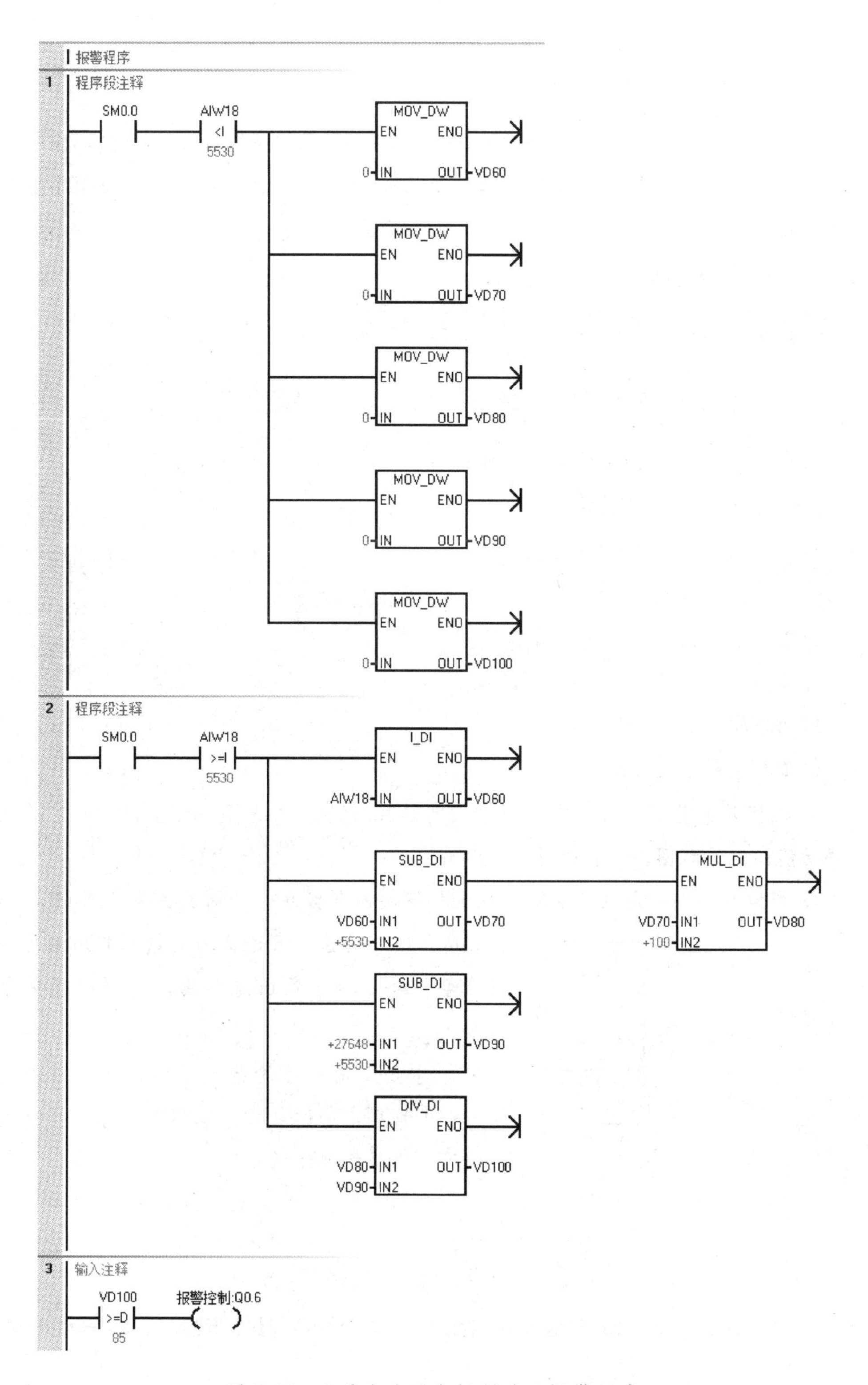

图 7-99　3 种液体混合控制系统报警程序

2）报警程序。报警程序的编写过程和模拟量信号采集程序的编写过程类似，这里不再赘述。

编者有料

1. 在实际工程中，编写模拟量程序的关键在于找出实际物理量与模拟量模块内部数字量的对应关系，找对应关系的依据是输入或输出特性曲线；写模拟量程序实际上就是用 PLC 的语言表达出这种对应关系。

2. 两个实用公式：

模拟量转化为数字量 $D=\frac{(D_m-D_0)}{(A_m-A_0)}(A-A_0)+D_0$

数字量转化为模拟量 $A=\frac{(A_m-A_0)}{(D_m-D_0)}(D-D_0)+A_0$

式中 A_m——模拟量信号最大值；

A_0——模拟量信号最小值；

D_m——数字量最大值；

D_0——数字量最小值；

以上 4 个量都需代入实际值。

A 为模拟量信号时时值；

D 为数字量信号时时值；

以上 2 个属于未知量。

3. 处理开关量程序时，采用顺序控制编程法是最佳途径：大型程序一定要函顺序功能图或流程图，这样思路非常清晰。

4. 模拟量编程一定找好实际物理量与模块内部数字量的对应关系，用 PLC 语言表达出这一关系，表达这一关系无非用到加减乘除等指令；尽量画出流程图，这样编程有条不紊。

5. 学会应用程序的经典结构，一类程序设置一个子程序，通过主程序调用子程序，思路清晰明了。程序经典结构如下。

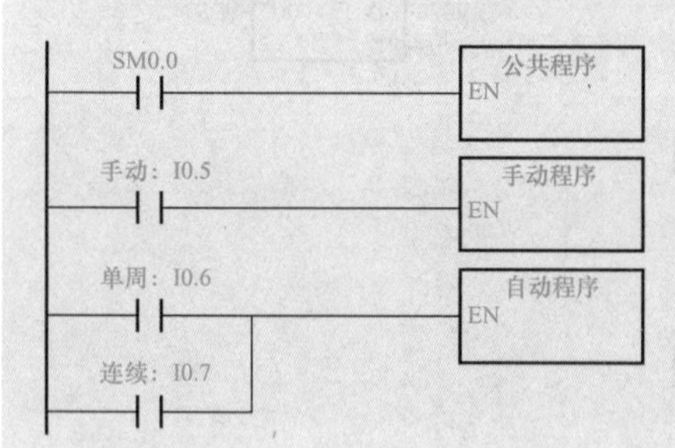

7.3.4 S7-200 PC Access SMART 地址分配

S7-200 PC Access SMART 地址分配如图 7-100 所示，具体步骤可以参考 6.5 节，这里不再赘述。

7.3.5 WinCC 组态画面设计

3 种液体混合控制系统 WinCC 变量创建的最终结果如图 7-101 所示。

名称	条目 ID	地址	数据类型	工程单位下限	工程单位上限	访问
A	MWSMART.N...	Q0.0	BOOL	0.0000000	0.0000000	RW
B	MWSMART.N...	Q0.1	BOOL	0.0000000	0.0000000	RW
baojing	MWSMART.N...	Q0.6	BOOL	0.0000000	0.0000000	RW
C	MWSMART.N...	Q0.2	BOOL	0.0000000	0.0000000	RW
C-start	MWSMART.N...	M20.5	BOOL	0.0000000	0.0000000	RW
down-L3	MWSMART.N...	I0.3	BOOL	0.0000000	0.0000000	RW
DZ	MWSMART.N...	M20.2	BOOL	0.0000000	0.0000000	RW
jiaoban	MWSMART.N...	Q0.4	BOOL	0.0000000	0.0000000	RW
jiare	MWSMART.N...	Q0.5	BOOL	0.0000000	0.0000000	RW
LX	MWSMART.N...	M20.3	BOOL	0.0000000	0.0000000	RW
Middle-L2	MWSMART.N...	I0.2	BOOL	0.0000000	0.0000000	RW
SD	MWSMART.N...	M20.4	BOOL	0.0000000	0.0000000	RW
start	MWSMART.N...	M20.0	BOOL	0.0000000	0.0000000	RW
stop	MWSMART.N...	M20.1	BOOL	0.0000000	0.0000000	RW
up-L1	MWSMART.N...	I0.1	BOOL	0.0000000	0.0000000	RW
VD100	MWSMART.N...	VD100	DWORD	0.0000000	100.0000	RW
VD50	MWSMART.N...	VD50	DWORD	0.0000000	100.0000	RW

图 7-100　S7-200 PC Access SMART 地址分配

项目创建、添加驱动和变量创建的具体步骤这里不赘述，请参考 6.6 节。变量创建的最终结果，如图 7-101 所示。

变量 [S7200SMART_OPCServer]　　查找

	名称	数据类型	长度	格式调整	连接	组	地址
1	A	二进制变量	1		S7200SMART_OPCS		"MWSMART.NewPLC.NewFolder.A", "", 11
2	B	二进制变量	1		S7200SMART_OPCS		"MWSMART.NewPLC.NewFolder.B", "", 11
3	baojing	二进制变量	1		S7200SMART_OPCS		"MWSMART.NewPLC.NewFolder.baojing", "", 11
4	C	二进制变量	1		S7200SMART_OPCS		"MWSMART.NewPLC.NewFolder.C", "", 11
5	C-start	二进制变量	1		S7200SMART_OPCS		"MWSMART.NewPLC.NewFolder.C-start", "", 11
6	down-L3	二进制变量	1		S7200SMART_OPCS		"MWSMART.NewPLC.NewFolder.down-L3", "", 11
7	DZ	二进制变量	1		S7200SMART_OPCS		"MWSMART.NewPLC.NewFolder.DZ", "", 11
8	jiaoban	二进制变量	1		S7200SMART_OPCS		"MWSMART.NewPLC.NewFolder.jiaoban", "", 11
9	jiare	二进制变量	1		S7200SMART_OPCS		"MWSMART.NewPLC.NewFolder.jiare", "", 11
10	LX	二进制变量	1		S7200SMART_OPCS		"MWSMART.NewPLC.NewFolder.LX", "", 11
11	Middle-L2	二进制变量	1		S7200SMART_OPCS		"MWSMART.NewPLC.NewFolder.Middle-L2", "", 11
12	SD	二进制变量	1		S7200SMART_OPCS		"MWSMART.NewPLC.NewFolder.SD", "", 11
13	start	二进制变量	1		S7200SMART_OPCS		"MWSMART.NewPLC.NewFolder.start", "", 11
14	stop	二进制变量	1		S7200SMART_OPCS		"MWSMART.NewPLC.NewFolder.stop", "", 11
15	up-L1	二进制变量	1		S7200SMART_OPCS		"MWSMART.NewPLC.NewFolder.up-L1", "", 11
16	VD50	无符号的 32 位值	4	DwordToUnsignedDword	S7200SMART_OPCS		"MWSMART.NewPLC.NewFolder.VD50", "", 19
17	VD100	无符号的 32 位值	4	DwordToUnsignedDword	S7200SMART_OPCS		"MWSMART.NewPLC.NewFolder.VD100", "", 19

图 7-101　WinCC 变量创建的最终结果

1. 画面创建与动画连接

(1) 新建画面。选中浏览窗口中的图形编辑器，右击选择“新建画面”，如图 7-102 所示。执行完此项操作后，在浏览窗口右侧的数据窗口会出现 NewPdl0.Pdl 过程画面。

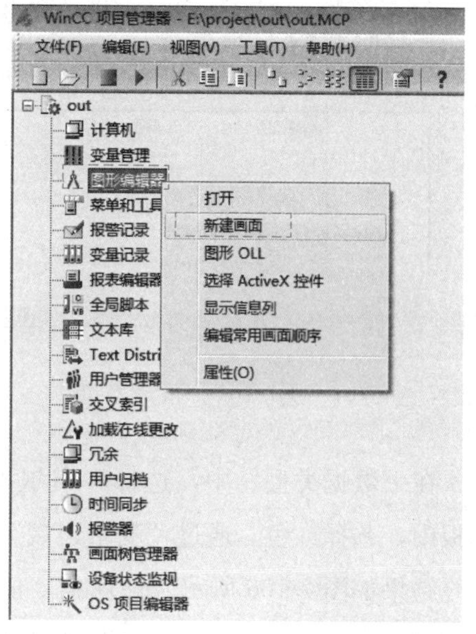

图 7-102　新建画面

(2) 添加元件组合。元件组合这里包括灯和阀的组合、电机和灯的组合。添加灯和阀门，在图形编辑器右侧标准对象中，双击 圆，在图形编辑器中会出现圆。选中圆，在下边的对象属性的“效果”中，将“全局颜色方案”由“是”改为“否”；在对象属性的“颜色”中，选中“背景颜色”，在 右击选择“动态对话框”，如图 7-103 所示。执行完以上操作后，会弹出“值域”对话框，如图 7-104 所示。单击“表达式”后边的 ...，会弹出对话框，再单击“变量”，会出现“外部变量”对话框，我们选择 A，变量连接完成；再单击“事件名称”后边的 打开“改变触发器”对话框，在“标准周期 2 秒”上双击，会弹出一个界面，单击倒三角选择“有变化时”，如图 7-105 所示。

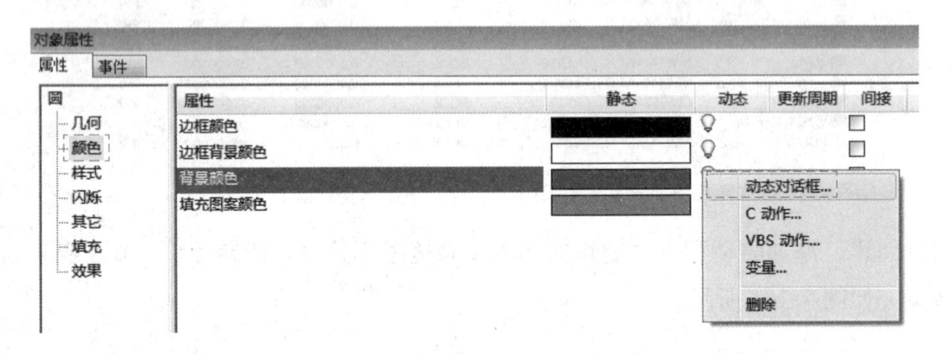

图 7-103　背景颜色的动态设置

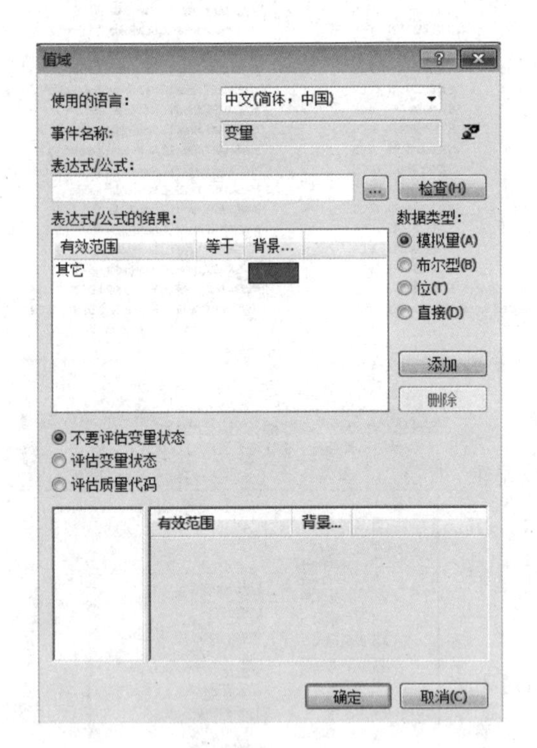

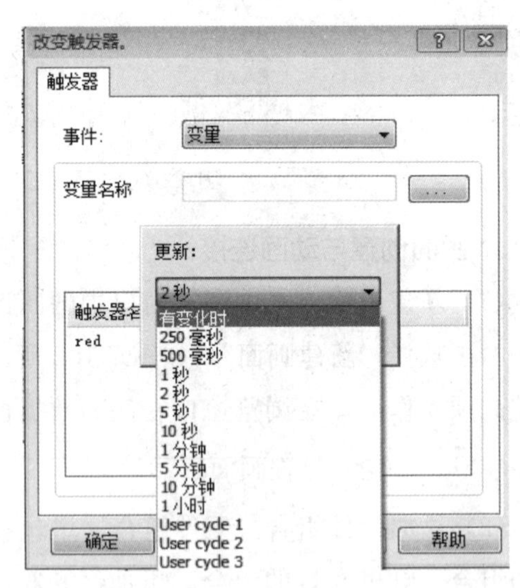

图 7-104　值域界面　　　　图 7-105　改变触发器的标准周期

在“数据类型”中，选择“布尔型”，双击表达式的“背景”，会弹出调色板，在调色板中，选择红色。通过“变量连接”“标准周期”和“数据类型”的设置，值域设置的最终结果如图 7-106 所示。最后在“值域”对话框中单击“确定”，所有的设置完成。以上操作是对“阀 A”的设置，其余设置与“阀 A”设置相同，故不赘述。

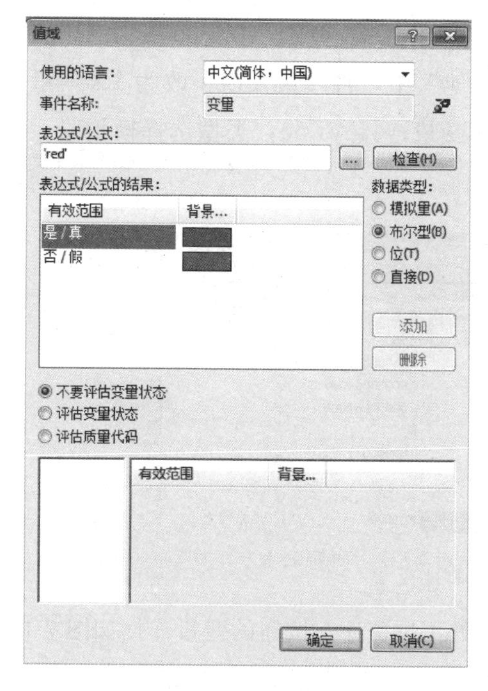

图 7-106　值域设置的最终结果

阀门的添加首先按下显示库按钮，在图形编辑器窗口的下边会弹出“库”的界面，执行“全局库”→“PlantElements”→“Valves”，在 Valves 文件夹中选择 Valve1，将其拖拽到图形编辑器中，图形编辑器中会产生图标，再复制 3 个阀门图标。将阀门和灯通过移动组合好，最终形成形式。液位开关和加热灯的制作，可参考 6.6 节中的 WinCC 组态。以上元件和连接变量对应关系如图 7-107 所示。

(3) 添加立体泵、储水罐和管道：按下显示库按钮，在图形编辑器窗口的下边会弹出“库”的界面，执行“全局库”→“Siemens HMI Symbol Library 1.4.1”→“泵”，在“泵”文件夹中选择 立式泵 1，将其拖拽到图形编辑器中，图形编辑器中会出现图标，按图 7-88 插好即可。执行“全局库”→“PlantElements”→“Tanks”，在“Tanks”文件夹中选择 Tank1，将其拖拽到图形编辑器中，图形编辑器中会出现图标，同样按图 7-88 插好。执行“全局库”→“PlantElements”→“Pipes-Smart Objects”，在“Pipes-Smart Objects”文件夹中选择 3D Pipe Horizontal 和 3D Pipe Elbow 1，将其拖拽到图形编辑器中，图形编辑器中会出现和图标，按图 7-88 插好。

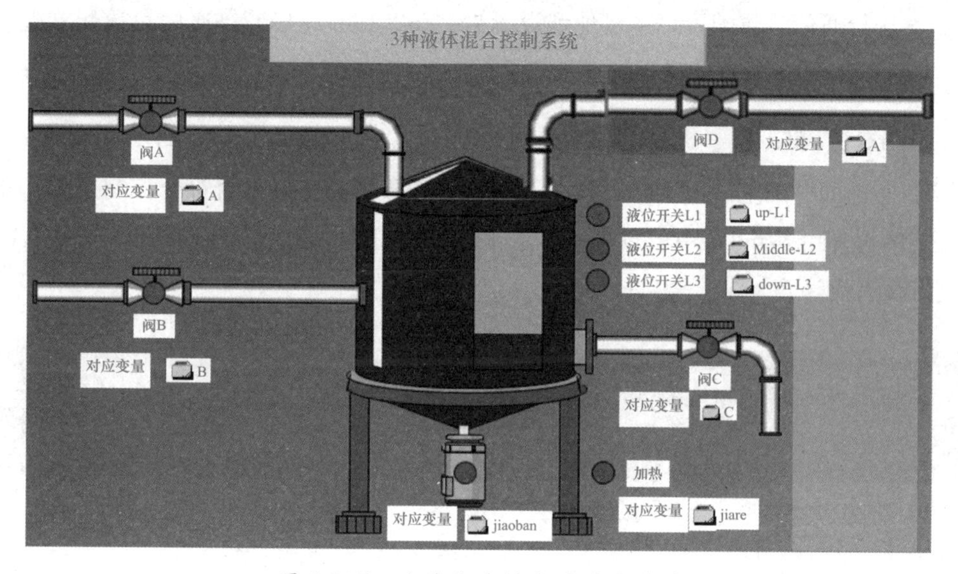

图 7-107　元件和连接变量对应关系

（4）添加棒图。在图形编辑器右侧智能对象中，双击 棒图，在图形编辑器中会出现棒图。选中“棒图”，在下边的对象属性的“其他”中，将“最大值”改为 100，最小值改为 0，在“过程驱动器连接”中动化对话框的变量连接 VD50，类型选择模拟量。棒图对象属性设置如图 7-108 所示。

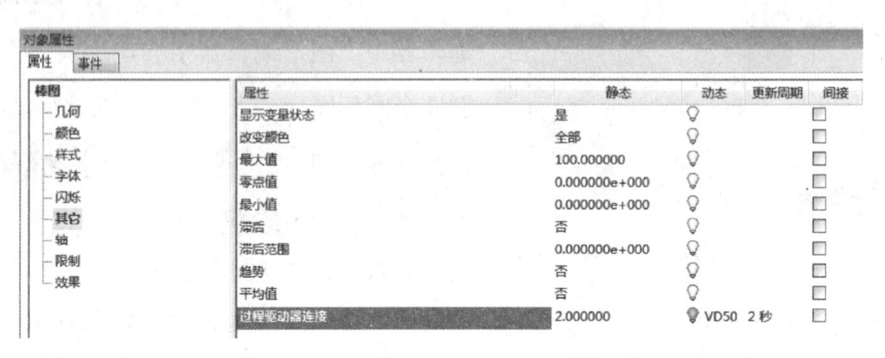

图 7-108 棒图对象属性设置

（5）添加按钮。按钮的添加可参考 6.6 节，此处不再赘述。按钮的变量连接如图 7-109 所示。

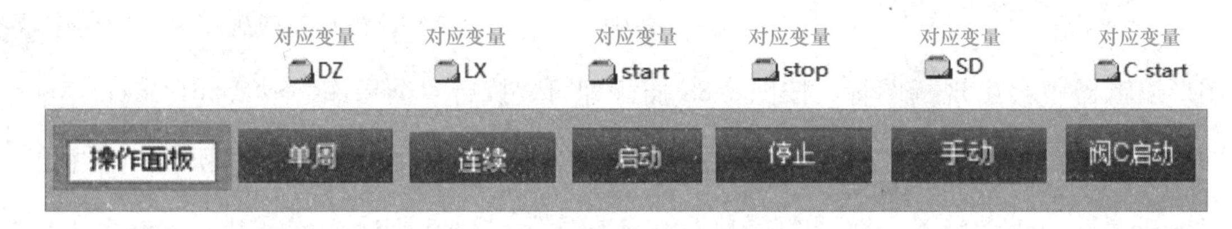

图 7-109 按钮的变量连接

2. 项目调试

首先打开 S7-200 SMART PLC 编程软件 STEP 7-Micro/WIN SMART，单击 通信 进行通信参数配置，本机地址设置为“192.168.2.100”，通信参数配置完成后，单击 下载 进行程序下载，之后单击 程序状态 进行程序调试；PLC 程序下载完成后，打开 WinCC 软件，单击项目激活按钮 运行项目。分别单击手动、连续和单周，观察 WinCC 组态画面中的电磁阀动作、液位开关动作、棒图动作灯是否符合控制要求。备注：工作方式的选择由 WinCC 中的选择方式按钮和图 7-93 中的工作方式选择程序联合实现的，这点读者需注意。

7.4 S7-200 SMART PLC、变频器和人机界面在空气压缩机控制系统中的应用

7.4.1 任务引入

某工厂有 2 台空气压缩机，为了增加压缩空气的存储量，现需增加 1 个储气罐，因此

原来独立的空气压缩机需要重新改造，空气压缩机改造后的管路连接如图 7-110 所示。具体控制要求如下。

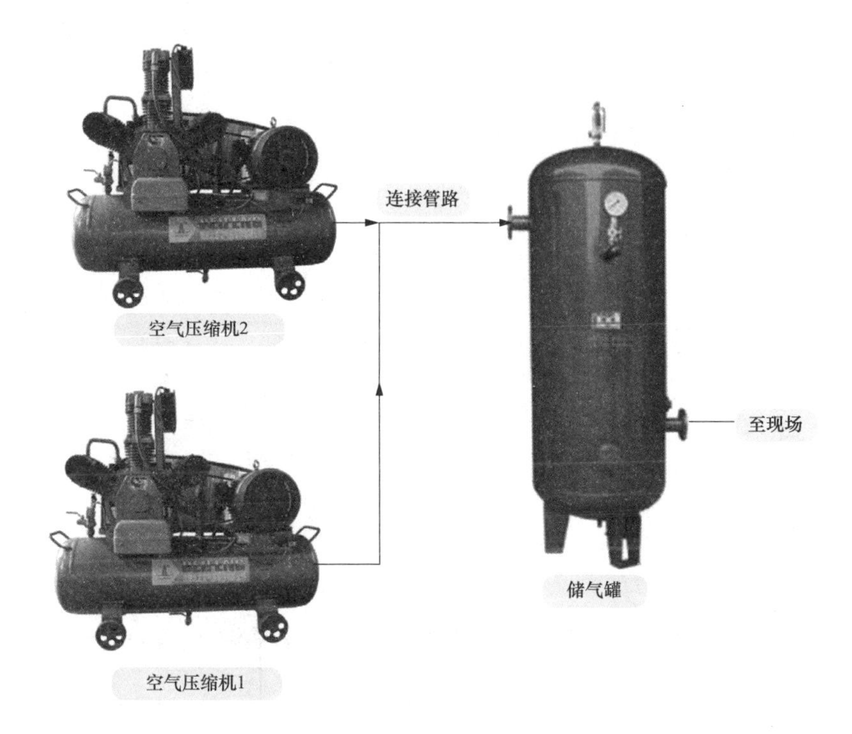

图 7-110　空气压缩机改造后的管路连接图

（1）为了节约成本，2 台空压机用 1 台变频器控制。

（2）气压低于 0.4MPa，2 台空气压缩机开始工作；此时变频器的输出频率为 40Hz；当气压到达 0.6MPa 时，变频器输出频率 30Hz；当气压到达 0.7MPa 时，变频器输出频率 20Hz；当气压到达 0.8MPa 时，空压机停止工作。根据控制要求，试完成任务。

（3）客户要求配人机界面。

7.4.2　任务实施

1. 设计方案

本项目采用 CPU ST20 模块＋EM AE04 模拟量输入模块进行逻辑控制和压力采集；采用压力变送器进行压力采集；采用 MM420 变频器对两台空气压缩机进行变频控制。启停、压力、空气压缩机状态显示等由昆仑通态触摸屏负责。

2. 硬件设计

本项目硬件设计包括变频控制部分设计和 PLC 控制部分设计两部分。空气压缩机变频控制硬件设计图纸如图 7-111 所示。

3. 程序设计

（1）明确控制要求，进行 I/O 分配。空气压缩机变频控制 I/O 分配见表 7-5。

（2）硬件组态。空气压缩机变频控制硬件组态如图 7-112 所示。

（3）编写程序空气压缩机变频控制 PLC 程序如图 7-113 所示。

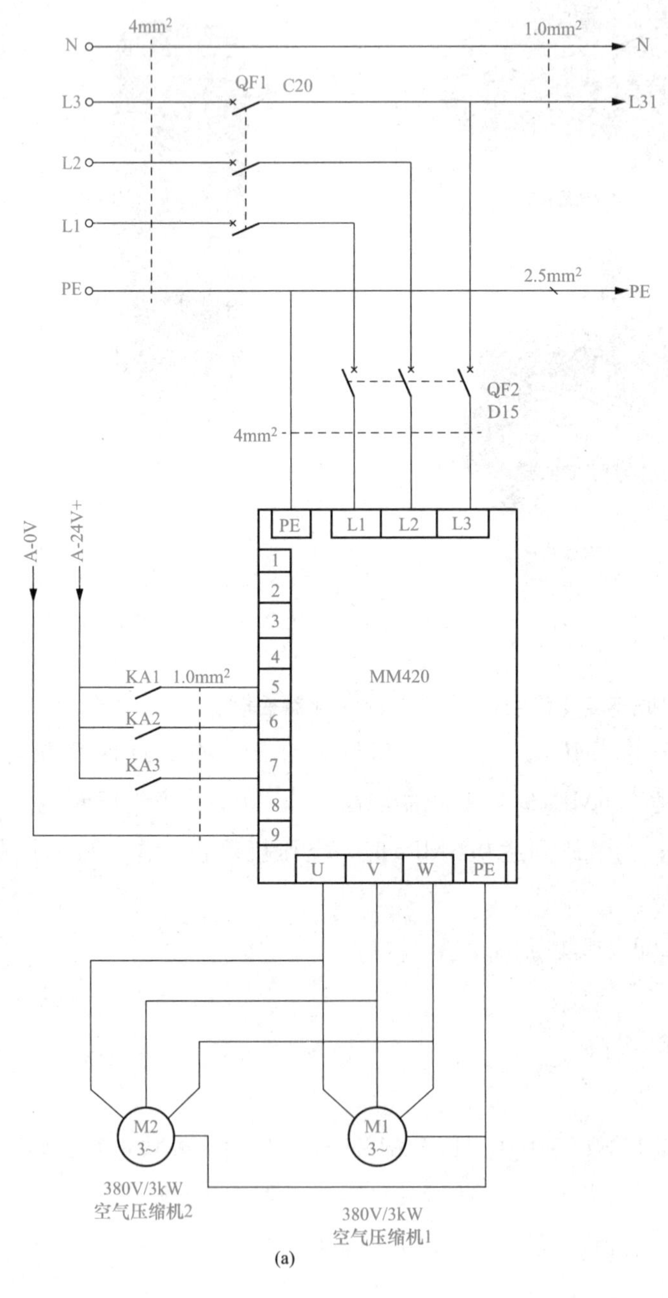

图 7-111　空气压缩机变频控制硬件设计图纸（一）

（a）主电路

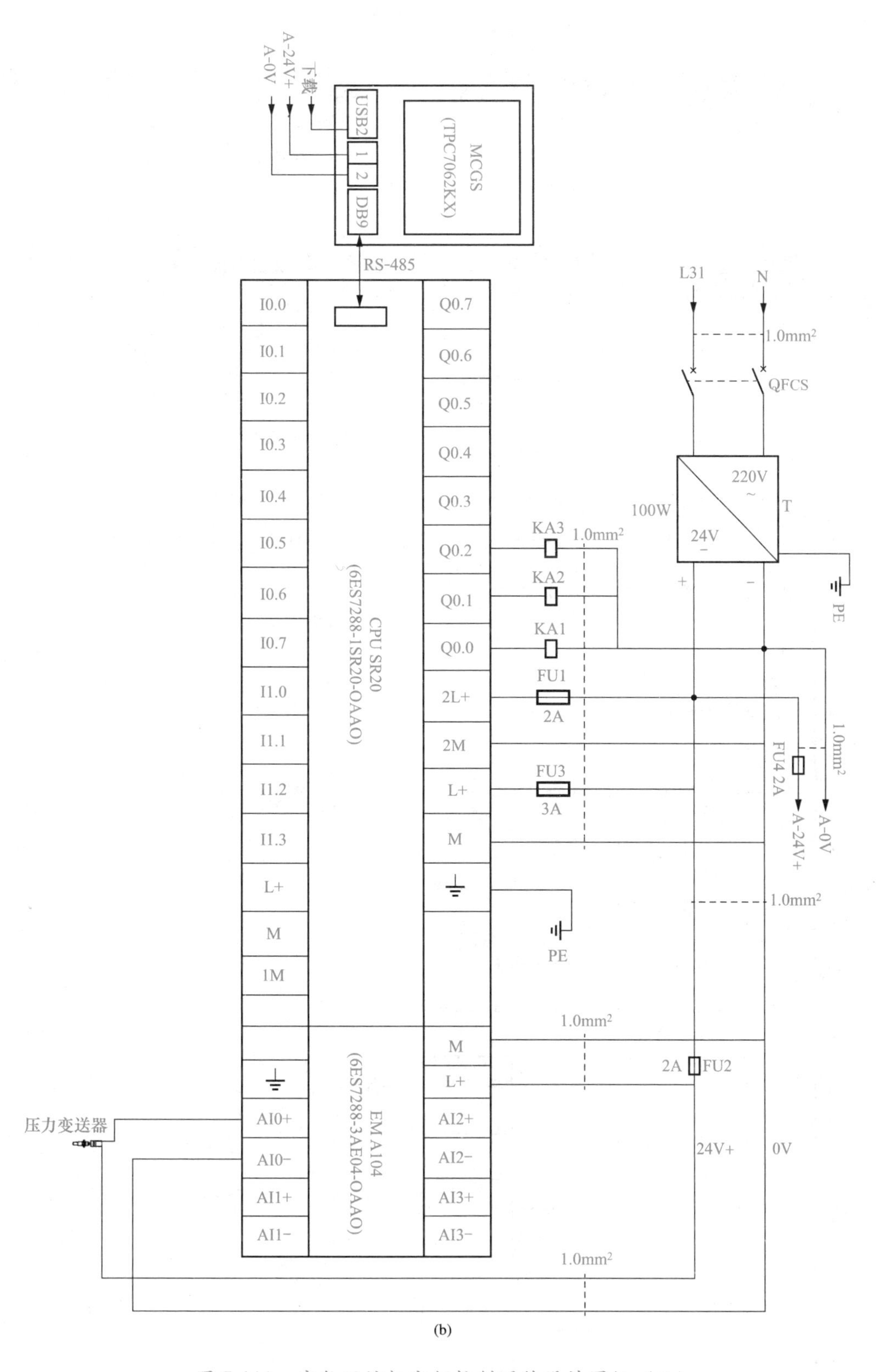

图 7-111 空气压缩机变频控制硬件设计图纸（二）

（b）控制电路

表 7-5　　　　　　　　　　空气压缩机变频控制 I/O 分配

输入量		输出量	
启动按钮	M0.0	输出频率 1	Q0.0
停止按钮	M0.1	输出频率 2	Q0.1
压力	AIW16	输出频率 3	Q0.2

	模块	版本	输入	输出	订货号
CPU	CPU ST20 (DC/DC/DC)	R02.02.00_00.0...	I0.0	Q0.0	6ES7 288-1ST20-0AA0
SB					
EM 0	EM AE04 (4AI)		AIW16		6ES7 288-3AE04-0AA0
EM 1					
EM 2					

图 7-112　空气压缩机变频控制硬件组态

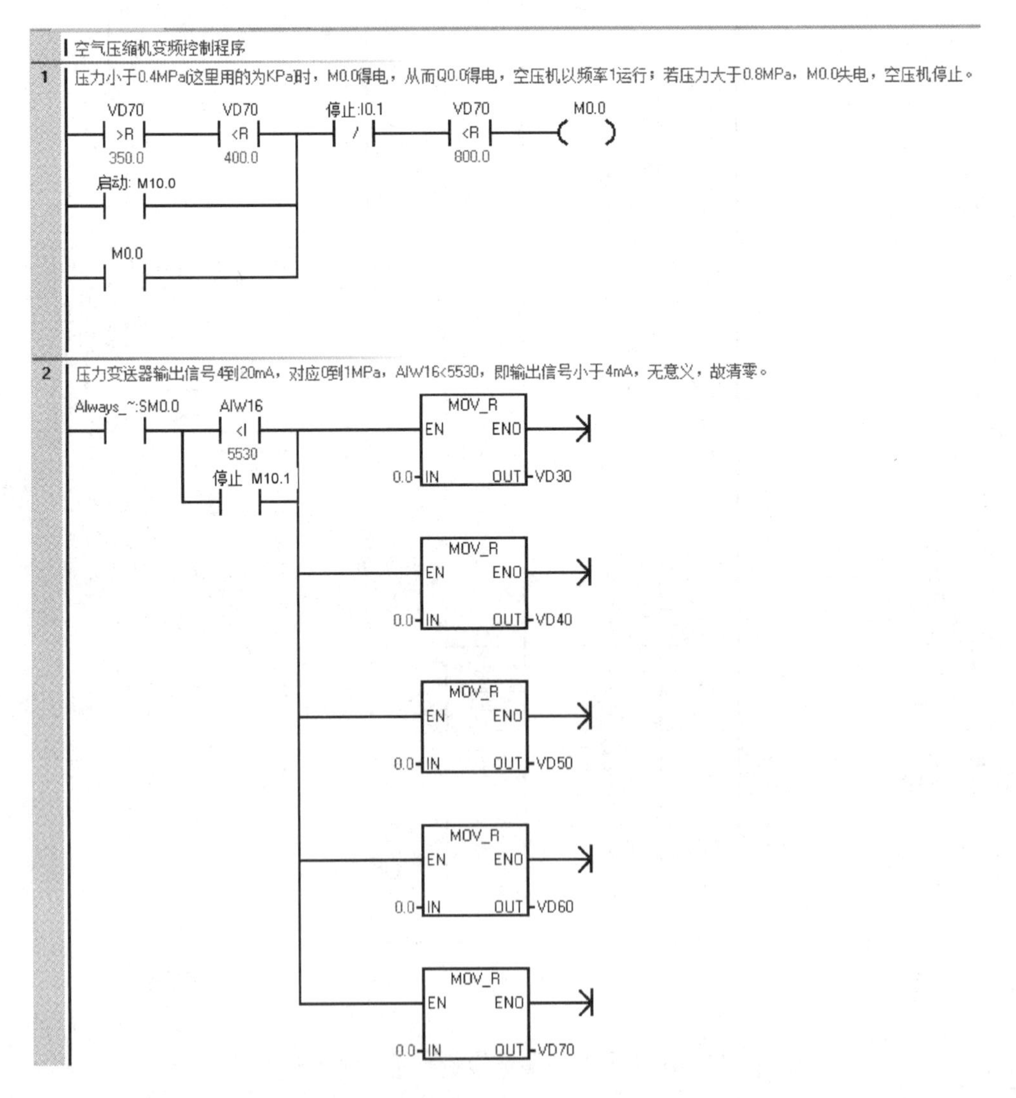

图 7-113　空气压缩机变频控制 PLC 程序（一）

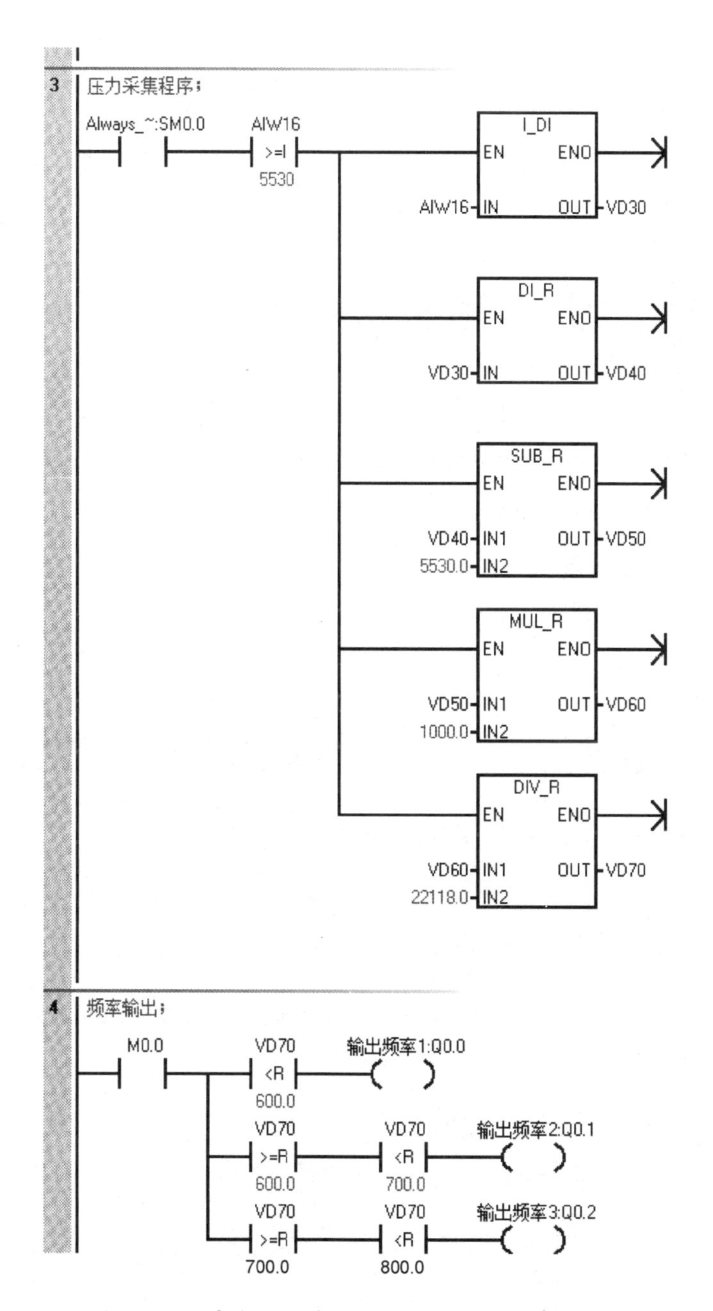

图 7-113　空气压缩机变频控制 PLC 程序（二）

（4）空气压缩机变频控制程序解析。

1）网络 1。按下启动按钮或者压力小于 0.4MPa 时，M0.0 得电，从而 Q0.0 得电，空气压缩机按输出频率 1 运行；若压力大于 0.8MPa，空气压缩机停止工作。

2）网络 2。压力变送器输出信号 4～20mA，对应压力 0～1MPa；当 AIW16 小于 5530 时，即压力变送器输出信号小于 4mA，采集结果无意义，故将其清零。

3）网络 3。当 AIW16>5530 时，采集结果有意义。模拟量采集程序现将数据类型由字转化为实数，这样得到的结果更精确；接下来，找到实际压力与数字量转换之间的比例关系，这是编写模拟量程序的关键，其比例关系为 $P=(AW16-5530)/(27648-5530)$，压力单位为 MPa。用 PLC 指令表达出 P 与 AIW16（现在 AIW16 中的数值以实数形式存放在 VD40）之间的关系，即 $P=(VD40-5530)/(27648-5530)$，因此模拟量信号采集程序用 SUB-R 指令表达出（VD40-5530.0），数据存放在 VD50 中；VD50 再乘以 1000.0，这样方便调试，压力单位由 MPa 变为 kPa；VD50 乘以 1000.0 后，结果存放在 VD60 中；最后用分子比分母，即用 DIV _ R 表达；需要说明这里省略了一步，即分母的表达因为是常数这里就直接运算了，即 22118.0=27648.0−5530.0。

4）网络 4。当压力小于 0.6MPa 时，空压机按输出频率 1 运行；当压力小于 0.7MPa 且大于等于 0.6MPa 时，空压机按输出频率 2 运行；当压力小于 0.8MPa 且大于等于 0.7MPa 时，空气压缩机按输出频率 3 运行。

4. 变频器相关参数设置

空气压缩机变频器三段调速参数设置见表 7-6。

表 7-6　　空气压缩机变频器三段调速参数设置

参数代码	设定数据	功能注释	备注
P0010	30	恢复工厂默认值	设定这两个参数，目的是清空上一次调试时设定的参数，以免对本次调试产生干扰
P0970	1	将全部参数复位	
P0010	1	进入快速调试	快速调试通常 P0010 和 P3900 配合应用，进入快速调试 P0010=1，结束快速调试 P3900=1 或 P0010=0
P0304	380	电动机额定电压	电动机参数设置；注意额定功率单位为 kW
P0305	8	电动机额定电流	
P0307	3	电动机额定功率	
P0310	50	电动机额定频率	
P0311	1400	电动机额定转速	
P3900	1	快速调试结束	快速调试结束
P0003	2	参数可以访问扩展级	巧用 P0003 和 P0004 这两个参数，可以方便快捷地找到想要的参数；P0003 设置访问级别；P0004 是筛选参数
P1000	3	固定频率设定	与功能注释相同
P1120	10	斜坡上升时间	
P1121	10	斜坡下降时间	
P1080	0	最低频率	
P1082	50	最高频率	
P0700	2	用外部端子控制启停	P0700=1 是由基本面板来控制启停；P0700=2 是用外部端子控制启停，注意二者的区别
P0701	17	二进制编码+on 命令	设置数字量端子 5 的功能
P0702	17	二进制编码+on 命令	设置数字量端子 6 的功能
P0703	17	二进制编码+on 命令	设置数字量端子 7 的功能
P1001	40	固定频率设定	第一段输出频率设定
P1002	30	固定频率设定	第二段输出频率设定
P1003	20	固定频率设定	第三段输出频率设定

◆ 编者有料 ◆

空气压缩机属于压力设备，设计时压力检测最好用两路，一路为压力采集，作为 PLC 切换相应动作的信号；另一路为报警，在超压时给予报警，并切断设备运行，使空气压缩机在安全的条件下工作；避免仅有一路压力检测元件，其损害时，空气压缩机会一直工作，这样系统因超压，会发生爆炸，从而会危害人员和设备的安全；本例中，笔者仅讨论了重点变频控制，没有给出压力报警方案，报警处理，读者可参考笔者的《西门子 S7-200 SMART PLC 编程技巧与案例》或其他书；此外设计时，气路上也应加有安全阀，这样就实现了双重保护。

7.4.3　触摸屏画面设计及组态

1. 工作页画面制作

（1）新建窗口。新建窗口的步骤参考 7.1 节，这里不再赘述。

（2）窗口属性设置。工作页面窗口属性设置如图 7-114 所示。

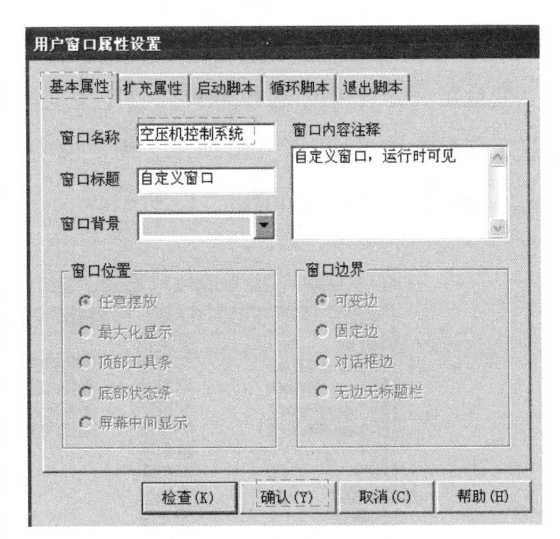

图 7-114　工作页面窗口属性设置

（3）插入储气罐、空气压缩机、阀、传感器、管道、按钮和输入框。储气罐的路径为图形元件库→“储气罐”文件夹→罐 30；空气压缩机（马达）的路径为图形元件库→“马达”文件夹→马达 27；阀的路径为图形元件库→“阀”文件夹→阀 116；传感器的路径为图形元件库→“传感器”文件夹→传感器 9；管道的路径为图形元件库→“管道”文件夹→管道 40；选中所要的构件，单击“确定”，该构件就插入到画面了。插入按钮的方法是点击工具箱中的 ，插入该构件。插入输入框的方法是点击工具箱中的 ab|，插入该构件。有多个元件时，可以先插入一个，之后复制即可。按最终画面，将以上各构件摆放好。

（4）插入标签。此画面标签共有 8 个，分别为“空气压缩机控制系统”“空气压缩机 1～2”“储气罐”“压力”“kPa”“至现场设备”。标签制作请参考 7.1 节中的标签制作，这里不再赘述。

（5）插入报警显示和流动块。插入报警显示的方法是单击工具箱中的 ，插入该构件；插入流动快的方法是单击工具箱中的 ，插入该构件；操作者自己可以拖拽合适的大小。

空气压缩机控制工作页面最终画面如图 7-115 所示。

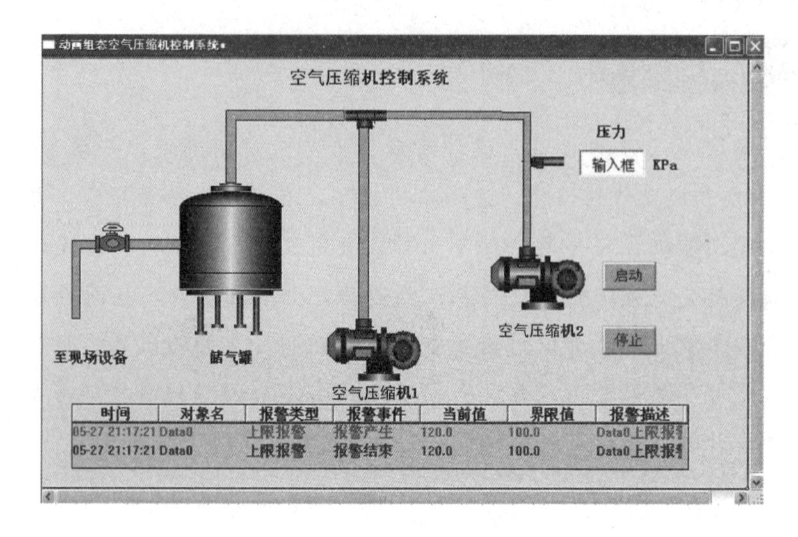

图 7-115　空气压缩机控制工作页面最终画面

2. 变量定义

变量定义是在 实时数据库 中完成的，具体步骤可参考 7.1 节，这里不再赘述，变量定义最终结果如图 7-116 所示。需要说明，这里“压力”定义比较特殊，设有报警上限，压力报警属性设置如图 7-117 所示。

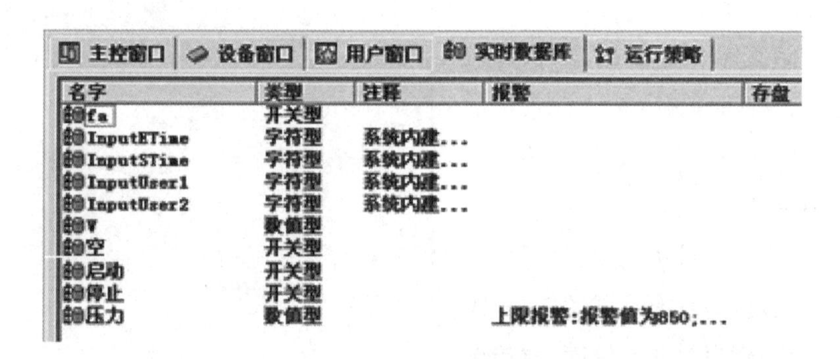

图 7-116　变量定义最终结果

3. 变量连接

将工作窗口切换到 用户窗口 ，双击“工作页”，进入此画面，将构件与变量进行连接。

（1）按钮与变量连接。双击启动按钮，会出现“标准按钮构件属性设置”对话框，在“操作属性”按下“抬起功能”按钮，在“数据对象值操作”项前打对勾，单击倒三角，选择“清零”；单击 ? ，会出现“变量选择”对话框，选择“启动”后单击“确定”，按钮“抬起功能”就设置完成了。按钮“按下”功能设置与“抬起功能”设置类似，不再赘述。启动按钮属性设置如图 7-118 所示。停止按钮连接变量为“停止”，其余设置和启动按钮相似。

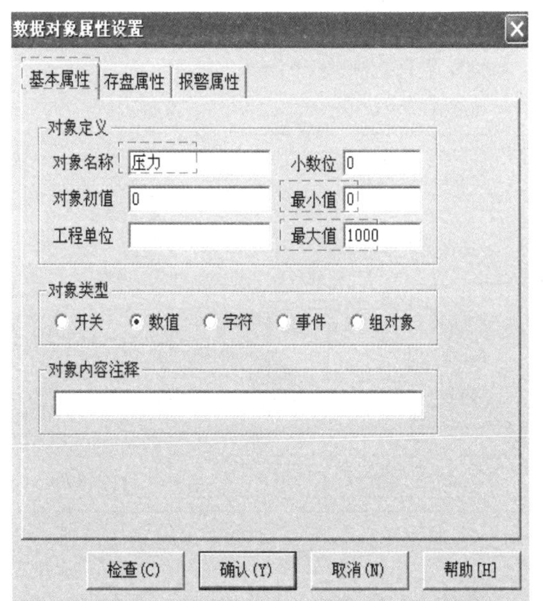

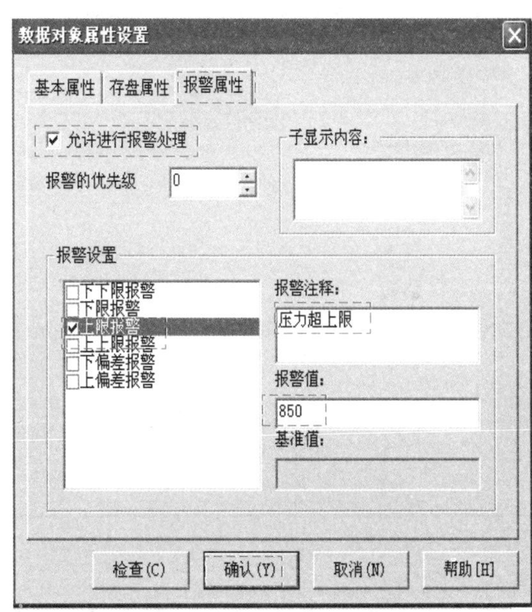

图 7-117　压力报警属性设置

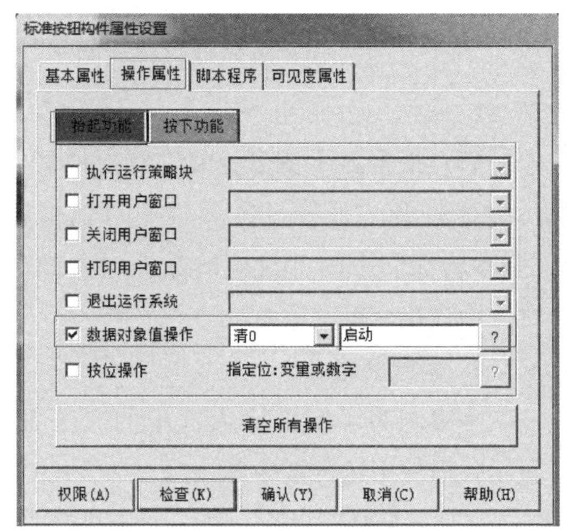

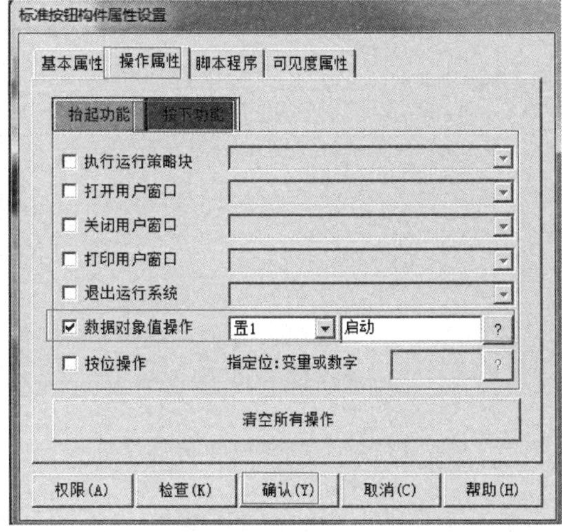

图 7-118　启动按钮属性设置

（2）空气压缩机与变量连接。双击空气压缩机图标打开“单元属性设置”对话框，分别单击“填充颜色”和“按钮输入”后边的 ? ，连接变量“空”，如果是第二空气压缩机，也连接“空”，变量连接完后单击确定即可。空气压缩机单元属性设置如图 7-119 所示。

（3）输入框变量连接。双击输入框打开“输入框构件属性设置”对话框，在该对话框中选择“操作属性”，“对应的数据对象的名称”点击 ? ，与变量“压力”连接，“小数点位数”设置为“0”，最大最小值分别为 0 和 1000；输入框构件属性设置如图 7-120 所示。

图 7-119　空气压缩机单元属性设置

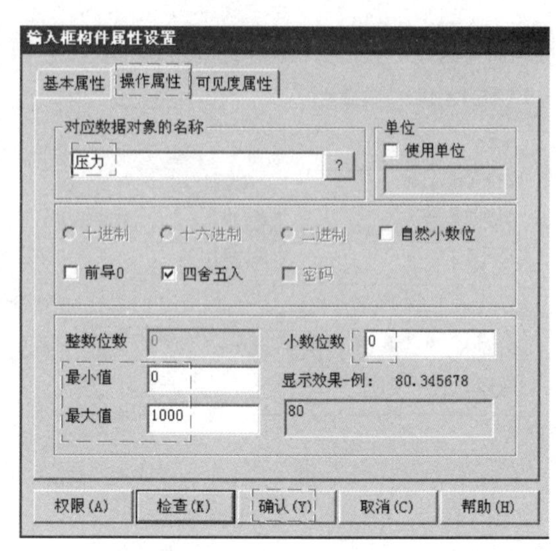

图 7-120　输入框构件属性设置

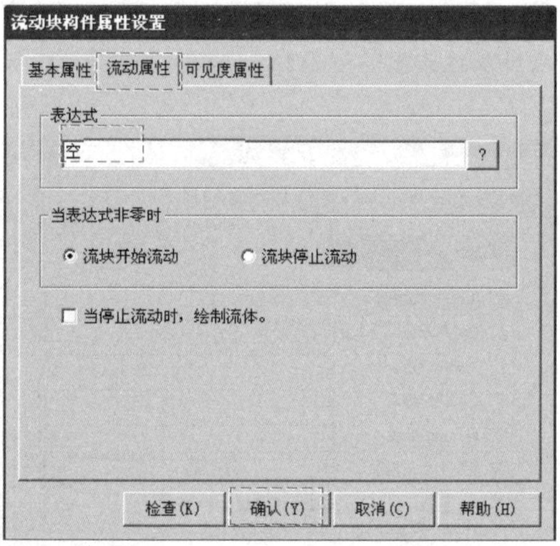

图 7-121　流动块构件属性设置

(4) 流动块变量连接。双击流动块打开“流动块构件属性设置”对话框。在该对话框中选择“流动属性”，在“表达式”中输入“空”。流动块构件属性设置如图 7-121 所示。

(5) 报警显示变量连接。双击报警显示图标打开“报警显示属性”对话框在“基本属性”中的“对应的数据对象的名称”中连接变量“压力”。

4. 运行策略

本案例为了实现输入框中的“压力”显示，需使用运行策略。

单击工作平台中的运行策略，将界面切换到“运行策略”界面。选中“运行策略”界面中的“循环策略”，单击“策略组态”打开“循环组态”界面。单击工具栏中的新增策略行按钮，在策略中会添加一行。先选中第一行中的，单击工具栏中的按钮，会出现策略工具箱，在策略工具箱中双击脚本程序，“脚本程序”就添加到了中，如图 7-122 所示。

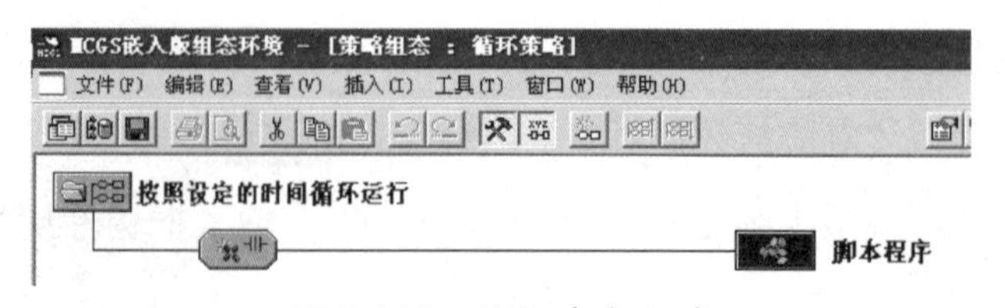

图 7-122　添加脚本程序

双击脚本程序打开“脚本程序”界面。在“脚本程序”中输入“压力=(V−5530)/(27648−5530)×1000”，其中 V 为 PLC 中的 AIW16 中的数值，上述表达式是找到压力 P 与 AIW16 的关系，若读者不理解，可以参考本节空压机 PLC 程序的解析。

在脚本文件中，还需写入“if　空 1　or 空 2　or 空 3　then 空=1　endif”。

编者有料

输入框压力显示有以下两种方法。

(1) 通过 PLC 程序找到压力 P 与 AIW16 的关系，将最终的压力（会存储在如 VD80 中，还是 PLC 模拟量程序中通过指令加减乘除找到的 P 与 AIW16 的关系）直接和输入框连接即可。

(2) 先找出中间变量 AIW16，之后在运行策略的脚本程序中写出压力 P 与 AIW16 之间的关系，在将压力与输入框连接。

5. 设备连接

设备连接需在设备窗口下完成，设备窗口是连接触摸屏内部变量和 PLC 变量的桥梁。本例设备连接结果如图 7-123 所示。

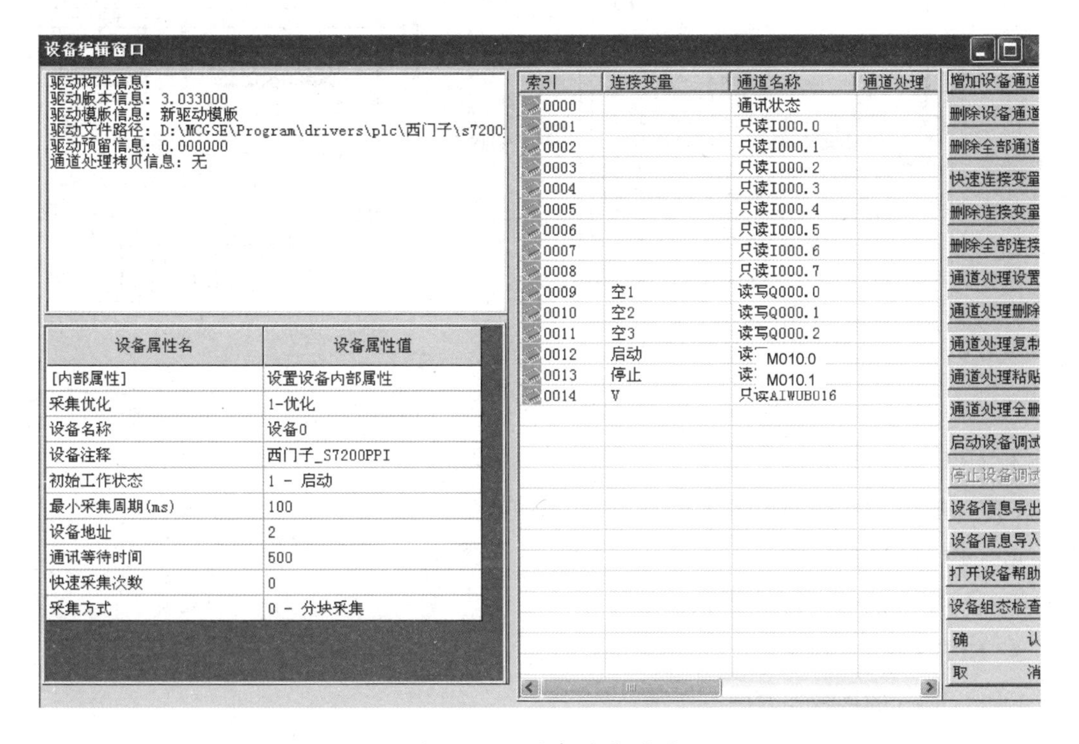

图 7-123　设备连接结果

附录 S7-200 SMART PLC 外部接线图

1. CPU SR20 的接线

CPU SR20 的接线如附图 1 所示。

2. CPU ST20 的接线

CPU ST20 的接线如附图 2 所示。

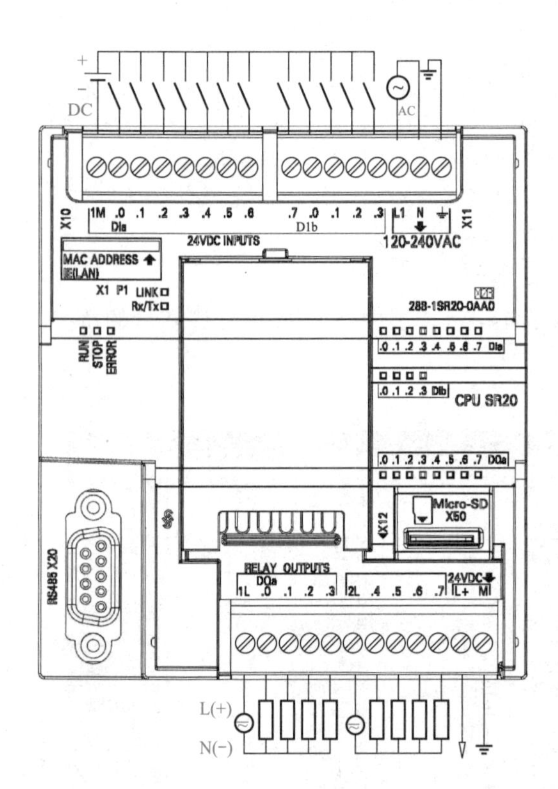

附图 1 CPU SR20 的接线

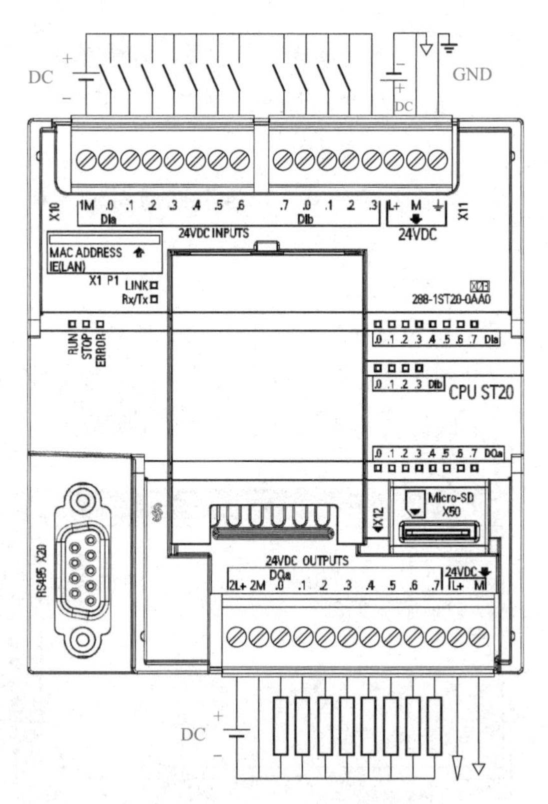

附图 2 CPU ST20 的接线

3. CPU SR40 的接线

CPU SR40 的接线如附图 3 所示。

4. CPU ST40 的接线

CPU ST40 的接线如附图 4 所示。

5. CPU SR60 的接线

CPU SR60 的接线如附图 5 所示。

6. CPU ST60 的接线

CPU ST60 的接线如附图 6 所示。

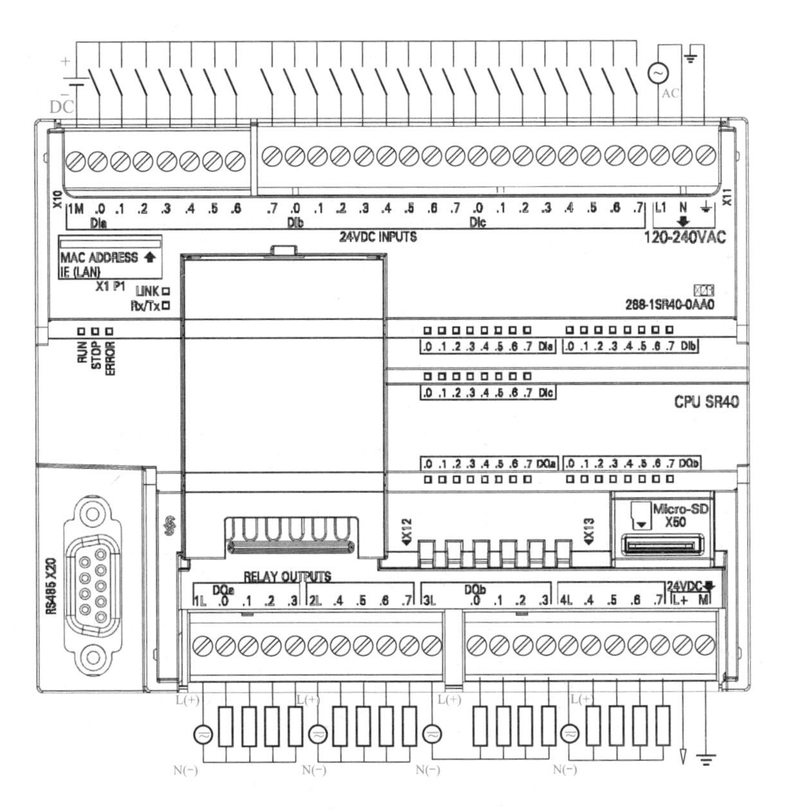

附图 3　CPU SR40 的接线

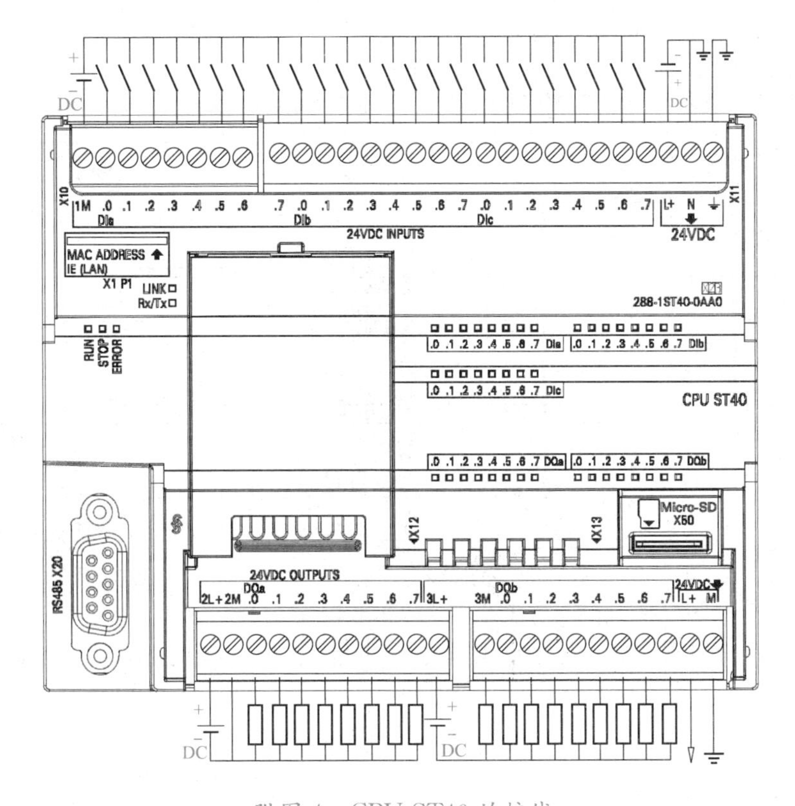

附图 4　CPU ST40 的接线

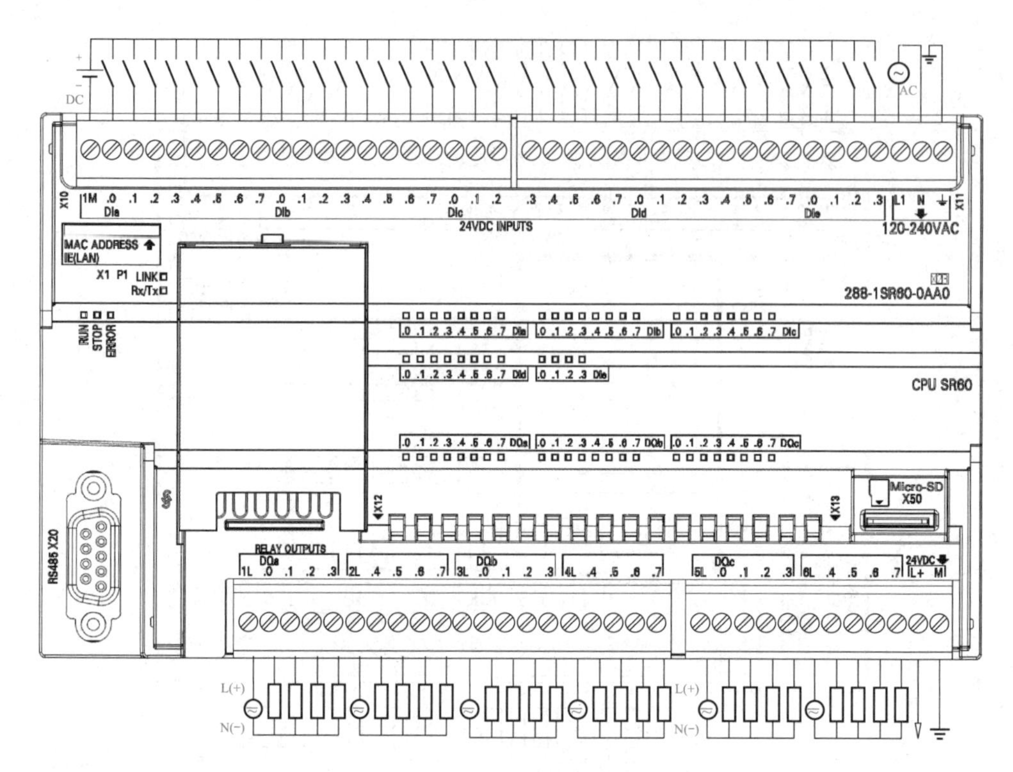

附图 5　CPU SR60 的接线

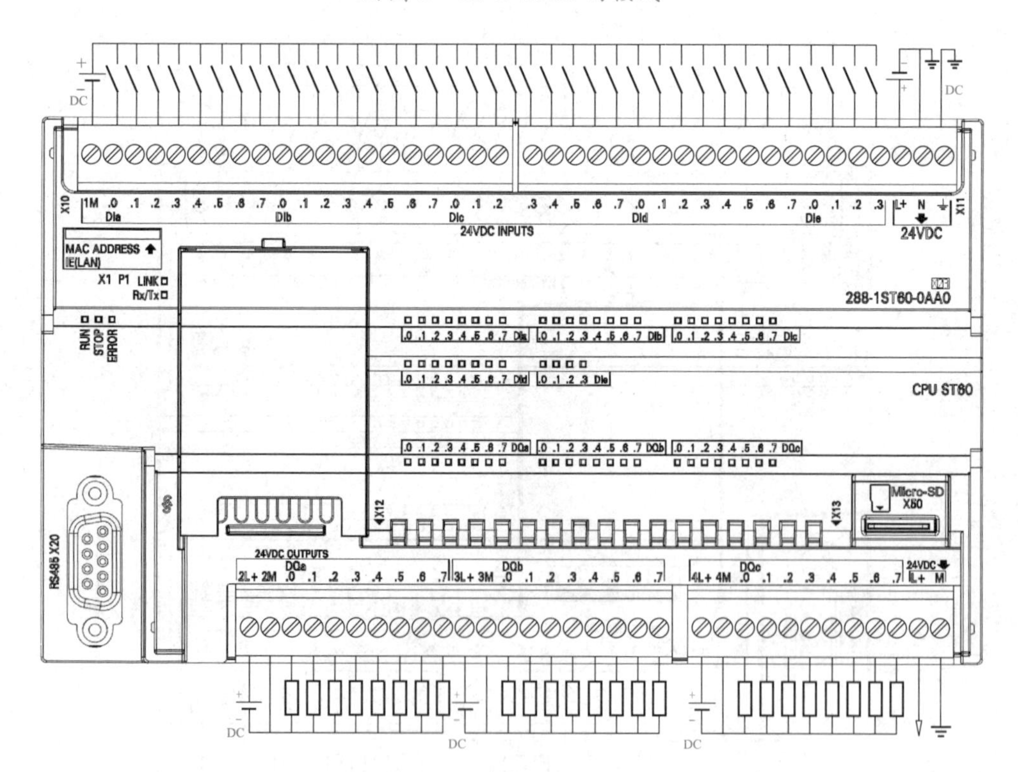

附图 6　CPU ST60 的接线

7. CPU CR60 的接线

CPU CR60 的接线如附图 7 所示。

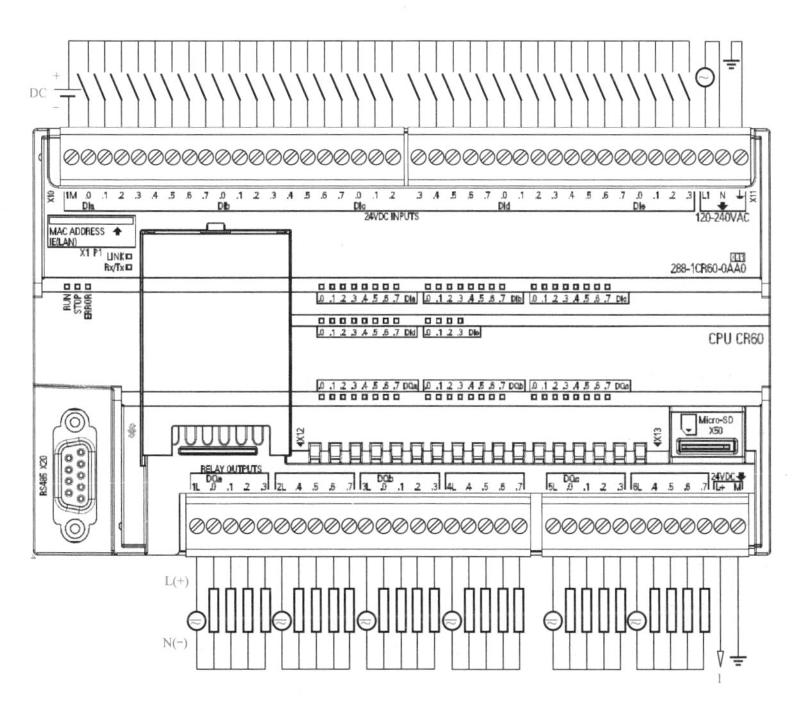

附图 7 CPU CR60 的接线

8. CPU CR40 的接线

CPU CR40 的接线如附图 8 所示。

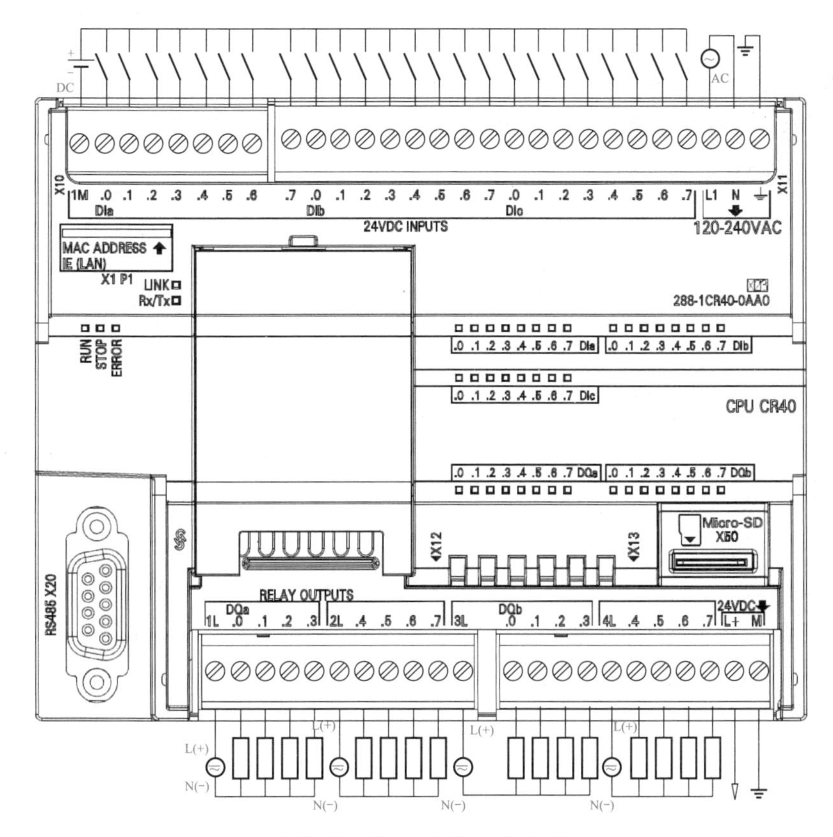

附图 8 CPU CR40 的接线

参考文献

[1] 韩相争. 图解西门子 S7-200PLC 编程快速入门 [M]. 北京：化学工业出版社，2013.

[2] 韩相争. 三菱 FX 系列 PLC 编程速成全图解 [M]. 北京：化学工业出版社，2015.

[3] 韩相争. 西门子 S7-200PLC 编程与系统设计精讲 [M]. 北京：化学工业出版社，2015.

[4] 宋爽，等. 变频技术及应用 [M]. 北京：高等教育出版社，2008.

[5] 王建等. 西门子变频器实用技术 [M]. 北京：机械工业出版社，2012.

[6] 王廷才. 变频器原理及应用 [M]. 北京：机械工业出版社，2009.

[7] 陶权，等. 变频器应用技术 [M]. 广州：华南理工大学出版社，2011.

[8] 李庆海，等. 触摸屏组态控制技术 [M]. 北京：电子工业出版社，2015.

[9] 向晓汉. 西门子 WinCC V7 从入门到提高 [M]. 北京：机械工业出版社，2012.

[10] 廖常初. S7-200 SMART PLC 编程及应用 [M]. 北京：机械工业出版社，2013.

[11] 田淑珍. S7-200 PLC 原理及应用 [M]. 北京：机械工业出版社，2009.

[12] 张永飞，姜秀玲. PLC 及应用 [M]. 大连：大连理工大学出版社，2009.

[13] 梁森，等. 自动检测与转换技术 [M]. 北京：机械工业出版社，2008.

[14] 许翏. 电机与电气控制技术 [M]. 北京：机械工业出版社，2005.

[15] 刘光源. 机床电气设备的维修 [M]. 北京：机械工业出版社，2006.

[16] 胡寿松. 自动控制原理 [M]. 北京：科学出版社，2013.

[17] 段有艳. PLC 机电控制技术 [M]. 北京：中国电力出版社，2009.

[18] 徐国林. PLC 应用技术 [M]. 北京：机械工业出版社，2007.